林业遥感技术

管　健　主编

中国林業出版社

内 容 简 介

本书是在总结遥感理论和实践教学的基础上，采用项目教学思路，本着“理论够用、强化实践、理论与实践一体化”的原则，遵循以“以项目为载体、以学生为主体、以就业为导向”的设计理念，针对高等职业院校学生特点进行课程内容的设计。本书分为上下两篇，上篇为遥感技术基础，共分5章，分别为遥感概述、遥感的物理基础、遥感卫星系统、遥感图像目视解译、遥感技术应用案例；下篇为遥感项目设计，总共设计了6个项目，前5个项目为遥感图像预处理、遥感图像增强处理、遥感图像空间分析、遥感图像土地利用分类、土地类型分类专题图制作，第6个项目为综合项目——植被指数变化分析。

本书可作为高等职业院校林业、农业、测绘等相关专业的教材，也可为从事遥感技术工作的科技人员提供参考。

图书在版编目(CIP)数据

林业遥感技术／管健主编. —北京：中国林业出版社，2020.11(2023.2 重印)
ISBN 978-7-5219-0856-5

Ⅰ. ①林…　Ⅱ. ①管…　Ⅲ. ①森林遥感-高等学校-教材
Ⅳ. ①S771.8

中国版本图书馆 CIP 数据核字(2020)第 202086 号

中国林业出版社教育分社

责任编辑：范立鹏　　　**责任校对**：苏　梅

电话：(010)83143626　　　**传真**：(010)83143516

出版发行　中国林业出版社(100009　北京市西城区德内大街刘海胡同7号)
http：//www.forestry.gov.cn/lycb.html

经　　销　新华书店

印　　刷　北京中科印刷有限公司

版　　次　2020年11月第1版

印　　次　2023年2月第2次印刷

开　　本　787mm×1092mm　1/16

印　　张　17.75

字　　数　415千字

定　　价　48.00元

《林业遥感技术》编写人员

主　　编　管　健

副 主 编　赵　静　靳来素

编写人员　（按姓氏笔画排序）

邢宝振（辽宁生态工程职业学院）
孟　伟（辽宁生态工程职业学院）
赵　静（辽宁生态工程职业学院）
娄安颖（辽宁生态工程职业学院）
姬璐璐（辽宁省林业发展服务中心）
蒋桂娟（广西生态工程职业技术学院）
靳来素（辽宁生态工程职业学院）
管　健（辽宁生态工程职业学院）

前　　言

遥感技术是20世纪60年代蓬勃发展起来的。随着现代物理学、空间技术、电子技术、计算机技术、信息科学技术的发展，遥感技术已广泛应用于农业、林业、地质、地理、海洋、水文、气象、环境监测、地球资源勘探及军事侦察等领域。林业遥感是遥感技术应用的重要分支，在森林资源调查和规划、森林资源动态监测、森林火灾监测预报、森林病虫害监测等方面均有广阔的应用前景。

“林业遥感技术”课程在以往的教学中重理论、轻实践，授课主要采取传统的讲授法，教学与生产缺乏有机的结合，不利于学生实践技能和创新能力的培养，难以实现预期的教学效果。

本书编写秉持“理论够用、强化实践、理论与实践一体化”的原则，遵循“以项目为载体、以学生为主体、就业为导向”的编写理念。本书分上下两篇，上篇为遥感技术基础，共分5章，分别为遥感概述、遥感的物理基础、遥感卫星系统、遥感图像目视解译、遥感技术应用案例；下篇为遥感项目设计，总共设计了6个项目，前5个项目为遥感图像预处理、遥感图像增强处理、遥感图像空间分析、遥感图像分类、专题地图制作5个项目，第6个项目为综合项目——植被指数变化分析。本书不仅可作为高等职业院校林业、农业、测绘等相关专业的教材，还可为从事遥感技术工作的科技人员提供参考。

本书编写由管健担任主编，赵静、靳来素担任副主编。具体分工如下：管健负责第1~4章以及第6章(第3~5节)和第10章的编写；娄安颖负责第3章的编写及正文内容修改工作；姬璐璐负责第5章的编写；赵静负责第7~9章的编写；靳来素负责编写大纲的设计和第6章(第1、2节)的编写；蒋桂娟负责第11章的编写，邢宝振负责统稿，孟伟负责格式检查。

本书的编写得到了辽宁生态工程职业学院和广西生态工程职业技术学院有关领导、专家的大力支持和悉心指导，在此一并表示感谢。本书中引用了文献资料、数据、图表等，在此谨向这些作者致以诚挚谢意。

由于编写人员水平有限，经验不足，书中难免存在纰漏和不足之处，衷心希望广大读者批评指正，以便再出版时进行修订和完善。

编　者

2019年11月

目　录

下篇 遥感项目设计

上篇　遥感技术基础

第1章 遥感概述

遥感技术是20世纪60年代迅速发展起来的新兴综合探测技术。它是建立在现代物理学(如光学技术、红外技术、微波技术、雷达技术、激光技术、全息技术)、计算机技术、数学、地学基础上的一门综合性科学。经过几十年的迅速发展，目前遥感技术已发展为实用、先进的空间探测技术，广泛应用于农林业及国土资源调查、环境及自然灾害监测评价、水文、气象、地质、测绘、海洋、军事等领域。

我国幅员辽阔，资源丰富，但自然条件复杂，长期以来缺乏详细而全面的资源调查。遥感技术自20世纪70年代应用于我国林业领域以来，为我国森林资源调查监测和信息获取技术水平的提高做出了重要贡献，遥感数据已成为森林资源和森林生态状况监测的重要数据源。目前，随着以遥感技术、地理信息系统及全球定位系统为主的“3S”技术在林业中的应用，使森林资源和森林生态状况信息的存储、查询、更新、分析、共享和传输变得更加完善，有力地推动了森林资源监测技术的发展，节省了大量的人力物力，提高了调查效率，更好地保证了森林资源监测数据的完备性和连续性。

1.1 遥感的概念

遥感(Remote Sensing，RS)的字面含义可以理解为遥远的感知。它是一种远离目标，在不与目标对象直接接触的情况下，通过某种平台上装载的传感器获取来自目标地物的特征信息，然后对所获取的信息进行提取、判定、加工处理及应用分析的综合性技术。

现代遥感技术是以先进的对地观测探测器为技术手段，对目标物进行遥远感知的过程。人类通过大量实践发现，地球上每种物质因其固有性质都会反射、吸收、透射及辐射电磁波。物体的这种对电磁波固有的播出特性称为光谱特性(Spectral Characteristics)。一切物体，由于其种类及环境条件的不同，具有反射或辐射不同波长电磁波的特性。现代遥感技术即根据这个原理完成基本作业的过程：在距地面几千米、几百千米甚至上千千米的高度上，以飞机、卫星等为观测平台，使用光学、电子学和电子光学等探测仪器，接收目标物反射、散射和发射的电磁辐射能量，以图像胶片或数字磁带形式进行记录，然后把这些数据传送到地面接收站，最后将接收到的数据加工处理成用户所需要的遥感资料产品。

1.2 遥感技术系统

通常把不同高度的平台使用传感器收集地物的电磁波信息，再将这些信息传输到地

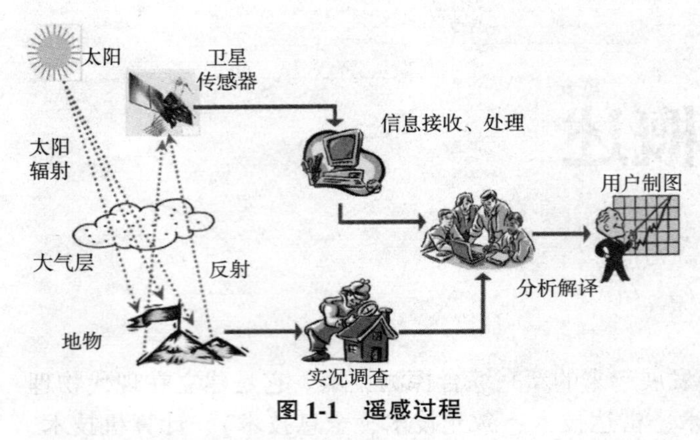

图 1-1　遥感过程

面并加以处理，从而达到对地物的识别与监测的全过程称为遥感技术（图 1-1）。现代遥感技术系统一般由 4 个部分组成：遥感平台、传感器、遥感数据接收与处理系统、遥感资料分析解译系统。其中遥感平台、传感器、数据接收与处理系统是决定遥感技术应用成败的 3 个主要技术因素，遥感分析人员必须对它们有所了解和掌握。

(1) 遥感平台(platform)

在遥感技术中搭载传感器的工具称为平台或载体，它是传感器赖以工作的场所，平台的运行特征及其姿态稳定状况直接影响传感器的性能和遥感资料的质量。目前，遥感平台主要有飞机、卫星和航天飞机等。

(2) 传感器(remote sensor)

收集、记录和传输目标信息的装置称为传感器，它是遥感的核心装置。目前应用的传感器类型主要有：摄影机、摄像仪、扫描仪、光谱辐射计等。平台和传感器代表着遥感技术的发展水平。在评价一个传感器性能优劣的指标中，空间分辨率、时间分辨率和波谱分辨率是几个很重要的参数。

①空间分辨率：是指遥感影像的解析能力，即在影像上分辨地面物体的能力。它通常有影像分辨率和地面分辨率 2 种表示方法。影像分辨率是指影像上 1mm 长度内所能分辨的线条数目。影像分辨率主要受遥感卫星所载的光学透镜的分辨率、感光材料的分辨率以及卫星运动而引起的影像模糊的影响。由于采用 1mm 的线条数目作为分辨率的度量，是没有实际意义的，所以通常采用地面分辨率作为评价空间分辨率高低的标准。地面分辨率是指影像上所能辨别的地面物体的最小尺寸。不同目的的卫星所获取图像的地面分辨率是不一样的，其中侦察卫星图像的地面分辨率最高，气象卫星地面分辨率最低。

②时间分辨率：是指在同一区域进行的相邻两次遥感观测的最小时间间隔。对轨道卫星而言，时间分辨率亦称覆盖周期。时间间隔大，时间分辨率低，反之时间分辨率高。时间分辨率是评价遥感系统动态监测能力和“多日摄影”系列遥感资料在多时相分析中应用能力的重要指标。根据地球资源与环境动态信息变化的快慢，可选择适当的时间分辨率范围。按研究对象的自然历史演变和社会生产过程的周期划分为以下 5 种类型：a. 超短期的，如台风、寒潮、海况、渔情、城市热岛等，需以小时计；b. 短期的，如洪水、冰凌、旱涝、森林火灾或虫害、作物长势、植被指数等，要求有以日数计；c. 中期的，如土地利用、作物估产、生物量统计等，一般需要以月或季度计；d. 长期的，如水土保持、自然保护、冰川进退、湖泊消长、海岸变迁、沙化与绿化等，则以年计；e. 超长期的，如新构造运动、火山喷发等地质现象，可长达数十年以上计。

③波谱分辨率：是指传感器探测器件接收电磁波辐射所能区分的最小波长范围。波段的波长范围越小，波谱分辨率越高。波谱分辨率也指传感器在其工作波长范围内所能划分

的波段的量度。波段越多，波谱分辨率越高。例如，陆地卫星多波段扫描仪 MSS 和 TM（专题制图仪），在可见光范围内，MSS3 个波段的光谱范围均为 0.1μm；TM1～3 波段的波谱范围分别为 0.7μm、0.8μm 和 0.6μm。后者波谱分辨率高于前者。MSS 共有 4～5 个波段；TM 共分 7 个波段，说明后者波谱分辨率高于前者。因地物波谱反射或辐射电磁波能量的差别，最终反映在遥感影像的灰度差异上，故波谱分辨率也反映区分影像不同灰度等级的能力。例如，多波段扫描仪在可见光的 3 个波段能区分 128 级，而第 4 波段（波长范围 0.3μm）只能区分 64 级，可见光波段波谱分辨率比近红外波段高。波谱分辨率是评价遥感传感器探测能力和遥感信息容量的重要指标之一。提高波谱分辨率，有利于选择最佳波段或波段组合来获取有效的遥感信息，提高判读效果。但对扫描型传感器来说，波谱分辨率的提高不仅取决于探测器性能的改善，还受空间分辨率的制约。

(3) 遥感数据接收与处理系统

为了接收从遥感平台传送来的图像和数据，必须建立遥感地面接收站。地面接收站由地面数据接收和记录系统（TRRS），图像数据处理系统（IDPS）两部分组成。地面数据接收和记录系统的大型抛物面天线，能够接收遥感平台发回的数据。这些数据是以电信号的形式传回，经检波后，被记录在视频磁带上。然后把这些视频磁带、数据磁带或其他形式的图像资料等送往图像数据处理机构。图像处理机构的任务是将数据接收和记录系统记录在磁带上的视频图像和数据进行加工处理和存储。最后根据用户的要求，制成一定规格的影像胶片和数据资料产品，作为商品分发给用户。

(4) 遥感资料分析解译系统

用户得到的遥感资料是经过处理的图像胶片或数据。根据各自的应用目的，对这些资料进行分析、研究、判断解释，从中提取有用信息，并将其翻译成为我们所用的文字资料或图件，这一工作称为“解译”。目前，解译已经形成了一些规范的技术路线和方法。

①常规目视解译技术：是指人们用手持放大镜或立体镜等简单工具，凭借解译人员的经验，来识别目标物的性质和变化规律的方法。由于目视解译所用的仪器设备简单，在野外和室内都可进行。这种方法既能获得一定的效果，还可验证仪器的准确程度，所以它是一种最基本的解译方法。但是，目视解译既受解译人员专业水平和经验的影响，也受视觉功能的限制，并且速度慢，不够准确。

②图像处理技术：是在 20 世纪发展起来的一种识别地物的方法，是指利用计算机对遥感影像数据进行分析处理，获得目标地物的光谱信息，进而对待判地物实现自动识别和分类。该技术既快速、客观、准确，又能直接得到解译结果，是遥感分析解译的发展方向。近年来，在目标识别上，已发展到地表纹理、目标地物的形状等相结合的判别模型，从而大大提高了目标识别的可靠性。

1.3 遥感分类

自遥感技术问世以来，由于其应用领域广、涉及学科多，随着遥感传感器和平台技术的不断发展，研究者从自身角度出发，在遥感分类上尚未形成统一的分类体系，如航空与航天遥感，主动与被动遥感，红外与多光谱遥感，农业、地质遥感等。究其原因主要是人们对遥感分类所持依据不同。从遥感自身的特点及应用领域可从以下 4 个角度进行分类。

(1) 按探测平台划分

随着遥感技术发展，遥感已进入了多平台时代，因此，从遥感平台进行分类可划分为地面遥感、航空遥感、航天遥感和航宇遥感。

①地面遥感：是指以近地表的载体作为遥感平台进行探测的技术，如汽车、三脚架、气球和大楼等。地面遥感所用的传感器可以是成像或非成像传感器，可以获得成像或非成像方式的数据。由于地面遥感与地面其他观测数据具有绝对同步关系，因而可以为构建地表物理模型奠定重要基础。

②航空遥感：是指以飞机为平台从空中对目标地物进行探测的技术。航空遥感的主要特点是沿航线分幅获取地面目标地物信息，因此，其灵活性大、所获得的图像比例尺大、分辨率高，已形成了航空摄影完整的理论体系，为地方尺度的遥感提供数据平台。

③航天遥感：是指以卫星、火箭以及航天飞机为平台，从外层空间对目标地物进行探测的技术系统。航天遥感是 20 世纪 70 年代发展起来的现代遥感技术，其特点是已形成从低分辨率到高分辨率的对地观测手段，不仅可用于宏观区域的自然规律与现象的研究，同时高分辨率小卫星为地方尺度的大比例尺制图与地理规律的研究提供新的数据源。另外，其重复周期短的特点为动态监测地球表面环境提供了可能。

④航宇遥感：是指以宇宙飞机为平台对宇宙星际的目标进行探测的技术。随着运载火箭技术的不断发展，人类活动范围逐步从地球环境向宇宙星际环境延伸，从而实现了对月球、火星等星际环境的遥测。这一技术为进一步探索地球的起源提供了科学数据。

(2) 按探测的电磁波段划分

根据传感器所接收的电磁波谱，遥感技术可分为以下 6 种。

①可见光遥感：传感器仅采集与记录目标物在可见光波段的反射能量，主要传感器有摄影机、扫描仪、摄像仪等。

②红外遥感：传感器采集并记录目标地物在电磁波红外波段的反射或辐射能量，主要传感器有红外摄影机、红外扫描仪等。

③微波遥感：传感器采集并记录目标地物在微波波段反射的能量，所用传感器主要包括扫描仪、微波辐射计、雷达、高度计等。

④多光谱遥感：传感器将目标物反射或辐射来的电磁辐射能量分割成若干个窄的光谱带，同步探测得到一个目标物不同波段的多幅图像。目前所使用的多光谱遥感传感器有多光谱摄影机、多光谱扫描仪和反束光导管摄像仪等。

⑤紫外遥感：传感器采集和记录目标物在紫外波段的辐射能量，由于太阳辐射能量到达地面的紫外线能量非常弱，因此可用波段非常窄（0.3～0.4μm），但紫外波段对地质遥感有非常重要的意义。

⑥高光谱遥感：高光谱遥感是近年发展起来的一种新型遥感探测技术，它是在某一波长范围内，以小于 10nm 波长间隔对地观察，探测地表某目标地物的反射或发射能量的探测技术。高光谱遥感通常可分为非成像高光谱遥感和成像高光谱遥感。非成像高光谱遥感是指利用高光谱非成像光谱（辐射）仪在野外或实验室测量特征地物的反射率、透射率及其

辐射率，从而从不同侧面揭示特征地表波谱特征以及其性质。野外或实验室高光谱研究可为进一步模拟成像光谱仪，确定传感器测量光谱范围、波段设置(波段数、波宽及位置)和评价遥感数据的应用潜力奠定基础，常用的非成像光谱仪有 ASD、LI-1800 等。成像高光谱遥感是指以小于 10nm 的光谱波宽，探测地面目标地物的波段特征的技术，目前，成像高光谱仪大都在 9~10nm 的波宽，有 128 以上的波段对地表进行探测其反射能量。如 AIS 高光谱传感器有 128 个波段，波宽为 9.6nm；AVIRIS 高光谱传感器有 224 个波段，波宽为 10nm。

(3)按电磁辐射源划分

根据传感器所接收的能量来源，遥感技术可划分为主动遥感和被动遥感两种。

①被动遥感：是指传感器探测和记录目标地物对太阳辐射的反射或目标地物自身发射的热辐射和微波的能量。其中目标物反射的电磁波能量，其输入能量是太阳辐射源而非人工辐射源；热红外和微波波段的发射能量是地物吸收太阳辐射能量后的再辐射过程。

②主动遥感：是指传感带有电磁波发射装置，在探测过程中向目标地物发射电磁波辐射能量，然后接收和记录目标物反射或散射回来的电磁波的遥感，如雷达、闪光摄影等均属此类。

(4)按应用目的划分

根据遥感信息源的应用目的进行划分，可分为地质遥感、农业遥感、林业遥感、水利遥感、海洋遥感、环境遥感、灾害遥感等。

1.4　遥感的特点

从遥感传感器与遥感平台的发展来看，遥感技术在性能、经济效益等方面有以下 6 个方面的特点。

(1)探测范围广，获取信息的范围大

一幅陆地卫星照片对应地面面积约 $3.4\times10^4km^2$，覆盖我国全部领土仅需 500 余张，而换算为航片则需近百万张。前者可连续不断且无一遗漏地重复获得，后者实际上不可能连续重复探测。因此，该特点对国土资源概查有重要意义，同时遥感所具备探测宏观的特点使得在大面积以至全球范围研究生态环境和资源问题成为可能，许多大的(宏观)特征(如长达数千米的地壳深部断裂，直径数千米的大环形构造等)只能在卫星相片中显现。

(2)获取的信息内容丰富、新颖，能迅速反映动态变化

正因为遥感探测范围广，所以获取的信息内容丰富。卫星周期性对地球各处进行观察，使得有可能进行动态观测，获取新颖的资料，从而实现对地的动态变化监测。

(3)获取信息方便而且快速

利用遥感获取信息不受地形限制。对于高山冰川、戈壁沙漠、海洋等地域，相比一般方法不易获得的资料，卫星相片则可以提供大量有用的资料。同时，卫星还可以不受任何政治、地理条件的限制，覆盖地球的任何地区。这使得能够及时地获得各种地表信息，使得过去制备农田、森林、城市等大区域成图所需几年到十几年的时间大为缩短。例如，英

国过去对其 $24.41 \times 10^4 km^2$ 的国土进行常规地面调查需 6000 人工作 6 年，现在采用卫星遥感只需 4 个人工作 9 个月。

(4) 综合性强

遥感技术构成对地球观察监测的多层空间、多波段、多时相的探测网。它从 3 个空间(地理空间、光谱空间、时间空间)提供五维信息，使得人们能更加全面深入地观察、分析问题。

(5) 成本低

例如，某水渠规划设计，航空勘测 $1km^2$ 需要花费 26 美元，而利用卫片只需 0.6 美分。

(6) 高分辨率、高光谱遥感发展逐步走向成熟

当代遥感技术已能全面覆盖大气窗口，包括可见光、近红外和短波红外区域。热红外遥感的波长范围可达 8～14μm；微波遥感观测目标物电磁波的辐射和散射，分被动微波遥感和主动微波遥感，波长范围为 0.1～100cm。目前卫星遥感的空间分辨率已从原来的几千米、几百米、几十米逐步发展几米、几十厘米。光谱分辨率已从单一波段、多光谱遥感逐步发展到高光谱遥感。

1.5　遥感发展概况

1.5.1　国外遥感技术发展概况

遥感作为一门综合技术，是美国海军研究局的艾弗林·普鲁伊特(E. L. Pruitt)于 1960 年提出的。1961 年，普鲁伊特在美国国家科学院和国家研究理事会的支持下，在密歇根大学召开了“环境遥感国际讨论会”，此后，在世界范围内，遥感作为一门独立的新兴学科，获得了飞速的发展。但是，遥感学科的技术积累和酝酿却经历了几百年的历史和发展阶段。

(1) 无记录的地面遥感阶段(1608—1838 年)

1608 年，汉斯·李波尔赛制造了世界上第一架望远镜，1609 年，伽利略制作了放大倍数 3 倍的科学望远镜，从而为观测远距离目标奠定了基础，促进了天文学的发展，开创了地面遥感新纪元。但仅仅依靠望远镜观测不能将观测到的事物用图像的方式记录下来。

(2) 有记录的地面遥感阶段(1839—1857 年)

对遥感目标的记录与成像，开始于摄影技术的发明，并与望远镜相结合发展为远距离摄影。1849 年，法国人艾米·劳塞达特(Aime Laussedat)制订了摄影测量计划，成为有纪录的地面遥感发展阶段的标志。

(3) 空中摄影遥感阶段(1858—1956 年)

1858—1903 年，先后出现了采用系留气球、载人升空热气球、捆绑在鸽子身上的微型相机、风筝等拍摄的试验性空间摄影。1903 年，莱特兄弟发明了飞机，促进了航空遥感向实用化方向飞跃，此后各国开展了一系列航空摄影活动，摄影测绘地图得到重视。第一次世界大战推动了航空摄影的规模化发展，相片判读、摄影测量水平也获得极大提高。1930

年起，美国的农业、林业、牧业等许多政府部门都采用航空摄影并应用于制定行业发展规划。第二次世界大战前期，德国、英国、美国、苏联等国开展的航空摄影活动对军事行动的决策起到了重要作用。在第二次世界大战中，微波雷达的出现及红外技术在军事侦察中的应用，使遥感探测所应用的电磁波谱范围得到了扩展。第二次世界大战以后，与遥感有关的图书与期刊不断涌现，为遥感发展成为独立的学科创造了条件。

(4)航天遥感阶段(1957年至今)

1957年10月4日，苏联第一颗人造地球卫星发射成功，标志着人类从地球空间观测阶段进入宇宙奥秘探索阶段。真正从航天器上对地球进行长期观测是从1960年美国发射TIROS-1和NOAA-1太阳同步气象卫星开始的。航天遥感所取得的重大进展主要表现在以下4个方面。

①遥感平台方面：除航空遥感已作为业务运行外，航天平台也形成系列。有飞出太阳系的"旅行者"1号、2号等航空平台；也有以空间轨道卫星为主的航天平台，包括载人空间站、空间实验室、返回式卫星以及穿梭于大气层与地球的航天飞机(space shuttle)。在空间轨道卫星中，既有太阳、地球同步轨道卫星，也有低轨和变轨卫星；有综合目标的大型卫星，也有专项题目的小型卫星群。不同高度、不同用途的卫星构成了对地球和宇宙空间的多角度、多周期观测。

②传感器方面：探测波谱的覆盖范围不断延伸，波谱的分割愈来愈精细，从单一谱段向多谱段发展，成像光谱技术的出现把探测波谱由几百个推向上千个及以上。成像雷达获取的信息也向多频率、多角度、多分辨率、多极化方向发展。激光测距与遥感成像的结合使三维实时成像成为可能。此外，随着多探测技术的集成，遥感的发展日趋成熟，如雷达、多光谱成像与激光测高、GPS的集成使实时测图成为可能。随着探测技术的发展，遥感传感器的集成度将会更高。

③遥感信息处理方面：遥感信息处理向全数字化、可视化、智能化和网络化方向迅速发展。信息提取、模式识别等方面不断引入相邻学科的信息处理技术，如分形理论、小波变换、人工神经网络等方法的运用使遥感信息的处理更趋智能化，结构信息、多源遥感数据与非遥感数据的结合也得到重视和发展。今后，遥感信息处理仍将是遥感领域的关键技术之一。

④遥感应用方面：经过几十年的发展，遥感已广泛渗透到国民经济的各个领域，对推动社会进步起到了重大作用。在外层空间探测与对地观测方面遥感技术更是不可获缺。在全球气候变化、海洋生态、矿产资源、土地资源调查、环境和灾害监测、工程建设、农作物估产等领域，遥感正发挥重要作用。

1.5.2 我国遥感技术发展概况

虽然我国于20世纪30年代在部分城市开展过航空摄影，但系统的航空摄影开始于20世纪50年代，主要用于地形图的制作、更新，并在铁路、地质、林业等领域的调查研究、勘测、制图等方面发挥了重要的作用。20世纪70年代以来，我国的遥感事业有了长足的进步。航空摄影测量已进入业务化运行阶段，全国范围内的地形图更新普遍采用航空摄影测量，并在此基础上开展了不同目标的航空专题遥感试验与应用研究，卓见成效。我国成功研制了机载地物光谱仪、多光谱扫描仪、红外扫描仪、成像光谱仪、真实孔径和合成孔径侧视雷达、微波辐射计、激光高度计等传感器，为赶超世界先进水平、推动传感器的国产化做出了重要贡献。

自 1970 年 4 月 24 日成功发射东方红一号人造卫星以来，我国相继发射了数十颗不同类型的人造地球卫星。太阳同步卫星——风云一号（FY-1A，FY-1B）和地球同步卫星——风云二号（FY-2）的成功发射以及返回式遥感卫星的成功发射与回收，使我国在宇宙探测、卫星通信、科学实验、气象观测等方面有了自己的信息源。1999 年 10 月 14 日，中国—巴西地球资源卫星一号（CBERS-1）的成功发射，标志着我国开始拥有自己的资源卫星。2003 年 10 月 21 日，CBERS-2 再次成功发射。随着我国遥感事业的进一步发展，地球观测卫星及不同用途的多卫星也将形成对地观测系列，进入世界先进水平的行列。2010 年 10 月 7 日，"一箭双星"成功地将"海洋一号"和"风云一号 D"同时送入太空，其中"海洋一号"是我国第一颗用于海洋水色探测的试验型业务卫星。而"风云一号 D"使我国成为世界上第 4 个拥有两种气象卫星同时运行的国家。2014 年 8 月 19 日，高分二号（GF-2）卫星成功发射入轨，标志着我国遥感卫星进入了亚米级"高分时代"。2016 年 12 月 28 日，高景一号（SuperView-1）01/02 卫星成功发射，将打破我国 0.5m 级商业遥感数据被国外垄断的现状，也标志着国产商业遥感数据水平正式迈入国际一流行列。

我国于 1986 年建成遥感卫星地面站，逐步形成具有接收美国陆地资源卫星（Landsat 系列）、法国斯波特卫星（SPOT）、加拿大雷达卫星（RADARSAT）和中国巴西—地球资源卫星（CBERS）等 7 类遥感卫星数据的能力。

①遥感图像处理方面：采用的处理软件已从国际化向国产化转移。同时也对图像处理的新方法进行了广泛的探索。

②遥感应用方面：我国开始于 20 世纪 70 年代中后期，并取得了重大成就，主要表现在以下几个方面。第一，在各领域进行了广泛探索和试验性研究。如云南腾冲遥感综合试验研究、长春净月潭试验研究、山西太原盆地农业遥感试验研究、东海渔业遥感试验研究、长江下游地物光谱试验研究等，为大规模的多领域应用打下了基础并起到示范作用。第二，广泛渗透到各地区和部门。其中有农业生产条件遥感、作物估产、国土资源调查、土地利用与土地覆盖、水土保持、森林资源、矿产资源、草场资源、渔业资源、环境评价和监测、城市动态变化监测、水灾监测、森林和农作物病虫害监测、气象监测，以及港口、铁路、水库、电站工程勘测与建设等遥感研究，大大推动了我国遥感应用的全面发展。第三，完成了一批全国及省（自治区、直辖市）范围的大型应用项目。如全国国土面积量算和土地资源调查、"三北"防护林遥感综合调查研究、山西省农业遥感、内蒙古自治区草场资源遥感、黄土高原水土流失与土壤侵蚀遥感、长江三峡工程遥感、洞庭湖鄱阳湖综合遥感研究等全国性和省（自治区、直辖市）范围的大型综合遥感项目。国家正逐步建立资源环境动态服务、自然灾害监测与评估、海洋环境立体监测等应用系统，直接为国家相关部门的大型决策服务。第四，取得了良好的经济效益和社会效益。据有关地区的土地利用遥感调查数据表明，航空遥感与常规地面调查相比，大大节省了人力、物力、资金与时间。在长江流域水灾监测、大兴安岭森林火灾监测和灾情评估及天气预报（尤其是灾害性天气预报）等应用中，遥感发挥了重要作用，对国民经济和人民生活产生了巨大效益。

③研究机构方面：许多部门都设立了遥感机构，如国家遥感中心、中国科学院所属遥感相关部门、军事遥感部门、中国遥感应用协会、省(自治区、直辖市)遥感研究中心、各行业和地方遥感应用机构已形成层次，形成了庞大的遥感科研队伍。中国遥感研究的许多成果形成专著和图集出版发行，创办了专门的遥感刊物，如《遥感学报》《遥感信息》《遥感技术与应用》《国土资源遥感》等。我国的遥感教育和人才培养进入了正规化阶段，已形成本、硕、博的专业培养模式。

总之，我国遥感事业的发展，经历了20世纪70年代至80年代中期的起步阶段，80年代后期至90年代前期的试验应用阶段，以及进入21世纪显现出高空间分辨率、高光谱分辨率、高时间分辨率的“三高”新特征，在遥感理论、遥感平台、传感器研制、系统集成、应用研究、学术交流、人才培养等方面都取得了瞩目的成就，为全球遥感事业的发展和国家的经济建设、国防建设做出了应有的贡献。

1.6 遥感技术发展趋势

遥感科学与技术是在空间科学、电子科学、地球科学、计算机科学及其他边缘学科交叉渗透、相互融合的基础上发展起来的一门新型地球空间信息科学。随着相关科学技术的不断进步，遥感技术的发展呈现出以下趋势。

(1)多分辨率、多遥感平台

地球空间信息的获取具有多平台、多传感器、多比例尺和高光谱、高空间、高时间分辨率的特征。随着航天技术、通信技术和信息技术的飞速发展，人们可以通过航天、近地空间、航空和地面平台等利用紫外、可见光、红外、微波、合成孔径雷达、激光雷达等多传感器获取多比例尺的目标影像，大大提高遥感影像的空间分辨率、时间分辨率和光谱分辨率，使得获取的遥感数据越来越丰富。针对这一趋势，我国正努力构建高分辨率对地观测体系。《国家中长期科技发展规划纲要》指出：2005—2020年，发展基于卫星、飞机和平流层飞艇的高分辨率先进对地观测系统，发射一系列的高分辨率遥感对地观测卫星，建成覆盖可见光、红外、多光谱、超光谱、微波、激光等观测谱段的高中低轨道结合的、具有全天时、全天候、全球观测能力的大气、陆地、海洋先进观测体系。与其他中、低分辨率地面覆盖观测手段相结合，形成时空协调、全天候、全天时的对地观测系统，并根据需要对特定地区进行高精度观测；整合并完善现有的遥感卫星地面接收站，建立对地观测中心等地面支撑系统。到2020年，建成稳定的运行系统，提高我国空间数据的自给率，形成空间信息产业链。

(2)空间信息处理分析技术的定量化、自动化和实时化

随着遥感成像机理、地物波谱反射特征、大气模型、气溶胶等理论研究的逐渐深入，以及多角度、多传感器、高光谱和雷达卫星遥感技术的日趋成熟，遥感信息处理在21世纪逐步向实用、自动化方向发展。随着新一代全球卫星导航定位系统(GNSS)的发展，其将以更高精度自动测定传感器的空间位置和姿态，从而实现无地面控制的高精度、实时摄影测量与遥感。遥感技术的重点发展领域包括以下3个方面。

①遥感成像机理与定量化反演技术：地物反射特性和辐射特性，遥感信息形成的几何

机理、特性、模型和方法，新型对地定位理论和方法，遥感信息波谱特性和空间特性随时间变化的规律等。全定量反演技术的研究涉及遥感数据几何校正、大气校正、数据预处理、遥感应用模型和方法、观测目标物理量的反演和推算等。

②利用空间数据挖掘和知识发现技术实现影像目标的识别与自动分类：状态空间理论、证据理论、云理论、粗糙集理论，基于空间数据库挖掘的不确定性理论、推理理论、归纳理论，基于空间数据挖掘的遥感影像识别、自动分类及实用算法模型等。

③多时相多传感器卫星影像处理技术：遥感信息快速、自动化、智能化处理理论与方法，影像自动匹配算法及其优化理论，地球环境及特种目标时空变化自动监测理论等。

(3)"3S"技术的集成

"3S"技术是遥感(Remote Sensing，RS)、地理信息系统(Geographic Information System，GIS)和全球定位系统(Global Positioning System，GPS)的简称。随着科学技术的发展，"3S"技术的集成日趋紧密，广泛应用于资源环境动态监测与趋势预报、重大灾害监测与预警、灾情评估与减灾对策制定以及城市规划与开发管理等方面。RS与GIS的结合主要体现在提取制图特征和地形测绘DEM数据、提高空间分辨率、城市区域规划及变化监测等方面。目前，较典型的RS与GIS一体化软件有美国的地理资源分析系统(GRASS)、MGE系统以及我国的微机地学成图系统(MGGSS)和遥感应用管理系统(GRAMS)等；而RS与GPS的结合主要应用于地形复杂的地区制图、地质勘探、考古、导航、环境动态监测以及军事侦察和指挥等方面。

"3S"技术的集成是一项充分利用自身特点，快速准确而又经济地为人们提供所需信息的新技术。其基本思想是利用RS提供的最新图像信息，GPS提供的图像"骨架"位置信息，GIS提供的图像处理、分析应用技术，三者紧密结合可为用户提供精确的基础图件和数据。

(4)专业传感器和全球遥感

目前，国际上已建成十几种不同用途的地球观测卫星系统和航天对地观测体系，具备多层次遥感数据获取、数据分析与处理、遥感数据综合应用的能力。因此，专业传感器和全球遥感成为遥感的必然发展方向。

现有卫星传感器已具备陆地、海洋、气象等不同系列，人们对其今后的期待将沿着更加精密、针对性更强的方向发展，如农业传感器、林业传感器等。产业界，特别是私营企业直接参与或独立进行遥感卫星的研制、发射和运行，甚至提供端对端的服务，将进一步推动了专业传感器的发展。专业传感器的重点发展领域包括：重大自然灾害的监测、预警和应急反应；高农作物种植面积的估算、长势监测和产量评估；全球农作物长势监测和估产系统的建立；国家、区域尺度生态环境监测与评价技术体系的建立，实现重点区域土地利用、土地覆盖变化、森林资源动态、湿地资源动态、草地资源动态、重点区域生物多样性动态、重点城市生态景观动态、海岸带和近海生态、冰川资源动态等生态环境指标的实时监测；基础测绘的技术改造和水平提升，实现其数字化、地形图和数字高程模型等产品的快速生产。

此外，遥感适应了目前受到高度重视的全球变化研究的需要，使理论研究更加现实和深化。遥感技术的应用前景主要体现在以下3个方面。

①地表的过程定量分析：如水系变化、海岸变迁、湖泊水体动态、土地利用变化、沙漠进退和荒漠化、森林破坏和草场退化等宏观尺度的时空变化。

②植被时空动态分析：通过气象卫星以及高分解率扫描辐射计数据计算出的植被指数(*NDVI*)和叶面积指数(*LAI*)来表征植被状况，是目前国际上研究全球环境变化最常用、最有效的方法。

③全球环境变化研究：是一种需要充分利用多种遥感技术系统的不同空间分辨率、光谱分辨率、时间分辨率以及温度分辨率的综合能力，基于多变量、多尺度、多频谱的测量分析过程。该类研究涉及大气圈和水圈观测，如大气成分、大气温湿度、气溶胶状况、海洋叶绿素和浮游生物监测等。例如，美国“地球观测系统”(EOS)计划就是以全球变化为主要研究目标而制订的一项多卫星、多探测系统、多研究目标、多探测参数综合以及多国合作的空间计划。在EOS平台上有大量光学和红外遥感系统，其中主动光学激光遥感器对于研究臭氧空间、温室效应等均具有重要的意义。未来遥感发展的主要趋势之一是大规模利用空间技术，将遥感、地学、物理学、化学结合起来全面测量、监测和研究地球环境。

思考与练习

1. 简述遥感的概念及特点。
2. 简述遥感的技术系统由哪几部分组成。
3. 简述遥感的分类。
4. 试述遥感技术的发展趋势。

第2章 遥感的物理基础

遥感技术是建立在物体电磁波辐射理论基础上的。因为不同物体具有各自的电磁辐射特性，所以应用遥感技术远距离的探测和研究物体成为可能。遥感的物理基础涉及面广，本章只介绍有关遥感资料应用中所涉及的主要基础物理知识，如电磁波与电磁波谱、太阳辐射与大气影响、地物的光谱特性及彩色合成原理等。

2.1 电磁波与电磁波谱

2.1.1 电磁波及其特性

波是振动在空间的传播形式。如在空气中传播的声波，在水面传播的水波以及在地壳中传播的地震波等，它们都是由振源发出的振动在弹性介质中的传播，这些波统称为机械波。在机械波范畴里，振动着的是弹性介质中质点的位移矢量。光波、热辐射、微波、无线电波等都是由振源发出的电磁振荡在空间的传播，这些波称为电磁波。在电磁波里，振荡的是空间电场矢量和磁场矢量。电场矢量和磁场矢量互相垂直，并且都垂直于电磁波传播方向。

电磁波是通过电场和磁场之间相互联系传播的。根据麦克斯韦电磁场理论，空间任何一处只要存在着场，也就存在着能量，变化着的电场能够在它的周围空间激起磁场，而变化的磁场又会在它的周围感应出变化的电场。这样，交变的电场和磁场相互激发并向外传播，闭合的电力线和磁力线就像链条一样，一个一个地套连着，在空间传播开来，形成了电磁波。实际上，电磁振荡是沿着各个不同方向传播的。这种电磁能量的传递过程(包括辐射、吸收、反射和透射等)称为电磁辐射。电磁波是物质存在的一种形式，是以场的形式表现出来的。因此，电磁波即使在真空中也能传播。这一点与机械波有着本质的区别，但两者在运动形式上都是波动，波动的共性就是用特征量，例如，波长 λ、频率 υ、周期 T、波速 ν、振幅 A、位相 φ 等描述它们的共性。

基本的波动形式有两种：横波和纵波，横波是质点振动方向与传播方向相垂直的波，如电磁波就是横波。纵波是质点振动方向与传播方向相同的波，如声波就是一种纵波。波动的基本特点是时空周期性。时空周期性可以由波动方程的波函数表示(图 2-1)。

单一波长电磁波的一般函数表达式为：

$$\psi = A\sin(\omega t - kx + \varphi) \tag{2-1}$$

式中 ψ——波函数，表示电场强度；

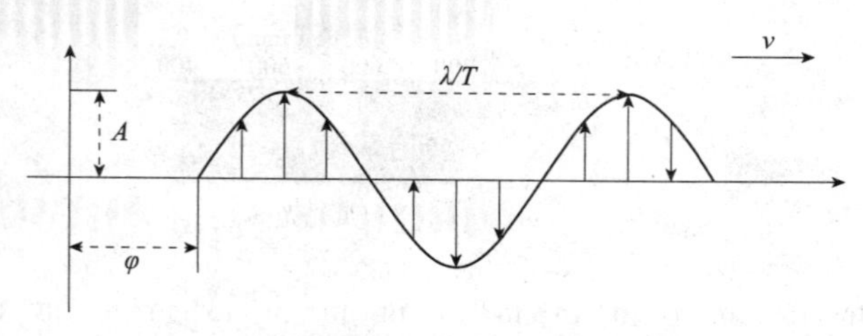

图 2-1 波函数图解

A——振幅；

φ——初相位；

ω——圆频率，$2\pi/T$，T 为周期；

k——圆波数，$2\pi/\lambda$，λ 为波长；

t——时间变量；

x——距离变量；

$\omega t-kx+\varphi$——位相。

波函数由振幅和位相组成。一般传感器仅记录电磁波的振幅信息，而舍弃位相信息；在全息摄影中，除了记录电磁波的振幅信息，同时也记录位相信息。

因此，电磁波具有波动的特性(如干涉、衍射、偏振和色散等现象)。同时，电磁波还具有粒子(量子)性。电磁辐射的粒子性是指电磁波是由密集的光子微粒组成的，电磁辐射实质上是光子微粒流的有规律运动，波是光子微粒流的宏观统计平均状态，而粒子是波的微观量子化。电磁辐射在传播过程中，主要表现为波动性；当电磁辐射与物质相互作用时，主要表现为粒子性，即为电磁波的波粒二象性。遥感传感器所探测到的目标物在单位时间辐射(反射或发射)的能量，由于电磁辐射的粒子性，所以某时刻到达传感器的电磁辐射能量才具有统计性。电磁波的波长不同，其波动性和粒子性所表现的程度也不同，一般来说，波长愈短，辐射的粒子特性愈明显，波长愈长，辐射波动特性愈明显。遥感技术正是利用电磁波波粒二象性这两方面特性，实现探测目标物电磁辐射信息的目的。

2.1.2 电磁波谱

实验证明，无线电波、微波、红外线、可见光、紫外线、γ 射线等都是电磁波，只是波源不同，波长(或频率)也各不同。将各种电磁波在真空中的波长(或频率)，按其长短依次排列制成的图表称为电磁波谱(图 2-2)。

在电磁波谱中，波长最长的是无线电波，无线电波又依波长不同分为长波、中波、短波、超短波和微波，其次是红外线、可见光、紫外线，再次是 X 射线，波长最短的是 γ 射线。整个电磁波谱形成了一个完整、连续的波谱图。各种电磁波的波长(或频率)之所以不同，是由于产生电磁波的波源不同。例如，无线电波是由电磁振荡发射的；微波是利用谐振腔及波导管激励与传输，通过微波天线向空间发射的；红外辐射是由于分子的振动和转动能级跃迁时产生的；可见光与近紫外辐射是由于原子、分子中的外层电子跃迁时产生的；紫外线、X 射线和 γ 射线是由于芯电子的跃迁和原子核内状态的变化产生的；宇宙射线则是来自宇宙空间。

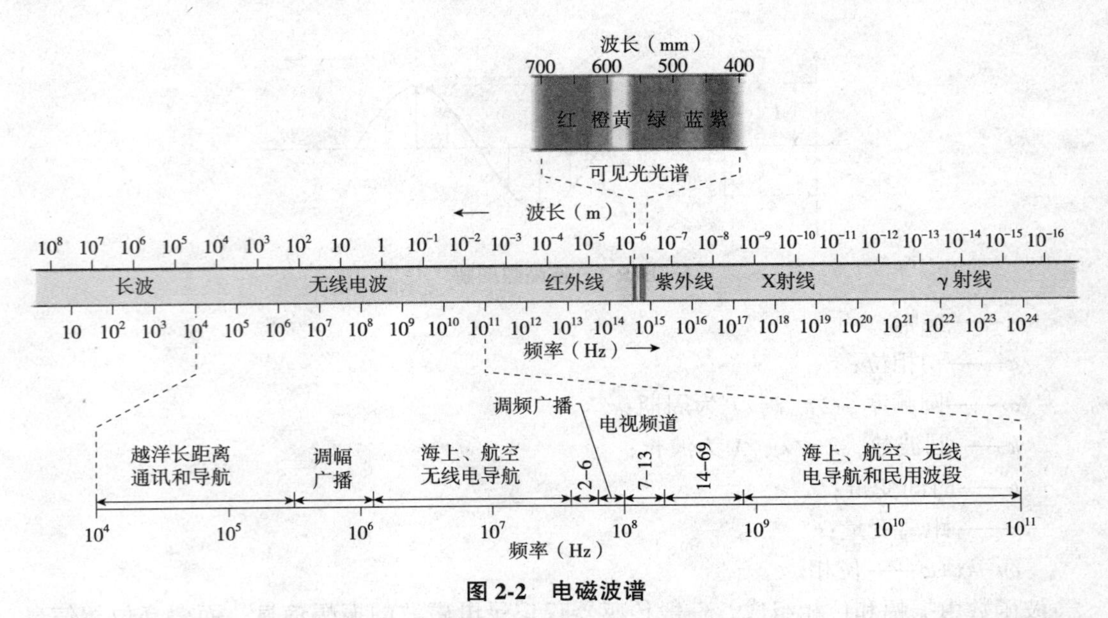

图 2-2　电磁波谱

在电磁波谱中，各种类型的电磁波，由于波长(或频率)的不同，它们的性质有很大的差别(如传播的方向性、穿透性、可见性和颜色等方面的差别)。例如，可见光可被人眼直接感觉，看到物体呈现的各种颜色；红外线能克服夜障；微波可穿透云、雾、烟、雨等。但它们也具有共同性：各种类型电磁波在真空(或空气)中传播的速度相同，都等于光速(3×10^8m/s)；遵守同一的反射、折射、干涉、衍射及偏振定律。

目前，遥感技术所使用的电磁波集中在紫外线、可见光、红外线到微波的光谱段，各谱段划分界线在不同资料上采用光谱段的范围略有差异。遥感常用的各光谱段的主要特性如下。

①紫外线：波长范围为 0.1~0.4μm。太阳辐射含有紫外线，通过大气层时，波长小于 0.3μm 的紫外线几乎都被吸收，只有 0.3~0.4μm 波长的紫外线部分能穿过大气层到达地面，且能量很少，并能使溴化银底片感光。紫外波段在遥感中的应用比其他波段晚。目前，主要用于探测碳酸盐岩分布。碳酸盐岩在 0.4μm 以下的短波区域对紫外线的反射比其他类型的岩石强。另外，水面漂浮的油膜比周围水面反射的紫外线要强烈，因此紫外线也可用于油污染的监测。但是紫外波段从空中可探测的高度大致在 2000m 以下，高空遥感不宜采用。

②可见光：可见光在电磁波谱中，只占一个狭窄的区间，波长范围为 0.4~0.76μm。它由红、橙、黄、绿、青、蓝、紫色光组成。人眼对可见光可直接感觉，不仅对可见光的全色光，而且对不同波段的单色光，也都具有这种能力。所以可见光是鉴别物质特征的主要波段。在遥感技术中，可见光是遥感中最常用的波段，常用光学摄影方式接收和记录地物对可见光的反射特征；也可将可见光分成若干个波段同一瞬间对同一景物、同步摄影获得不同波段的相片；亦可采用扫描方式接收和记录地物对可见光的反射特征。

③红外线：红外线波长范围为 0.76~1000μm，为了实际应用方便，又将其划分为：近红外(0.76~3.0μm)，中红外(3.0~6.0μm)，远红外(6.0~15.0μm)和超远红外(15~1000μm)。近红外在性质上与可见光相似，所以又称为光红外。由于它主要是地表面反射太阳的红外辐

射，因此又称为反射红外。在遥感技术中，采用摄影方式和扫描方式接收和记录地物对太阳辐射的红外反射。在摄影时，由于受到感光材料灵敏度的限制，目前只能感测 0.76～1.3μm 波长范围。近红外波段在遥感技术中也是常用波段。中红外、远红外和超远红外是产生热感的原因，所以又称为热红外。自然界中任何物体，当温度高于绝对温度(－273.15℃)时，均能向外辐射红外线。物体在常温范围内发射红外线的波长多在 3～4μm，而 15μm 以上的超远红外线易被大气和水分子吸收，所以在遥感技术中主要利用电磁波的 3～15μm 波段，更多的是利用 3～5μm 和 8～14μm 波段。红外遥感是采用热感应方式探测地物本身的辐射(如热污染、火山动态、森林火灾等)，所以红外遥感工作不仅可以在白天进行，也可以在夜间进行，能进行全天时遥感。

④微波：微波的波长范围为 1mm～1m，根据波长又可分为毫米波、厘米波和分米波。微波辐射和红外辐射两者都具有热辐射性质。由于微波的波长比可见光、红外线要长，能穿透云、雾而不受天气影响，所以能进行全天候、全天时的遥感探测。微波遥感可以采用主动或被动方式成像。另外，微波对某些物质具有一定的穿透能力，能直接透过植被、冰雪、土壤等表层覆盖物。因此，微波在遥感技术中是一个很有发展潜力的遥感波段。

在电磁波谱中的不同波段，习惯使用的波长单位也不相同，在无线电波段，波长的单位取 km 或 m，在微波波段波长的单位取 cm 或 mm；在红外线段常取的单位是 μm，在可见光和紫外线常取的单位是 nm 或 μm。波长单位的换算如下：

$$1\text{nm}=10^{-3}\mu\text{m}=10^{-7}\text{cm}=10^{-9}\text{m}$$

$$1\mu\text{m}=10^{-3}\text{mm}=10^{-4}\text{cm}=10^{-6}\text{m}$$

除了用波长来表示电磁波外，还可以用频率来表示，如无线电波常用的单位为 GHz。通常用波长表示短波(如 γ 射线、X 射线、紫外线、可见光、红外线等)，用频率表示长波(如无线电波、微波等)。

2.2　电磁辐射源

自然界中一切物体在发射电磁波的同时，也被其他物体发射电磁波所辐射。遥感的电磁辐射源可分自然辐射源和人工辐射源两类，它们之间没有什么本质区别，就像电磁波谱一样，从高频率到低频率是连续的，物质发射的电磁辐射也是连续的。

2.2.1　自然辐射源

自然辐射源主要包括太阳辐射和地物热辐射。太阳辐射是可见光和近红外遥感的主要辐射源，地球则是远红外遥感的主要辐射源。

(1)太阳辐射

太阳辐射是地球上生物、大气运动的能量来源，也是被动式遥感系统中重要的自然辐射源。太阳表面温度约有 6000K，内部温度则更高。太阳辐射覆盖了很宽的波长范围从 0.1nm 直至 10m 以上，包括 γ 射线、紫外线、红外线、微波及无线电波。太阳辐射能主要集中在 0.3～3μm 波段，最大辐射强度位于波长 0.47μm 附近。由于太阳辐射的大部分能量集中在 0.4～0.76μm 的可见光波段，因此太阳辐射一般称为短波辐射。

太阳辐射主要是由太阳大气辐射构成，太阳辐射在射出太阳大气后，已有部分的太阳辐射能为太阳大气(主要是氢和氮)所吸收，使太阳辐射能量受到一部分损失。太阳辐射以电磁波的形式通过宇宙空间到达地球表面(约1.5×10^8km，全程历时约500s)。地球挡在太阳辐射的路径上，以半个球面承受太阳辐射。在地球表面上，各部分承受太阳辐射的强度是不相等的。当地球处于日地平均距离时，单位时间内投射到位于地球大气上界，且垂直于太阳光射线的单位面积上的太阳辐射能为$1385W/m^2\pm7W/m^2$，此数值称为太阳常数。一般来说，垂直于太阳辐射线的地球单位面积上所接受到的辐射能量与太阳至地球距离的平方呈反比。太阳常数不是恒定不变的，一年内约有7%的变动。太阳辐射先通过大气圈，然后到达地面。由于大气对太阳辐射存在一定的吸收、散射和反射，所以投射到地表面上的太阳辐射强度有很大衰减。

(2)地球辐射

地球辐射可分为两个部分：短波(0.3～2.5μm)和长波(>6μm)。地球表面平均温度27℃(绝对温度300K)，地球辐射峰值波长为9.66μm。在9～10μm的地球辐射属于远红外波段。

当对地面目标地物进行遥感探测时，传感器接收到的小于3μm的波长，主要是地物反射太阳辐射的能量，而地球自身的热辐射极弱，可忽略不计；传感器接收的到大于6μm的波长，主要是地物本身的热辐射能量；在3～6μm中红外波段，太阳与地球的热辐射均要考虑。所以在进行红外遥感探测时，选择清晨时间，其目的就是为了避免太阳辐射的影响。地球除了部分反射太阳辐射以外，还以火山喷发、温泉和大地热流等形式不断地向宇宙空间辐射能量。每年通过地表面流出的总热量约为1×10^{21}J。

2.2.2　人工辐射源

主动式遥感采用人工辐射源。人工辐射源是指人为发射的具有一定波长(或一定频率)的波束。工作时通过接收地物散射该光束返回的后向反射信号，从而探知地物或测距，称为雷达探测。雷达又可分为微波雷达和激光雷达。

(1)微波辐射源

在微波遥感中常用的波段为0.8～30cm。由于微波波长比可见光、红外线波长要长，因此，在技术上微波遥感应用的主要是电学技术，而可见光、红外遥感应用则偏重于光学技术。在应用上，微波遥感具有以下特点。

①雷达是不依靠太阳辐射的主动式传感器，具有全天候、全天时探测能力，因此能昼夜获得同等质量的影像。由于微波波长长，受大气干扰小，一般厚云层(除特别恶劣气候条件外)微波都可以透过，故可利用微波遥感进行全天候探测，这是可见光与红外遥感所不能相比的。

②微波对某些物质具有一定的穿透能力，能直接透过植被覆盖，对于冰、雪和土壤等表层覆盖物也有一定的穿透能力。

③某些物质的光谱在微波波段有较大的差异，这样，在可见光与红外遥感中不易区分的一些物体，在微波遥感中则容易区别。

(2)激光辐射源

目前研究成功的激光器种类很多，按照工作物质的类型可分为：气体激光器、液体激光器、固体激光器、半导体激光器和化学激光器等；按激光输出方式可分为：连续输出激光器和脉冲输出激光器。激光器发射光谱的波长范围较宽，短波波长可至0.24μm以下，长波波长可至1000μm；输出功率低的仅几微瓦，高的可达几兆兆瓦。

激光在遥感技术中逐渐得到应用，其中应用较广的为激光雷达。激光雷达使用脉冲激光器，它可精确测定卫星的位置、高度、速度等，也可测量地形、绘制地图、记录海面波浪情况，还可利用物体的散射性及荧光、吸收等性能监测污染和勘查资源。在遥感图像处理中，采用激光输出器和激光存储器，可大大提高图像处理的速度和精度。

2.3　大气对电磁波辐射的影响

太阳辐射入射到地球表层，需经过大气层(即要经过大气外层、热层、中气层、平流层和对流层等)。而地物对太阳辐射的反射，会又一次经过大气层后，然后被遥感传感器所接收。当太阳辐射途径大气层时，将受到大气层中的气体、云、雾、雨、尘埃、冰粒、盐粒等成分的吸收、散射和透射，使其能量受到衰减和重新分配。大气对通过的电磁波产生吸收、散射和透射的特性，称为大气传输特性。这种特性除了取决于电磁波的波长(即随波长不同而不同)，还取决于大气成分及其他环境要素的变化。

2.3.1　大气成分

地球的大气是由多种气体、固态和液态的悬浮微粒组成的。大气中的主要气体包括N_2、O_2、H_2O、CO、CO_2、N_2O、CH_4和O_3。固态和液态的微粒包括尘埃、冰晶、盐晶、烟灰、水滴等，它们形成霾、雾、云等。微粒弥散悬浮在空气中形成的胶体分散体系统称为气溶胶。其中，霾是指弥散在大气溶胶中的细小微粒，半径小于0.5μm，由细小的盐晶，烟灰等组成；雾是指悬浮尘埃、盐晶形成的水蒸气的凝聚核，当核增大到半径大于1μm的水滴或冰晶时，就形成雾。云和雾的成因相同。

地面以上80km高空附近的大气中，除H_2O、O_3等少数可变气体外，各种气体均匀混合，所占比例几乎不变，所以把80km以下的大气层称为均匀层。该层中大气物质与太阳辐射的相互作用，是太阳辐射衰减的主要原因。

2.3.2　大气的吸收与散射

太阳辐射有时习惯称为太阳光。太阳光通过地球大气照射到地面，经过地面物体反射又返回，再经过大气到达航空或航天遥感平台，被安装在平台上的传感器接收。这时传感器探测到的地表辐射强度与太阳辐射到达地球大气上空时的辐射强度相比，已有了很大的变化，这种变化主要受到大气主要成分影响。大气主要成分可分为两类：气体分子和其他微粒。它们对电磁辐射具有吸收与散射作用。

(1)大气吸收作用

太阳辐射穿过大气层时，大气分子对电磁波的某些波段有吸收作用，吸收作用使辐射能量变成分子的内能，引起这些波段的太阳辐射强度衰减。

(2) 大气散射作用

大气中的粒子与细小微粒，如烟、尘埃、雾霾、小水滴及气溶胶等对大气具有散射作用。散射的作用使在原传播方向上的辐射强度减弱，增加了向其他各个方向的辐射。通常把辐射在传播过程中遇到小微粒而使传播方向改变，并向各个方向散开的物理现象称为散射。散射现象的实质是电磁波传输中遇到大气微粒产生的一种衍射现象，大气散射有以下 3 种情况。

①瑞利散射：当大气中粒子的直径小于波长的 1/10 或更小时发生的散射。

②米氏散射：当大气中粒子的直径大于波长的 1/10 到与辐射的波长相当时发生的散射。

③无选择性散射：当大气中粒子的直径大于波长时发生的散射。这种散射的特点是散射强度与波长无关，任何波长的散射强度相同。

2.3.3　大气折射和透射

(1) 大气折射

电磁波穿过大气层时，除了受到大气吸收和散射两种作用以外，还会产生传播方向的改变，产生折射现象。大气的折射率与大气圈层的大气密度直接相关。

(2) 大气透射

太阳电磁辐射经过大气到达地面时，可见光和近红外波段电磁辐射被云层或其他粒子反射的比例约占 30%，散射约占 22%，大气吸收约占 17%，透过大气到达地面的能量仅占入射总能量的 31%。反射、散射和吸收作用共同衰减了辐射强度，剩余部分即为透过的部分。太阳电磁辐射剩余强度越高，透过率越高。对遥感传感器而言，透过率高的波段对遥感才有意义。

2.3.4　大气窗口

太阳辐射与大气相互作用产生的效应，使得能够穿透大气的辐射局限在某些波长范围内。通常把通过大气而较少被反射、吸收或散射的透射率较高的电磁辐射波段称为大气窗口。根据地物的光谱特性以及传感器技术的发展，遥感传感器选择的探测波段应包含在大气窗口之内，以最大限度接收有用信息。

2.4　地物的光谱特性

自然界中任何地物都具有其自身的电磁辐射规律，如具有反射，吸收外来的紫外线、可见光、红外线和微波的某些波段的特性；它们又都具有发射某些红外线、微波的特性；少数地物还具有透射电磁波的特性，这种特性称为地物的光谱特性。

(1) 地物的反射光谱特性

当电磁辐射能量入射到地物表面，将会出现 3 种过程：一部分入射能量被地物反射，另一部分入射能量被地物吸收成为地物本身的内能或部分再发射出来，还有一部分入射能量被地物透射。根据能量守恒定律可得：

$$P_o=P_\rho+P_\alpha+P_\tau \tag{2-2}$$

式中 P_o——入射的总能量；

P_ρ——地物的反射能量；

P_α——地物的吸收能量；

P_τ——地物的透射能量。

①地物的反射率：不同地物对入射电磁波的反射能力是不一样的，通常采用反射率(或反射系数、或亮度系数)表示。它是地物对某一波段电磁波的反射能量与入射的总能量之比，其数值用百分率表示。地物的反射率随入射波长而变化。地物反射率的大小，与入射电磁波的波长、入射角的大小以及地物表面颜色和粗糙度等有关。一般而言，当入射电磁波波长一定时，反射能力强的地物反射率大，在黑白遥感图像上呈现的色调浅；反之，反射入射光能力弱的地物反射率小，在黑白遥感图像上呈现的色调深。利用遥感图像色调差异进行判读是遥感图像解析的重要手段。

②地物的反射光谱：地物的反射率随入射波长变化的规律称为地物反射光谱。按地物反射率与波长之间关系绘成的曲线(横坐标为波长值，纵坐标为反射率)称为地物反射光谱曲线。不同地物由于物质组成和结构不同具有不同的反射光谱特性，因而可以根据遥感传感器所接收到的电磁波光谱特征的差异来识别不同的地物。

(2)地物的发射光谱特性

任何地物当温度高于绝对温度时，组成物质的原子、分子等微粒，在不停地做热运动，都有向周围空间辐射红外线和微波的能力。通常地物发射电磁辐射的能力是以发射率作为衡量标准。地物的发射率是以黑体辐射作为基准。早在1860年，基尔霍夫(Gustav Robert Kirchhoff)就提出用黑体这个词来说明能全部吸收入射辐射能量的地物。因此，黑体是一个理想的辐射体，黑体也是一个可以与任何地物进行比较的最佳辐射体。所谓黑体是“绝对黑体”的简称，是指在任何温度下，对于各种波长的电磁辐射的吸收系数恒等于1(100%)的物体。黑体的热辐射称为黑体辐射。显然，黑体的反射率 $\rho=0$，透射率 $\tau=0$。自然界并不存在绝对黑体，实用的黑体是由人工方法制成的。这种理想黑体模型的建立，是为了参照计算一般物体的热辐射而设计的。

地物的发射率随波长变化的规律称为地物的发射光谱。按地物发射率与波长间的关系绘成的曲线(横坐标为波长，纵坐标为发射率)称为地物发射光谱曲线。要测定地物的发射光谱，首先必须测量地物的发射率，然后根据地物的发射率与波长对应关系可以画出发射光谱曲线，测量地物发射率最简单的方法是通过测量地物的近红外反射率来推求地物的发射率(即 $\varepsilon=1-\rho$)。因为测量地物的反射率要比直接测量发射率简单容易，也便于实现。

(3)地物的透射光谱特性

有些地物(如水体和冰)具有透射一定波长的电磁波能力，通常把这些地物称为透明地物。地物的透射能力一般用透射率表示。透射率是指入射光透射过地物的能量与入射总能量的百分比，用 τ 表示。地物的透射率因电磁波的波长和地物性质的不同而有所差异。例如，水体对0.45~0.56μm的蓝绿光具有一定的透射能力，在较混浊水体中的透射深度为1~2m，在一般水体中的透射深度为10~20m；又如，波长大于1mm的微波对冰体具有透射能力。一般情况下，绝大多数地物对可见光都没有透射能力。红外线只对具有半导体特

征的地物才有一定的透射能力。微波对地物具有明显的透射能力，这种透射能力的强弱主要由入射波的波长而定。因此，在遥感技术中，可以根据它们的特性，选择适当的传感器来探测水下、冰下某些地物的信息。

2.5　典型地物的反射波谱特征

地物的反射波谱是研究地面物体反射率随波长变化的规律。利用反射率随波长变化的差别可以区分物体，通常用二维几何空间内的曲线表示。横坐标表示波长，纵坐标表示反射率来描绘出地物反射率曲线(图 2-3)。同一物体的反射率曲线形态，反映出不同波段的反射率不同。不同波段的反射率并以此与遥感传感器的相同波段和角度接收的辐射数据相对照，可以得到遥感影像数据和对应地物的识别规律。可见地物反射率曲线的研究非常重要。

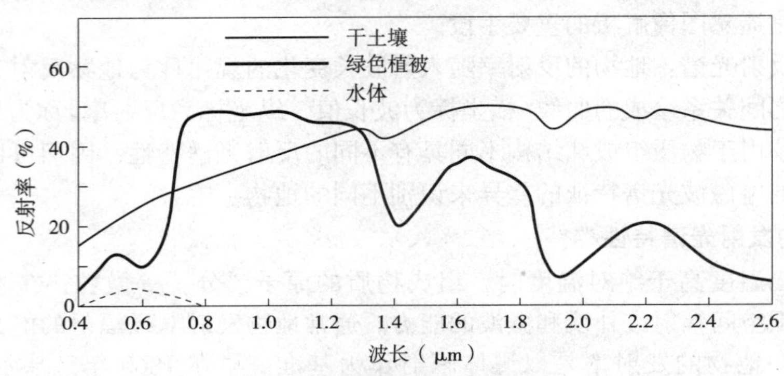

图 2-3　某些地物的反射率曲线

2.5.1　土壤的反射波谱特征

在自然状态下，土壤表面的反射率没有明显的峰值和谷值。土壤的反射波谱特征主要受到土壤中的原生和次生矿物、土壤水分含量、土壤有机质含量、土壤铁含量、土壤质地等因素的影响。

(1) 土壤的原生和次生矿物

原生矿物包括石英、长石、白云母、少量的角闪石、辉石、磷灰石、赤铁矿、黄铁矿等；次生矿物包括简单的盐类(如碳酸盐、硫酸盐、氯化物等)、含水的氧化物(如氧化铁、氧化铝、氧化硅等)、次生层状铝硅酸盐(如高岭石、蒙脱石、水化云母类等)。

(2) 土壤水分含量

水分是土壤的重要组成部分。当土壤的含水量增加时，土壤的反射率就会下降，在水的各个吸收带处(1.4μm、1.9μm 和 2.7μm)，反射率的下降尤为明显(图 2-4)。对于植物和土壤，造成这种现象显然是同一原因，即入射辐射在水的特定吸收带处被水强烈吸收。

(3) 土壤有机质

土壤有机质是指土壤中那些来源于生物(主要是植物和微生物)的物质，其中腐殖质是土壤有机质的主体。腐殖质可分为胡敏酸和富里酸。胡敏酸的反射能力特别低，几乎在整个波段为一条平直线，呈黑色。富里酸则在黄红光部分开始强反射，呈棕色。有机质对反

射光谱的影响主要出现在可见光和近红外波段，而影响最大的在 0.6~0.8μm。一般来说，随土壤有机质含量的增加，土壤的光谱反射率减小(图 2-5)。

除有机质含量外，土壤腐殖质中胡敏酸和富里酸的比值(H/F)是影响土壤波谱反射特性的另一个重要因素。不同地带的土壤，尽管其有机质含量相同，但由于 H/F 的比值不同，土壤的波谱反射特性也会不同。因此，不仅有机质的含量影响土壤波谱反射特性，而且其不同的组成也同样对土壤反射波谱特征有显著影响。

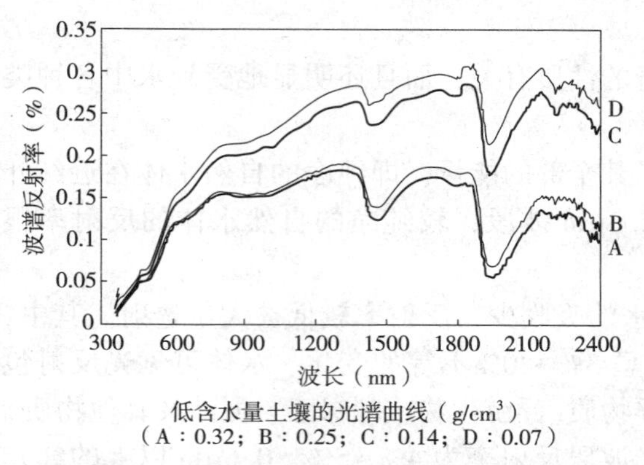

图 2-4　土壤水分不同含量的反射波谱曲线

100
90
80
70
60
50
40
30
20
10
0
反射率（%）
粉砂
砂
腐泥
0.5 0.7 0.9 1.1 1.3 1.5 1.7 1.9 2.1 2.3 2.5
波长（μm）

图 2-5　3 种土壤反射波谱曲线比较

(4)土壤铁含量

铁在土壤中的存在形式主要是氧化铁。氧化铁是影响土壤波谱反射特性的重要成分，其含量的增加会使反射率减小。一般来说，土壤的氧化铁含量与反射率之间是存在一定的负相关，但在 0.5~0.7μm 波段的相关性却不显著。土壤氧化铁含量增加时，可见光与近红外部分吸收增强，而在 0.5~0.7μm 波段的吸收增强幅度不很大，因此土壤呈黄红色。在旱作土壤中，氧化铁随结晶水的多少而表现出不同颜色。当土壤处于还原状态时，土壤呈蓝绿、灰蓝等色，当土壤处于氧化状态时，土壤呈红、黄等颜色。铁含量的影响也主要存在于可见光和近红外波段，由于土壤中有机质与氧化铁对土壤的波谱反射特性影响都很大，故定量区分有机质和氧化铁对光谱反射率的贡献难度较大，因此精确地估算土壤氧化铁含量难度很大。

(5)土壤质地

土壤质地是指土壤中各种粒径的颗粒所占的相对比例。它对土壤光谱反射特性的影响，主要表现在两个方面：一是影响土壤持水能力，进而影响土壤光谱反射率；二是土壤颗粒大小本身也对土壤的反射率有很大影响。对于土壤粒径较小的黏粒部分，由于其具有很强的吸湿作用，在 1.4μm、1.9μm、2.7μm 等处的水吸收带异常明显。随土壤颗粒变小，颗粒间的空隙减小，表面积增大，表面更趋平滑，使得土壤中粉砂粒的反射率比砂粒高。但当颗粒细至黏粒时，又使土壤持水能力增强，反而降低了反射率。此外，土壤质地影响反射特性的因素不仅包括粒径组合及其表面状况，还与不同粒径组合物质的化学组成密切相关。当土壤表面有植被覆盖时，如覆盖度小于 15%，其波谱反射特征仍与裸土相近；植被覆盖度在 15%~70%时，表现为土壤和植被的混合光谱，波谱反射值是两者的加权平均；植被覆盖度大于 70%时，基本上表现为植被的波谱特征。

2.5.2　水体的反射波谱特征

水体的波谱特征主要是由水本身的物质组成决定，同时又受到各种水体状态的影响。地表较纯洁的自然水体对 0.4~2.5μm 波段的电磁波吸收明显高于绝大多数其他地物。在可见光波段内，水体中的能量—物质相互作用比较复杂，反射波谱特性概括起来有以下特点：

①水体的反射波谱的贡献主要由水的表面反射、水体底部物质的反射和水中悬浮物质决定的。

②水体的吸收和透射特性不仅与水体本身的性质有关，而且还明显地受到水中各种类型和大小的物质——有机物和无机物的影响。

③水体在近红外和中红外波段几乎吸收了其全部的能量，即纯净的自然水体在近红外波段更近似于一个“黑体”。因此，在 1.1~2.5μm 波段，较纯净的自然水体的反射率很低，几乎趋近于零。

具体地说，在可见光波段 0.6μm 之前，水的吸收少，反射率较低，大量透射。其中，水面反射率约 5%，并随着太阳高度角的变化呈 3%~10%不等的变化。水体可见光反射包含水表面反射、水体底部物质反射及水中悬浮物质(浮游生物或叶绿素、泥沙及其他物质)的反射 3 方面的贡献。对于清水，在蓝—绿光波段反射率为 4%~5%，0.6μm 以上的红光部分反射率降到 2%~3%，在近红外、短波红外部分几乎吸收全部的入射能量，因此水体在这两个波段的反射能量很小。这一特征与植被和土壤光谱形成十分明显的差异，因而在红外波段识别水体是较容易的。由于水在红外波段(NIR、SWIR)的强吸收，水体的光学特征集中表现在可见光在水体中的辐射传输过程。它包括界面的反射、折射、吸收、水中悬浮物质的多次散射(体散射特征)等。而这些过程及水体最终表现出的波谱特征又是由以下决定的：水面的入射辐射、水的光学性质、表面粗糙度、日照角度与观测角度、气—水界面的相对折射率，在某些情况下还涉及水底反射光等。

因而可以通过高空遥感手段探测水中光和水面反射光，以获得水色、水温、水面形态等信息，并由此推测有关浮游生物、浊水、污水等的质量和数量，以及水面风、浪等有关信息。

2.5.3　植被的反射波谱特征

植被的波谱特征可使其在遥感影像上有效地与其他地物相区别。同时，不同的植被各有其自身的波谱特征，从而成为区分植被类型、长势及估算生物量的依据。

健康植被的波谱曲线有明显的特点(图 2-6)，在可见光的 0.55μm 附近有一个反射率为 10%~20%的小反射峰。在 0.45μm 和 0.65μm 附近有两个明显的吸收谷。在 0.7~0.8μm 是一个陡坡，反射率急剧增高。

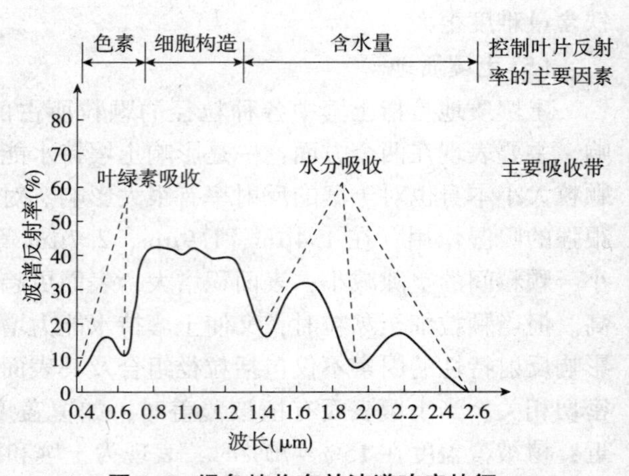

图 2-6　绿色植物有效波谱响应特征

在近红外波段 0.8~1.3μm 形成一个高的，反射率可达 40%或更大的反射峰。在 1.45μm、1.95μm 和 2.6~2.7μm 处有 3 个吸收谷。以下从光与叶片的相互作用、影响植被波谱特征的主要因素以及不同波段影响植被光谱的主导因素具体讨论植被的波谱特征。

(1)光与叶片的相互作用

光与叶片包括以下 5 种相互作用：叶片波谱反射；叶片的漫反射；光合作用下的光能吸收；来自叶片背面的透射光；叶片背面的反射和散射光，它增加了叶片的透光率。

(2)影响植被光谱特征的主要因素

有限的一些光谱敏感成分(植物上皮组织、栅栏叶肉细胞、海绵状叶肉细胞、有叶孔的下皮组织)；这些植被组成部分的相对含量(包括水分)，是植被自身生长及其环境变化的指示性标准；植被的外形结构对其反射光谱特征有显著的影响；植被的光谱特征与光谱测量的空间尺度有很大的关系。

(3)不同波段植被的光谱影响主导因素：

植被可见光和近红外(350~800nm)反射光谱特性差异主要来源于植物体内叶绿素和其他色素成分；植被近红外(800~1300nm)反射光谱特性差异主要来源于植物细胞组织散射；植被短波红外(1300~2500nm)光谱特性主要由植物细胞组织内的液态水吸收决定；植被红外(800~2500nm)光谱的其他影响因子还包括与淀粉、蛋白质、油质、糖、木质素和纤维素等。

还应该指出，不同的植物种类虽然具有共同的反射光谱特性，形成各具特色的反射光谱曲线，但实际上不同的种属，处于不同的生长环境，其反射光谱曲线就会有许多差异。如泡桐、杨树等阔叶树种，枝叶繁茂，太阳辐射经过上下多层的叶面反射，上述绿色植被的反射光谱特性表现得尤为突出；杉、松等针叶树种，叶面积指数低，相当大比例的太阳辐射穿过枝叶空隙直接投射到地面，因此植被反射总体降低，绿光区的小反射峰值也趋于平缓；草类则基本上介于两者之间。此外，不同植被类型在可见光区的反射率彼此差异小，曲线几乎重叠；进入红外区，反射率的差异扩大，彼此容易区分。0.8μm、1.7μm 和 2.3μm 都是识别不同植被类型的最佳波段。

2.6 地物波谱特征的测量

地物波谱联系地面和空间信息之间的关系，是遥感研究的基础。地物光谱测试可以建立地面物体和遥感数据之间的关系，可以建立起地面物体的相关和应用模式。地物波谱值的测定实际上是非常复杂的，例如，如对植被的波谱测定不仅受植物的组分、结构和观测条件的影响，还受时空差异的影响，是一项耗时耗力的工作。对地物波谱进行实测或者监测的工作进行得并不太多，主要集中在农业、地质和水资源等领域。林业对主要树种进行详细的波谱测定工作开展得较少，现行地物波谱的测定都是通过光谱辐射仪来实现的。

2.6.1 光谱辐射仪工作原理

光谱仪通过光纤探头摄取目标光线，经 A/D 转换后变成数字信号，输入计算机，整个测量过程由计算机控制。计算机控制光谱仪并实时将光谱测量结果显示在计算机屏幕上，并能进行一些简单处理。所测数据可储存在计算机内，也可拷贝到其他存储介质上。通常为了测定目标光谱，需要测定三类光谱辐射值：暗光谱，即没有光线进入光谱仪时由仪器记录的光谱；参考光谱或白光，即从较完美的漫辐射体——标准板上测得的光谱；样本光谱或目标光谱，即对目标物上测得的光谱。目标物的反射光谱值是在相同的光照条件下通过参考光辐射值除以目标光辐射值得到的。

2.6.2　ASD便携式野外光谱仪简介

目前常见的野外光谱仪主要有美国LI-COR公司生产的LI-1800，美国地球物理及环境公司生产的GER系列野外光谱仪，美国分析光谱仪器公司(ASD公司)生产的ASD野外光谱辐射仪和美国海洋光学公司生产的S2000小型光学纤维光谱仪系列。其中ASD公司生产的野外光谱辐射仪分为背包式和手持式两种。

ASD手持式野外光谱仪主要具有以下特点：在野外光谱仪中体积最小、质量最轻，体积为22cm×15cm×18cm，质量为1.2kg，视场角为25°；不需测量暗光谱；采用1m长光导纤维直接输入光谱仪，便于逐点测量而不必搬动仪器；能以0.1s记录一条光谱，记录速度快，既减少了误差，又提高了仪器的信噪比。除以上特点外，相关参数如下。

①仪器规格：

◆波长范围：300~1075nm或300~2500nm。

◆积分时间：可选$2n$×17ms，$n=0$，1，…，15。

◆扫描平均：最多可选31800次光谱平均。

◆光谱采样间隔：1.6nm。

◆光谱分辨率：3.5nm。

◆饱和辐射度：最大辐射值可以超过2倍于0°日光天顶角和朗伯表面100%反射。

◆高次吸收滤色片，内置光闸和漂移锁定自动校准功能均设置为标准配置。

◆适于手持或安装在三脚架上。

◆通过标准串口与计算机连接。

②技术特性：

◆使用512阵元阵列PDA探测器。

◆扫描时间短至17ms。

◆实时测量并观察反射、透射、辐射度或辐照率。

◆多次光谱平均：最多可选31800次光谱平均。

◆波长精度值：±1nm。

◆灵敏度线性：±1%。

◆波长重复性：±0.3nm。

◆标准软件功能：全自动优化，原始数据显示采集。反射，透射，$\lg(1/R)$，$\lg(1/\tau)$显示，导数光谱等。

◆内置光闸：漂移锁定暗电流补和分段二级光谱滤光片等为用户提供无差错的数据。

◆质量轻：可用电池操作。

◆计算机串口连接：方便数据传递。

◆响应速度快：近红外段采用高响应速度的 InGaAs 探测器。

◆信噪比高：探测器用 TE 制冷。

2.6.3 外业数据采集

外业采集选择在晴朗无云风天气，采集时间一般在中午 11:00~13:00，每次数据采集前都进行标准板校正。测量方法有两种：一种是垂直测量，测量时仪器探头垂直向下；另一种是非垂直测量，即仪器探头与被测物体存在夹角。为了使测量数据具有代表性，每次选择不同的、均匀的、有代表性的测量点对被测对象(如树木等)测量 25~30 次，对所测数据进行比较，剔除不合理数据，取平均值代表该日的光谱测量值。

2.7 彩色合成原理

电磁波谱中可见光能被肉眼所感觉而产生视觉，不同波长的光显示不同的颜色，自然界中的物体对于入射光有不同的选择性吸收和反射能力，而显示出不同的色彩。这样，不同波长和强度的光谱进入肉眼，使人感觉到周围的景象五光十色。对于人的视觉来说，单一波长的光对应于单一的色调。例如，0.62~0.76μm 的光感觉为红色，0.50~0.56μm 的光感觉为黄色等。然而视觉在判别颜色方面也有其局限性，即分不出哪种是“单色”，哪种是“混合色”。例如，把波长 0.7μm 的红光与 0.54μm 的绿光按一定比例混合叠加进入人眼时，同样感觉为黄色。因此，对于肉眼来说，光对于色，虽然有单一的对应关系，而色对于光，就不是单一的对应关系了，因为色彩可以是不同色光按一定比例叠加而合成。

2.7.1 颜色性质和颜色立体

(1)三基色

色光中存在 3 种最基本的色光，它们的颜色分别为红色、绿色和蓝色。这 3 种色光既是白光分解后得到的主要色光，又是混合色光的主要成分，并且能与肉眼视网膜细胞的光谱回应区间相匹配，符合肉眼的视觉生理效应。这 3 种色光以不同比例混合，几乎可以得到自然界中的一切色光，混合色域最大；而且这 3 种色光具有独立性，其中一种原色不能由另外的原色光混合而成。因此，我们称红色、绿色、蓝色为色光三基色。

(2)颜色性质

彩色的描述对于遥感图像非常重要，彩色变换也是遥感图像处理的重要方法。在光学领域，颜色的性质由明度、色调、饱和度描述。

①亮度(brightness)：彩色光的亮度越高，人眼就越感觉明亮，或者说有较高的明度。如黄色物体亮度高，所以人感觉黄色物体特别明亮夺目。

②色调(hue)：色调是彩色彼此相互区分的特性。可见光谱不同波长的辐射在视觉上表现为各种色调，如红、橙、黄、绿、蓝等。

③饱和度(saturation)：饱和度是指彩色的纯洁性。可见光谱的各种单色光是最饱和的彩色。当光谱中掺入白光成分越多时，就越不饱和。

非颜色体只有明度的差别，而没有色调和饱和度这两种特性。

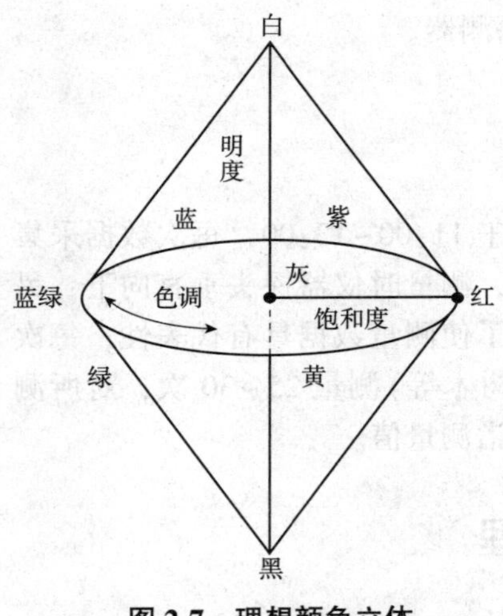

图 2-7　理想颜色立体

(3) 颜色立体

颜色立体是为了更形象地描述颜色特性之间的关系，表现一种理想化的示意关系。如图 2-7 所示，中间垂直轴代表明度，从底端到顶端，由黑到灰再到白，明度逐渐递增；中间水平面的圆周代表色调，顺时针方向由红、黄、绿、蓝到紫逐步过渡；圆周上的半径大小代表饱和度，半径最大时饱和度最大，沿半径向圆心移动时饱和度逐渐降低，到了中心便成了中灰色。如果离开水平圆周向上白或下黑的方向移动也说明饱和度降低。这种理想化的模型可以直观表现颜色 3 种特性之间的关系，但与实际情况仍有不小差别。例如，黄色明度偏白，蓝色明度偏黑，它们的最大饱和度并不在中间圆面上。

2.7.2　色彩空间

“色彩空间”一词源于英语“color space”，也称作“色域”，是表示颜色的一种数学方法。人们用它来指定和产生颜色，使颜色形象化。色彩空间实际就是各种色彩的集合，色彩的种类越多，色彩空间越大，能够表现的色彩范围(即色域)就越广。对于具体的图像设备而言，其色彩空间就是它所能表现的色彩的总和。颜色空间中的颜色通常使用代表 3 个参数的三维坐标来指定，这些参数描述的是颜色在颜色空间中的位置。不同的应用中需要不同的颜色空间，用来反映不同的色彩范围。色彩空间之间可以进行相互转换，在遥感研究领域比较常见的色彩空间有 RGB 颜色空间和 HIS 颜色空间。

(1) RGB 色彩空间

RGB(red，green，blue)色彩空间通常应用于彩色阴极射线管、彩色光栅图形的显示器等设备，彩色光栅图形的显示器都使用 R(红)、G(绿)、B(蓝)数值来驱动 R、G、B 电子枪发射电子，并分别激发荧光屏上的 R、G、B 3 种颜色的荧光粉发出不同亮度的光线，并通过相加混合合成各种颜色；扫描仪也是通过吸收原稿经反射或透射而发送来的光线中的 R、G、B 成分，并用它来表示原稿的颜色。RGB 色彩空间可称为与设备相关的颜色模型，其所覆盖的颜色域取决于显示设备荧光点的颜色特性，是与硬件相关的。RGB 色彩空间是我们使用最多、最熟悉的色彩空间，其采用三维直角坐标系。红、绿、蓝原色是三原色，各个原色混合在一起可以产生复合色。RGB 色彩空间通常采用单位立方体来表示。在正方体的主对角线上，各原色的强度相等，产生由暗到明的白色，也就是不同的灰度值。(0，0，0)为黑色，(1，1，1)为白色。正方体的其他 6 个角点分别为红、黄、绿、青、蓝和品红。

(2) HIS 色彩空间

HIS 色彩空间是从人的视觉系统出发，用色调(hue，H)、亮度(intensity，I)和饱和度(saturation，S)来描述色彩。HIS 色彩空间可以用一个圆锥空间模型来描述。这种描述 HIS 色彩空间的圆锥模型相当复杂，但却能把色调、亮度和饱和度的变化情形表现得很清楚。

通常把色调和饱和度称为色度，用来表示颜色的类别与深浅程度。由于人的视觉对亮度的敏感程度远强于对颜色浓淡的敏感程度，为了便于色彩处理和识别，人的视觉系统经常采用 HIS 色彩空间，它比 RGB 色彩空间更符合人的视觉特性(图 2-8)。

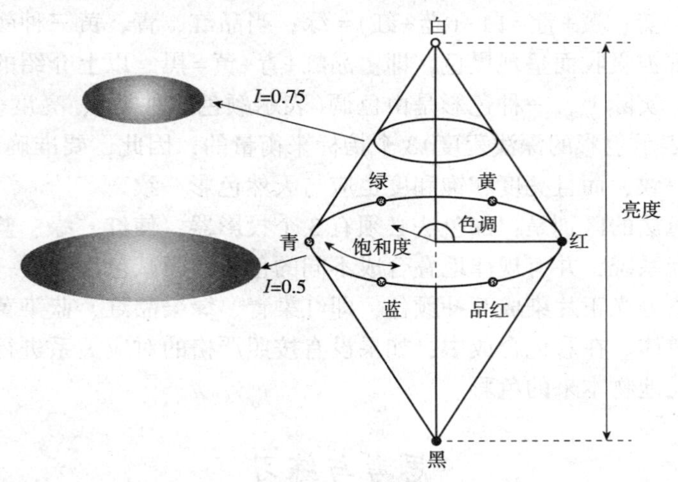

图 2-8 HIS 色彩空间

在图像处理和计算机视觉中，大量算法都可在 HIS 色彩空间中方便地使用，它们可以分开处理，是相互独立的。因此，在 HIS 色彩空间可以大大简化图像分析和处理的工作量。HIS 色彩空间和 RGB 色彩空间只是同一物理量的不同表示法，因而它们之间存在着转换关系。

2.7.3 加色法

彩色合成通常是指用三种基本色调(简称基色)按一定比例混合而成各种色彩，称为三基色(three base colors)合成。这三种基色中的任何一色都不能由三种基色中的另外两种基色混合而成。

用三基色合成其他色彩有两种方法。即红、绿、蓝三基色中的两种以上色光按一定比例混合，产生其他色彩的方法称为加色法。两种基色按等量叠加得到一种补色，即：红+绿=黄；红+蓝=品红；蓝+绿=青；黄、品红、青称为补色。三基色按等量叠加得到白光，即：红+绿+蓝=白；当两种色光相叠加成为消色(白色或黑色)时，称这两种色光为互补色。因此，不难看出(红+绿)与蓝、品红(红+蓝)与绿、青(蓝+绿)与红为互补色。非互补色不等量相叠加可得到两者的中间色。如红(多)+绿(少)=橙；红(少)+绿(多)=黄绿。

2.7.4 减色法

从白光中减去其中一种或两种基色而产生新色彩的方法为减色法。

减色法一般用于颜料配色，如彩色印刷、染印彩色相片等。颜料本身的色彩是由于染料选择性的吸收入射白光中一定波长的光，反射白光中未被吸收的色光而产生。减色法正是白光中减去三基色中的一种或两种而产生色彩的，即：黄=白-蓝；品红=白-绿；青=白-红；黄色颜料是由于吸收了白光中的蓝光，反射红光和绿光的结果；品红颜料是由于吸收了白光中的绿光，反射红光和蓝光的结果；青色颜料是由于吸收白光中的红光，反射蓝光和绿光的结果。当品红与黄色颜料混合叠印时，品红+黄=白-(绿+蓝)=红，在白光中绿光和蓝光分别被品红和黄色颜料吸收，只有红光被反射而呈现出红色。此外还有：青+品=白-(红+绿)=蓝；黄+青=白-(蓝+红)=绿；当品红、青、黄三种颜料叠印时，即白光中绿、红、蓝都被吸收而呈现黑色，即：品红+青+黄=黑。以上介绍的仅是彩色合成和配制的基本原理。实际上，一种色彩是由色调(表示颜色的种类)、亮度(表示色彩的明亮程度)和饱和度(表示色彩的深浅程度)3 个指标来衡量的，因此，要准确地重现天然色彩，不但色调要保持一致，而且亮度和饱和度也应与天然色彩一致。

加色法与减色法的区别是：加色法必须有 3 个投影器，使红、绿、蓝分光正片分别通过红、绿、蓝滤光系统，并有规律地叠合成不同的色彩；而减色法只要一个投影器，首先将红、绿、蓝 3 张分光正片染成互补颜色，即红染青、绿染品红、蓝染黄，然后准确相叠投光就可获得彩色体。在彩色合成中，如果没有按照严格的对应关系进行，所得到的只能是假彩色，而不是地物本来的色彩。

思考与练习

1. 简述电磁波谱区间的划分。
2. 简述典型地物的光谱特征。
3. 试述何为大气窗口及其对遥感观测的作用。
4. 简述地物波谱的主要测定方法及如何进行地物波谱的测定。
5. 试述三原色的概念及如何通过颜色的加减产生新的颜色。

第3章 遥感卫星系统

3.1 Landsat 卫星系统

美国的地球资源卫星(Landsat 系列)全名为地球资源技术卫星。由于它是以研究全球陆地资源为对象，而且另外有专门研究海洋的卫星，因此后来改名为陆地卫星。美国国家航空航天局于 1972 年 7 月 23 日发射了第 1 颗地球资源卫星 Landsat 1；1975 年 1 月 22 日，发射了 Landsat 2；1978 年 3 月 5 日，发射了 Landsat 3；1982 年 7 月 16 日，发射了 Landsat 4；1984 年 3 月 1 日，发射了 Landsat 5；1993 年 10 月 5 日，Landsat 6 发射升空后发生爆炸，卫星发射失败；1999 年 4 月 15 日，发射了 Landsat 7；2013 年 2 月 11 日，Landsat 8 发射升空，目前 Landsat 7 和 Landsat 8 仍在运行。陆地卫星是以探测地球资源为目的而设计的，它既要求对地面有较高的分辨率，又要求有较长的寿命，因此，是属于中高度、长寿命的卫星。

3.1.1 Landsat 卫星的运行特征

(1)近极地、近圆形的轨道

Landsat 1~3 的轨道长半轴为 7285. 82km，短半轴为 7272. 82km，长短半轴只差 13km，故其轨道是近圆形的。近圆形的轨道既可以使卫星获得的全球各地图像比例尺基本一致，保证成像的精度，也可使信息处理方便。轨道高度分别为：Landsat 1~3 的轨道高度为 920km；Landsat 4、5、7、8 的轨道高度均为 705km。轨道面与地球赤道面的夹角：Landsat 1~3 为 99. 20°；Landsat 4、5、7、8 为 98. 20°，是近极地的轨道。这样就能保证全球绝大部分地区，除南、北纬 82°以南(或以北)以外的广大地区，都在卫星扫描覆盖之下。

(2)运行周期

Landsat 1~3 沿轨道绕地球运行一圈的时间是 103. 34min，每天绕地球运行约 14 圈；Landsat 4、5、7、8 沿轨道绕地球一圈的时间为 98. 20min，每天绕地球运行约 16 圈。

Landsat 卫星对同一地区重复成像间隔的时间，也就是对全球扫描一遍所需要的时间，Landsat 1~3 为 18d，由于 Landsat 2 发射时与 Landsat 1 相差 180°相位，因此两颗卫星同时运行时，重复扫描同一地区间隔的时间为 9d。Landsat 4、5、7、8 每隔 16d 扫描全球一遍。表 3-1 列出了 Landsat 卫星系统的主要轨道参数。

表 3-1　Landsat 卫星系统的主要轨道参数

卫星	传感器	发射时间	退役时间	轨道高度(km)	轨道倾角(°)	运行周期(min)	重复周期(d)	过境赤道时刻	景幅宽度(km^2)
Landsat 1	MSS/RBV	1972. 7. 23	1978. 1. 7	920	99. 20	103. 34	18	9:30	185×185
Landsat 2	MSS/RBV	1975. 1. 22	1982. 2. 25	920	99. 20	103. 34	18	9:30	185×185
Landsat 3	MSS/RBV	1978. 3. 5	1983. 3. 31	920	99. 20	103. 34	18	9:30	185×185
Landsat 4	MSS/TM	1982. 7. 16	2001. 6. 30	705	98. 20	98. 20	16	9:45	185×185
Landsat 5	MSS/TM	1984. 3. 1	2013. 6. 5	705	98. 20	98. 20	16	9:45	185×185
Landsat 6	ETM	1993. 10. 5	发射失败						
Landsat 7	ETM+	1999. 4. 15	在轨运行	705	98. 20	98. 20	16	10:00	185×185
Landsat 8	OLI/TIRS	2013. 2. 11	在轨运行	705	98. 20	98. 20	16	10:00	185×185

(3)轨道与太阳同步

只有在较为理想的光照条件下，陆地卫星的传感器成像才能获得质量较高的图像。例如，上午 9：00~10：00，在北半球太阳位于东南方向，高度角适中。如果陆地卫星能在这个同一地方时经过各地上空，那么每个地区的图像都是在大致相同的光照条件下成像，便于不同时期成像的卫星图像上同名地物的对比。因此，卫星轨道既要保证传感器在不变条件下进行探测，又要保证卫星运行的周期，这样就要求卫星的轨道与太阳同步，它是通过卫星轨道面与地球赤道面的夹角来实现的。

3. 1. 2　传感器特征

Landsat 1~5、7 所载传感器有主要有 4 种，即反束光导管摄像机(return beam vidicon，RBV)、多光谱扫描仪(multispectral scanner，MSS)、专题制图仪(thematic mapper，TM)、再增强型专题成像仪(enhanced thematic mapper plus，ETM+)，各传感器波段划分、波段范围及空间分辨率介绍如下。

(1)多光谱扫描仪

Landsat 1~5 上均装有多光谱扫描仪(MSS)，除了 Landsat 3 的多光谱扫描仪增加 1 个热红外波段以外(分辨率 240m，波段范围 10. 4~12. 6μm，发射后不久就失败了)，其余均采用 4 个工作波段，各波段波谱范围和编号略有差别(表 3-2)。多光谱扫描仪的扫描镜与地面聚光系统的光轴成 45°，扫描镜摆幅为±2. 98°，对地面景物的视场为 11. 56°，对应的地面宽度为 185km。横向扫描与卫星运行方向垂直，纵向扫描与卫星运行同时进行。扫描作业时，扫描镜的摆动频率为 13. 62 次/s，每次扫描形成 6 条扫描线，同时扫描地面景物。在扫描仪内沿运行方向排列有 6 个探测器，每个探测器视场均为 79m，总视场 474m。由于卫星经过地面的速度为 6. 47km/s，故地面目标相对遥感仪器也以同样速度运动。而扫描镜摆动频率为 13. 62 次/s，这样每次有效扫描周期为 73. 42ms，因此，扫描镜每摆动一次，在一个扫描周内卫星下的点在地面恰好移动 474m。两者密切配合，即下一次扫描

周期时，第一个探测器的扫描线恰好与前一周期的第六个探测器的扫描线相邻，在卫星运行中，扫描是连续的，扫描方向自西向东为有效扫描。当扫描镜回扫时，快门轮关闭了光导管与地面景物的通路，为无效扫描。MSS 传感器各波段用途如下。

表 3-2　Landsat 4、5、7 号传感器参数

陆地卫星	传感器	波段范围(μm)	空间分辨率(m^2)
Landsat 4	MSS	0.495～0.605	79×79
		0.603～0.696	
		0.701～0.813	
		0.808～1.230	
	TM	0.452～0.518	30×30
		0.529～0.609	
		0.624～0.693	
		0.776～0.905	
		1.568～1.784	
		10.42～11.66	120×120
		2.97～2.347	30×30
Landsat 5	MSS	0.497～0.607	79×79
		0.603～0.697	
		0.704～0.814	
		0.809～1.360	
	TM	0.452～0.518	30×30
		0.528～0.609	
		0.626～0.693	
		0.776～0.904	
		1.568～1.784	
		10.45～12.42	120×120
		2.97～2.349	30×30
Landsat 7	ETM+	0.452～0.514	30×30
		0.519～0.601	
		0.631～0.692	
		0.772～0.898	
		1.547～1.748	
		10.31～12.36	60×60
		2.65～2.346	30×30
		0.515～0.896	15×15

MSS-1(绿光波段)：对水体有一定的透视能力，能判读水下地形，透视深度一般可达 10~20m，还可以用于辨别岩性、松散沉积物，对植物有明显的反应。

MSS-2(红光波段)：对水体有一定的透视能力，对海水中的泥沙流、大河中的悬浮物质有明显的反应，对岩性反映也较好，能区别死树和活树(活树色调较深)。

MSS-3(红—近红外波段)：对水体及湿地的反应明显，水体为暗色调，浅层地下水丰富地段、土壤湿度大的地段有较深的色调，而干燥地段则色调较浅。也能区别植物的健康状况，健康的植物色调浅，发生病虫害的植物色调较深。

MSS-4(近红外波段)：与 MSS-3 有相似之处，水体色调更黑，湿地也具有较深的色调，也能区别植物的健康状况，发生病虫害的植物则色调更深。

(2)专题制图仪

专题制图仪(TM)是第二代光学机械扫描仪。与多光谱扫描仪不同的是，多光谱扫描仪只能单项扫描，回扫时扫描无效，而专题制图仪采用的是双向扫描，正扫与回扫都是有效扫描。双向扫描可以提高扫描效率，缩短停顿时间，提高探测器接收地面辐射的灵敏度。该仪器具有一个摆动式的平面镜，用来扫描垂直于运行方向，卡赛格林式望远镜把能量反射到焦面上的可见光和红外探测器上。因为平面镜在两个方向上扫描，所以在能量到达探测器之前，要求通过一个光学机械扫描仪的改正器。Landsat 3、4 装载的专题制图仪包括 7 个波段。专题制图仪 2~4 波段与多光谱扫描仪 1~3 波段基本相似，都属于可见光波段，在专题制图仪上对光谱段的区间作了适当调整。第 5、7 波段属于短波红外波段，除第 6 波段外，各波段的地面分辨率为 30m，第 6 波段属于热红外波段，分辨率为 120m。TM 传感器各波段用途如下。

TM1(蓝绿波段)：适于水体有穿透力，可区分土壤、植被、森林类型、海岸线、浅水地形分析。

TM2(绿波段)：适于植物长势与病虫害、绿色反射率、植物分类、水中含沙量分析。

TM3(红波段)：适于植物类型、叶绿素吸收率、水体悬浮泥沙、城市轮廓、水陆界线分析。

TM4(近红外波段)：适于水陆界线、水系、道路、居民点、植物类型分析。

TM5(短波红外波段)：适于土壤水分、植物含水量、热图像、裸露人工建筑分析，可用于区分云和雪被。

TM6(热红外波段)：适于植被，土壤热条件、热特性分析，可用于热制图。

TM7(短波红外波段)：适于地质矿产、岩石分类、水热条件、热图像分析。

(3)增强型专题成像仪

增强型专题成像仪(ETM+)是 Landsat 6 卫星上的增强专题成像仪(ETM)的改进型号。ETM+是由 Raytheon 公司制造的，它比 Landsat 4 采用的专题成像仪(TM)敏感度更高，是一台 8 波段的多光谱扫描仪辐射计，工作于可见光、近红外、短波长和热红外波段。它主要有 3 个方面的改进：①热红外波段的分辨率提高到 60m(Landsat 6 的热红外分辨率为 120m)；②首次采用了分辨率为 15m 的全色波段；③改进后的太阳定标器使卫星的辐射定标误差小于 5%，即其精度比 Landsat 5 约提高 1 倍。ETM+除了图像质量提高以外，还利用固态寄存器使星上数据存储能力提高到 380Gbit，相当于存储 100 幅图像，其存储能力

远大于 Landsat 4 和 Landsat 5 上的磁带记录器。此外，Landsat 7 的数据传输速度为 150Mbit/s，比以前卫星的 75Mbit/s 提高了 1 倍。

由于存储能力强，数据传输速度快，Landsat 7 不必依靠“跟踪与数据中继卫星”系统。它可以把数据存储在星上，然后利用 X 波段万向天线把数据直接发送给进入卫星视线的地面站。Landsat 数据的归档地是美国地质勘探局的地球资源观测系统（Earth Resources Observation System，EROS）数据中心，该中心设在美国南达科他州的苏福尔斯（Sioux Falls），其他的网站设在挪威和美国的阿拉斯加等地。

3.1.3 Landsat 数据接收与产品

中国遥感卫星地面站已经与美国签订了在中国独家接收、记录、处理、分发和存档 Landsat 系列数据的协议。2000 年 4 月中旬正式向中国遥感用户提供 Landsat 7 ETM+产品。目前，使用的卫星影像主要是 Landsat 5 和 Landsat 7 卫星影像，按照美国地球资源观测系统数据中心对 Landsat 7 数据产品的处理分级，可将数据产品分为以下 5 级。

(1) 原始数据产品（level 0）

原始数据产品是卫星下行数据经过格式化同步、按景分幅、格式重整等处理后得到的产品，产品格式为 HDF 格式，其中包含用于辐射校正和几何校正处理所需的所有参数文件。原始数据产品可以在各个地面站之间进行交换并处理。

(2) 辐射校正产品（level 1）

只经过辐射校正而没有经过几何校正，并将卫星下行扫描行数据反转后按标称位置排列的数据产品。

(3) 系统几何校正产品（level 2）

系统几何校正产品是指经过辐射校正和系统级几何校正处理的产品，其地理定位精度误差为 250m，一般在 150m 以内。如果用确定的星历数据代替卫星下行数据中的星历数据来进行几何校正处理，其地理定位精度将大大提高。几何校正产品的格式可以是 FAST-L7A 格式、HDF 格式或 GeoTIFF 格式。

(4) 几何精校正产品（level 3）

几何精校正产品是采用地面控制点对几何校正模型进行修正，从而大大提高产品的几何精度，其地理定位精度可达一个像元以内，即 30m。产品格式可以是 FAST-L7A 格式、HDF 格式或 GeoTIFF 格式。

(5) 高程校正产品（level 4）

高程校正产品是采用地面控制点和数字高程模型对几何校正模型进行修正，进一步消除高程的影响。产品格式可以是 FAST-L7A 格式、HDF 格式或 GeoTIFF 格式。要生成高程校正产品，要求用户提供数字高程模型数据。数据产品还包括定标参数文件（Calibration Parameter File，CPF）和星历数据（Definitive Ephemeris Data）等文件。

3.2 SPOT 卫星系统

为了合理地管理地球资源和环境，开展空间测图研究，1978 年 2 月，法国政府批准了一项地球观测实验卫星(SPOT)计划。1986年2月21日夜至22日，在法属圭亚那库鲁航天发射中心，SPOT 1由阿丽亚娜火箭发送到运行轨道。翌日，SPOT 1首次发回图像，为西欧与北非的图像。SPOT卫星的发射成功和正常运行，标志着卫星遥感技术发展到一个新的阶段。到目前为止，SPOT系列卫星共发射了5颗，除SPOT 3于1996年12月失效外，其余正常运行。2002年5月4日凌晨，阿丽亚娜4型火箭从法属圭亚那库鲁航天发射中心顺利升空，将法国SPOT 5地球观测卫星送上太空。SPOT 5地球观测实验卫星的发射质量为3030kg，至此，SPOT系列地球观测系统的最后一颗卫星发射完成，其性能也是最先进的。SPOT 5具有有前几颗卫星所不可比拟的优势，全色分辨率提高到2.5m，多光谱达到10m。除了前面几颗卫星上的高分辨率几何装置(HRG)和植被成像装置(Vegetation)外，SPOT 5还装有一个高分辨率立体成像(HRS)装置，主要任务是监测海上浮游生物和地球表面森林植被的变化，可提供地球表面高清晰度的立体图像。SPOT卫星系统运行以来，获取了数百万幅影像数据，由于其具有较高的地面分辨率、可侧视观测并生成立体像对、在短时间内可重复获取同一地区数据等有别于其他卫星遥感数据的特点，而受到遥感用户的青睐。在土地利用与管理、森林覆盖监测、土壤侵蚀和土地沙漠化的监测以及城市规划等人与环境的关系研究方面，都发挥了重要的作用。

3.2.1 SPOT卫星系统的轨道特征

SPOT系法文Systeme Probatoire d'Observation dela Tarre的缩写，译成中文是地球观测实验卫星。地球观测实验卫星是法国空间中心设计制造，法国国家地理学院负责图像处理，并与许多单位共同进行应用研究。第一颗地球观测实验卫星由瑞典、比利时参加制订计划，后来欧洲共同体的许多国家均参加不同项目的研究。

SPOT卫星系统与Landsat卫星系统同属一类，以观测地球资源为主要目的。因此，它们的运行特征也具有近极地、近圆形轨道，按一定周期运行，轨道与太阳同步，同相位等特点，其参数见表3-3。

表3-3 SPOT卫星系统轨道运行参数

项 目	参 数
轨道高度(km)	832
运行周期(min)	101.4
每天绕地球运行圈数	14.9
重复周期(d)	26(369圈)
轨道倾角	98.72°±0.8°(除南、北纬81.29°以南北地区以外，均可覆盖)
在赤道上轨道间距(km)	108.4
赤道降交点地方时	10:30am±15min

轨道的太阳同步可保证在同纬度上的不同地区，卫星过境时太阳入射角近似，以利于图像之间的比较；轨道的同相位，表现为轨道与地球的自转相协调，并且卫星的星下点轨道有规律地、等间距排列；而近极地近圆形轨道在保证轨道的太阳同步和相位特性的同时，使卫星高度在不同地区基本一致，并可覆盖地球表面的绝大部分地区。

卫星在轨道中运行，会受到太阳、地球和月球的引力场及大气阻力等因素的影响，卫星的轨道高度和倾角将会逐渐降低，严重时将影响轨道的太阳同步性和运行周期，并导致卫星地面轨迹偏离标准位置。为此，卫星在地面指令的控制下，定期调整轨道，使卫星高度相对于地面任何点的误差不超过 5km。卫星地面轨迹的偏差在赤道附近小于 3km，在中高纬度地区小于 5km，降交点地方时的误差在 10min 以内。

3.2.2 SPOT 卫星系统的结构

地球观测实验卫星包括太阳能电池帆板、蓄电池、驱动装置、姿态控制板、有效负荷装配板、数据传输与处理板、推进器组件等。SPOT 卫星系统搭载的传感器包括高分辨率可见光扫描仪(High Resolution Visible Sensor，HRV)、高分辨率可见光红外扫描仪(High Resolution Visible Infrared，HRVIR)、高分辨率几何成像装置(High Resolution Geometric，HRG)、植被成像装置(Vegetation，VEG)和高分辨率立体成像装置(High Resolution Stereoscopic，HRS)。表 3-4 所列为 SPOT 1~5 所载传感器的相关参数特征。

表 3-4　SPOT 卫星系统传感器参数

参数名称	卫星名称	多光谱波段	全色波段	植被成像装置(VEG)	高分辨率立体成像装置(HRS)
波段设置(μm)	SPOT 1~3	0.50~0.59 0.61~0.68 0.79~0.89	0.51~0.73		
	SPOT 4	0.50~0.59 0.61~0.68 0.79~0.89 1.58~1.75	0.61~0.68	0.43~0.47 0.50~0.59 0.61~0.68 0.79~0.89 1.58~1.75	
	SPOT 5	0.49~0.61 0.61~0.68 0.78~0.89 1.58~1.78	0.49~0.69	0.43~0.47 0.61~0.68 0.78~0.89 1.58~1.78	0.49~0.69
空间分辨率(m^2)	SPOT 1~4	20×20	10×10	1.15km	
	SPOT 5	10×10 20×20(B4)	5×5 或 2.5×2.5	1km	10×10
图幅尺寸(km^2)	SPOT 1~5	60×60	60×60	2250×2250	120×120

3.2.3 地面接收与数据处理

(1) SPOT 卫星数据的接收

地面控制中心根据用户要求制订扫描计划，包括倾斜角、起始时间等，编制工作程序传输到卫星，卫星按工作程序的要求工作。一般地面控制中心向卫星每天传输一次计划，如果遇到特殊情况也可以每 12h 传输一次计划。

地球观测实验卫星获取的信息，传输到地面接收站的方式与陆地卫星相同，即实时传输与非实时传输。但是高分辨率可见光扫描仪的记录装置只能记录 26min 的信息，设计寿命仅 2 年，多光谱与全波段不能同时使用，因此，需要有较多的地面接收站。凡是可以接收陆地卫星信息的地面接收站都可以接收地球观测实验卫星的信息。

(2) SPOT 卫星数据产品

根据法国 SPOT Image 公司对 SPOT 数据产品的定义和中国科学院遥感卫星地面站预处理系统的功能设计，遥感卫星地面站的 SPOT 卫星数据的产品分级为：level-0、level-1 和 level-2。

①level-0 级产品：是 SPOT 数据未经任何辐射校正和几何校正处理的原始图像数据产品，它包含了用以进行后续辐射校正及几何校正处理的辅助数据，主要用于地面站与法国 SPOT Image 公司之间的数据交换。

②level-1 级产品：又分为 level-1A 级和 level-1B 级产品。level-1A 级产品是 SPOT 数据经辐射校正处理后的产品，包含了用以进行后续的几何校正处理的辅助数据。level-1A 产品是针对那些仅要求进行最小数据处理的用户而定义的，特别是进行辐射特征和立体解析研究的用户。level-1B 级产品是 SPOT 数据经过了 level-A 级辐射校正和系统几何校正的产品。在处理中，由于卫星轨道、姿态及地球自转等因素造成的数据几何畸变得到了校正，数据经重采样得到的图像像元尺寸分别为 10m(全色模式)和 20m(多光谱模式)。

③level-2 级产品：是在 level-1 级产品的基础上，引入大地测量参数，将图像数据投影在选定的地图坐标系下，进而生成有一定几何精度的图像产品，依照引入参数的类型，level-2 级产品也可分为 level-2A 级和 level-2B 级产品。level-2A 级产品是将图像数据投影到给定的地图投影坐标系下，地面控制点参数不予引入。level-2B 级产品是通过引入地面控制点 GCP，生成高几何精度的图像产品。

3.3 IKONOS 卫星系统

3.3.1 IKONOS 卫星系统概况

IKONOS 是空间成像公司(Space Imaging)为满足高解析度和高精度空间信息获取而设计制造的，是全球首颗高分辨率商业遥感卫星。IKONOS-1 于 1999 年 4 月 27 日发射失败，同年 9 月 24 日，IKONOS-2 发射成功，紧接着于 10 月 12 日成功接收到第一幅影像。

IKONOS 卫星由洛克希德 · 马丁公司(Lockheed Martin)制造，卫星质量 817kg，由 Athena II 火箭于美国加利福尼亚州的范登堡空军基地发射成功，卫星设计寿命为 7 年。它采用太阳

同步轨道，轨道倾角 98.1°，平均飞行高度 681km，轨道周期 98.3min，通过赤道的当地时间为上午 10：30，在地面上空平均飞行速度为 6.79km/s，卫星平台自身高 1.8m，直径 1.6m。

IKONOS 卫星的传感器系统由美国伊斯曼·柯达公司(Eastman Kodak)研制，包括一个 1m 分辨率的全色传感器和一个 4m 分辨率的多光谱传感器，其中的全色传感器由 13816 个 CCD 单元以线阵列排成，CCD 单元的物理尺寸为 12μm×12μm，多光谱传感器分 4 个波段，每个波段由 3454 个 CCD 单元组成。传感器光学系统的等效焦距为 10m，视场角(FOV)为 0.931°，因此当卫星在 681km 的高度飞行时，其星下点的地面分辨率在全色波段最高可达 0.82m，多光谱可达 3.28m，扫描宽度约为 11km。传感器可倾斜至 26°立体成像，平均地面分辨率 1m 左右，此时扫描宽度约为 13km。IKONOS 的多光谱波段与 Landsat TM 的 1~4 波段大体相同，并且全部波段都具有 11 位的动态范围，从而使其影像包含更加丰富的信息。

IKONOS 卫星载有高性能的 GPS 接收机、恒星跟踪仪和激光陀螺。GPS 数据经过后处理可提供较精确的星历信息；恒星跟踪仪用以高精度确定卫星的姿态，其采样频率低；激光陀螺则可高频地测量成像期间卫星的姿态变化，短期内有很高的精度。恒星跟踪数据与激光陀螺数据通过卡尔曼滤波能提供成像期间卫星较精确的姿态信息。GPS 接收机、恒星跟踪仪和激光陀螺提供的较高精度的轨道星历和姿态信息，保证了在没有地面控制的情况下，IKONOS 卫星影像也能达到较高的地理定位精度。

3.3.2 成像原理

与 Landsat 和 SPOT 4 卫星相比，IKONOS 卫星的成像方式更加灵活，其传感器系统采用独特的机械设计，可以十分灵活地以任意方位角成像，偏离正底点的摆动角甚至可达到 60°。IKONOS 卫星 360°的照准能力使其既可侧摆成像以获取异轨立体或缩短重访周期，也可通过沿轨道方向的前后摆动同轨立体成像，具有推扫、横扫成像能力。

IKONOS 卫星能获取同轨立体影像。当卫星接近目标时，传感器光学系统先沿着轨道向前倾斜，照准目标区域并采集第一幅影像，接着控制系统操纵传感器向后摆动，大约 100s 后再次照准目标区并采集第二幅影像。由于 IKONOS 卫星利用单线阵 CCD 传感器，通过光学系统的前后摆动实现同轨立体成像。因此，相应的立体覆盖是不连续的。

3.3.3 CARTERRA®™系列产品简介

在 Space Imaging 最新发布的 IKONOS 影像产品白皮书中，根据 CE90(circular error at 90% probability)及 LE90(liner error at 90% probability)的大小将 IKONOS CARTERRA 产品分为 5 级，分别称为 Geo、Pro、Reference、Precision 和 Precision Plus(表 3-5)。

表 3-5 IKONOS 卫星各级产品的基本信息

产品类型	定位精度			正射校正	采集角度	构成立体
	CE90(m)	RMS(m)	NMAS(m)			
Geo	≤50	N/A	N/A	否	60°~90°	否
Reference	≤25.4	≤11.8	1：50000	是	60°~90°	是

（续）

产品类型	定位精度			正射校正	采集角度	构成立体
	CE90(m)	RMS(m)	NMAS(m)			
Pro	≤10.2	≤4.8	1∶12000	是	66°~90°	否
Precision	≤4.1	≤1.9	1∶4800	是(GCP)	72°~90°	是
Precision Plus	≤2	≤0.9	1∶2400	是(GCP)	75°~90°	否

(1)简单几何校正产品

CARTERRA® Geo 产品：IKONOS 的 Geo 级产品包括 1m 分辨率的全色影像、4m 分辨率的多光谱影像以及融合后的 1m 分辨率的彩色影像，适用于宏观观察和判读。Geo 级产品经过简单几何校正，消除了影像采集引起的几何误差，并将影像按照统一的地面采样间隔(GSD)和给定的地图投影方式重采样。Geo 产品没有消除地形起伏造成的影像移位，能达到的定位精度有限。不含地形起伏影响的 Geo 产品标称精度为 50m CE90，不适合测图。

CARTERRA® Geo Ortho Kit 产品：2001 年 6 月，Space Imaging 发布了 Geo Ortho Kit 产品，它是 Geo 产品的一个分支，适用于专业用户。Geo Ortho Kit 产品包括 Geo 级影像及相应的传感器成像几何模型(Image Geometry Model，IGM，即 RPC 模型)，依据 IGM 用户可以利用 DEM 和地面控制点自己制作高精度的正射影像。

(2)正射校正产品

正射校正是为了消除地形起伏引起的误差。IKONOS 经正射校正后的影像包括 Reference、Pro、Precision 和 Precision plus。

CARTERRA® Reference 产品：包括 1m 分辨率的全色影像、4m 分辨率的多光谱影像和融合后的 1m 分辨率的彩色影像，适用于大面积测图以及需要 1∶5000 比例尺正射影像的工程项目。它经过正射校正和镶嵌，定位精度可达 25m CE90。

CARTERRA® Pro 产品：包括 1m 分辨率的全色影像、4m 分辨率的多光谱影像和 1m 分辨率彩色影像，适用于无法获取控制点或地面控制昂贵、困难时，需要高空间分辨率、中等比例尺定位精度正射影像的工程项目。Pro 级产品的定位精度可达 10m CE90，是无地面控制条件下生成的最高精度的正射产品，能提供全球 1∶12000(NMAS)比例尺的正射影像。

CARTERRATM Precision 产品：包括 1m 分辨率的全色影像、4m 分辨率的多光谱影像和 1m 分辨率彩色影像。Precision 级产品的精度相当于比例尺为 1∶4800(NMAS)地形图的定位精度，适用于大面积、大比例尺城区规划工程项目。Precision 级影像采集时传感器高度角一般在 72d 以上，要达到其标称的 4m CE90 的定位精度，用户需要向 Space Imaging 提供 1m 精度的地面控制点和 5m 精度的 DEM。

CARTERRA® Precision Plus 产品：只包括 1m 分辨率全色影像和 1m 分辨率彩色影像。Precision Plus 产品是 Space Imaging 提供的最精确的 IKONOS 影像产品，能提供大多数城市规划项目所需的精度，定位精度最高可达 2m CE90。Precision Plus 产品的生成同样需要向

Space Imaging 提供高精度的地面控制点和高质量的 DEM。

(3) 立体影像产品

IKONOS 卫星系统的立体影像产品仅有 1m 分辨率的 Reference 和 Precision 两种级别。Space Imaging 提供给用户的 IKONOS 立体影像产品还附带传感器模型的有理多项式函数系数文件(RPC)，RPC 文件提供地面点空间交会、DEM 提取和正射校正等摄影测量处理所需的传感器模型参数。IKONOS 立体影像产品一般都经过核线重采样。

Reference 级立体产品：该产品生成仅利用了星载 GPS 接收机、恒星跟踪仪和激光陀螺提供的轨道星历、卫星姿态以及焦平面的视场角映射(Field Angle Map, FAM)信息。不需要地面控制点，Reference 级立体产品能达到 25m CE90 的平面精度和 22m LE90 的高程精度，也称为标准立体产品。

Precision 级立体产品：利用少量地面控制点消除系统性误差，Precision 级立体产品可达 4m CE90 的平面精度和 5m LE90 的高程精度，也称为精确立体产品。

(4) 产品选项

影像的位深度(灰度级)：8 位或 11 位。

影像格式：单像采用 GeoTIFF 或未压缩 NTIF 2. 格式；立体影像采用 TIFF 格式(核线投影)或 GeoTIFF 格式(地图投影)。

投影方式：UTM、国家平面投影、亚尔勃斯等面积圆锥投影、兰伯特等角圆锥投影、横墨卡托投影。

基准面或参考椭球：WGS84、NAD83、NAD27。

分发媒介：CD-ROM、DVD、硬盘、Internet。

3.4 QuickBird 卫星系统

QuickBird 卫星系统(快鸟卫星)由 Ball 航天技术公司(Ball Aerospace & Technologies)、伊斯曼 · 柯达公司和 Fokker 空间公司(Fokker Space)联合研制，由数字地球公司(DigitalGlobe)运营，是目前世界上空间分辨率最高的商用卫星。早在 1997 年 12 月 24 日，地球观测公司(EarthWatch, DigitalGlobe 公司的前身)就用俄罗斯 START-1 运载火箭发射了 EarlyBird 卫星，但卫星在入轨 4 天后失踪；3 年以后，在 2000 年 11 月 20 日地球观测公司又发射了 QuickBird 1，仍采用俄罗斯的运载火箭发射，但卫星未入轨而宣告失败；1 年后地球观测公司改名为数字地球公司，并于 2001 年 10 月 18 日改用美国波音公司 Delta II 型运载火箭发射 QuickBird 2 获得成功。现在所称的 QuickBird 卫星系统即是指 QuickBird 2。

3.4.1 QuickBird 2 的基本参数

QuickBird 2 是为高效、精确、大范围地获取地面高清晰度影像而设计制造的。在当前运营和即将发射的商业遥感卫星中，QuickBird 2 能提供最大的条带宽度、最大的在线存储容量和最高的地面分辨率。卫星基本参数见表 3-6。

表 3-6　QuickBird 2 的运行轨道及传感器参数

项　目	参　数	项　目	参　数
发射日期	2001 年 10 月 18 日	条带宽度	垂直成像时为 16. 5km×16. 5km
发射装置	波音 DeltaⅡ型运载火箭	平面精度	23cm CE90
发射地	加利福尼亚范登堡空军基地	动态范围	11 位
轨道高度	450km	空间分辨率	全色：61cm(星下点)； 多光谱：2. 44m(星下点)
轨道倾角	97. 20°		
飞行速度	7. 1km/s	光谱响应范围	全色：450~900nm B：450~20nm；G：520~600nm R：630~690nm；NIR：760~900nm
降交点时刻	10:30am		
轨道周期	93. 5min		

与 IKONOS 卫星系统类似，QuickBird 2 也具有推扫、横扫成像能力，可以获取同轨立体或异轨立体，但一般情况下通过推扫获取同轨立体，立体影像的基高比为 0. 6~2. 0，但绝大多数情况下处于 0. 9~1. 2 范围内，适合三维信息提取。根据纬度的不同，卫星的重访周期为 1. 0~3. 5d。垂直摄影时，QuickBird 2 卫星影像的条带宽为 16. 5km，比 IKONOS 宽 60%，当传感器摆动 30°时，条带宽约 19km。

与 Space Imaging 公司销售 IKONOS 卫星影像的策略不同，DigitalGlobe 公司同时提供严密传感器模型和有理多项式系数模型来处理 QuickBird 卫星影像，以满足不同用户的需要。严密传感器模型是依据传感器的成像几何关系，利用成像瞬间地面点、透视中心和相应像点三点共线的几何关系建立的数学模型，是摄影测量学最常采用的成像模型，具有最高的定位精度，但形式较为复杂。严密传感器模型所需的传感器成像参数、姿态参数和轨道星历保存在影像支持数据(Image Support Data，ISD)文件中。RPC 模型是对严密传感器模型的拟合，它直接提供了地面坐标与像点坐标之间的映射关系，理想情况下也能达到与严密传感器模型相当的定位精度。

3. 4. 2　QuickBird 影像产品

根据处理程度和定位精度的不同，DigitalGlobe 将 QuickBird 卫星影像分为 5 级(表 3-7)，其中 Ortho 自定义级产品的定位精度取决于用户提供的地面控制点和 DEM 的精度。

表 3-7　QuickBird 影像产品及其定位精度

产品级别	处理形式	定位精度		覆盖范围
		CE90(m)	RMSE(m)	
Basic 级	原始影像	23	14	全球
Standard 级	几何校正	23	14	全球
Ortho 1：25000 级	正射校正	12. 7	7. 7	全球

（续）

产品级别	处理形式	定位精度		覆盖范围
		CE90(m)	RMSE(m)	
Ortho 1∶12000 级	正射校正	10.2	6.2	美国
Ortho 1∶4800 级	正射校正	4.1	2.5	美国
Ortho 自定义级	正射校正	可变	可变	全球

(1) Basic 级影像产品

Basic 级影像产品只经过辐射校正和传感器扭曲校正，消除了传感器光学畸变、扫描畸变、扫描速率不均匀引起的影像变形，没有进行几何校正和地图投影，是最原始的影像产品，适合专业的摄影测量处理。利用提供的影像支持数据和 DEM，Basic 级影像能达到 14m 的平面精度(RMSE，相当于 23m CE90)，其中不包括成像几何和地形起伏的影响。

用户可以采用 RPC 模型和严密传感器模型对 Basic 级影像进行正射校正，利用高质量的 DEM 和亚米级精度的地面控制点，QuickBird 严密传感器模型能达到 RMSE 2~5m 的定位精度，RPC 模型能达到 RMSE 3~6m 的定位精度。

Basic 级全色影像的分辨率在 0.61m(星下点)到 0.72m(倾斜 25°)之间，多光谱影像的分辨率在 2.44m(星下点)到 2.88m(倾斜 25°)之间。每景 Basic 全色影像为 27424 行、27552 列，多光谱影像为 6856 行、6888 列，覆盖面积约 272km^2。

(2) Standard 级影像产品

Standard 级影像产品经过辐射校正、传感器畸变校正、几何校正，消除了平台定位和姿态误差、地球自转、地球曲率等造成的影像变形，并进行了地图投影。Standard 产品包括分辨率为 0.6m 或 0.7m 的全色、真彩色或全色锐化影像以及分辨率为 2.4m 或 2.8m 的多光谱影像。Standard 级产品具体可分为以下两类。

Standard 产品：利用粗 DEM 消除了地形起伏(相对于参考椭球)生成的产品。Standard 影像的平均定位精度是 23m CE90，其中不包括地形起伏和侧视成像的影响。

Ortho Ready Standard 产品：没有消除地形起伏的影响，适合进行正射校正。Ortho Ready Standard 产品的定位精度为 23m CE90，其中不包括地形起伏和传感器侧视成像的影响。如果利用高质量的 DEM、亚米级精度的地面控制点和 RPC 参数进行处理，可以达到 RMSE 3~10m 的定位精度。

(3) 正射校正产品

正射校正产品经过了辐射校正、传感器校正、几何校正和正射校正，并投影到指定的基准面上。正射校正产品包括有分辨率为 0.6m 或 0.7m 的全色、真彩色或全色锐化影像以及分辨率为 2.4m 或 2.8m 的多光谱影像。

正射校正产品需要 DEM 和地面控制点来消除地形起伏影响。当生成 1∶25000、1∶12000 和 1∶4800 比例尺的正射影像时，所需的 DEM 和地面控制点由 DigitalGlobe 负责收集；DigitalGlobe 也可使用用户提供的 DEM 和地面控制点进行正射校正，生成自定义级正射校正产品，但 DigitalGlobe 不保证自定义级正射校正产品的质量和定位精度。

(4)影像支持数据

QuickBird 卫星的所有影像产品分发时都附带有一套元数据文件，称为影像支持数据(Image Support Data，ISD)，它们包含了影像数据必备的辅助说明信息。根据产品类型的不同，其对应的 ISD 数据内容也不尽相同(表 3-8)。

表 3-8 QuickBird 的影像支持数据(ISD)文件

文件名称	扩展名	Basic 级产品	Standard 级产品	正射校正产品
姿态文件	. att	√		
星历文件	. eph	√		
几何校正文件	. geo	√		
元数据文件	. imd	√		
License 文件	. txt	√	√	√
Readme 文件	. txt	√	√	√
RPCOOB 文件	. rpb	√		√
瓦片映射文件	. til		√	√

注：表中各种文件的内容描述详见 DigitalGlobe，2003。

(5)Basic 立体影像产品

Basic 立体像对由两景 Basic 级影像构成。它们是由传感器沿轨道前后倾斜成像获取的，具有 90%的航向重叠，用了提取 DEM 或三维地物采集。Basic 立体影像仅经过辐射校正和传感器校正，全色影像的分辨率大约 0. 78m(倾斜 30°)，多光谱影像为 3. 12m(倾斜 30°)。

QuickBird Basic 立体影像是同轨采集的前后立体影像。飞行期间，传感器首先沿轨道向前倾斜约 30°，并采集第一景影像，接着成像系统向后摆动，以约 30°的倾斜角采集第二景影像。Basic 立体影像的基高比为 0. 6～2. 0，大多数情况下为 0. 9～1. 2，适用于目标的三维定位。

QuickBird Basic 立体影像产品的影像支持文件(ISD)主要为立体文件(Stereo File)，它包含了立体采集的几何参数：交会角(Convergence Angle)、不对称角(Asymmetry Angle)和平分线高度角(Bisector Elevation Angle，BIE)，它们反映了两条光线在地向点上交会的几何关系。交会角是前后两条光线在交会平面内的夹角；不对称角是交会角平分线与地面点铅垂线在交会面上的投影之间的夹角；平分线高度角是交会角平分线与水平面之间的夹角。

3.5 中巴地球资源卫星

3.5.1 中巴地球资源卫星概况

中巴地球资源卫星(CBERS)是我国第一代传输型地球资源卫星，包含中巴地球资源卫

星 01 星、中巴地球资源卫星 02 星和中巴地球资源卫星 02B 星 3 颗卫星组成。它的成功发射与运行开创了中国与巴西两国合作研制遥感卫星、应用资源卫星数据的广阔领域，结束了中巴两国长期单纯依赖国外对地观测卫星数据的历史。中国资源卫星应用中心负责资源卫星数据的接收、处理、归档、查询、分发和应用等业务。

1999 年 10 月 14 日，中巴地球资源卫星 01 星(CBERS-01)成功发射，在轨运行 3 年 10 个月；2003 年 10 月 21 日，中巴地球资源卫星 02 星(CBERS-02)发射升空，目前仍在轨运行。2007 年 9 月 19 日，中巴地球资源卫星 02B 星在中国太原卫星发射中心发射，并成功入轨，2007 年 9 月 22 日首次获取对地观测图像，在此后两个多月时间里，有关单位完成了卫星平台在轨测试、有效载荷的在轨测试、状态调整及数据应用评价等工作，正式交付用户使用。

3.5.2 CBERS-01/02 传感器

(1) CCD 相机

CCD 相机在星下点的空间分辨率为 19.5m，扫描幅宽为 113km，在可见、近红外光谱范围内有 4 个波段和 1 个全色波段。具有侧视功能，侧视范围为±32°。相机带有内定标系统。

(2) 红外多光谱扫描仪

红外多光谱扫描仪(IRMSS)有 1 个全色波段、2 个短波红外波段和 1 个热红外波段，扫描幅宽为 119.5km。可见光、短波红外波段的空间分辨率为 78m，热红外波段的空间分辨率为 156m。IRMSS 带有内定标系统和太阳定标系统。

(3) 宽视场成像仪

宽视场成像仪(WFI)有 1 个可见光波段、1 个近红外波段，星下点的可见分辨率为 258m，扫描幅宽为 890km。由于这种传感器具有较宽的扫描能力，因此，它可以在很短的时间内获得高重复率的地面覆盖。WFI 星上定标系统包括一个漫反射窗口，可进行相对辐射定标，详见表 3-9。

表 3-9 CBERS-01/02 卫星系统传感器参数

参 数	感器名称		
	CCD 相机	红外多光谱扫描仪(IRMSS)	宽视场成像仪(WFI)
传感器类型	推扫式	振荡扫描式(前向和反向)	推扫式(分立相机)
可见/近红外波段(μm)	波段 1：0.45~0.52 波段 2：0.52~0.59 波段 3：0.63~0.69 波段 4：0.77~0.89 波段 5：0.51~0.73	波段 6：0.50~0.90	波段 10：0.63~0.69 波段 11：0.77~0.89
短波红外波段(μm)		波段 7：1.55~1.75 波段 8：2.8~2.35	

（续）

参　数	感器名称		
	CCD 相机	红外多光谱扫描仪（IRMSS）	宽视场成像仪（WFI）
热红外波段(μm)		波段 9：10.4~12.5	
辐射量化(bit)	8	8	8
扫描带宽(km)	113km	119.5km	890km
每波段像元数	5812 像元	波段 6、7、8：1536 像元；波段 9：768 像元	3456 像元
空间分辨率(星下点)	19.5m	波段 6、7、8：78m；波段 9：156m	258m
是否具有侧视功能	有(-32°~+32°)		
视场角	8.32°	8.80°	59.6°

3.5.3 CBERS-02B 传感器

(1) CCD 相机

CCD 相机在星下点的空间分辨率为 19.5m，扫描幅宽为 113km。它在可见、近红外光谱范围内有 4 个波段和 1 个全色波段。具有侧视功能，侧视范围为±32°。相机带有内定标系统。

(2) 高分辨率相机

高分辨率(HR)相机的分辨率为 2.36m。

(3) 宽视场成像仪

宽视场成像仪(WFI)有 1 个可见光波段、1 个近红外波段，星下点的可见分辨率为 258m，扫描幅宽为 890km。由于这种传感器具有较宽的扫描能力，因此，它可以在很短的时间内获得高重复率的地面覆盖。WFI 星上定标系统包括一个漫反射窗口，可进行相对辐射定标。

3.6 高景一号 01/02 卫星

3.6.1 高景一号 01/02 卫星概况

高景一号(SuperView-1)01/02 是国内首个具备高敏捷、多模式成像能力的商业卫星，具有专业级的图像质量、高敏捷的机动性能、丰富的成像模式和高集成的电子系统等技术特点。高景一号 01/02 卫星在轨应用后，将打破我国 0.5m 级商业遥感数据被国外垄断的现状，也标志着国产商业遥感数据水平正式迈入国际一流行列。

高景一号 01/02 卫星于 2016 年 12 月在太原卫星发射中心由长征二号丁运载火箭以一

箭双星的方式成功发射。2017 年 2 月 10 日，完成了相机的焦面位置调整，确认了最佳成像焦面位置，2017 年 3 月 24 日，完成了姿态测量参数输出方式调整。一般情况下，只对外分发 2017 年 3 月 24 日后的成像数据产品。

3.6.2 高景一号 01/02 卫星参数

高景一号 01/02 卫星具有全色波段和 4 个标准多光谱波段：蓝色、绿色、红色和近红外波段，全色分辨率 0.5m，多光谱分辨率 2m，能够彰显细腻的地物细节，适用于高精度地图制作、变化监测和影像深度分析。该卫星轨道高度为 530km，幅宽为 12km，过境时间为上午 10:30，迅速精准实现星下点成像，常规侧摆角最大为 30°，执行重点任务时可达 45°，单景最大可拍摄 60km×70km 范围的影像。该卫星具有星下点成像、侧摆成像、连续条带、多条带拼接、立体成像、多目标成像等多种工作模式。星上储存空间为 2TB，具备强大的图像采集存储能力，单颗卫星每天可采集 $70\times10^4km^2$。在全球任何地方，可实现每天观测一次。卫星参数见表 3-10。

表 3-10 高景一号 01/02 卫星参数

项目	参数	项目	参数
轨道	高度：530km 类型：太阳同步 周期：97min	分辨率	全色：0.5m 多光谱：2.0m
设计寿命	8 年	位深	11bit
质量	560kg	幅宽	12km
波段	全色：450~890nm 多光谱： 蓝：450~520nm 绿：520~590nm 红：630~690nm 近红外：770~890nm	存储空间	2.0Tbits
		重访周期	2d
		日采集能力	$90\times10^4km^2$
		景面积	$144\times10^4km^2$

3.6.3 高景一号 01/02 卫星产品

高景一号图像产品按照波段配置分为以下 4 种。

全色(PAN)：产品只有 1 个波段，为黑白图像产品，地面采样间隔为 0.5m。

多光谱(MUX)：产品包括 4 个波段，多光谱产品波段按照波长顺序排列，依次是蓝(B)、绿(G)、红(R)、近红外(NIR)，地面采样间隔为 2m。

全色多光谱组合(PMS)：包括全色与多光谱数据。

融合(PSH)：产品融合了多光谱的视觉信息和全色的空间信息，是高空间分辨率的彩色图像。融合产品可以是 3 个或 4 个波段产品，3 个波段产品可以是真彩色(分别是红、绿、蓝)或彩红外(分别是近红外、红、绿)。4 个波段产品依次是蓝(B)、绿(G)、红

(R)、近红外(NIR)，可提供立体数据融合产品，融合产品数据量较大时会切分成块，每块的数据量不超过2GB。

3.7　高分二号卫星

3.7.1　高分二号卫星概况

高分二号卫星(GF-2)是我国自主研制的首颗空间分辨率优于1m的民用光学遥感卫星，具有亚米级空间分辨率、高定位精度和快速姿态机动能力等特点，有效地提升了卫星综合观测效能，达到了国际先进水平。

卫星历经36个月的研制，于2014年8月19日由长征四号乙运载火箭在太原卫星发射中心成功发射入轨。2015年3月6日，高分二号正式投入使用。这是我国目前分辨率最高的民用陆地观测卫星，星下点空间分辨率可达0.8m，标志着我国遥感卫星进入了亚米级“高分时代”。主要用户为自然资源部、住房和城乡建设部、交通运输部、国家林业和草原局等部门，同时还将为其他用户和有关区域提供示范应用服务。

3.7.2　高分二号卫星参数

高分二号卫星基于资源卫星CS-L3000A平台开发，质量为2100kg，设计寿命为5~8年，运行轨道为高度631km、倾角97.9°、降交点地方时上午10:30的太阳同步回归轨道，装载两台1m全色/4m多光谱相机实现拼幅成像，星下点分辨率全色为0.81m、多光谱为3.24m，成像幅宽为45km。设计具有180s内侧摆35°并稳定的姿态机动能力，能每天成像14圈、每圈最长成像时间为15min，能实现69d内对全球的观测覆盖，及5d内对地球表面上任一区域的重复观测。卫星轨道参数见表3-11，卫星有效荷载参数见表3-12。

表3-11　高分二号卫星轨道参数

参数	指标	参数	指标
轨道类型	太阳同步回归轨道	降交点地方时	10:30am
轨道高度	631km	回归周期	69d
轨道倾角	97.9080°		

表3-12　高分二号卫星有效载荷参数

载荷	谱段号	谱段范围(μm)	空间分辨率(m)	幅宽(km)	侧摆能力	重访时间(d)
全色多光谱相机	1	0.45~0.90	1	45（2台相机组合）	±35°	5
	2	0.45~0.52	4			
	3	0.52~0.59				
	4	0.63~0.69				
	5	0.77~0.89				

星上配置容量为 4.9TB 的大容量固态存储器，提供全色 3∶1 压缩、多光谱无损压缩图像数据的存贮，可连续存储不少于 20min 的图像数据。采用 X 波段高速信号调制技术和高增益双极化点波束天线，实现 2×450Mbps 对地图像数据传输。

3.7.3　高分二号卫星数据产品

(1)全色态影像

全色态影像(Panchromatic，俗称黑白影像)，收集单一波段(B & W)的波谱资料，其影像分辨率为 0.8m。

(2)多光谱影像

多光谱影像(Multi-spectral，俗称彩色影像)，收集蓝色可见光、绿色可见光、红色可见光及近红外光等 4 个波段之影像，影像分辨率为 3.2m。

(3)彩色合成影像

彩色合成影像(pan-sharpened)是指将分辨率 0.8m 的全色态影像与分辨率 3.2m 的多光谱影像利用融合技术进行影像融合(fusion)后，合成分辨率为 0.8m 的彩色影像。

3.8　资源三号卫星

3.8.1　资源三号卫星概况

资源三号卫星是我国高分辨率立体测图卫星，主要目标是获取三线阵立体影像和多光谱影像，实现 1∶50000 测绘产品生产能力以及 1∶25000 和更大比例尺地图的修测和更新能力。资源三号 01 星于 2012 年 1 月 9 日成功发射，是我国当时第一颗民用高分辨率光学传输型测绘卫星，搭载了 4 台光学相机，包括一台地面分辨率 2.1m 的正视全色 TDI CCD 相机、两台地面分辨率 3.5m 的前视和后视全色 TDI CCD 相机、一台地面分辨率 5.8m 的正视多光谱相机。数据主要用于地形图制图、高程建模以及资源调查等。资源三号 02 星于 2016 年 5 月 30 日发射。发射后，与在轨工作的 01 星形成有效互补，实现双星在轨稳定运行，及时获取高分辨率影像数据，实现覆盖全国的高分影像数据获取能力，并按需求完成境外重点关注区域数据获取。

3.8.2　资源三号卫星参数

资源三号 01 星和 02 星都采用三线阵相机，正视采用 2.1m 的分辨率，01 星前后视相机的分辨率为 3.5m，02 星的分辨率为 2.6m，多光谱相机的分辨率均为 5.8m，卫星影像的基高比是 0.89，轨道高度约 506km。卫星可以实现全球南北纬 84°以内地区无缝影像覆盖，单颗卫星回归周期 59d，两颗可以达到 30d，重访周期 5d，两颗卫星可以达到 3d，设计寿命是 5d，卫星质量 2.6t。01 星和 02 星卫星系统全部功能和考核指标都满足设计要求，在国际同类上基本处于领先地位。卫星轨道参数详见表 3-13，卫星传感器参数详见表 3-14。

表 3-13 资源三号卫星轨道参数

项 目	参 数	
卫星标识	资源三号 01 星	资源三号 02 星
运载火箭	长征运载	长征运载
发射地点	中国太原卫星发射中心	中国太原卫星发射中心
卫星质量(kg)	2630	≤2700
运行寿命	5 年	5 年
数据传输模式	图像实时传输模式 图像记录模式 边记边传 图像回放模式	图像实时传输模式 图像记录模式 边记边传 图像回放模式
轨道高度(km)	506	505
轨道倾角/过境时间	97.421°/10:30am	97.421°/10:30am
轨道类型/轨道周期	太阳同步/98min	太阳同步/98min

表 3-14 资源三号卫星传感器参数

项 目		参 数	
相机模式		全色正视，全色前视，全色后视，多光谱正视	
分辨率	01 星	星下点全色：2.1m； 前、后视 22°全色：3.5m； 星下点多光谱：5.8m	
	02 星	星下点全色：2.1m； 前、后视 22°全色：优于 2.7m； 星下点多光谱：5.8m	
波长		全色：450~800nm	
		多光谱	蓝：450~520nm 绿：520~590nm 红：630~690nm 近红外：770~890nm
幅宽		星下点全色：50km，单景面积：2500km^2 星下点多光谱：52km，单景面积：2704km^2	
重访周期		一颗卫星 5d；双星组网 3d	
影像日获取能力		全色：近 100×10^{4}km^2/d 融合：近 100×10^{4}km^2/d	

思考与练习

1. 试比较 Landsat 系列卫星、SPOT 系列卫星与 CBERS 卫星之间的差异。
2. 简述 QuickBird 和 IKONOS 高分辨率卫星的主要特点。
3. 简述高景一号 01/02 卫星、高分二号卫星、资源三号卫星的主要特点。

第4章 遥感图像目视解译

遥感仪器自空中获得大量的地面目标数据，通过电磁波或磁带回收等的方式传送回地面，由地面接收并加以记录。地面站收到的遥感数据必须通过适当的处理才能加以利用。将接收到的原始遥感数据加工制成可供观察和分析的可视图像和数据产品，这一过程称为遥感数据处理。根据所获得的遥感影像和数据资料，从中分析出人们感兴趣的地面目标的形态和性质，这一过程称为遥感图像解译。

目视解译作为遥感图像解译的一种最基本的方法，它是信息社会中地学研究和遥感应用的一项基本技能。不同的人员通过目视解译可以获取不同的信息：地理学家通过目视判读遥感图像，可以了解山川分布，研究地理环境等；地质学家通过目视判读遥感图像，可以了解地质地貌或深大断裂；考古学家通过目视判读，可以在荒漠中寻找古遗址和古城堡。由于目视判读需要的设备少，简单方便，可以随时从遥感图像中获取许多专题信息，因此成为地学工作者研究工作中必备的一项基本技能。

4.1 目视解译标志

目视解译是借助简单的工具，如放大镜、立体镜、投影观察器等，直接由肉眼来识别图像特性，从而提取有用信息，即人把物体与图像联系起来的过程。因此解译时，除了要有上面所述的遥感资料和地面实况资料外，解译者还需要有解译对象的基础理论和专业知识，掌握遥感技术的基本原理和方法，并且有一定的实际工作经验。目视解译的质量高低取决于人(解译人员的生理视力条件和知识技能)、物(物体的几何特性、电磁波特性)、像(图像的几何、物理特性)3个因素的统一程度。

所谓遥感影像的解译标志是指那些能够用来区分目标物的影像特征，它可分为直接解译标志和间接解译标志两类。凡根据地物或现象本身反映的信息特性可以解译目标物的影像特征，即能够直接反映物体或现象的那些影像特征称为直接解译标态。通过与之有联系的其他影像上反映出来的影像特征，即与地物属性有内在联系、通过相关分析能推断出其性质的影像特征、间接推断某一事物或现象的存在和属性，这就称为间接解译标志。直接解译标志和间接解译标志是一个相对概念，常可见同一个解译标志对甲物来说是直接解译标志，对乙物可能就成了间接解译标志。

4.1.1 直接解译标志

直接解译标志包括色调、形状、大小、阴影、结构和图形，这里主要以可见光航空摄影相片为例，介绍解译标志。

(1) 色调

色调是指地物电磁辐射能量在影像上的模拟记录，在黑白影像上表现为灰度，在彩色影像上表现为颜色，它是一切解译标志的基础。黑白影像上根据灰度差异划分为一系列等级，称为灰阶。一般情况下，从白到黑划分为10级：白、灰白、淡灰、浅灰、灰、暗灰、深灰、淡黑、浅黑、黑，也可分为15级或更多。对于分为10个以上的灰阶，摆在一起，人眼可分辨出它们的差别；如果单独拿出一个灰阶，也难于确定其级别。因此，在实际应用时，人们习惯归并为7级(白、灰白、浅灰、灰、深灰、灰黑、黑)和5级(灰白、浅灰、灰、深灰、黑)，甚至更简略地分为浅色调、中等色调、深色调3级。

在彩色影像上，人眼能分辨出的彩色在数百种以上，常用色调、饱和度和亮度来描述。实际应用时，色别用孟塞尔颜色系统的10个基本色调，饱和度用饱和度大(色彩鲜艳)、饱和度中等和饱和度低3个等级，亮度用高亮度(色彩亮)、中等亮度和低亮度(色彩暗)3级。

在目视解译时，能识别出的地物色调虽然是一个灵敏的普通的标志，但它又是一个不稳定的标志。影响它的因素很多，包括物体本身的物质成分、结构组成、含水性、传感器的接收波段、感光材料特性、洗印技术等。例如，物体本身的颜色。一般物体颜色浅者，则相片色调较淡；反之，则暗。又如，物体表面的平滑和光泽亮度。一般物体表面平滑而具有光泽者，反射光较强，影像色调较淡；物体表面粗糙者，则反射光弱而影像色调较暗。因此，色调标志的标准是相对的，不能仅仅依靠色调来确定地物。

(2) 形状

形状是指地物外貌轮廓在影像上的相似记录，任何物体都具有一定的外貌轮廓，在遥感影像上表现出不同的形状，例如，游泳池是长方形，足球场则是两端为弧形的长方形，水渠为长条形，公路为蜿蜒的曲线形态等。因此，利用形状可直接判定物体。

物体在影像上的形状细节显示能力与比例尺有很大关系，比例尺越大，其细节显示越清楚；比例尺越小，其细节就越不清楚。但是应当注意，遥感影像上所表现的形状与我们平常在地面所见的地物形状有所差异。例如，遥感影像所显示的主要是地物顶部或平面形状，是从空中俯视地物；而我们平常在地面上是从侧面观察地物，二者之间有一定差别。因为物体的俯视形状是它的构造、组成、功能，了解与运用俯视的能力，有助于提高遥感影像的解译效果。此外，遥感影像为中心投影，物体的形状在影像的边缘会产生变形，因而同形状的地物在影像上的形状会因所处位置的不同而存在变形差异，采用不同的遥感方式，变形也不相同，在解译时要认真分析，仔细判别。

(3) 大小

大小是指地物的长度、面积、体积等在影像上按比例缩小的相似记录，是识别地物的重要标志之一，特别是对形状相同的物体更是如此。

地物在影像上的大小，主要取决于成像比例尺，当比例尺大小变化时，同一地物的尺寸大小也随着变化。在进行图像解译时，一定要有比例尺的概念，否则，容易将地物辨认错。如公路和田间小路、楼房和平房、飞机场和足球场等形状相似的地物，借助其影像大小，可将两者区别开，当然在某些情况下，也可利用其他标志解译。

(4)阴影

阴影是指地物电磁辐射能量较低部分在影像上形成的暗区，可以把它看成是一种由深色到黑色的特殊色调。阴影可形成立体感，帮助我们观察地物的侧面，判断地物的性质，但阴影内的地物则不容易识别，并掩盖一些物体的细节。地物的阴影根据其形成原因和构成位置，分为本影和落影两种。

①本影：是指由于地物本身电磁辐射较弱而形成的阴影。在可见光影像上，指地物背光面的影像，它与地物受光面的色调有显著差别。本影的特点表现在受光面向背光面过渡及两者所占的比例关系方面。地物起伏越和缓，本影越不明显；反之，地物形状越尖峭，本影越明显。

②落影：是指地物投落在地面上的阴影所成的可见光影像。它的特点是可显示地面物体纵断面形状，根据落影长度测定地物的高度。

阴影的长度和方向，随纬度、时间有规律地变化，是太阳高度角的函数。太阳高度角不同，可形成不同的阴影效果，太阳高度角大，阴影小而淡，影像缺乏立体感；太阳高度角过小，则阴影长而深，掩盖地物过多，也不利于解译。通常以30°~40°的太阳高度角较适宜。在热红外和微波影像上，阴影的本质与上述不同，解译时要根据物体的波谱特性认真分析对待。

(5)纹理

纹理又称质地，是指由于相片比例尺的限制，物体的形状不能以个体的形式明显地在影像上表现出来，而是以群体的色调、形状重复所构成的，个体无法辨认的影像特征。不同物体的表面结构特点和光滑程度并不一致，在遥感影像上形成不同的纹理质地。例如，河床上的卵石较沙粗糙些，草原表面比森林要光滑，沙漠中的纹理能表现沙丘的形状以及主要风系的风向，海滩纹理能表示海滩沙粒结构的粗细等。纹理(质地)常用光滑状、粗糙状、参差状、海绵状、疙瘩状、锅穴状等表示。

(6)图型

图型又称结构，是指个体可辨认的许多细小地物重复出现所组成的影像特征，它包括不同地物在形状、大小、色调、阴影等方面的综合表现。水系格局、土地利用形式等均可形成特有的图型，如平原农田呈栅状近长方形排列，山区农田则呈现弧形长条形态。图型常用点状、斑状、块状、线状、条状、环状、格状、纹状、链状、垅状、栅状等描述。

4.1.2　间接解译标志

自然界各种物体和现象都是有规律地与周围环境和其他地物、现象相互联系，相互作用。因此可以根据一地物的存在或性质来推断另一地物的存在和性质，根据已经解译出的某些自然现象判断另一种在影像上表现不明显的现象。例如，通过直接解译标志可直观地看到各种地貌现象，通过岩石地貌分析可识别岩性，通过构造地貌分析可识别构造。这种通过对解译对象密切相关的一些现象，推理、判断来达到辨别解译对象的方法称间接解译。主要的间接解译标志如下。

(1)位置

位置是指地物所处环境在影像上的反映，即影像上目标(地物)与背影(环境)的关系。

地物和自然现象都具有一定的位置，例如，芦苇长在河湖边、沼泽地，红柳丛生在沙漠，河漫滩和阶地位于河谷两侧，洪积扇总是位于沟口等。

(2)相关布局

景观各要素之间或地物与地物之间相互有一定的依存关系，这种相关性反映在影像上形成平面布局。例如，植被从山脊到谷底呈现垂直分带性，于是在影像上形成色调不同的带状图形布局；山地、山前洪积扇，再往下为冲积—洪积平原、河流阶地、河漫滩等。由于各种地物是处于复杂、多变的自然环境中，所以解译标志也随着地区的差异和自然景观不同而变化，绝对稳定的解译标志是不存在的，有些解译标志具有普遍意义，有些则呈现地区性特征。有时即使是同一地区的解译标志，在相对稳定的情况下也有变化。因此，在解译过程中，对解译标志要认真分析总结，不能盲目照搬套用。

解译标志的可变性还与成像条件、成像方式、传感器类型、洗印条件和感光材料等有关。一些解译标志往往带有地区性或地带性，它们常常随着周围环境的变化而变化。色调、阴影、图形、纹理等标志总是随摄影时的自然条件和技术条件的改变而改变，否则会造成解译错误。正是有些解译标志存在一定的可变性或局限性，所以解译时应尽可能将直接或间接的解译标志进行综合分析。为了建立工作区的解译标志，必须反复认真解译和野外对比检验，并选取一些典型相片作为建立地区性解译标志的依据，以提高解译质量。

4.2　遥感图像解译方法与步骤

4.2.1　解译方法

(1)遥感资料的选择

遥感图像记录的仅是某一瞬间某一波段的空间平面特征，而非地面实况的全部信息。因此遥感资料选择的正确与否，直接影响解译效果。不同的遥感资料是具有不同用途的，研究不同的问题需选择合适的遥感资料。

①资料类型选择：由于不同的成像方式对地物的表现能力不同，图像的特征不同，所以在进行目视解译时，要求选择合适的遥感资料类型。

②波段选择：由于各类地物的电磁辐射性质各不相同，因此应根据地物波谱特性曲线来选择适用的波段。如解译植物采用 TM2、TM3、TM4、MSS5、MSS7 较好；水体则用 TM1、MSS4、MSS5 最佳；岩性识别为 TM1、TM5 等。

③时间选择：由于季节不同，环境变化很大，所获得的图像不同。如地质、地貌解译最好选择冬季的图像；植被类型的识别一般要用春、秋季图像；农作物估产则要选择扬花和开始结实时的图像。

④比例尺选择：由于解译目标不同，影像比例尺也不相同，决不能认为比例尺越大越好。不适当地扩大影像的比例尺，不仅造成浪费，且解译效果并不一定好。一般要求和成图比例尺相一致的影像比例尺。

对于"静止的"或变化缓慢的自然现象，只需选择特定波段、特定时间、特定比例尺的影像就可完全识别。对于动态的自然现象，则需要多波段、多时相、多比例尺的影像进行对比分析才能完全掌握它的动态变化。

(2)遥感图像的处理

在对遥感图像进行解译时，必须要有高质量的图像，即高几何精度、高分辨率的图像。尤其是进行图像增强和信息特征提取等预处理，有助于目视解译。因此，要充分利用各种处理手段，尽可能得到高质量的图像。

①影像放大：影像放大是最简单、最实用的影像处理方法。虽然影像经过放大不能产生新的信息，但是能提高其辨别能力，尤其是能提高影像的几何分辨率。因为人眼的几何分辨力是受生理条件所限制的，只有物体或影像的大小大于人眼最低分辨能力时，才能为人眼所识别。

②影像数字化：影像数字化是影像预处理的重要方面，依靠数字化影像可进行各种增强信息特征提取，提高目视解译的速度和精度。影像数字化是利用数字化仪和模数转化器进行的。

③图像处理：遥感图像处理的方法很多，有光学处理、计算机处理和光学计算机混合处理。原始图像经过包括图像复原、增强、特征提取等处理技术，使得识别地物的有用信息得到增强，便于图像的目视解译。

现代图像处理正向资料的复合方向发展，即将不同类型的遥感图像和其他资料复合，为解译提供丰富而有价值的资料和图像。

(3)目视解译的方法

遥感影像解译过程中，如何利用解译标志来认识地物及其属性，通常可以归纳为以下5种方法。

①直判法：是指通过遥感影像的解译标志能够直接判定某一地物或现象的存在和属性的一种直观解译方法。一般具有明显形态、色调特征的地物和现象，多运用这种方法进行解译。

②邻比法：是指在同一张遥感影像或相邻较近的遥感影像上，进行邻近比较，进而区分出两种不同目标的方法。这种方法通常只能将不同类型地物的界线区分出来，但不一定能鉴别出来地物的属性。例如，同一农业区种有两种农作物，此法可将这两种作物的界线判出，但不一定能判定是何种作物。采用邻比法时，要求遥感影像的色调保持正常，最好是在同一张影像上进行。

③对比法：是指将解译地区遥感影像上所反映的某些地物和自然现象与另一已知的遥感影像样片相比较，进而判定某些地物和自然现象的属性的方法。对比必须在各种条件相同下进行，如地区自然景观、气候条件、地质构造等应基本相同，对比的影像应是相同的类型、波段，遥感的成像条件(时间、季节、光照、天气、比例尺和洗印等)也应相同或相近。

④逻辑推理法：是指借助各种地物或自然现象之间的内在联系所表现的现象，间接判断某一地物或自然现象的存在和属性的方法。当利用众多的表面现象来判断某一未知对象时，要特别注意这些现象中哪些是可靠的间接解译标志，哪些是不可靠的，从而确定未知对象的存在和属性。例如，当在影像上发现河流两侧均有小路通至岸边，由此就可联想到该处是渡口处或是涉水处；假如在进一步解译时发现河流两岸登陆处连线与河床近似直交，则可说明河流速较小；如与河床斜交，则表明流速较大，斜交角度越小，流速越大。

⑤历史对比法：是指利用不同时间重复成像的遥感影像加以对比分析，从而了解地物与自然现象的变化情况的方法，称为历史对比法。这种方法对自然资源和环境动态的认识尤为重要，如土壤侵蚀、农田面积减少、沙漠化移动速度、冰川进退、洪水泛滥等。

上述各种解译方法在具体运用中不可能完全分隔开，而是交错在一起，只能是在某一解译过程中，某种方法占主导地位。

4.2.2　解译步骤

解译遥感影像可有各种应用目的，有的要编制专题地图，有的要提取某种有用信息和数据，但解译步骤具有共性。

(1)准备工作

准备工作包括资料收集、分析和处理。

①资料收集：根据解译对象和目的，选择合适的遥感资料作为解译主体。如有可能还可收集有关的遥感资料作为辅助，包括不同高度、不同比例尺、不同成像方式和不同波段、时相的遥感影像。同时收集地形图、各种有关的专业图件以及文字资料。

②资料分析和处理：对收集的各种资料进行初步分析，掌握解译对象的概况、时空分布规律、研究现状和存在问题，分析遥感影像质量，了解可解译程度，如有可能应对遥感影像进行必要的加工处理，以便获得最佳影像。

(2)建立解译标志

通过路线踏勘，制定解译对象的专业分类系统和建立解译标志。

①路线踏勘：根据专业要求进行路线踏勘，以便具体了解解译对象的时空分布规律、实地存在状态、基本性质特征、在影像上的反映和表现形式等。

②建立专业分类系统和解译标志：在路线踏勘基础上，根据解译目的和专业理论，制定出解译对象的分类系统及制图单元。同时依据解译对象与影像之间的关系，建立专业解译标志。

(3)室内解译

严格遵循一定的解译原则和步骤，充分运用各种解译方法，依据建立的解译标志，在遥感影像上按专业目的和精度要求进行具体细致的解译。勾绘界线，确定类型。对每一个图斑都要做到推理合乎逻辑，结论有所依据，对一些解译中把握性不大的和无法解译的内容和地区记录下来，留待野外验证时确定，最后得到解译草图。

(4)野外验证

野外验证包括解译结果校核检查、样品采集和调绘补测。

①校核检查：将室内解译结果带到实地进行抽样检查、校核，发现错误，及时更正、修改，特别是对室内解译把握不大和有疑问的，应做重点检查和实地解译，确保解译符合精度要求。

②样品采集：根据专业要求，采集进一步深入定量分析所需的各种土壤、植物、水体、泥沙等样品。

③调绘补测：对一些变化了的地形地物、无形界线进行调绘、补测，测定细小物体的线度、面积、所占比例等数量指标。

(5) 成果整理

成果整理包括编绘成图、资料整理和文字总结。

①编绘成图：首先将经过修改的草图审查、拼接，准确无误后着墨上色，形成解译原图；然后将解译原图上的专题内容转绘到地理底图上，得到转绘草图，在转绘草图上进行地图编绘，着墨整饰后得到编绘原图；最后清绘得到符合专业要求的图件和资料。即解译草图→解译原图→转绘草图→编绘原图→清绘原图。

②资料整理和文字总结：将解译过程和野外调查、室内测量得到的所有资料整理编目，最后进行分析总结，编写说明报告。报告内容包括项目名称、工作情况、主要成果、结果分析评价和存在问题等。

思考与练习

1. 遥感图像的直接解译标志有哪些？
2. 试述遥感图像的解译方法和步骤。

第5章 遥感技术应用案例

5.1 植被旱情监测

干旱作为一种缓慢发生的自然现象，其严重程度也是逐渐积累的结果，这就为干旱的监测和早期的预警带来了方便和可能。干旱监测方法分为地面监测方法和空间监测方法。地面监测方法是利用地面点的数据，通过统计分析进行干旱监测，此类方法不能及时对旱情信息进行快速、准确预报。空间监测方法随着卫星遥感技术的发展而来并逐渐趋于成熟，不仅可以得到土壤湿度在空间上的分布状况和时间上的变化情况，而且可以进行长期动态监测，具有监测范围广、速度快、成本低等特点。遥感已经成为区域尺度旱情监测的主要手段。

根据数据类型分为可见光/红外波段和微波波段的监测类型。在可见光/近红外波段，不同湿度的土壤具有不同的地表反照率，通常湿土的地表反照率比干土低。可见光/红外波段遥感正是利用地表温度获得土壤热惯量，从而估测土壤湿度。微波遥感是近代兴起来一项新技术，相对于可见光/红外波段的遥感，微波波段不受光照条件限制，具有全天候观测的能力。

5.1.1 常见的监测方法

基于可见光/红外通过测量土壤表面反射或发射的电磁能量，得到遥感获取的信息与土壤湿度之间的关系，从而反演地表土壤湿度。较成熟、使用较广的方法可分为3类：植被指数法、温度法和综合法，详见表5-1。

表 5-1 常见的遥感监测方法

类型	名称	表达式	参数说明
植被指数法	距平植被指数法	$DVI = NDVI_i - NDVI_{avg}$ $AVI = \frac{DVI}{NDVI_{avg}}$	引自肖乾广等，1994 式中 DVI——偏差植被指数(difference vegetation index)； AVI——距平植被指数(anomaly vegetation index)； $NDVI_{avg}$——多年的归一化植被指数平均值； $NDVI_i$——特定某月或者旬的归一化植被指数值

（续）

类型	名称	表达式	参数说明
植被指数法	距平植被指数法	$DVI=NDVI_i-NDVI_{avg}$ $AVI=\frac{DVI}{NDVI_{avg}}$	在积累多年气象卫星资料基础上，可以得到各个地方各个时间的*NDVI*的平均值，这个平均值大致可反映土壤供水的平均状况。当时值与该平均值的离差或相对离差，反映了偏旱或偏湿的程度，由此可确定各地的旱情等级 距平植被指数法在应用中需要注意平均植被指数的计算，各地的旱情等级不仅要注意资料累积期在长系列中是处于气候的正常期、枯水期还是丰水期，而且不能忽视近年种植结构调整、播种期变化、播种面积比例变化加快对当年混合像元植被指数的影响，在冬季该方法仍存在较明显的局限性，且植被指数与土壤含水状况在时间上有一定的滞后 一般当$-0.1<AVI<-0.2$时，表示干旱的出现；当$-0.3<AVI<-0.6$时，表示重旱
	标准植被指数法	$Z_i=\frac{NDVI_i-\overline{NDVI}}{\sigma_i}$ $SVI=\int_{Z_{min}}^{Z}N(\overline{Z},\sigma)\mathrm{d}Z$	引自齐述华，2004 式中 $\overline{Z}$，σ——分别为均值和标准差； *SVI*取值0~1，表示多年*NDVI*的标准差，其他同上
	植被状态指数法	$VCI=\frac{NDVI_i-NDVI_{min}}{NDVI_{max}-NDVI_{min}}\times100$	引自Kogan，1990 式中 $NDVI_i$，$NDVI_{min}$，$NDVI_{max}$——分别是经平滑的某个时期（月或旬）、多年绝对最大、多年绝对最小的归一化植被指数 *VCI*可以反映出*NDVI*随气候变化而产生的影响，每点的$NVDI_{max}$和$NDVI_{min}$本身就隐含了区域背景的影响，因此这样的描述方法在一定程度上消除或弱化了地理环境条件差异对*NDVI*的影响，用其表达出的大范围干旱状况尤其适合于制作低于50°纬度地区的干旱分布图
	供水植被指数法	$WSVI=\frac{NDVI}{LST}$	式中 *NDVI*——归一化植被指数； *LST*——地表温度 当作物受旱时，为减少水分损失，叶面气孔会部分关闭，从而导致了叶面温度的增高。越干旱叶面温度越高。同时作物生长也受到干旱的影响，导致叶面积指数（*LAI*）减少，叶子在温度高时也会枯萎，这一切都会使归一化植被指数减小。供水植被指数越小，旱情越严重 供水植被指数方法实用化的主要障碍是：从表达式中虽无气象参数的引入，但在实际运用中，为了与地面实际干旱情况相吻合，仍然要引用地面气象参数作为区域订正之需，其规律尚未得到普遍掌握；评估结果所反映的干旱环境背景与农业干旱的界线模糊

（续）

类型	名称	表达式	参数说明
植被指数法	归一化水指数法（*NDWI*）	$NDWI=[\rho(0.86\mu m)-\rho(1.24\mu m)]/[\rho(0.86\mu m)+\rho(1.24\mu m)]$	式中 $\rho(\lambda)$——在波长为 λ 的反射率 这里使用了两个通道，一个是在 0.86μm 附近，另一个是在 1.24μm 附近。这两个波段均位于植被冠层的高反射区，它们感知的植被冠层的深度相似。在 0.86μm 植被液态水的吸收可以忽略不计，而在 1.24μm 有水的弱吸收 散布的冠层增强了水的吸收，从而 *NDWI* 可以很灵敏的反应植被冠层水的含量。大气气溶胶的散射作用在 0.86~1.24μm 是很弱的。*NDWI* 比 *NDVI* 对大气的灵敏度低。与 *NDVI* 一样，*NDWI* 没有完全去除土壤背景的影响
温度法	温度状态指数法	$TCI=\frac{\tau_{max}-\tau}{\tau_{min}}\times 100$	引自 Kogan，1995 式中 τ——像元地表温度； τ_{max}，τ_{min}——分别表示某个时期地表温度的最大和最小值
	水分亏缺指数法	$WDI=1-\frac{ET}{PET}$	引自 Moran，1994 式中 *ET*，*PET*——分别代表实际蒸发量和潜在的蒸发量
	作物水分亏缺指数法	$CWSI=\frac{dT-dT_i}{dT_u-dT_i}$	引自 Idso et al.，1981 式中 dT——作物冠层温度与气温差； dT_i——作物冠层温度与气温差上限（作物完全停止蒸腾的状态）； dT_u——作物冠层温度与气温差下限（作物水分充足，处在潜在蒸发量的状态）
	归一化温度指数法	$NDTI=\frac{LST_\infty-LST}{LST_\infty-LST_0}$	引自 Mcvicar et al.，1992 和 Jupp，1998 式中 LST_∞，LST_0——分别表示地表阻抗无限大和为零时模拟的地表温度； （补参数）——理论上当没有水分可利用时出现的地表温度，即阻抗为无穷大时出现的地表温度； （补参数）——土壤水分达到饱和时的地表温度，即阻抗为零时出现的地表温度，它是与潜在蒸散相对应的。两个值被认为地表阻抗下的土地表面温度的上限（干条件）和下限（湿条件）
	蒸散比模型法	$EF=\frac{ET}{Q}=f_{veg}\frac{Q_{veg}}{Q}EF_{veg}+(1-f_{veg})\times\frac{Q_{soil}}{Q}EF_{soil}$ $Q=H+ET=R_0-G$	引自 Nishida et al.，2003 式中 *ET*——蒸散发量； EF_{veg}，EF_{soil}——分别为植被蒸发比和土壤蒸发比； *Q*——潜热通量或显热通量的形式传输到大气的能量； Q_{veg}，Q_{soil}——分别为 *Q* 植被分量和土壤分量； *H*——显热通量； *G*——土壤热通量； f_{veg}——植被覆盖度

（续）

类型	名称	表达式	参数说明
综合方法	VI，TS 斜率法	$LST/NDVI$	引自 Lambin et al.，1996 在遥感观测数据中，植被指数与表面温度具有很强的负相关性，对植被指数与表面温度组成的散点图进行拟合得到一条直线，该线的斜率与土壤湿度密切相关，这一现象在多种植被类型和传感器上得到验证。在同一生长季内，根据不同日期图像的 *LST/NDVI* 斜率，可以反映该区土壤湿度的时间变化。*LST/NDVI* 斜率还可以反映年际土壤湿度变化 在实际应用中，*LST/NDVI* 斜率的确定有一定难度，它受地表覆盖类型、提取窗口、图像分辨率、地形、云等噪声的影响。从土壤湿度估测的角度出发，理想状态是，土壤湿度是决定 *LST/NDVI* 斜率的唯一重要因素
	温度植被角度指数法	$NTVA=\frac{\arctan\left(T_s+\frac{50}{100\times NDVI}\right)}{\pi/2}$	引自 Lambin et al.，1997 对 *LST/NDVI* 取反正切函数，补充了 *LST/NDVI* 的缺陷
	温度植被干旱指数法	$TVDI=\frac{T_s-T_{min}}{T_{max}-T_{min}}$ $T_{max}=a+bNDVI$ $T_{min}=c+dNDVI$	引自 Sandholt，2002 式中 T_s——地表温度； T_{min}——某一 *NDVI* 对应的最低温度，即湿边； T_{max}——干边； a，b，c，b——地表温度和 *NDVI* 的拟合方程的系数 在干边上 $TVDI=1$，在湿边上 $TVDI=0$。对于每个像元，利用 *NDVI* 确定 T_{min} 和 T_{max}，根据 T 在 *NDVI/T* 梯形中的位置计算 *TVDI*
	条件植被温度指数法	$VTCI=\frac{LST_{NDVI_i\max}-LST_{NDVI_i}}{LST_{NDVI_i\max}-LST_{NDVI_i\min}}$ $LST_{NDVI_i\max}=a_1+b_1NDV$ $LST_{NDVI_i\min}=a_2+b_2NDVI$	引自王鹏新等，2003 式中 $LST_{NDVI_i\max}$，$LST_{NDVI_i\min}$——分别表示在研究区域内，当 $NDVI_i$ 值等于某一个特定值时的土地表面温度的最大值和最小值； a_1，a_2，b_1，b_2——地表温度和 *NDVI* 的拟合方程的系数，可通过绘制研究区域的 *NDVI* 和 *LST* 的散点图近似获得

5.1.2　技术流程与关键技术

旱情监测的技术流程大致可分为以下步骤(图 5-1)。

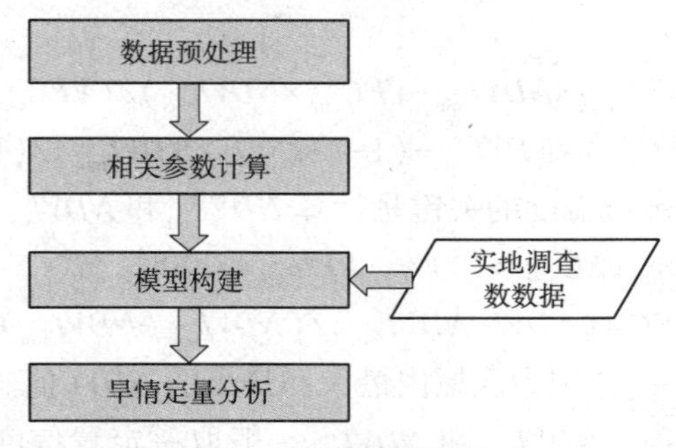

图 5-1　旱情监测基本流程

目前，常用于旱情监测的数据有 MODIS、NOAA(AVHRR)、风云气象卫星等低分辨率影像；Landsat、ASTER、CBERS-02B、HJ-1A/B 等中等分辨率影像。这类数据预处理的主要内容包括：数据读取、几何校正、大气校正等。

此系统是中国科学研究院遥感与数字地球研究所利用 IDL 作为开发语言，基于 ENVI 的基础上开发的一套应用系统。它集影像预处理、分析、旱情反演、监测、统计等功能为一体(图 5-2)。

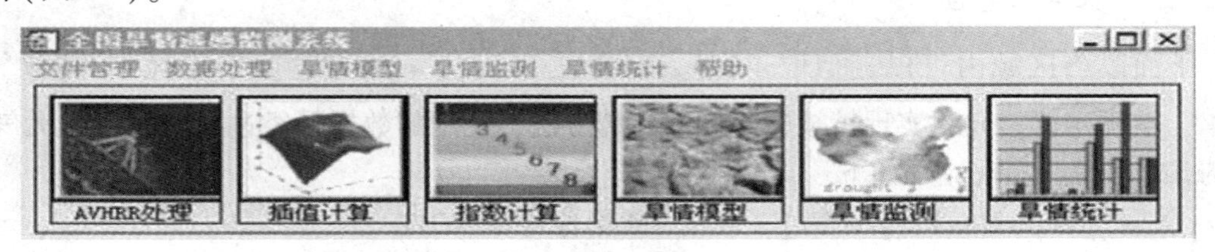

图 5-2　系统主界面

5.2　植被覆盖度遥感估算

植被覆盖度是指植被(包括叶、茎、枝)在地面的垂直投影面积占统计区总面积的百分比。易与植被覆盖度混淆的概念是植被盖度，植被盖度是指植被冠层或叶面在地面的垂直投影面积占植被区总面积的比例。两个概念的主要区别就是分母不一样。植被覆盖度常用于植被变化、生态环境、水土保持、气候研究等方面。

植被覆盖度的测量可分为地面测量和遥感估算两种方法。地面测量常用于田间尺度，遥感估算常用于区域尺度。

5.2.1　估算模型

目前，已经发展了很多利用遥感测量植被覆盖度的方法，较为实用的方法是利用植被指数近似估算植被覆盖度，常用的植被指数为 *NDVI*。下面是李苗苗等在像元二分模型的基础上研究的模型：

$$VFC=(NDVI-NDVI_{soil})/(NDVI_{veg}-NDVI_{soil}) \quad (5\text{-}1)$$

式中 $NDVI_{soil}$——完全是裸土或无植被覆盖区域的 $NDVI$ 值；

$NDVI_{veg}$——完全被植被所覆盖的像元的 $NDVI$ 值，即纯植被像元的 $NDVI$ 值。

两个值的计算公式为：

$$NDVI_{soil}=(VFC_{max}\times NDVI_{min}-VFC_{min}\times NDVI_{max})/(VFC_{max}-VFC_{min}) \quad (5\text{-}2)$$

$$NDVI_{veg}=[(1-VFC_{min})\times NDVI_{max}-(1-VFC_{max})\times NDVI_{min}]/(VFC_{max}-VFC_{min}) \quad (5\text{-}3)$$

利用这个模型计算植被覆盖度的关键是计算 $NDVI_{soil}$ 和 $NDVI_{veg}$，这里有两种假设：

①当区域内可以近似取 $VFC_{max}=100\%$，$VFC_{min}=0\%$ 时，式(5-1)可变为：

$$VFC=(NDVI-NDVI_{min})/(NDVI_{max}-NDVI_{min}) \quad (5\text{-}4)$$

式中 $NDVI_{max}$，$NDVI_{min}$——分别为区域内最大和最小的 $NDVI$ 值。

由于不可避免存在噪声，$NDVI_{max}$ 和 $NDVI_{min}$ 一般取一定置信度范围内的最大值与最小值，置信度的取值主要根据图像实际情况来定。

②当区域内不能近似取 $VFC_{max}=100\%$，$VFC_{min}=0\%$ 时，在有实测数据的情况下，取实测数据中的植被覆盖度的最大值和最小值作为 VFC_{max} 和 VFC_{min}，这两个实测数据对应图像的 $NDVI$ 作为 $NDVI_{max}$ 和 $NDVI_{min}$；在没有实测数据的情况下，取一定置信度范围内的 $NDVI_{max}$ 和 $NDVI_{min}$，VFC_{max} 和 VFC_{min} 根据经验估算。

5.2.2 实现流程

下面以当区域内可以近似取 $VFC_{max}=100\%$，$VFC_{min}=0\%$ 时，整个影像中 $NDVI_{soil}$ 和 $NDVI_{veg}$ 取固定值，介绍实现植被覆盖度的计算方法，使用的数据是经过几何校正、大气校正的 TM 影像，实现流程如下。

①选择【Transform】→【NDVI】，利用 TM 影像计算 $NDVI$。

②选择【Basic Tools】→【Statistics】→【Compute Statistics】，在 Select By File 对话框中，利用研究区地区的矢量数据生成的 ROI 建立一个掩膜文件(图 5-3)。

③得到研究区的统计结果(图 5-4)。在统计结果中，最后一列表示对应 $NDVI$ 值的累计概率分布。我们分别取累计概率为 5%和 95%的 $NDVI$ 值作为 $NDVI_{min}$ 和 $NDVI_{max}$，得到 $NDVI_{max}=0.522991$，$NDVI_{min}=0.31766$。

④根据式(5-4)，可以将整个地区分为 3 个部分：$NDVI$ 小于 0.31766，VFC 取值为 0；$NDVI$ 大于 0.522991，VFC 取值为 1；介于两者之间的像元使用式(5-4)计算。利用 ENVI 主菜单→【Basic Tools】→【Band Math】，在公式输入栏中输入：

(b1 lt 0.31766) * 0+(b1 gt 0.522991) * 1+(b1 ge 0.31766 and b1 le 0.522991) * ((b1-0.31766)/(0.522991-0.31766))

b1：选择 NDVI 图像

⑤得到一个单波段的植被覆盖度图像文件，像元值表示这个像元内的平均植被覆盖度，在【Display】显示。

⑥选择【Tools】→【Color Mapping】→【Density Slice】，单击【Clear Range】按钮清除默认区间。

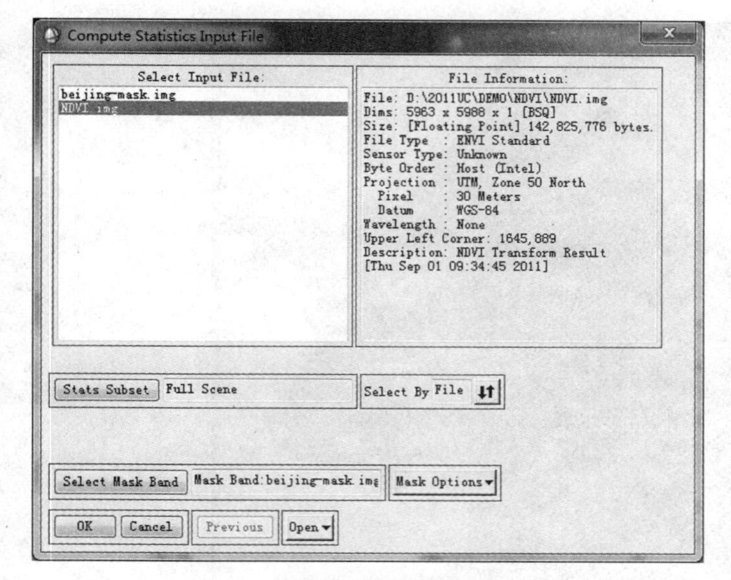

图 5-3　选择统计文件及掩膜文件

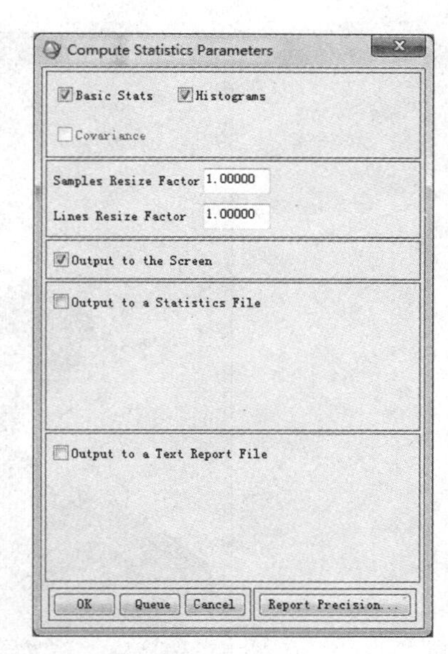

图 5-4　计算统计参数

⑦选择【Opions】→【Add New Ranges】，根据上面的对照表依次添加 10 个区间(图 5-5)，分别为每个区间设置一定的颜色，单击【Apply】得到如下的植被覆盖图(图 5-6)。

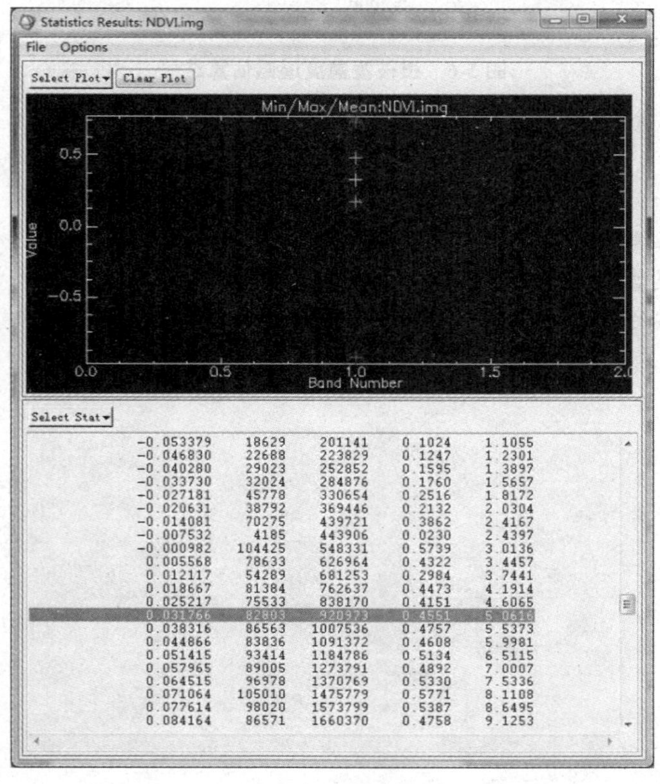

图 5-5　统计结果

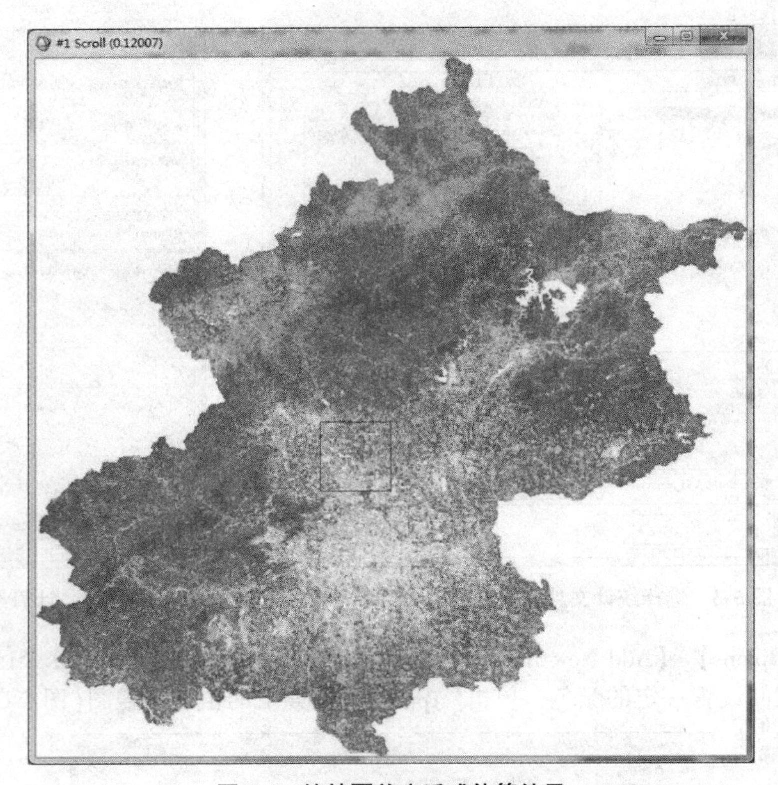

图 5-6 植被覆盖度遥感估算结果

思考与练习

1. 植被旱情监测的常用方法有哪些?
2. 试述植被覆盖度遥感估算的常用方法。
3. 除教材列举的案例外，遥感技术在林业中的典型应用还有哪些?

下篇　遥感项目设计

第6章 遥感图像预处理

○ 项目概述

遥感图像预处理项目包括遥感图像的几何校正、裁剪、融合、镶嵌、投影变换等几个处理任务，特别是几何校正是遥感技术应用过程中必须完成的预处理工作，几何校正处理之后需要开展的工作就是根据研究区域空间范围进行图像的裁剪或镶嵌处理，并根据需要进行图像的投影变换处理，为随后和图像分类处理与空间分析做准备。本项目利用辽宁生态工程职业学院实验林场范围的遥感影像进行处理。

○ 能力目标

①能够完成遥感图像的几何校正处理。
②能够根据研究区域裁剪出目标范围。
③能够通过镶嵌处理，完成研究区域空间范围的拼接。
④能够根据需要进行遥感图像投影的变换处理。
⑤学会遥感影像的融合处理。

○ 知识目标

①了解 Erdas Imagine 遥感图像处理软件的界面及基本功能。
②掌握几何校正、裁剪、镶嵌及投影的相关概念。
③熟悉几何校正、裁剪、镶嵌及投影变换的操作方法。

○ 项目分析

遥感图像预处理是遥感技术应用必须完成的基础性工作，要完成这一项目必须掌握遥感图像的空间参考、投影原理及投影的变换方法；影像几何校正概念及操作方法，掌握使用不同方法裁剪目标区域；学会多光谱影像和高分辨率影像的融合技能以及影像的镶嵌操作。

6.1 遥感图像几何校正处理

6.1.1 任务描述

遥感图像在成像过程中，必然受到太阳辐射、大气传输、光电转换等一系列环节的影响，同时，还受到卫星的姿态与轨道、地球的运动与地表形态、传感器的结构与光学特性的影响，从而引起遥感图像存在辐射畸变与几何畸变。所以，遥感数据在接收之后、应用之前，必须进行辐射校正与几何校正。辐射校正通常由遥感数据接收与分发中心完成，而用户则根据需要进行几何校正，本任务为完成辽宁生态工程职业学院实验林场遥感图像的几何校正。

6.1.2　任务目标

①掌握遥感图像产生畸变的原因以及几何校正的概念。

②掌握遥感图像几何校正的方法步骤。

6.1.3　相关知识

几何校正(Geometric Correction)是将图像数据投影到平面上，使其符合地图投影系统的过程；而将地图坐标系统赋予图像数据的过程，称为地理参考(Geo-referencing)。由于所有地图投影系统都遵从于一定的地图坐标系统，所以几何校正包含了地理参考。

遥感图像中包含的几何畸变具体表征为图像上各像元的位置坐标与所采用的标准参照投影坐标系中目标地物坐标的差异。图像几何校正的目的就是定量确定图像上的像元坐标与相应目标地物在选定的投影坐标系中的坐标变换，建立地面坐标系与图像坐标系间的对应关系。

6.1.4　任务实施

遥感图像几何校正的一般流程如图6-1所示。

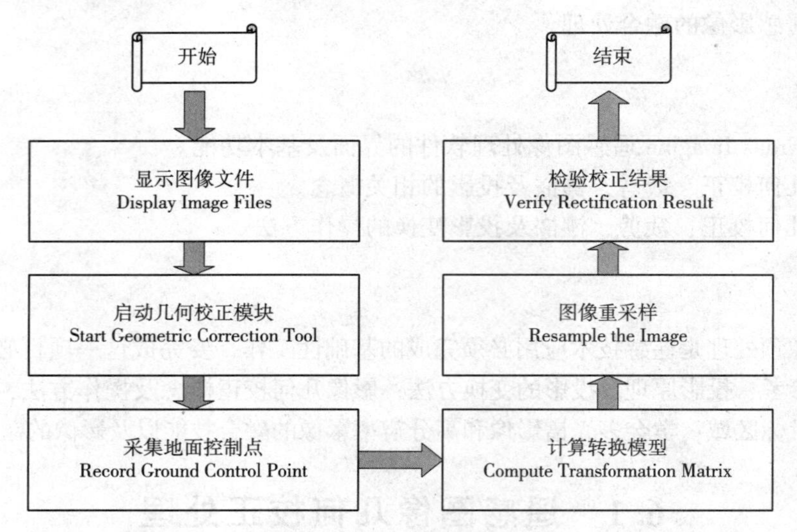

图6-1　几何校正的流程

步骤1：显示图像文件

①启动程序：在ERDAS图标面板中单击【Viewer】图标两次，或者在ERDAS图标面板的菜单栏中点击【Session】→【Tile Viewer】，或者在ERDAS图标面板的菜单栏中点击

【Main】→【Start IMAGINE Viewer】，打开两个视窗 Viewer#1 和 Viewer#2。

②确定文件：在 Viewer#1 中打开需要校正的 Landsat ETM+图像 QY. img。在 Viewer#1 窗口菜单条中单击【File】→【Open】→【Raster Layer】命令，打开 Select To Add 对话框；或者在视窗工具条中单击打开文件图标，同样打开 Select To Add 对话框(图 6-2)。在本对话框中，确定文件所在的文件夹、文件名以及文件的类型等，各选项的具体内容见表 6-1。

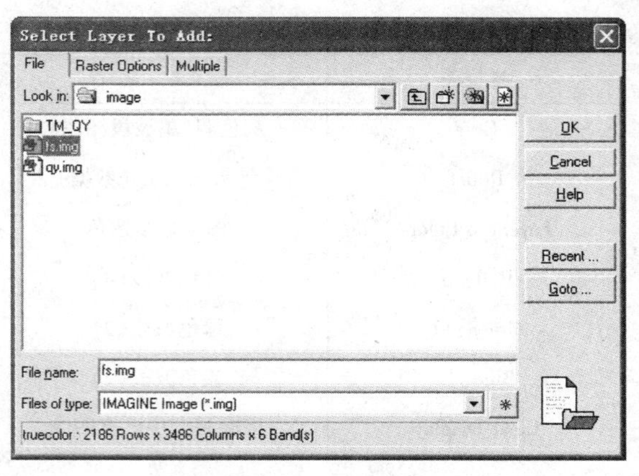

图 6-2　File 选项卡

表 6-1　打开图像文件参数

参数项	含　义	参数项	含　义
Look in	选择图像文件所在的文件夹	Recent…	快速选择近期操作过的文件
File name	确定文件名	Goto…	改变文件路径
Files of type	选择文件类型		

③设置显示参数：在 Select Layer To Add 对话框中，单击【Raster Options】选项卡，进行参数设置，可以设置图像文件显示的各项参数(图 6-3)，各选项的具体内容见表 6-2。

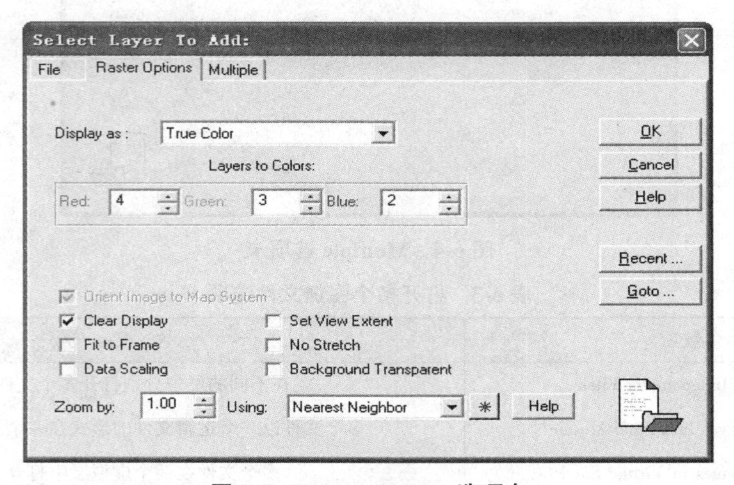

图 6-3　Raster Options 选项卡

表 6-2　图像文件显示参数

参数项	含　义	参数项	含　义
Display as	图像显示方式	Fit to Frame	按照窗口大小显示图像
True	真彩色(多波段图像)	Data Scaling	设置图像密度分割
Pseudo	假彩色(专题分类图)	Set View Extent	设置图像显示范围

（续）

参数项	含　义	参数项	含　义
Gray	灰色调(单波段图像)	No Stretch	图像线性拉伸设置
Relief	地形图(DEM 数据)	Background Transparent	背景透明设置
Layers to Colors	图像显示颜色	Zoom by	定量缩放设置
Red：3	红色波段(4)	Using	重采样方法
Green：2	绿色波段(3)	Nearest Neighbor	邻近像元插值
Blue：1	蓝色波段(2)	Bilinear Interpolation	双线性插值
Clear Display	清除视窗中已有图像	Cubic Convolution	立方卷积插值

④设置 Multiple：在 Select Layer To Add 对话框中，单击【Multiple】选项卡，就进入设置本参数界面(图 6-4)，本参数并不是每次打开图像文件都需要进行设置，只有在选择文件时，同时选择了多个文件，才需要设置 Multiple 选项卡，每个选项的具体含义见表 6-3。

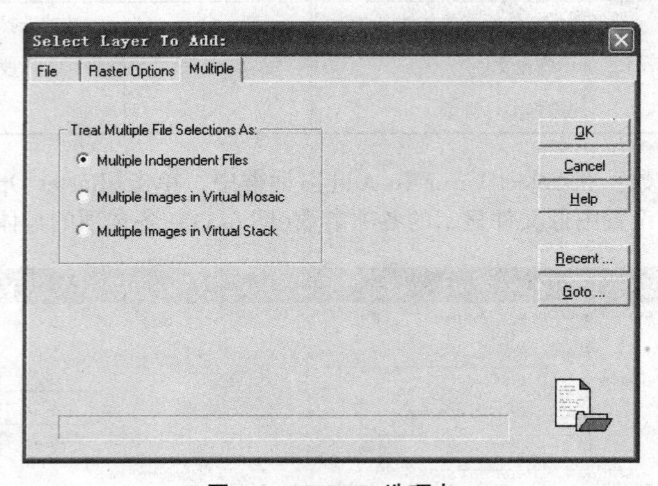

图 6-4　Multiple 选项卡

表 6-3　打开多个图像文件选项

参数项	含　义
Multiple Independent Files	在不同的层中分别打开多个文件
Multiple Images in Virtual Mosaic	多个文件以一个逻辑文件的形式在一个层中打开
Multiple Images in Virtual Stack	多个文件在一个虚拟层中打开

⑤打开图像文件：在 Select Layer To Add 对话框中，单击【OK】按钮，打开所确定的图像，在视窗中即可显示文该图像。在 Viewer#2 中使用相同的方法打开作为地理参考的已经校正过的 TM 图像 FS. img。

步骤 2：启动几何校正模块

①在 Viewer#1 的菜单条中单击【Raster】→【Geometric Correction】命令，打开 Set Geometric Model 对话框(图 6-5，图 6-6)。

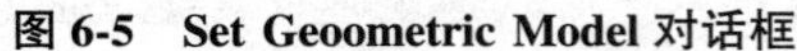
图 6-5 Set Geoometric Model 对话框

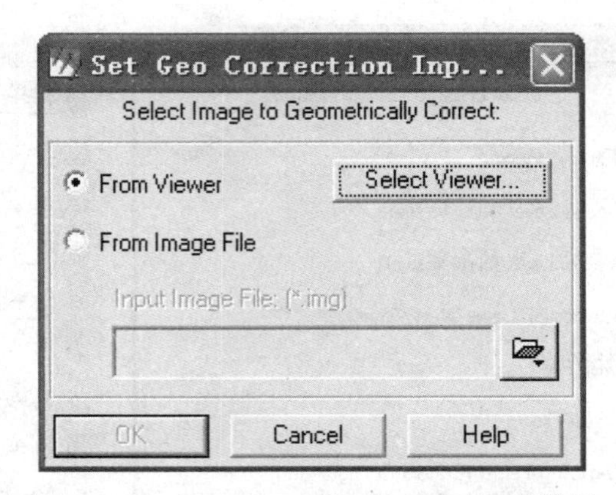

图 6-6 Set Geo Correction Input File 对话框

说明：在 ERDAS IMAGINE 系统中进行图像几何校正，也可以用以下两种途径启动几何校正模块。一种方法是在 ERDAS 图标面板菜单条单击【Main】→【Data Preparation】→【Image Geometric Correction】命令，打开 Set Geo Correction Input File 对话框(图 6-6)。或在 ERDAS 图标面板工具条单击【Data Prep】图标【Image Geometric Correction】命令，打开 Set Geo Correction Input File 对话框，然后选择【From Viewer】，点击【Select Viewer】，在打开的视窗中选择需要校正的图像文件，也可以选择【From Image File】在磁盘找到需要校正的图像文件并打开，同时打开 Set Geoometric Model 对话框。

②选择几何校正的计算模型：Polyonmial(多项式校正)。

③单击【OK】按钮，同时打开 Geo Correction Tools 对话框(图 6-7)和 Polynomial Model Properties 窗口(图 6-8)。

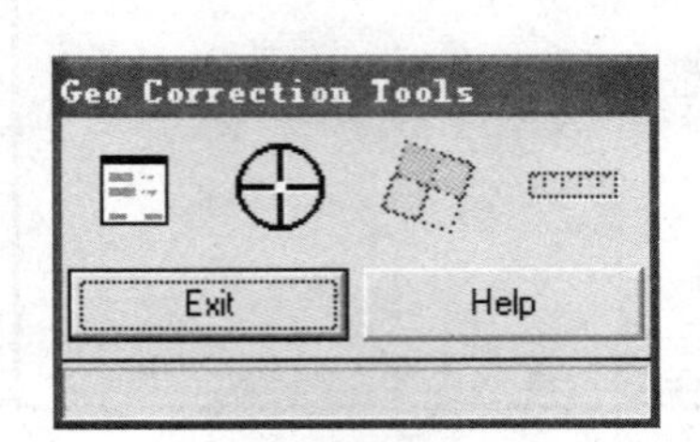

图 6-7 Geo Correction Tools 对话框图

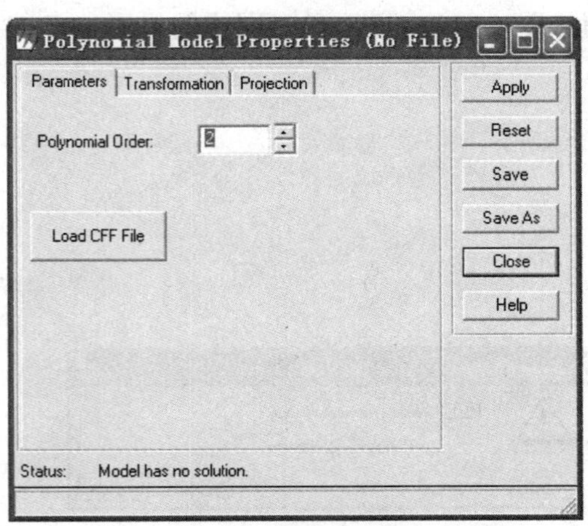

图 6-8 Polynomial Model Properties 窗口

④在 Polynomial Model Properties 窗口中，定义多项式模型参数及投影参数。定义多项式次方(Polynomial Order)为 2；定义投影参数(Projection)；单击【Apply】按钮应用，再单击【Close】按钮关闭后，即打开 GCP Tool Reference Setup 对话框(图 6-9)。

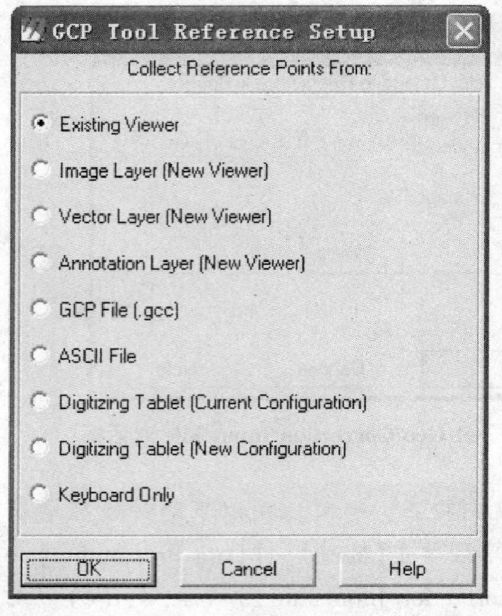

图 6-9 GCP Tool Reference Setup 对话框

说明：◇多项式变换(Polynomial)在卫星图像校正过程中应用较多，在调用多项式模型时，需要确定多项式的次方数(Order)，通常整景图像选择3次方。次方数与所需要的最少控制点数是相关的，最少控制点数计算公式为$((t+1)*(t+2))/2$，式中t为次方数，即1次方最少需要3个控制点，2次方需要6个控制点，3次方需要10个控制点，依次类推。◇该实例是采用窗口采点模式，作为地理参考的ETM+图像已经含有投影信息，所以这里不需要定义投影参数。如果不是采用窗口采点模式，或者参考图像没有包含投影信息，则必须在这里定义投影信息，包括投影类型及其对应的投影参数。在§6.5的任务中，将介绍如何自定义北京1954坐标系统的投影方式。

步骤3：启动控制点工具

①在 GCP Tools Reference Setup 对话框中选择采点模式，即选择【Existing Viewer】单选按钮。

②单击【OK】按钮即关闭了 GCP Tools Reference Setup 对话框，同时打开了 Viewer Selection Instructions 指示器(图 6-10)。

③在显示作为地理参考图像 fs. img 的 Viewer#2 中单击，打开 Reference Map Information 提示框(图 6-11)，显示参考图像的投影信息。

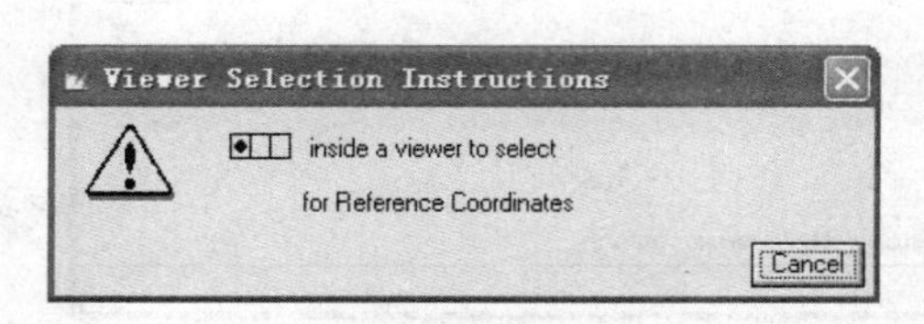

图 6-10 Viewer Selection Instructions 指示器

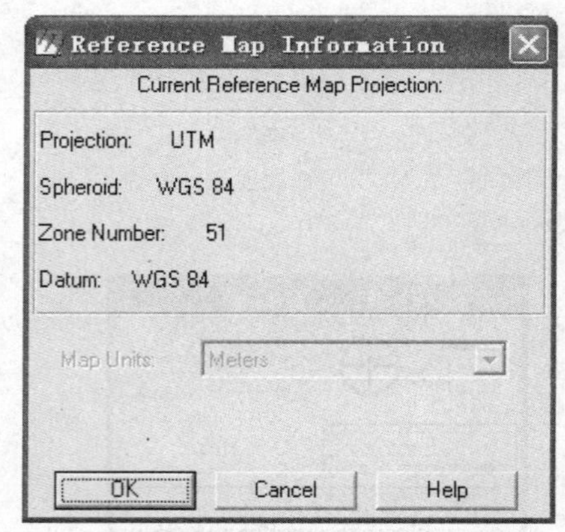

图 6-11 Reference Map Information 提示框

④单击【OK】按钮即关闭 Reference Map Information 对话框，自动进入地面控制点采集模式，其中包含两个图像主窗口、两个放大窗口、两个关联方框(分别位于两个窗口中，指示放大窗口与主窗口的关系)、控制点工具对话框和几何校正工具等，进入控制点采集状态(图 6-12)。

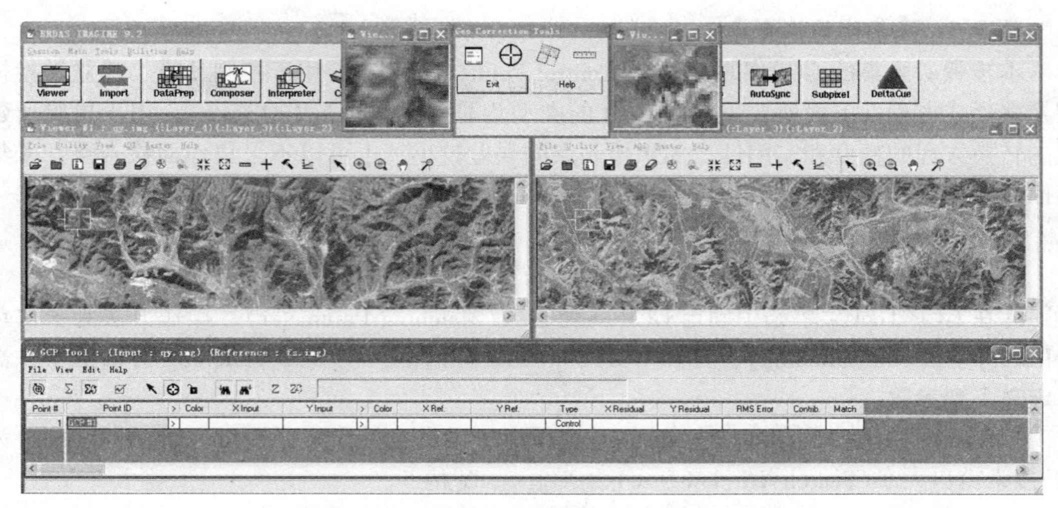

图 6-12　多项式校正地面控制点采集状态

步骤 4：采集地面控制点

①在 GCP Tool 对话框中单击【Select GCP】图标，进入 GCP 选择状态。

②在 Viewer#1 中移动关联方框位置，寻找明显的地物特征点，作为输入 GCP。

③在 GCP 工具对话框中单击【Create GCP】图标，并在 Viewer#3 中单击定点，GCP 数据表将记录一个输入 GCP，包括其编号、标识码、X 坐标、Y 坐标。

④在 GCP 工具对话框中单击【Select GCP】图标，重新进入 GCP 选择状态。

⑤在 Viewer#2 中移动关联方框位置，寻找对应的地物特征点，作为参考 GCP。

⑥在 GCP 工具对话框中单击【Create GCP】图标，并在 Viewer#4 中单击定点，系统将自动把参考点的坐标(X Reference，Y Reference)显示在 GCP 数据表中。

⑦在 GCP 工具对话框中单击【Select GCP】图标，重新进入 GCP 选择状态；并将光标移回到 Viewer#1，准备采集另一个输入控制点。

⑧不断重复步骤①~⑦，采集若干 GCP，直到满足所选定的几何校正模型为止。而后，每采集一个 Input GCP，系统就自动产生一个 Ref. GCP，通过移动 Ref GCP 可以逐步优化校正模型。

采集 GCP 以后，GCP 数据如图 6-13 所示。

GCP Tool : (Input : qy.img) (Reference : fs.img)

File　View　Edit　Help

Control Point Error: (X) 0.1947　(Y) 0.8410　(Total) 0.8632

Point #	Point ID	>	Color	X Input	Y Input	>	Color	X Ref.	Y Ref.	Type	X Residual	Y Residual	RMS Error	Contrib.	Match
1	GCP #1			169.375	-769.875			588834.938	4638720.563	Control	0.293	-1.295	1.328	1.538	
2	GCP #2			485.625	-1383.625			596779.313	4623344.813	Control	-0.174	0.774	0.793	0.919	
3	GCP #3			2682.875	-1145.625			651698.813	4629386.813	Control	0.109	-0.475	0.487	0.565	
4	GCP #4			1123.125	-475.875			612647.964	4646212.234	Control	0.020	1.017	1.017	1.178	0.352
5	GCP #5			1130.156	-482.626			612817.688	4646016.563	Control	-0.248	-0.020	0.248	0.288	0.429
6	GCP #6	>				>				Control					

图 6-13　GCP 工具对话框与 GCP 数据

步骤5：采集地面检查点

本步骤所采集的GCP的类型均为Control Point(控制点)，用于控制计算、建立转换模型及多项式方程。下面所要采集的GCP的类型均是Check Point(检查点)，用于检验所建立的转换方程的精度和实用性。如果控制点的误差较小，也可以不采集地面检查点。采集地面检查点的步骤如下。

①在GCP Tool菜单条中确定GCP类型。

②单击【Edit】→【Set Point Type】→【Check】命令。

③在GCP Tool菜单条中确定GCP匹配参数(Matching Parameter)。操作方法为依次单击【Edit】→【Point Matching】，打开GCP Matching对话框，在GCP Matching对话框中，需要定义下列参数：

◎在匹配参数(Matching Parameters)选项组中设最大搜索半径(Max. Search Radius)为3；搜索窗口大小(Search Window Size)为X值5、Y值5。

◎在约束参数(Threshold Parameters)选项组中设相关阈值(Correlation Threshold)为0.8；选择删除不匹配的点(Discard Unmatched Point)。

◎在匹配所有/选择点(Match All/Selected Point)选项组中设置从输入到参考(Reference from Input)或从参考到输入(Input from Reference)。

◎单击【Close】按钮，关闭GCP Matching对话框。

④确定地面检查点：在【GCP Tool】工具条中单击【Create GCP】图标，并将【Lock】图标打开，锁住Create GCP功能，如同选择控制点一样，分别在Viewer#1和Viewer#2中定义5个检查点，定义完毕后单击【Unlock】图标，解除Create GCP功能。

⑤计算检查点误差：在GCP Tool工具条中单击【Compute Error】图标，检查点的误差就会显示在GCP Tool的上方，只有所有检查点的误差均小于一个像元，才能继续进行合理的重采样。一般来说，如果控制点(GCP)定位选择比较准确的话，检查点匹配会比较好，误差会在限差范围内；否则，若控制点定义不精确，检查点就无法匹配，误差会超标。

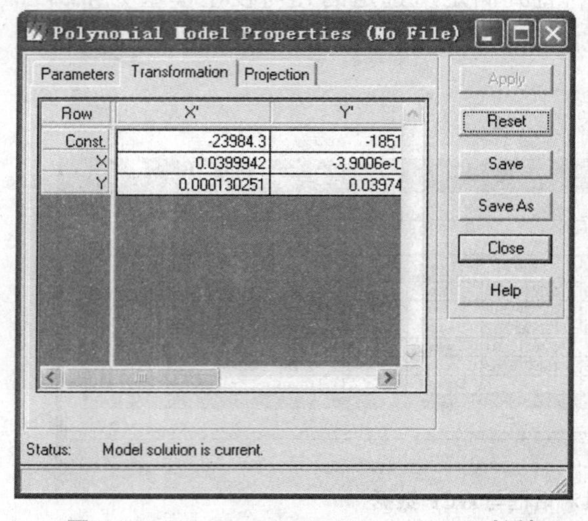

图6-14　Polynomial Model Properties对话框

步骤6：计算转换模型

在控制点采集过程中，一般是设置为自动转换计算模式(Compute Transformation)，所以，随着控制点采集过程的完成，转换模型就自动计算生成。下面是转换模型的查阅过程：在Geo Correction Tools对话框中单击【Display Model Properties】图标，打开Polynomial Model Properties(多项式模型参数)对话框，在多项式模型参数对话框中查阅模型参数(图6-14)，并记录转换模型。

步骤7：图像重采样

重采样(Resample)过程是依据未校正图像像元值计算生成一幅校正图像的过程，

原图像中所有栅格数据层都将进行重采样。

①在 Geo Correction Tools 对话框中单击【Image Resample】图标，打开 Resample(图像重采样)对话框(图 6-15)。

②输出图像文件名(Output File)为 rectify.img。

③选择重采样方法(Resample Method)为 Nearest Neighbor。

④定义输出图像范围(Output Comers)，在 ULX、ULY、LRX、LRY 微调框中分别输入需要的数值。

⑤定义输出像元大小(Output Cell Sizes)，X 值 30/Y 值 30。

⑥设置输出统计中忽略零值，即选中 Ignore Zero in Stats 复选框。

⑦设置重新计算输出默认值(Recalculate Output Defaults)，设定 Skip Factor 为 10。

⑧单击【OK】按钮，关闭 Resample 对话框，启动重采样进程。

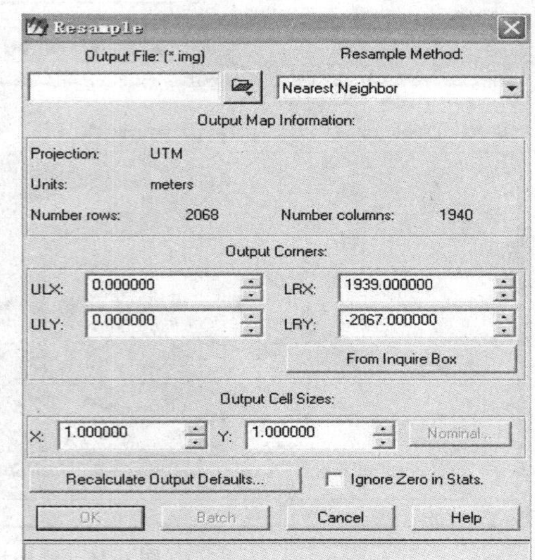

图 6-15 Resample 对话框

说明：ERDAS IMAGINE 提供 3 种最常用的重采样方法。◇Nearest Neighbor：邻近点插值法，将最邻近像元值直接赋予输出像元。◇Bilinear Interpolation：双线性插值法，用双线性方程和 2×2 窗口计算输出像元值。◇Cubic Convolution：立方卷积插值法，用三次方程和 4×4 窗口计算输出像元值。

步骤 8：保存几何校正模式

在 Geo Correction Tools 对话框中单击【Exit】按钮，退出图像几何校正过程，按照系统提示选择保存图像几何校正模式，并定义模式文件(＊.gms)，以便下次直接使用。

步骤 9：检验校正结果

检验校正结果(Verify Rectification Result)的基本方法：同时在两个窗口中打开两幅图像，其中一幅是校正以后的图像，另一幅是当时的参考图像，通过窗口地理连接(Geo Link/Unlink)功能及查询光标(Inquire Cursor)功能进行目视定性检验，具体过程如下：

①打开图像文件：在视窗 Viewer#1 中打开校正后的图像 rectify.img，在 Viewer#2 中打开带有地理参考的图像 fs.img。

②建立窗口地理连接关系：在 Viewer#1 中右击，在快捷菜单中选择【Geo Link/Unlink】命令。在 Viewer#2 中单击，建立与 Viewer#1 的连接。

③通过查询光标进行检验：在 Viewer#1 中右击，在快捷菜单中选择【Inquire Cursor】命令，打开光标查询对话框。在 Viewer#1 中移动查询光标，观测其在两屏幕中的位置及匹配程度，并注意光标查询对话框中数据的变化(图 6-16)。如果满意的话，关闭光标查询对话框。

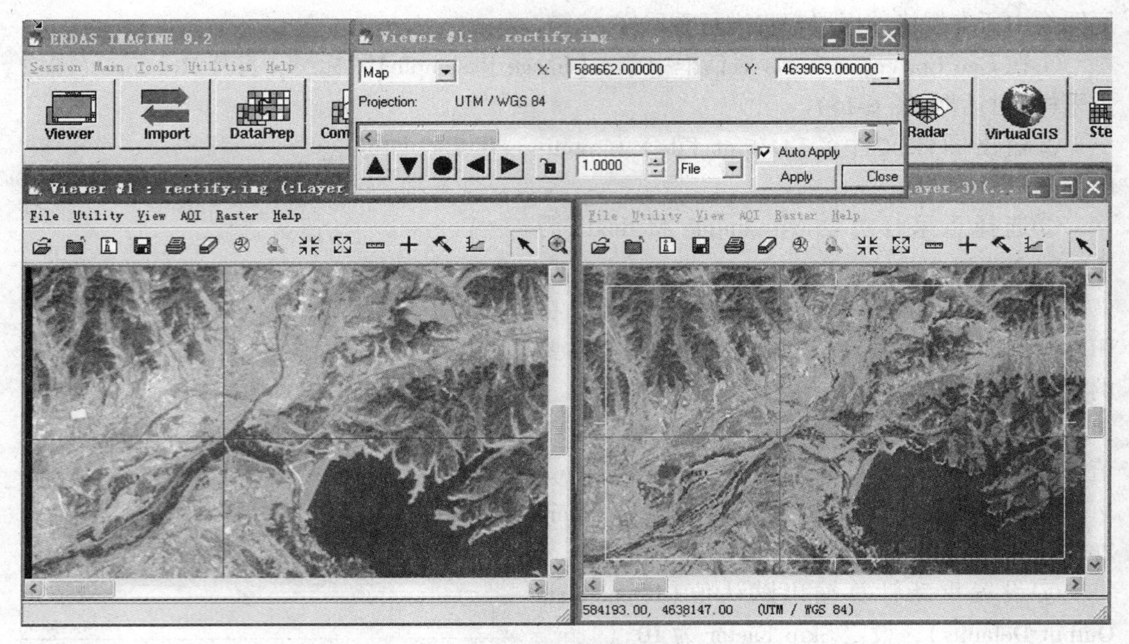

图 6-16　通过地理关联检验校正结果

6.1.5　成果评价

遥感图像几何校正结果评价指标设定方法参考表 6-4。

表 6-4　遥感图像校正验收考核评价表

姓名：		班级：	小组：	指导教师：
教学任务：学院实验林场 TM 图像校正			完成时间：	
过程考核 60 分				
评价内容		评价标准	赋分	得分
1	专业能力	1. 正确理解几何校正	10	
		2. 掌握遥感图像几何校正的操作	10	
		3. 学会建立自定义投影的方法	10	
		4. 能够完成地形图校正	10	
2	方法能力	1. 充分利用网络、期刊等资源查找资料	3	
		2. 灵活运用遥感图像处理的各种方法	4	
		3. 具有灵活处理遥感图像问题的能力	4	
3	社会能力	1. 与小组成员协作，有团队意识	3	
		2. 在完成任务过程中勇挑重担，责任心强	3	
		3. 接受任务态度认真	3	

（续）

结果考核 40 分				
评价内容		评价标准	赋分	得分
4	工作成果	学院实验林场 TM 图像校正验收报告	报告条理清晰	10	
			报告内容全面	10	
			结果检验方法正确	10	
			格式编写符合要求	10	
总评				100	
指导教师反馈：（教师根据学生在完成任务中的表现，肯定成绩的同时指出不足之处和修改意见） 年　月　日					

6.1.6 拓展知识

6.1.6.1 ERDAS IMAGINE 功能体系

ERDAS IMAGINE 是一个功能完整的、集遥感与地理信息系统于一体的专业软件。用户在进行遥感图像处理、转换、分析和成果输出的过程中，如何能有效地应用系统所提供的众多功能。如图 6-17 所示，详细展示了 ERDAS IMAGINE 的功能体系。

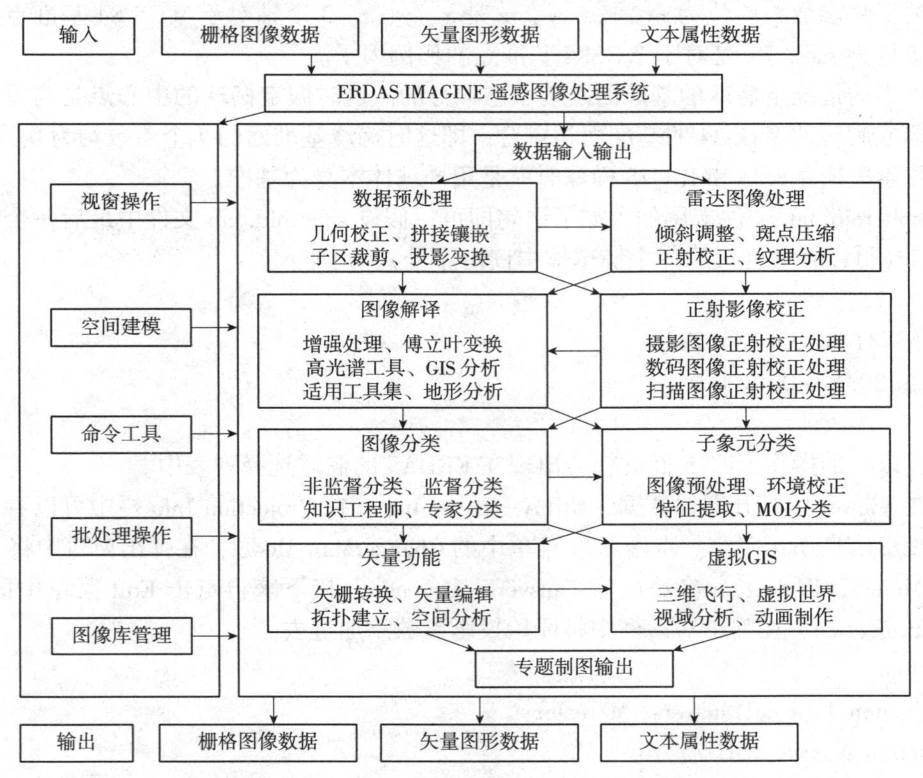

图 6-17　ERDAS IMAGINE 功能体系

6.1.6.2　在ERDAS中定义坐标系的方法

下面以定义西安80坐标系为例来介绍在ERDAS中定义坐标系的方法。ERDAS包含了一个能够自定义椭球体、基准面、投影方式的扩展库，通过这个扩展库，可以在ERDAS中添加任何可能存在的投影系统。基于以上两点，就可以将IUG75椭球的参数添加到ERDAS中，并且应用这个椭球对栅格数据进行投影变换。

①ERDAS安装目录下etc/spheroid.tab文件是一个.txt文本文件，用来记载椭球体和基准面参数，可以用文本编辑器对它进行修改，只要依照它的语法就可以任意添加自定义的椭球体和基准面参数。

基本语法为：

“椭球名称”{

“椭球序号”椭球体长半轴 椭球体短半轴

“椭球名称”0 0 0 0 0 0 0

“基准面名称1”dx1 dy1 dz1 rx1 rz1 ds1

“基准面名称2”dx2 dy2 dz2 rx2 rz1 ds2

………

}

其中：“基准面名称”dx dy dz rx rz ds中，dx、dy、dz是x、y、z 3个轴对于WGS 84基准点的平移参数，单位为m。rx、ry、rz是x、y、z、3个轴对于WGS 84基准点的旋转参数，单位为rad。Ds是对于WGS84基准点的比例因子。

在更多的情况下椭球的基准面是基于它本身的。这时假定椭球的中心点是与没有经过任何平移或旋转的WGS84的基准面相重合，即这时椭球基准面的7个参数均为0。我国在使用克拉索夫斯基椭球和IUG75椭球时就是用椭球体本身为基准。

在spheroid.tab文件末尾加入如下语句即可，假设spheroid.tab文件中最后一个椭球体序号为73(可以在文件最后一个椭球体中读出序号)，则加入：

"IUG 75"{

74 6378140 6356755.2882

"xian 80"0 0 0 0 0 0 0

}

经过以上的操作IUG75椭球就会出现在ERDAS的椭球选择列表中。

②在Viewer中打开图像数据，Utility→Layer Info，在Projection Info栏中可以看到目前的数据投影信息还不完整。点击Edit菜单中的Change Map Model，在弹出窗口中将Unit参数设为Meters，Projection参数设为Tansverse Mercator。接下来再点击Edit菜单中的Add/Change Projection，在弹出对话框中将原始投影参数添加进去。

Custom

Projection Type：Transverse Mercator

Spheroid Name：IUG 75

Datum Name：xian80

Scale factor at central meridian：1.00000
Longitude of central meridian：126：00：00.0000000000 E
Latitude of origin of projection：0：00：00.0000000000 N
False easting：42500000.0000000000 meters
False northing：0.0000000000000000 meters

思考与练习

1. 简述几何校正的概念。
2. 简述几何校正的步骤。
3. 对指定的卫星影像进行几何校正。

6.2 遥感影像裁剪处理

6.2.1 任务描述

在遥感图像处理的实际工作中，通过各种途径得到的遥感影像覆盖范围较大，如项目所需的数据只要覆盖学院实验林场的这一小部分，为节省磁盘存储的空间，减少数据处理时间，需要对影像进行分幅裁剪(Subset)，来取得研究目标区域的遥感影像。在ERDAS中实现分幅裁剪，可以分为规则裁剪(Rectangle Subset)和不规则裁剪(Polygon Subset)。其中不规则裁剪可以直接利用AOI进行，也可以利用已有的矢量数据进行裁剪。

6.2.2 任务目标

①掌握AOI文件的建立、保存及使用。
②熟练掌握在ERDAS中使用规则裁剪和不规则裁剪等不同方法得到研究的目标区域。

6.2.3 相关知识

(1)AOI

AOI是用户感兴趣区域(Area of Interest)的英文缩写，在ERDAS的AOI菜单中包含了AOI工具及其他的命令，分别应用于完成与AOI有关的文件操作。确定了一个AOI之后，可以使相关的ERDAS IMAGNE处理操作针对AOI内的像元。AOI区域可以保存为一个文件，便于在以后的多种场合调用，AOI区域经常应用于图像裁剪、图像分类模版(Signature)文件的定义等。需要说明的是，一个窗口只能打开或显示一个AOI数据层，当然，一个AOI数据层中可以包含若干个AOI区域。

(2)规则分幅裁剪

规则分幅裁剪(Rectangle Subset)是指裁剪图像的边界范围是一个矩形，通过左上角和右下角两点的坐标或者通过矩形的4个顶点的坐标，就可以确定图像的裁剪范围，整个裁剪过程比较简单。

(3)不规则裁剪

不规则裁剪(Polygon Subset)是指裁剪图像的边界范围是任意多边形，无法通过左上角和右下角两点的坐标确定裁剪位置，而必须事先生成一个完整的闭合多边形区域，可以是一个 AOI 多边形，也可以是 ArcInfo 的一个 Polygon Coverage，针对不同的情况采用不同裁剪过程。

6.2.4　任务实施

6.2.4.1　建立 AOI 文件

步骤 1：打开 AOI 工具面板

①在菜单条单击【AOI】→【Tools】命令，打开 AOI 工具面板(图 6-18)。

②AOI 工具面板中几乎包含了所有的 AOI 菜单操作命令。AOI 工具面板大致可以分为 3 个功能区，前两排图标是产生 AOI 与选择 AOI 功能区，中间 3 排是编辑 AOI 功能区，而最后两排则是定义 AOI 属性功能区。掌握 AOI 工具面板中的命令功能，对于在图像处理工作中正确使用 AOI 功能、发挥 AOI 的作用是非常有意义的。

图 6-18　AOI 工具面板

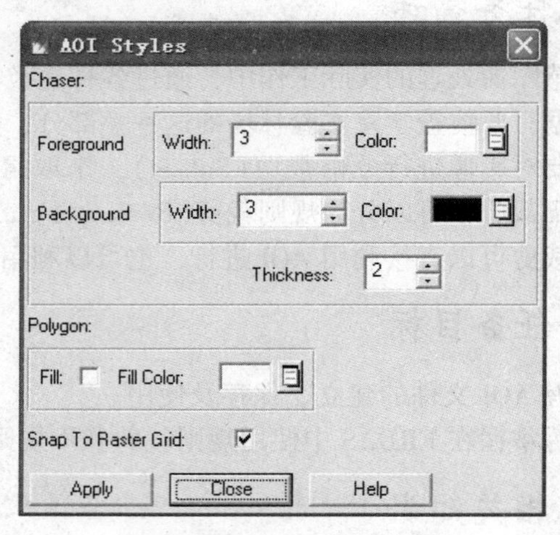

图 6-19　AOI Styles 对话框

步骤 2：定义 AOI 显示特性

①在菜单条单击【AOI】→【Style】→【AOI Styles】命令，打开 AOI Styles 对话框。或在 AOI 工具面板单击 Display AOI Styles 图标，打开 AOI Styles 对话框(图 6-19)。

②对话框说明了 AOI 显示特性(AOI Styles)的内容，既有 AOI 区域边线的线型(Foreground Width/Background Width)、颜色(Color)、粗细(Thickness)，还有 AOI 区域填充与否(Fill 复选框)及填充颜色(Fill Color)。

步骤 3：定义 AOI 种子特征

AOI 区域的产生有两种方式，其一是选择绘制 AOI 区域的命令后用鼠标在屏幕窗口或数字化仪上给定一系列数据点，组成 AOI 区域；其二是以给定的种子点为中心，按照所定义的 AOI 种子特征(Seed Properties)进行区域增长，自动产生任意边线的 AOI 区域。定义

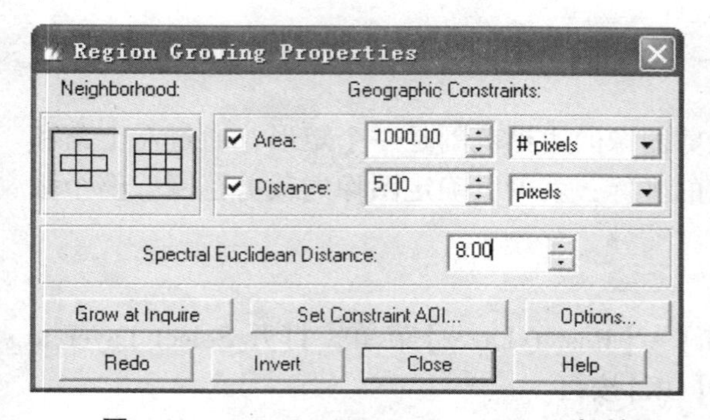

图 6-20 Region Growing Properties 对话框

AOI 种子特征就是为产生后一种 AOI 区域做准备，这种 AOI 区域在图像分类模板定义中经常使用。在菜单条单击【AOI】→【Seed Properties】命令，打开 Region Growing Properties 对话框(图 6-20)。

Region Growing Properties 对话框中各项参数的具体含义见表 6-5。实际操作中，根据需要设置好相关的参数之后，关闭对话框，参数就被应用于随后生成的 AOI 区域。

表 6-5 AOI 种子特征参数及含义

参数项	含 义
Neighborhood：	种子增长模式：
4 Neighborhood Mode	4 个相邻像元增长模式
8 Neighborhood Mode	8 个相邻像元增长模式
Geographic Constraints：	种子增长的地理约束：
Area(Pixels/Hectares/Acres)	面积约束(像元个数、面积)
Distance(Pixels/Meters/Feet)	距离约束(像元个数、距离)
Spectral Euclidean Distance	光谱欧氏距离
Grow at Inquire	以查询光标为种子增长
Set Constraint AOI	以 AOI 区域为约束条件
Options：	选择项定义：
Include Island Polygons	允许岛状多边形存在
Update Region Mean	重新计算 AOI 区域均值
Buffer Region Boundary	对 AOI 区域进行 Buffer

步骤 4：保存 AOI 数据层

无论应用哪种方式在窗口中建立了多少个 AOI 区域，总是位于同一个 AOI 数据层中，可以将众多的 AOI 区域保存在一个 AOI 文件中，以便随后应用。

在菜单条单击【File】→【Save】→【AOI Layer as】命令，打开 Save AOI as 对话框(图 6-21)。

在 Save AOI as 对话框中进行以下设置：

①确定文件路径为 users。

②确定文件名称(Save AOI as)为 lc. aoi。

③单击【OK】按钮保存 AOI 文件，关闭 Save AOI as 对话框。

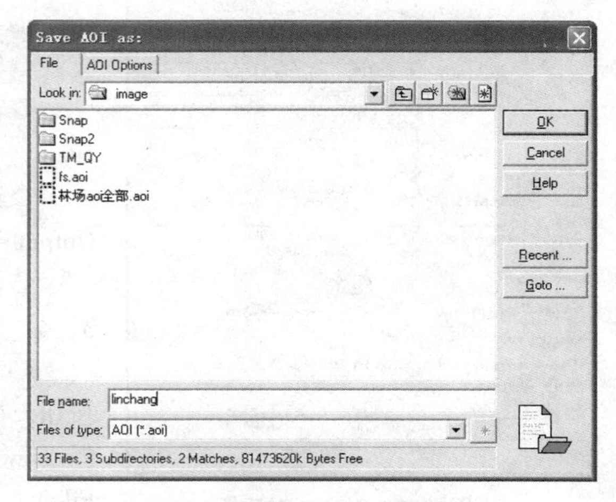

图 6-21 保存 AOI 对话框

6.2.4.2　规则裁剪

规则分幅裁剪(Rectangle Subset)是指裁剪图像的边界范围是一个矩形，通过左上角和右下角两点的坐标或者通过矩形的 4 个顶点的坐标，就可以确定图像的裁剪范围，整个裁剪过程比较简单。

步骤 1：打开影像设置裁剪范围

①在 Viewer 窗口中选择【File】→【Open】→【Raster Layer】菜单，打开 Select Layer to Add 对话框，并选择需要裁剪的影像，点击【OK】按钮。

②在 Viewer 窗口中依次选择【AOI】→【Tools】菜单，打开 AOI 工具面板，使用 Create Rectangle AOI 工具，来选择需要裁剪的范围，建立 AOI 区域，也可以直接使用步骤①中保存的 AOI 文件。

说明：有时为了准确裁剪目标区域，也可以在 Viewer 窗口中选择【Utility】→【Inquire Box】菜单，打开查询框，并在 Viewer 工具条中点击↖拖动查询框到需要的范围，也可根据需要输入左上角和右下角点的坐标(图 6-22)。

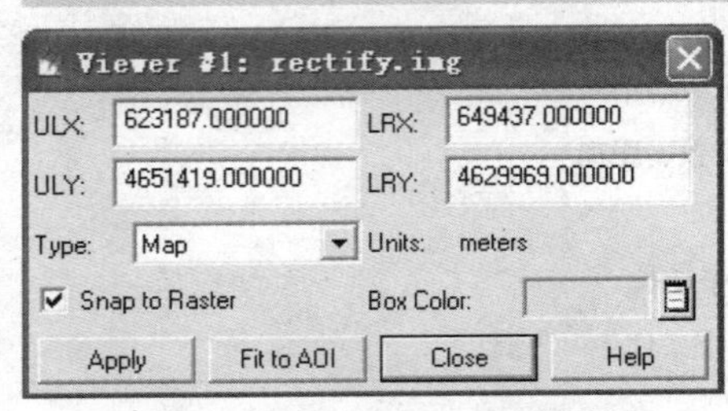

图 6-22　Inquire Box 对话框

③点击【Apply】按钮，将查询框移动到设置的坐标范围处。

步骤 2：对影像进行规则裁剪

①在 ERDAS 图标面板菜单条单击【Main】→【Data Preparation】→【Subset Image】命令，打开 Subset 对话框(图 6-23)。或在 ERDAS 图标面板工具条单击【Data Prep】图标→选择【Subset Image】命令，打开 Subset 对话框。

在 Subset 对话框中需要设置下列参数：

◎输入图像文件(Input File)为：rectify. img。

◎输出图像文件名称(Output File)为：lc_subset. img。

◎输出数据类型为(Date Type)为：Unsigned 8 Bit。

◎输出文件类型(Output Layer Type)：Continuous。

◎输出统计忽略零值：即选中 Ignore Zero In Output stats 复选框。

◎输出波段(Select Layers)为 1：6(表示 1，2，3，4，5，6 这 6 个波段)。

◎裁剪范围(Subset Definition)：点下面的【AOI...】按钮，在弹出的【Choose AOI】对话框(图 6-24)中选择 Viewer(如果保存了 AOI 文件，也可以选择 AOI File)，再点击【OK】，即确定了裁剪的范围。

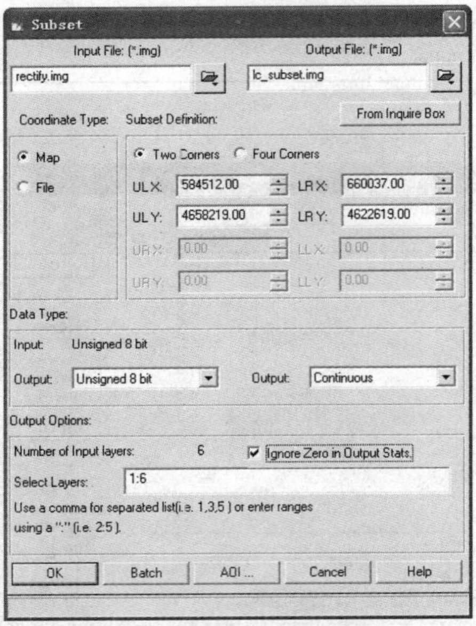

图 6-23　Subset 对话框

②单击【OK】按钮，关闭 Subset 对话，执行图像裁剪。

③裁剪完成后，打开裁剪后的影像 lc_subset. img，观察裁剪后的结果。

说明：如果在步骤一中使用了查询框(Inquire Box)来确定裁剪范围时，直接点 Subset Image 对话框中的 From Inquire Box 按钮来确定裁剪范围，也可以直接输入 ULX、ULY、LRX、LRY(如果选中了 Four Corners 单选按钮，则需要输入 4 个顶点的坐标)。

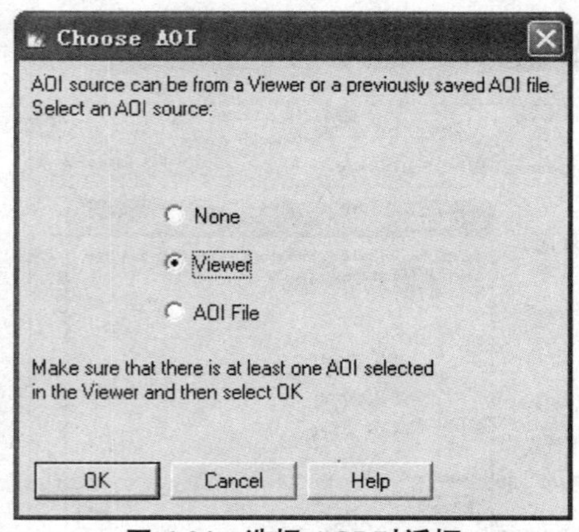

图 6-24　选择 AOI 对话框

6.2.4.3　不规则裁剪

不规则裁剪(Polygon Subset)是指裁剪图像的边界范围是任意多边形，无法通过顶点坐标确定裁剪位置，而必须事先生成一个完整的闭合多边形区域，可以是一个 AOI 多边形，也可以是 ArcGIS 的一个 Polygon Coverage，针对不同的情况采用不同裁剪过程。进行不规则裁剪可以使用 AOI 多边形裁剪和矢量多边形裁剪两种方法。

【方法 1】使用 AOI 多边形裁剪

步骤 1：建立 AOI 多边形区域

①在 Viewer 视窗打开需要进行裁剪的影像文件 rectify. img。

②在 Viewer 视窗菜单中选择【AOI】→【Tools】菜单，打开 AOI 工具面板。

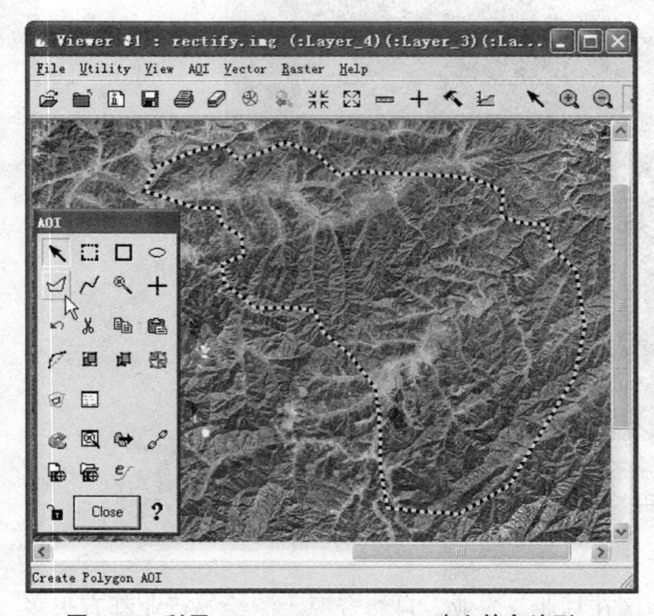

图 6-25　利用 Create Polygon AOI 建立的多边形 AOI

③利用 AOI 工具面板中的 Create Polygon AOI 工具来绘制多边形 AOI，并将多边形 AOI 保存成 lc2. aoi 文件(图 6-25)。

步骤 2：利用多边形 AOI 进行裁剪

①在 ERDAS 图标面板菜单条中单击【Main】→【Data Preparation】→【Data Preparation】菜单，选择 Subset Image 选项，打开 Subset 对话框(图 6-23)；或者在 ERDAS 图标面板工具条中单击【Data Prep】图标，打开 Data Preparation 菜单，选择 Subset Image 选项，打开 Subset Image 对话框(图 6-23)。

②在 Subset Image 对话框中需要设置下列参数：

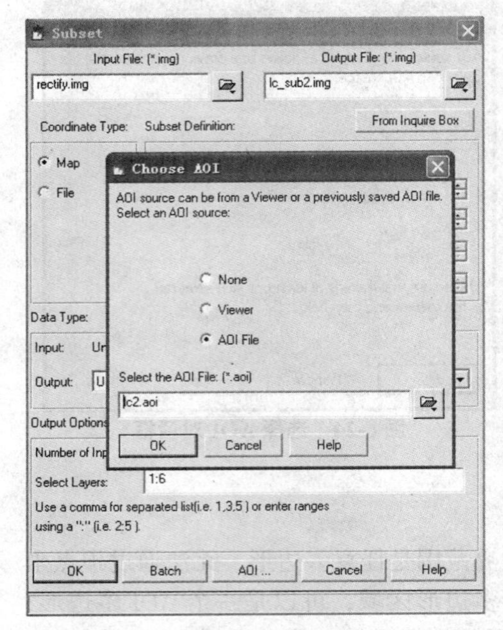

图 6-26　裁剪及 AOI 选择对话框

◎输入文件名称(Input File)：rectify. img。

◎输出文件名称(Output File)：lc_sub2. img。

◎应用 AOI 确定裁剪范围：单击【AOI】按钮。

◎打开【Choose AOI】对话框(图 6-26)。

◎在【Choose AOI】对话框中确定 AOI 的来源(AOI Source)：File(已经存在的 AOI 文件)或 Viewer(视窗中的 AOI)。

◎如果选择了文件(File)，则进一步确定 AOI 文件，否则，直接进入下一步。

◎输出数据类型(Output Data Type)：Unsigned 8 bit。

◎输出像元波段(Select Layers)：1∶6(表示选择 1~6 这 6 个波段)。

◎单击【OK】按钮，关闭 Subset Image 对话框，执行图像裁剪。

③裁剪完成后，在一个新的 Viewer 中打开裁剪后的图像，结果如图 6-27 所示。

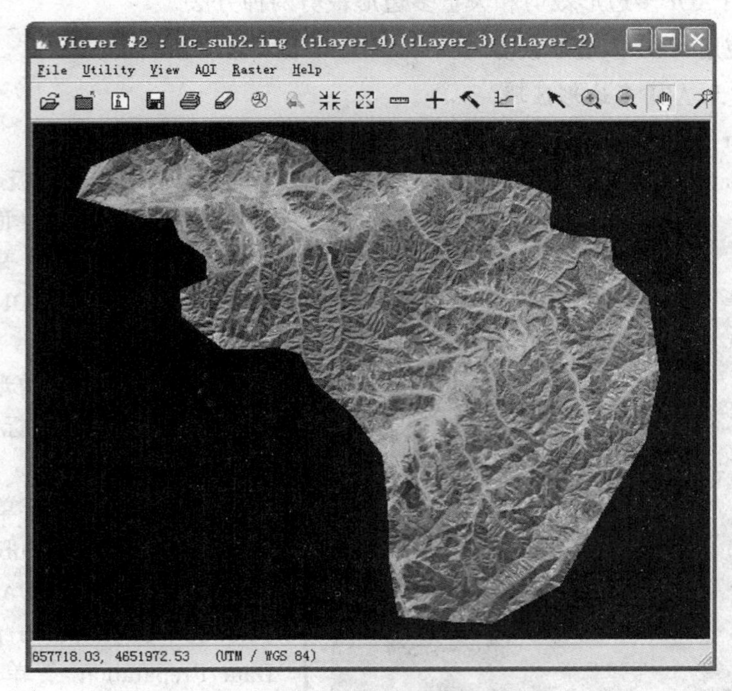

图 6-27　利用多边形 AOI 裁剪后的影像

【方法 2】使用矢量多边形裁剪

随着 GIS 的广泛应用，现在各个地区在林业、农业、自然资源、测绘等行业都有很多现成的矢量图，如果是按照行政区划边界或自然区划边界进行图像的裁剪，经常利用

ArcGIS 或 ERDAS 的 Vector 模块绘制精确的边界多边形(Polygon)，然后以 ArcGIS 的 Polygon 为边界条件进行图像裁剪。在 ERDAS 中可以直接使用的矢量文件类型有：Arc Coverage、ArcGIS geodatabase(＊.gdb)、ORACLE Spatial Feature(＊.ogv)、SDE Vector Layer(＊.sdv)、Shapefile(＊.shp)等。对于这种情况，需要调用 ERDAS 其他模块的功能分两步完成。

步骤 1：将 ArcGIS 多边形转换成栅格图像文件

①启动矢量转栅格程序：在 ERDAS 图标面板菜单条中单击【Main】→【Image Interpreter】→【Utilities】→【Vector to Raster】命令，打开 Vector to Raster 对话框(图 6-28)；或者在 ERDAS 图标面板工具条中单击【Interpreter】→【Utilities】→【Vector to Raster】命令，打开 Vector to Raster 对话框。

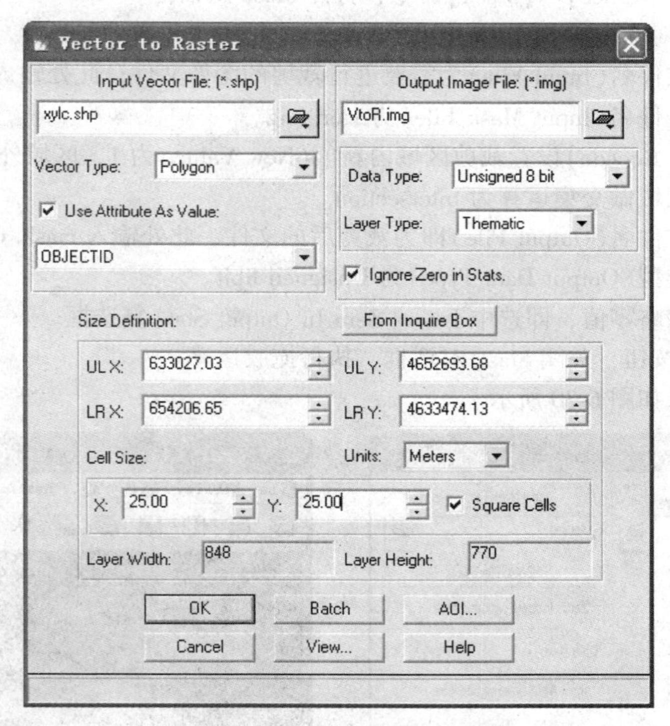

图 6-28 Vector to Raster 对话框

②设置 Vector to Raster 对话框参数：

◎输入矢量文件名称(Input Vector File)：xylc. shp(为了减少计算机处理时间，本例选取的矢量范围只包括学院实验林场的一部分)。

◎确定矢量文件类型(Vector Type)：Polygon。

◎使用矢量属性值(Use Attribute as Value)：OBJECTID。

◎输出栅格文件名称(Output Image File)：VtoR. img。

◎栅格数据类型(Data Type)：Unsigned 8 bit。

◎栅格文件类型(Layer Type)：Thematic。

◎转换范围大小(Size Definition)：ULX、ULY、LRX、LRY(默认为将全部矢量范围进

行转换，如只转换一部分，可使用AOI、Inquire Box或者直接输入左上角和右下角的坐标值来确定范围）。

◎坐标单位（Units）：Meters。

◎输出像元大小（Cell Size）：X为25、Y为25。

◎选择正方形像元：Squire Cell。

③单击【OK】按钮，关闭Vector to Raster对话框，执行矢栅转换。

步骤2：通过掩膜运算（Mask）进行裁剪

①启动掩膜（Mask）程序：在ERDAS图标面板菜单条单击【Main】→【Image Interpreter】→【Utilities】→【Mask】命令，打开Mask对话框（图6-29）。或在ERDAS图标面板工具条单击【Interpreter】图标【Utilities】→【Mask】命令，打开Mask对话框。

②设置Mask对话框参数：

◎输入图像文件名（Input File）为需要进行裁剪的图像文件，此处输入rectify. img。

◎输入掩膜文件名（Input Mask File）为vtor. img。

◎单击【Setup Recode】设置裁剪区域内新值（New Value）为1，区域外取0值。

◎确定掩膜区域做交集运算为Intersection。

◎输出图像文件名（Output File）即为裁剪后的文件，此处输入mask. img。

◎输出数据类型（Output Data Type）为Unsigned 8bit。

◎输出统计忽略零值，即选中Ignore Zero In Output Stats复选框。

◎单击【OK】按钮，关闭Mask对话框，执行掩膜运算。

③裁剪后结果如图6-30所示。

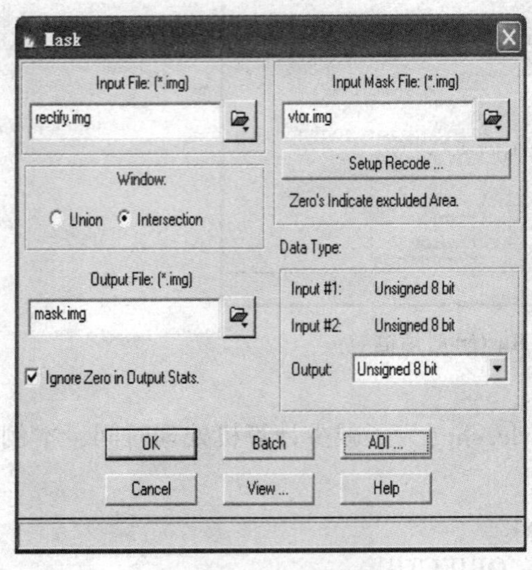

图6-29 Mask对话框

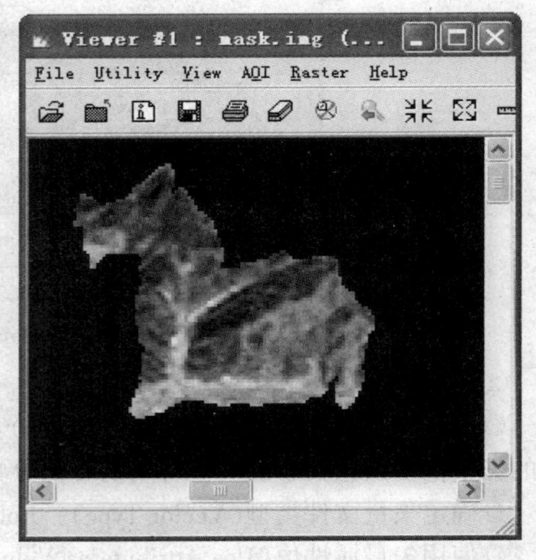

图6-30 使用掩膜文件裁剪后的图像

6.2.5 成果评价

遥感图像裁剪后结果评价指标制定方法参考表6-6。

表 6-6 遥感图像裁剪验收考核评价表

<table>
<tr><td colspan="2">姓名：</td><td>班级：</td><td colspan="2">小组：</td><td colspan="2">指导教师：</td></tr>
<tr><td colspan="3">教学任务：学院实验林场遥感图像裁剪</td><td colspan="4">完成时间：</td></tr>
<tr><td colspan="7">过程考核 60 分</td></tr>
<tr><td colspan="2">评价内容</td><td colspan="3">评价标准</td><td>赋分</td><td>得分</td></tr>
<tr><td rowspan="4">1</td><td rowspan="4">专业能力</td><td colspan="3">1. 熟练掌握 AOI 的建立与应用</td><td>10</td><td></td></tr>
<tr><td colspan="3">2. 掌握图像规则的裁剪方法</td><td>10</td><td></td></tr>
<tr><td colspan="3">3. 能够进行图像的不规则裁剪</td><td>10</td><td></td></tr>
<tr><td colspan="3">4. 能够使用矢量数据进行图像的不规则裁剪</td><td>10</td><td></td></tr>
<tr><td rowspan="3">2</td><td rowspan="3">方法能力</td><td colspan="3">1. 充分利用网络、期刊等资源查找资料</td><td>3</td><td></td></tr>
<tr><td colspan="3">2. 灵活运用遥感图像处理的各种方法</td><td>4</td><td></td></tr>
<tr><td colspan="3">3. 具有灵活处理遥感图像问题的能力</td><td>4</td><td></td></tr>
<tr><td rowspan="3">3</td><td rowspan="3">社会能力</td><td colspan="3">1. 与小组成员协作，有团队意识</td><td>3</td><td></td></tr>
<tr><td colspan="3">2. 在完成任务过程中勇挑重担，责任心强</td><td>3</td><td></td></tr>
<tr><td colspan="3">3. 接受任务态度认真</td><td>3</td><td></td></tr>
<tr><td colspan="7">结果考核 40 分</td></tr>
<tr><td rowspan="4">4</td><td rowspan="4">工作成果</td><td rowspan="4">学院实验林场遥感图像裁剪验收报告</td><td colspan="2">报告条理清晰</td><td>10</td><td></td></tr>
<tr><td colspan="2">报告内容全面</td><td>10</td><td></td></tr>
<tr><td colspan="2">结果检验方法正确</td><td>10</td><td></td></tr>
<tr><td colspan="2">格式编写符合要求</td><td>10</td><td></td></tr>
<tr><td colspan="2">总评</td><td colspan="3"></td><td>100</td><td></td></tr>
<tr><td colspan="7">指导教师反馈：（教师根据学生在完成任务中的表现，肯定成绩的同时指出不足之处和修改意见）
年　月　日</td></tr>
</table>

6.2.6 拓展任务

在遥感图像裁剪任务中，我们掌握了遥感图像的规则裁剪和不规则裁剪，在不规则裁剪中使用 AOI 多边形和矢量多边形进行裁剪。其中在使用矢量多边形进行裁剪时，首先把矢量文件转换为栅格文件，然后把此栅格文件作为掩膜文件进行裁剪。为了拓展能力，本拓展任务为利用矢量多边形转换成 AOI 后进行裁剪。

步骤 1：打开需要裁剪的图像和矢量文件

①启动 ERDAS，在 Viewer 窗口中打开需要进行裁剪的图像 rectify. img。

②在同一视窗中打开学院实验林场的矢量图：sylc_UTM. shp（图 6-31）。

步骤 2：将 SHP 文件转成 AOI 文件

①在 Vector 菜单下，点【TOOLS】命令，打开矢量工具面板。

②在面板中使用“Select features with a rectangle”工具选择矢量文件所覆盖的范围。

③在当前窗口新建一个 AOI 层。打开文件菜单【File】→【New】→【AOI Layer】，这样就建立了一个新的 AOI 图层。

④在【AOI】菜单下选择 copy selection to AOI，即把矢量图形转换成 AOI。

⑤在【File】菜单下单击【Save】→【AOI Layers As】保存为 hylc. aoi 文件。注意在保存 AOI 文件时，有一个选项 AOI Options，根据需要，是否选中 Save Only Selected AOI Elements 复选框。

说明：在进行矢量图层选择时，经常出现不能选择的情况，此时要注意调整图层的显示顺序，不论哪一个对象，只有在最上层时才能进行选择。调整图层顺序时，在视窗中点击【View】→【Arrange Layers】命令操作。

步骤 3：进行裁剪

操作步骤同前。只是在选择裁剪范围时，选择上一步保存的 AOI 文件。裁剪后的结果如图 6-32 所示。

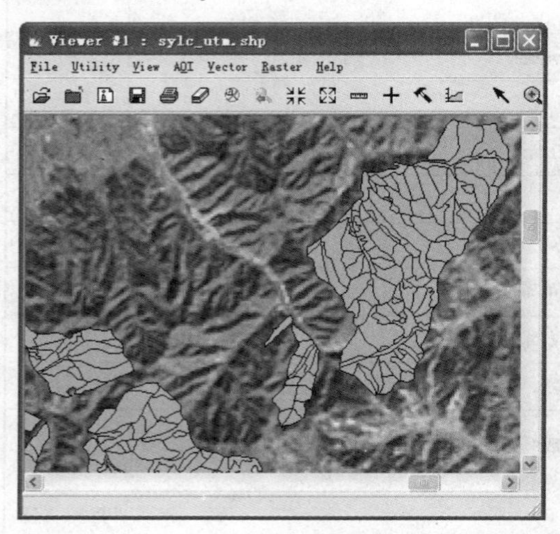

图 6-31 在同一窗口打开的栅格和矢量图像

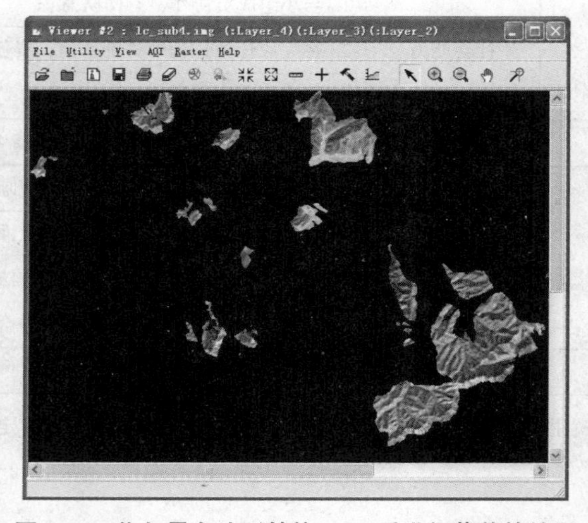

图 6-32 将矢量多边形转换 AOI 后进行裁剪的结果

6.3 遥感图像镶嵌处理

6.3.1 任务描述

遥感图像镶嵌(Mosaic Image)又称图像的拼接，是指将具有地理参考的若干相邻图像合并成一幅图像或一组图像的过程，图像的镶嵌在遥感图像预处理中是一项经常需要完成的基础性工作，本任务是完成卫星图像及航空图像的镶嵌处理。

6.3.2 任务目标

①掌握遥感图像镶嵌的条件。

②熟悉遥感图像镶嵌处理的方法步骤。

6.3.3 相关知识

①图像镶嵌也称图像的拼接，就是将若干幅相邻图像合并成一幅图像或一组图像的过程。

②图像镶嵌需要注意的几个问题：

◎需要拼接的输入图像必须含有地图投影信息，或者说输入图像必须经过几何校正处理或进行过校正标定。

◎输入的图像可以具有不同的投影类型、不同的像元大小。

◎输入的图像必须具有相同的波段数。

◎进行图像拼接时，需要确定一幅参考图像，参考图像将作为输出拼接图像的基准，决定拼接图像的对比度匹配以及输出图像的地图投影、像元大小和数据类型。

③Mosaic Images 按钮面板有 4 个按钮，分别是：Mosaic Pro(高级图像镶嵌)、Mosaic Tool(图像镶嵌工具)、Mosaic Direct(图像镶嵌工程参数设置)、Mosaic Wizard(建立图像镶嵌工程向导)。下面重点介绍 Mosaic Tool(图像镶嵌工具)的菜单命令及工具图标。

④Mosaic Tool 视窗菜单命令及功能见表 6-7。

表 6-7 Mosaic Tool 视窗菜单命令及功能

命 令	功 能
File:	文件操作:
New	打开新的图像拼接工具
Open	打开图像拼接工程文件(*.mos)
Save	保存图像拼接工程文件(*.mos)
Save As	重新保存图像拼接工程文件
Annotation	将拼接图像轮廓保存为注记文件
Close	关闭当前图像拼接工具
Edit:	编辑操作:
Add Images	向图像拼接窗口加载图像
Delete Image(s)	删除图像拼接工程中的图像
Color Correction	设置镶嵌图像的色彩校正参数
Set Overlay Function	设置镶嵌光滑和羽化参数
Output Options	设置输出图像参数
Delete Outputs	删除输出设置
Show Image Lists	显示图像文件列表窗口
Process:	处理操作:
Run Mosaic	执行图像镶嵌处理
Preview Mosaic	图像镶嵌效果预览

（续）

命　令	功　能
Help： Help for Mosaic Tool	联机帮助： 关于图像拼接的联机帮助

⑤Mosaic Tool 视窗工具图标及其功能见表 6-8。

表 6-8　Mosaic Tool 视窗工具图标及其功能

图标	命令	功能
	Add Images	向图像镶嵌窗口加载图像
	Set Input Mode	设置输入图像模式
	Image Resample	打开图像重采样对话框
	Image Matching	打开图像色彩校正对话框
	Send Image to Top	将选择图像置于最上层
	Send Image Up One	将选择图像上移一层
	Send Image to Bottom	将选择图像置于最下层
	Send Image Down One	将选择图像下移一层
	Reverse Image Order	将选择图像次序颠倒
	Set Intersection Mode	设置图像交接关系
	Next Intersection	选择下一种相交方式
	Previous Intersection	选择前一种相交方式
fx	Overlap Function	打开叠加功能对话框
	Default Cutlines	设置默认相交截切线
	AOI Cutlines	设置 AOI 区域截切线
	Toggle Cutline	开关截切线的应用模式
	Delete Cutlins	删除相交区域截切线
	Cutline Selection Viewer	打开截切线选择窗口
	Auto Cutline Mode	设置截切线自动模式
	Set Output Mode	设置输出图像模式
	Output Options	打开输出图像设置对话框
	Run Mosaic Process	运行图像拼接过程
	Preview Mosaic	预览图像拼接效果
	Reset Canvas	改变图面尺寸以适应拼接图像
	Scale Canvas	改变图面比例以适应选择对象
	Select Point	选择一个点进行查询

（续）

图标	命令	功能
⬚	Select Area	选择一个区域进行查询
🔍+	Zoom Image In by 2	两倍放大图形窗口
🔍−	Zoom Image Out by 2	两倍缩小图形窗口
⌐	Select Area for Zoom	选择一个区域进行放大
✋	Roam Canvas	图形窗口漫游
▦	Image List	显示/隐藏镶嵌图像列表

6.3.4 任务实施

本次任务利用 Mosaic Tool 图像镶嵌功能，将学院实验林场范围内相邻的三幅陆地卫星影像(lc1. img、lc2. img、lc3. img)进行镶嵌处理，拼接为一幅图像，下面通过详细拼接步骤来完成这一任务。

步骤 1：启动图像拼接工具

在 ERDAS 图标面板菜单条单击【Main】→【Data Preparation】菜单，选择 Mosaic Images 选项，打开 Mosaic Images 按钮面板(图 6-33)，单击【Mosaic Tool】命令，打开 Mosaic Tool 窗口(图 6-34)。或在 ERDAS 图标面板工具条单击【Data Prep】图标，打开 Data Preparation 菜单，单击【Mosaic Images】按钮，打开 Mosaic Images 按钮面板，单击【Mosaic Tool】按钮，打开 Mosaic Tool 窗口。

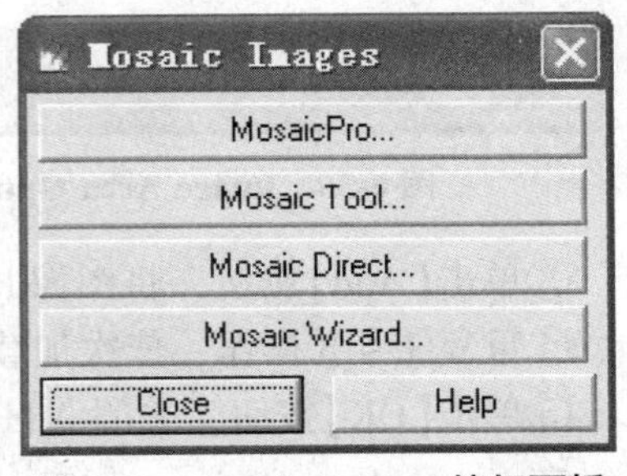

图 6-33　Mosaic Images 按钮面板

步骤 2：加载 Mosaic 图像

在 Mosaic Tool 菜单条单击【Edit Add Images】命令，打开 Add Images for Mosaic 对话框(图 6-35)。或在 Mosaic Tool 工具条单击【Add Images】图标，打开 Add Images for Mosaic 对话框。

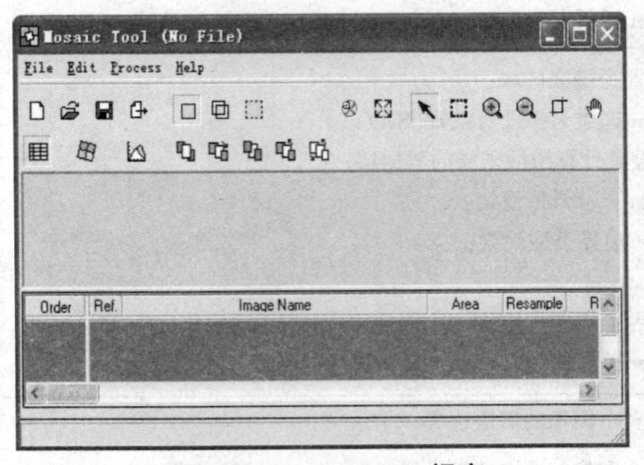

图 6-34　Mosiac Tool 视窗

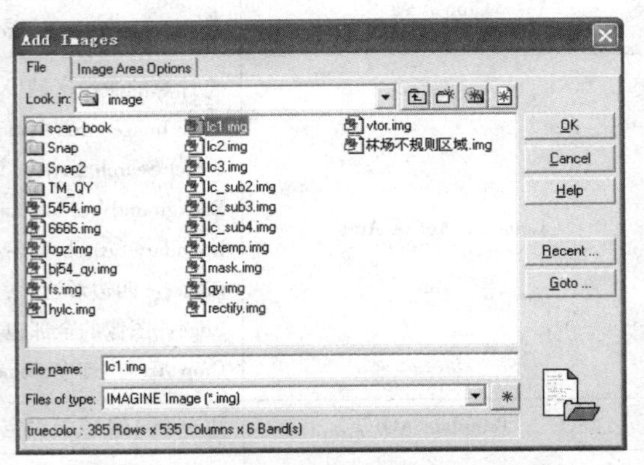

图 6-35　Add Images for Mosaic 对话框

在 Add Images for Mosaic 对话框中，需要设置以下参数：

①选择拼接图像文件(Image File Name)为 lc1. img。

②设置图像拼接区域(Image Area Options)(图 6-36)为 Compute Active Area，再点击【Set】将 Active Area Options 对话框(图 6-37)中的 Boundary Search Type 设为 Edge。

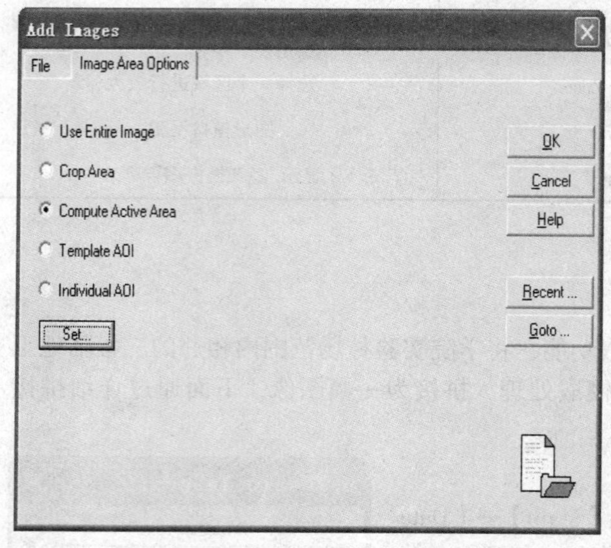

图 6-36　Image Area Options 对话框

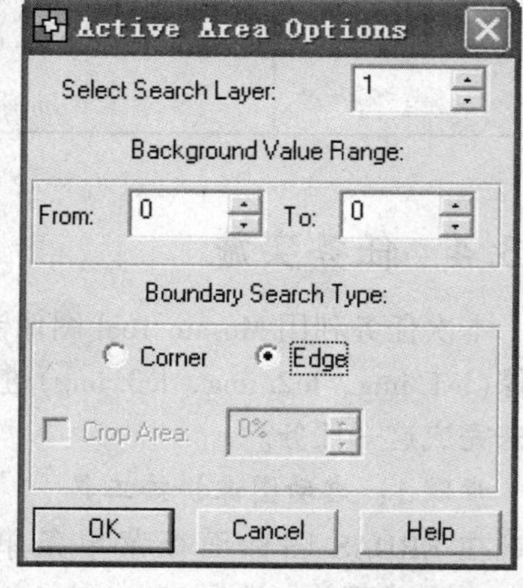

图 6-37　Active Area Options 对话框

③单击【Add】按钮，将图像 lc1. img 被加载到 Mosaic 窗口中。

④重复①~③操作，依次加载 lc2. img 和 lc3. img。

⑤单击【OK】按钮，关闭 Add Images for Mosaic 对话框。

在 Image Area Options 选项卡中，可以设置图像镶嵌区域，各项设置的含义见表 6-9。

表 6-9　Image Area Options 选项卡的设置及其功能

设置选项	功　能
Use Entire Image	默认设置，图像全部区域设置为镶嵌区域
Crop Area	按百分比裁剪后将剩余的部分设置为镶嵌区域； 需在 Image Area Option 选项卡中设置 Crop Percentage
Compute Active Area	将计算的激活区域设置为镶嵌区域； 需在 Image Area Option 选项卡中进行设置(Set)； Select Search Layer：设置计算激活区域的数据层； Background Value Range：背景值设定； Boundary Search Type：边界类型设置； Comer：四边形边界； Edge：图像的全部边界； Crop Area：选中 Comer 单选按钮时有效，裁切掉的面积百分比
Template AOI	用一个 AOI 模板设定多个图像的镶嵌边界
Individual AOI	一个 AOI 只能用于一个图像的镶嵌边界设置

步骤3：设置图像叠置次序

在 Mosaic Tool 工具条单击【Set Input Mode】图标□，并在图形窗口单击选择需要调整的图像，进入设置输入图像模式的状态，Mosaic Tool 工具条中会出现与该模式对应的调整图像叠置次序的编辑图标，充分利用系统所提供的编辑工具，根据需要进行上下层调整。这些调整工具包括：

◎Send Image to Top：将选择图像置于最上层。

◎Send Image Up One：将选择图像上移一层。

◎Send Image to Bottom：将选择图像置于最下层。

◎Send Image Down One：将选择图像下移一层。

◎Reverse Image Order：将选择图像次序颠倒。

◎调整完成后，在 Mosaic Tool 窗口单击，退出图像叠置组合状态。

步骤4：图像色彩校正设置

①在 Mosaic Tool 菜单条单击【Edit】→【Color Corrections】命令，打开 Color Corrections 对话框(图 6-38)；或在 Mosaic Tool 工具条单击【Set Input Mode】图标□，进入设置输入图像模式。单击【Color Corrections】图标，打开 Color Corrections 对话框。

②Color Corrections 对话框给出 4 个选项，允许用户对图像进行图像匀光(Image Dodging)、色彩平衡(Color Balancing)、直方图匹配(Histogram Matching)等处理。在 Color Corrections 对话框中，Exclude Areas 允许用户建立一个感兴趣区(AOI)，从而使图像匀光、色彩平衡、直方图匹配等处理排除一定的区域。

③在 Mosaic Tool 视窗菜单条中单击【Edit】→【Set Overlap Function】命令，打开 Set Overlap Function 对话框(图 6-39)；或在 Mosaic Tool 视窗工具条中单击【Set Intersection Mode】图标，进入设置图像关系模式。

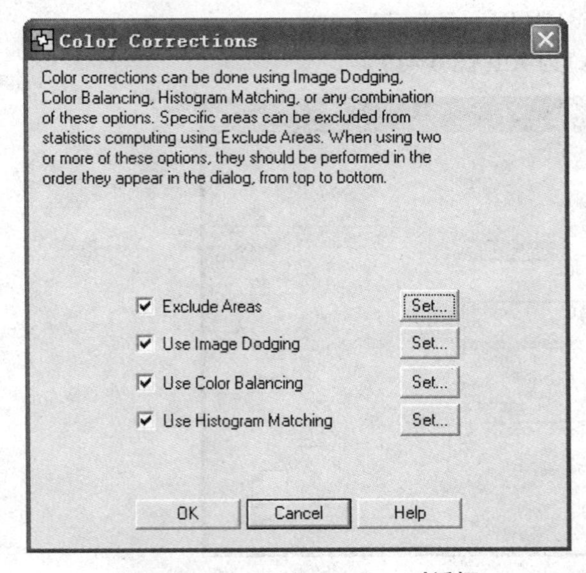

图 6-38 Color Corrections 对话框

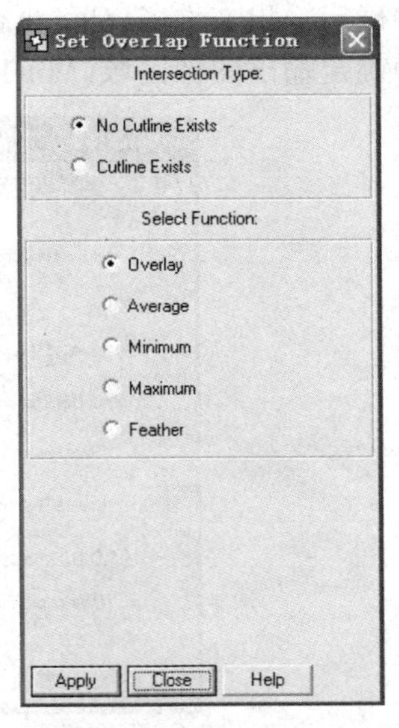

图 6-39 Set Overlap Function 对话框

◎单击【Overlap Function】图标 fx。

◎打开 Set Overlap Function 对话框（图 6-39）。在 Set Overlap Function 对话框中，设置以下参数。

◎设置相交关系（Intersection Method）：No Cutline Exists（没有裁切线）。

◎设置重叠区像元灰度计算（Select Function）：Average（均值）。

◎单击【Apply】，保存设置，最后点击【Close】命令，关闭 Matching Options 对话框。

步骤 5：运行 Mosaic 工具

在 Mosaic Tool 菜单条单击【Process】→【Run Mosaic】命令，打开 Run Mosaic 对话框（图 6-40）。

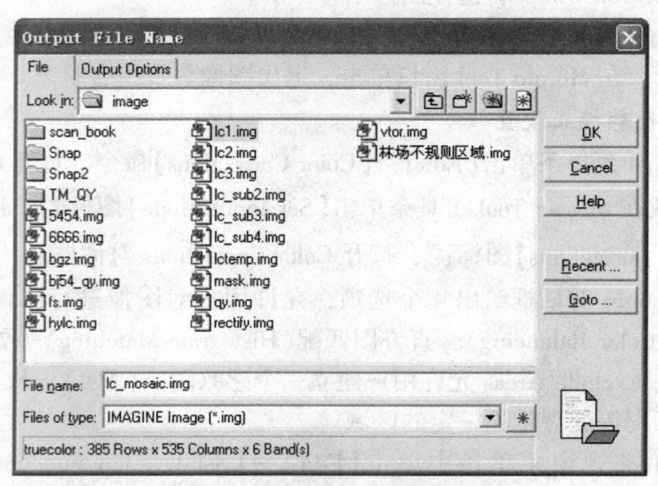

图 6-40　Run Mosaic 对话框 File 选项卡

在 Run Mosaic 对话框中，设置下列参数：

◎确定输出文件名（Output File Name）为 lc_mosaic. img。

◎确定输出图像区域（Witch Outputs）为 All（图 6-41）。

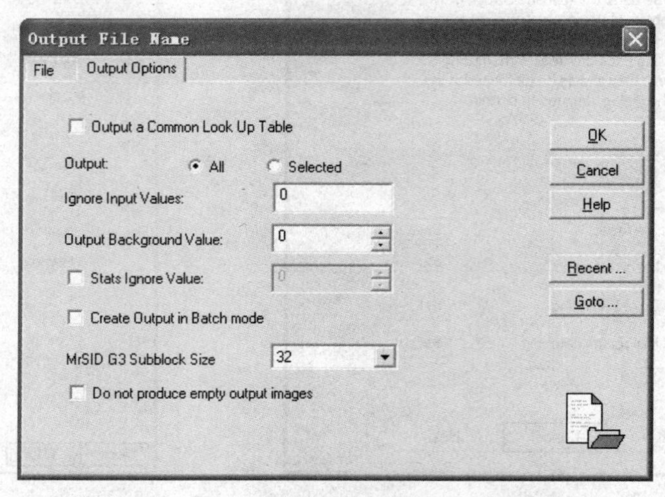

图 6-41　Run Mosaic 对话框 Output Options 选项卡

◎忽略输入图像值(Ignore Input Value)：0。

◎输出图像背景值(Output Background Value)：0。

◎忽略输出统计值(Stats Ignore Value)：0。

◎单击【OK】按钮，关闭 Run Mosaic 对话框，运行图像镶嵌。

步骤6：退出 Mosaic 工具

①在 Mosaic Tool 菜单条单击【File】→【Close】命令，系统提示是否保存 Mosaic 设置。

②单击【NO】按钮，关闭 Mosaic Tool 窗口，退出 Mosaic 工具。

镶嵌后的图像如图 6-42 所示。

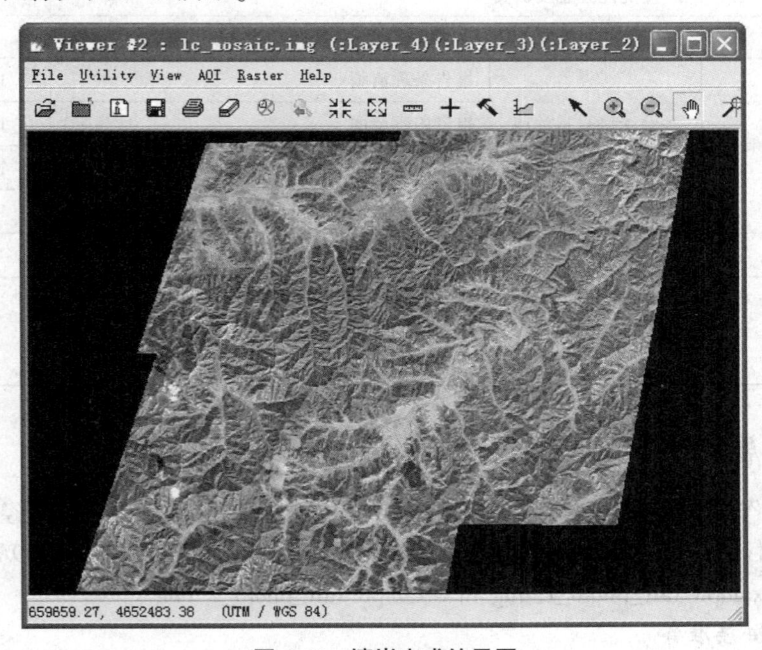

图 6-42 镶嵌完成结果图

6.3.5 成果评价

遥感图像镶嵌处理成果评价指标设定方法参考表 6-10。

表 6-10 遥感图像镶嵌处理验收考核评价表

姓名：		班级：	小组：		指导教师：
教学任务：学院实验林场遥感图像镶嵌			完成时间：		
过程考核 60 分					
评价内容		评价标准		赋分	得分
1	专业能力	1. 理解图像镶嵌的概念		10	
		2. 掌握卫星影像的镶嵌操作		10	
		3. 学会图像镶嵌相关参数的意义及设置		10	
		4. 能够进行航空影像的镶嵌		10	

（续）

<table>
<tr><th colspan="2">评价内容</th><th colspan="2">评价标准</th><th>赋分</th><th>得分</th></tr>
<tr><td rowspan="3">2</td><td rowspan="3">方法能力</td><td colspan="2">1. 充分利用网络、期刊等资源查找资料</td><td>3</td><td></td></tr>
<tr><td colspan="2">2. 灵活运用遥感图像处理的各种方法</td><td>4</td><td></td></tr>
<tr><td colspan="2">3. 具有灵活处理遥感图像问题的能力</td><td>4</td><td></td></tr>
<tr><td rowspan="3">3</td><td rowspan="3">社会能力</td><td colspan="2">1. 与小组成员协作，有团队意识</td><td>3</td><td></td></tr>
<tr><td colspan="2">2. 在完成任务过程中勇挑重担，责任心强</td><td>3</td><td></td></tr>
<tr><td colspan="2">3. 接受任务态度认真</td><td>3</td><td></td></tr>
<tr><td colspan="6">结果考核 40 分</td></tr>
<tr><td rowspan="4">4</td><td rowspan="4">工作成果</td><td rowspan="4">学院实验林场遥感图像镶嵌验收报告</td><td>报告条理清晰</td><td>10</td><td></td></tr>
<tr><td>报告内容全面</td><td>10</td><td></td></tr>
<tr><td>结果检验方法正确</td><td>10</td><td></td></tr>
<tr><td>格式编写符合要求</td><td>10</td><td></td></tr>
<tr><td colspan="2">总评</td><td colspan="2"></td><td>100</td><td></td></tr>
<tr><td colspan="6">指导教师反馈：（教师根据学生在完成任务中的表现，肯定成绩的同时指出不足之处和修改意见）

年　　月　　日</td></tr>
</table>

6.3.6　拓展任务

在实际工作中，除了卫星影像的镶嵌处理外，航空影像的镶嵌处理也是经常遇到的一项任务，本拓展任务为航空影像镶嵌处理。本次任务中用到的航空图像由 ERDAS 软件系统提供，分别是 \example\air_photo_1. img 和 \example\air_photo_2. img。

步骤 1：拼接准备

同时打开两个视窗（Viewer#1 和 Viewer#2），并将窗口平铺排列，然后在 Viewer#1 窗口中显示图像 air_photo_1. img，在 Viewer#2 窗口中显示图像 air_photo_2. img。

步骤 2：启动图像拼接工具

图像拼接工具可以通过两种途径启动。详见 § 6. 3. 4 中的卫星影像的镶嵌部分。

步骤 3：设置输入图像范围

①在 Viewer#1 菜单条单击【AOI】→【Tool】命令，打开 AOI Tool 图标面板，

②单击【Polygon】图标，在 Viewer#1 中沿着 air_photo_1. img 外轮廓绘制多边形 AOI。

③将多边形 AOI 保存在文件 template. aoi 中，即单击【File】→【Save】→【AOI Layer As】：template. aoi。

步骤 4：加载 Mosaic 图像

在 Mosaic Tool 工具条单击【Add Images】图标，打开 Add Images for Mosaic 对话框；或者在 Mosaic Tool 菜单条单击【Edit】→【Add Images】命令，打开 Add Images for Mosaic 对话框，在 Add Images for Mosaic 对话框中进行设置：

◎Image Filename（ *. img）：air_photo_1. img。

◎Image Area Option：Template AOI→Set。

◎打开 Choose AOI 对话框。在 Choose AOI 对话框中设置下列参数。

◎AOI 区域来源(AOI Source)：AOI File。

◎AOI 文件名(AOI File)：template. aoi。

◎单击【OK】按钮，关闭 Choose AOI 对话框，图像 air_photo_1. img 被加载到 Mosaic 视窗中。

◎类似的过程加载图像文件 air_photo_2. img。

◎Image Area Option：Compute Active Area(edge)。

◎单击【Close】按钮，关闭 Add Images for Mosaic 对话框。

步骤 5：确定图像相交区域

①在 Mosaic Tool 工具条中单击【Set Input Mode】图标，进入设置输入图像模式。

②单击【Color Corrections】图标。

③打开 Color Corrections 对话框，设置直方图匹配。

④打开 Set Overlap Function 对话框，设置图像重叠区域参数。

⑤在 Mosaic Tool 视窗工具条中单击【Set Intersection Mode】图标，进入设置图像关系模式，在图形窗口单击选择两幅图像的相交线，使其高亮显示。

步骤 6：绘制图像相交裁切线

①在 Mosaic Tool 视窗工具条中单击【Set Intersection Mode】图标，进入设置图像关系模式。

②单击【Cutline Selection Viewer】图标。

③打开截切线选择视窗(Viewer#3)。

④在 Viewer#3 中选择绘制线状 AOI 功能，并绘制相交区域的外轮廓线。

⑤Mosaic Tool 视窗工具条中单击【AOI Cutlines】图标。

⑥打开 Choose AOI 对话框。

⑦定义 AOI 来源(AOI Source)：单击【Viewer】→【Viewer#3】。

⑧在 Mosaic Tool 视窗工具条单击【Overlap Function】图标 fx，打开 Set Overlap Function 对话框(图 6-43)。

⑨设置相交类型(Intersection Type)：Cutline Exists。

⑩单击【Apply】按钮，应用设置。

⑪单击【Close】按钮，关闭 Set Overlap Function 对话框。

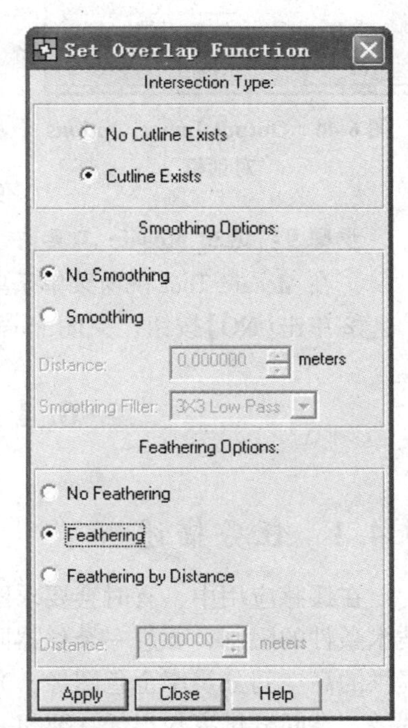

图 6-43　Set Overlap Function 对话框

步骤 7：定义输出镶嵌图像

①在 Mosaic Tool 视窗菜单条中单击【Edit】→【Output Options】命令，打开 Output Image Options 对话框(图 6-44)；

或在 Mosaic Tool 视窗工具条中单击【Set Output Mode】图标，进入设置图像输出模式。

②单击【Output Options】图标。

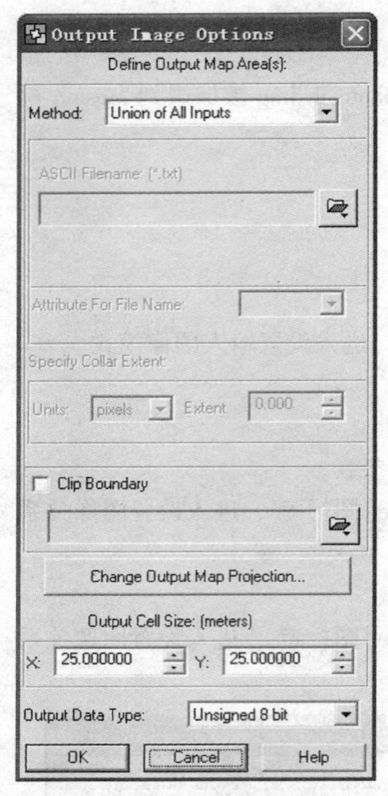

图 6-44　Output Image Options 对话框

③打开 Output Image Options 对话框(图 6-44)。在 Output Image Options 对话框中，定义下列参数。

④定义输出图像区域(Define Output Map Areas)：Union of All Inputs。

⑤定义输出像元大小(Output Cell Size)：X 为 25、Y 为 25。

⑥定义输出数据类型(Output Data Type)：Unsigned 8 bit。

⑦单击【OK】按钮，关闭 Output Image Options 对话框，保存设置。

步骤 8：运行图像镶嵌功能

①在 Mosaic Tool 视窗菜单条中单击【Process】→【Run Mosaic】按钮，打开 Run Mosaic 对话框。在 Run Mosaic 对话框中，设置下列参数。

②确定输出文件名(Output File Name)：air_photo_mosaic. img。

③确定输出图像区域(Output)：All。

④忽略输入图像值(Ignore Input Values)：0。

⑤输出图像背景值(Output Background Value)：0。

⑥忽略输出统计值(Stats Ignore Value)：0。

⑦单击【OK】按钮，关闭 Run Mosaic 对话框，运行图像镶嵌。

步骤 9：退出 Mosaic 工具

①在 Mosaic Tool 视窗菜单条单击【File】→【Close】命令，系统提示是否保存 Mosaic 设置。

②单击【NO】按钮，关闭 Mosaic Tool 视窗，退出 Mosaic 工具。

6.4　遥感影像融合处理

6.4.1　任务描述

在遥感应用中，有时会要求图像同时具有高空间分辨率和高光谱分辨率。然而，由于技术条件的限制，要想一个仪器同时提供这样的数据很难实现。例如，SPOT PAN 等卫星提供的高空间分辨率全色图像，光谱分辨率很低；Landsat TM 等卫星提供的高光谱分辨率图像，空间分辨率却很低。要想一幅图像同时具有高空间分辨率和高光谱分辨率，解决这些问题的关键技术就是图像融合。本次任务为遥感影像融合处理。

6.4.2 任务目标

①掌握分辨率融合的概念。

②熟练掌握遥感图像分辨率融合的操作方法。

6.4.3 相关知识

(1)分辨率融合(resolution merge)

分辨率融合是指对不同空间分辨率遥感图像的进行处理，使处理后的遥感图像既具有较好的空间分辨率，又具有多光谱特征，从而达到图像增强的目的。

(2)分辨率融合的条件

融合的关键是融合前两幅图像的配准(rectification)以及处理过程中融合方法的选择。只有将不同空间分辨率的图像精确地进行配准，才可能得到满意的融合效果。而对于融合方法的选择，则取决于被融合图像的特性以及融合的目的，同时，需要对融合方法的原理有正确了解。高效的图像融合方法可以根据需要综合处理多源通道的信息，从而有效提高图像信息的利用率、系统对目标探测识别可靠性及系统的自动化程度。图像融合目的是将单一传感器的多波段信息或不同类传感器所提供的信息加以综合，消除多传感器信息之间可能存在的冗余和矛盾，以增强影像的信息透明度，提高解译的精度、可靠性以及使用率，以形成对目标的清晰、完整、准确的信息描述。

(3)分辨率融合的方法

Resolution Merge 模块所提供的图像融合方法有 3 种：主成分变换融合(Principle Component)、乘积变换融合(Multiplicative)和比值变换融合(Brovey Transform)。

主成分变换融合：是建立在图像统计特征基础上的多维线性变换，具有方差信息浓缩、数据量压缩的作用，可以更准确地揭示多波段数据结构内部的遥感信息，常常是以高分辨率数据替代多波段数据变换以后的第一主成分来达到融合的目的。

具体过程是：首先对输入的多波段遥感数据进行主成分变换，然后以高空间分辨率遥感数据替代变换以后的第一主成分，最后再进行主成分逆变换，生成具有高空间分辨率的多波段融合图像。

①乘积变换融合：是应用最基本的乘积组合算法直接对两种空间分辨率的遥感数据进行合成，即：Bi_new = Bi_m×B_h。式中：Bi_new 代表融合以后的波段数值(i = 1，2，3，…，n)；Bi_m 表示多波段图像中的任意一个波段数值；B_h 代表高分辨率遥感数据。乘积变换是由 Crippen 的 4 种分析技术演变而来的，Crippen 研究表明：在将一定亮度的图像进行变换处理时，只有乘法变换可以使其色彩保持不变。

②比值变换融合：是将输入遥感数据的 3 个波段按照下列公式进行计算，获得融合以后各波段的数值：Bi_new=[Bi_m/(Br_m+Bg_m+Bb_m)]×B_h。式中：Bi_new 代表融合以后的波段数值(i=1，2，3)；Br_m、Bg_m、Bb_m 分别代表多波段图像中的红、绿、蓝波段数值；Bi_m 表示红、绿、蓝三波段中的任意一个；B_h 代表高分辨率遥感数据。

6.4.4 任务实施

在 ERDAS 图标面板菜单条，选择【Main】→【Image Interpreter】→【Spatial Enhancement】→

【Resolution Merge】菜单，打开 Resolution Merge 对话框(图 6-45)；或者在 ERDAS 图标面板工具条中单击【Interpreter】→【Spatial Enhancement】→【Resolution Merge】，打开 Resolution Merge 对话框。在 Resolution Merge 对话框中，需要设置下列参数：

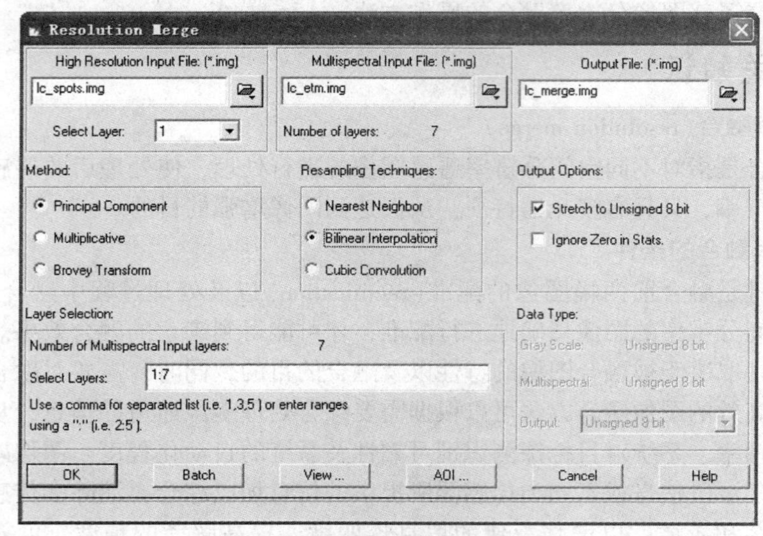

图 6-45 Resolution Merge 对话框

◎确定高分辨率输入文件(High Resolution Input File)：lc_spots. img。

◎确定多光谱输入文件(Multispectral Input File)：lc_etm. img。

◎定义输出文件(Output File)：lc_merge. img。

◎选择融合方法(Method)：Principle Component(主成分变换法)系统提供的另外两种融合方法是：Multiplicative(乘积方法)和 Brovey Transform(比值方法)。

◎选择重采样方法(Resampling Techniques)：Bilinear Interpolation。

◎输出数据选择(Output Options)：Stretch to Unsigned 8 bit。

◎输出波段选择(Layer Selection)：Select Layers 1：7。

◎单击【OK】按钮，关闭 Resolution Merge 对话框，执行分辨率融合。

6.4.5 成果评价

遥感影像融合处理考核评价指标设定方法参考表 6-11。

表 6-11 遥感图像融合处理验收考核评价表

<table>
<tr><td colspan="2">姓名：</td><td>班级：</td><td>小组：</td><td colspan="2">指导教师：</td></tr>
<tr><td colspan="3">教学任务：学院实验林场遥感图像融合</td><td colspan="3">完成时间：</td></tr>
<tr><td colspan="6">过程考核 60 分</td></tr>
<tr><td colspan="2">评价内容</td><td colspan="2">评价标准</td><td>赋分</td><td>得分</td></tr>
<tr><td rowspan="4">1</td><td rowspan="4">专业能力</td><td colspan="2">1. 理解融合的概念</td><td>10</td><td></td></tr>
<tr><td colspan="2">2. 掌握分辨率融合的操作</td><td>10</td><td></td></tr>
<tr><td colspan="2">3. 掌握改进的 HIS 融合操作</td><td>10</td><td></td></tr>
<tr><td colspan="2">4. 掌握几种融合方法的差异</td><td>10</td><td></td></tr>
</table>

（续）

评价内容		评价标准		赋分	得分
2	方法能力	1. 充分利用网络、期刊等资源查找资料		3	
		2. 灵活运用遥感图像处理的各种方法		4	
		3. 具有灵活处理遥感图像问题的能力		4	
3	社会能力	1. 与小组成员协作，有团队意识		3	
		2. 在完成任务过程中勇挑重担，责任心强		3	
		3. 接受任务态度认真		3	
结果考核 40 分					
4	工作成果	学院实验林场遥感图像融合验收报告	报告条理清晰	10	
			报告内容全面	10	
			结果检验方法正确	10	
			格式编写符合要求	10	
总评				100	
指导教师反馈：（教师根据学生在完成任务中的表现，肯定成绩的同时指出不足之处和修改意见） 年　月　日					

6.4.6 拓展任务：改进的 HIS 融合

6.4.6.1 任务说明

在图像处理中经常用到两个彩色空间：一是由红（R）、绿（G）、蓝（B）三原色组成的彩色空间，是一个对物体颜色属性进行描述的系统；另外一个是 HIS 模型，即色调（Hue）、亮度（Intensity）和饱和度（Saturation）的彩色空间，是从人眼的主观感觉出发描述颜色的系统。本次任务为改进的 HIS 融合，首先利用 RGB 彩色空间表示的遥感图像的 3 个波段变换到 HIS 彩色空间，然后用另一具有高空间分辨率的遥感图像的波段代替其中的 I 值，再反变换回 RGB 空间，形成新的图像。

6.4.6.2 任务目标

①掌握 RGB、HIS 色彩系统。

②学会使用改进的 HIS 进行融合。

6.4.6.3 相关知识

(1) HIS 变换

在色度学中，通常把 RGB 空间 HIS 空间的变换称为 HIS 变换。

(2) HIS 各分量表示的意义

在 HIS 彩色空间中，I 主要反映图像中地物反射的全部能量和图像所包含的空间信息，对应于图像的地面分辨率；H 表示色调，指组成色彩的主波长，由红、绿、蓝色的百分比所决定；S 表示饱和度，代表颜色的纯度；H 与 S 代表图像的光谱分辨率。

(3) HIS 融合

用 RGB 彩色空间表示的遥感图像的 3 个波段变换到 HIS 彩色空间，然后用另一具有高空间分辨率的遥感图像的波段代替其中的 I 值，再反变换回 RGB 空间，形成新的图像。这样做的目的就是既获得较高的空间分辨率，又获得较高的光谱分辨率。ERDAS IMAGINE 的这项功能使用的是 Yusuf Siddiqui 于 2003 年提出的一种改进的 HIS 变换来进行的融合，可以对高分辨率的全色图像和低分辨率的多光谱图像进行融合，融合的结果既具有高空间分辨率，又具有高光谱分辨率。

6.4.6.4　任务实施

步骤 1：启动 Modified IHS Resolution Merge

在 ERDAS 图标面板菜单条中单击【Main】→【Image Imerpreter】→【Spatial Enhancement】→【Modified IHS Resolution Merge】命令，打开 Modified IHS Resolution Merge 对话框(图 6-46～图 6-48)；或在 ERDAS 图标面板工具条中单击【Interpreter】→【Spatial Enhancement】→【Mod. IHS Resolution Merge】，打开 Modified IHS Resolution Merge 对话框。

Modified IHS Resolution Merge

Inputs | Layer Selection | Output

High Resolution Input File: (*.img)　lc_spots.img　Select Layer: 1

Multispectral Input File: (*.img)　lc_etm.img　Number of layers: 7　Clip Using Min/Max

Resampling Technique: Nearest Neighbor / Bilinear Interpolation / Cubic Convolution

Hi-Res Spectral Settings:　Sensor: SPOT Panchromatic　Units: microns　Ratio Ceiling: 2.000

Layer	Low	Center	High	Range
1	0.57	0.65	0.73	0.16

Multispectral Spectral Settings:　Sensor: Landsat 4 TM　Units: microns

Layer	Low	Center	High	Range	Overlap	Beta
1	0.45	0.485	0.52	0.07	0	0
2	0.52	0.56	0.6	0.08	0.03	0.1875
3	0.63	0.66	0.69	0.06	0.06	0.375
4	0.76	0.83	0.9	0.14	0	0
5	1.55	1.65	1.75	0.2	0	0
6	10.4	11.45	12.5	2.1	0	0
7	2.08	2.215	2.35	0.27	0	0

OK　Batch　View ...　AOI ...　Cancel　Help

图 6-46　Input 选项卡

步骤2：设置 Input 选项卡参数

在 Modified IHS Resolution Merge 对话框的 Inputs 选项卡中(图 6-46)，需要设置下列参数。

①High Resolution Input File(*. img)：确定高空间分辨率图像文件 lc_spots. img。

②Select Layer：选择高分辨率图像参与运算的波段。

③Multispectral Input File(*. img)：输入多光谱图像文件 lc_etm. img。

④Number of layers：显示多光谱图像的波段数。

⑤Clip Using Min/Max：用多光谱数据像元的最大和最小值来规定重采样后的多光谱数据的像元值范围。当选择三次卷积(Cubic Convolution)重采样方法后这个设置才有效，因为最邻近像元(Nearest Neighbor)和双线形插值(Bilinear Interpolation)两种重采样方法产生的像元值范围不会超出原来数据的像元值范围，而三次卷积插值重采样后可能超出。

⑥Resampling Technique：选择重采样方法。

⑦Hi-Res Spectral Settings：设置高空间分辨率图像信息。

⑧Ratio Ceiling：设置亮度修正系数的上限。

⑨Multispectral Spectral Settings：设置多光谱图像信息。

步骤3：设置 Layer Selection 选项卡参数

在 Modified IHS Resolution Merge 对话框的 Layer Selection 选项卡中(图 6-47)，对需要处理的多光谱数据的波段进行设定，设置参数如下。

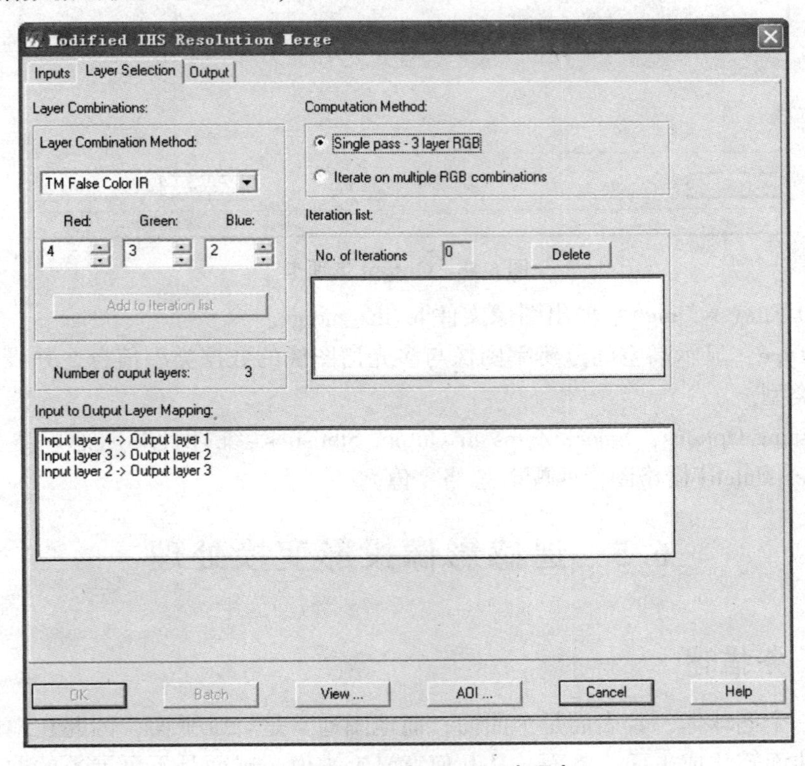

图 6-47　Layer Selection 选项卡

①Layer Combination Method：定义进行从 RGB 到 HIS 转换的波段组合。

②Computation Method：选择计算方法。默认方法是 Single pass-3 layer RGB(只用所选择的 3 个多光谱图像的波段进行输出图像的计算)，另一个选项是 Iterate on multiple RGB combinations(选择多于 3 个多光谱图像的波段进行输出图像的计算，这时需要在 Layer Combination Method 选项中再选择波段组合)。

③单击【Add to Iteration list】按钮。

步骤 4：设置 Output 选项卡参数

在 Modified IHS Resolution Merge 对话框的 Output 选项卡中(图 6-48)，用户需要对输出的融合图像结果进行设置。

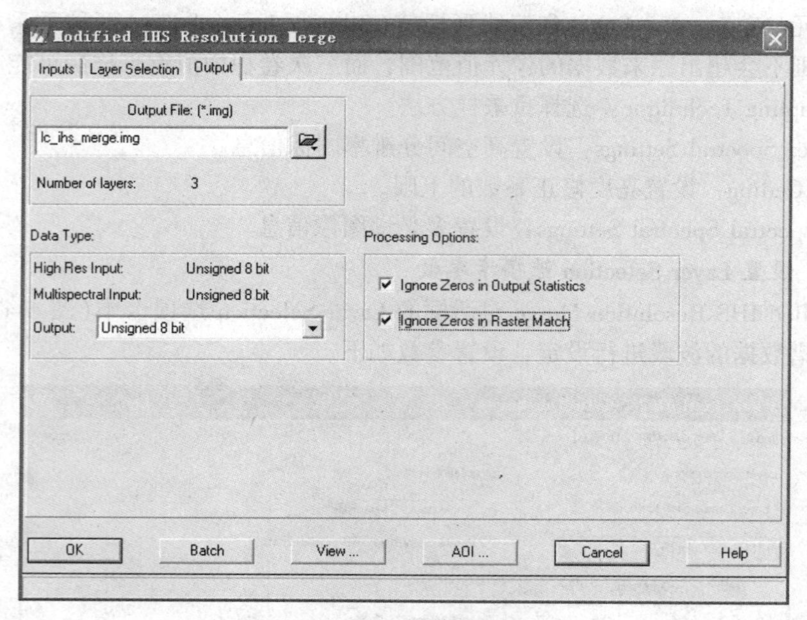

图 6-48　Output 选项卡

①Output File(＊.img)：输出图像文件 lc_ihs_merge。

②Data Type：显示高空间分辨率图像与多光谱图像的数据类型信息，并设置输出图像文件的数据类型。

③Processing Options：Ignore Zeros in Output Statistics(统计计算时忽略零值)，Ignore Zeros in Raster Match(栅格图像匹配时忽略零值)。

6.5　遥感影像投影变换处理

6.5.1　任务描述

地球是一个椭球体，其表面是个曲面，而地图通常是二维平面，因此在地图制图时首先要考虑把曲面转化成平面。然而，从几何意义上来说，球面是不可展平的曲面。要把它展成平面，势必会产生破裂与褶皱。这种不连续的、破裂的平面是不适合制作地图的，所

以必须采用特殊的方法来实现球面到平面的转化，这就是地图投影。

在遥感图像处理过程中，遇到的图像包含了各种各样的投影类型，应根据具体的工作任务将原来的投影类型转换成所需要的投影类型。本任务为完成遥感影像的投影变换。

6.5.2　任务目标

①掌握地图投影的相关概念。

②学会遥感图像投影变换的方法。

6.5.3　相关知识

(1) 地图投影

地图投影(map projection)是指把地球表面的任意点，利用一定数学法则，转换到地图平面上的理论和方法。地图投影也可以概括成：地图投影是指建立地球表面(或其他星球表面或天球面)上的点与投影平面(即地图平面)上点之间的一一对应关系的方法，即建立之间的数学转换公式。它将作为一个不可展平的曲面(即地球表面)投影到一个平面的基本方法，保证了空间信息在区域上的联系与完整。这个投影过程将产生投影变形，而且不同的投影方法将产生不同性质和大小的投影变形。地图投影的分类方法很多，按照构成方法可以把地图投影分为两大类：几何投影和非几何投影。

①几何投影：是把椭球面上的经纬线网投影到几何面上，然后将几何面展为平面而得到。根据几何面的形状，可以进一步分为下述几类(图 6-49)。

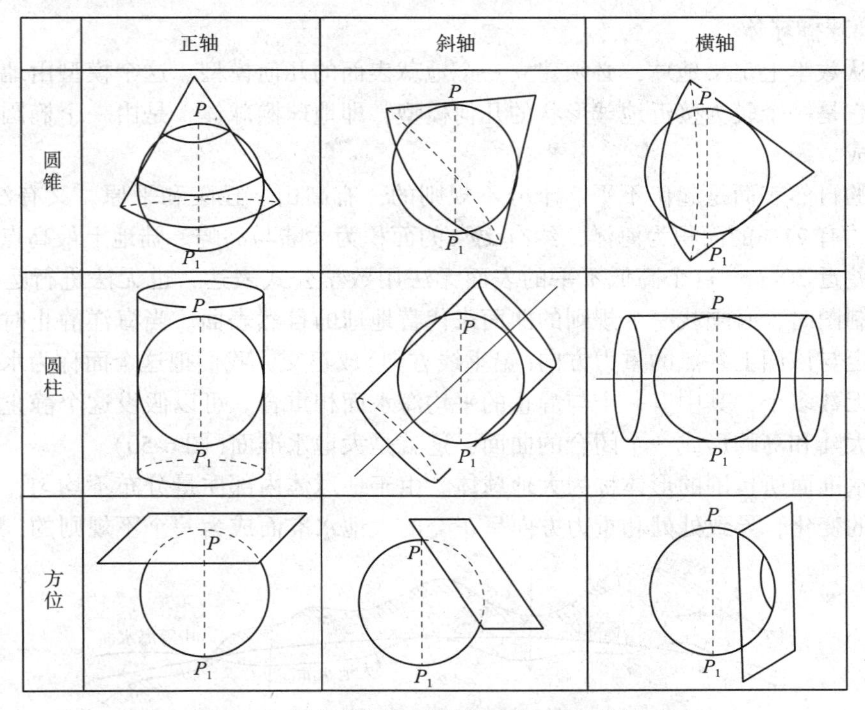

图 6-49　按照几何面形状进行的几何投影分类

方位投影：以平面作为投影面，使平面与球面相切或相割，将球面上的经纬线投影到平面上而成。

圆柱投影：以圆柱面作为投影面，使圆柱面与球面相切或相割，将球面上的经纬线投影到圆柱面上，然后将圆柱面展为平面而成。

圆锥投影：以圆锥面作为投影面，使圆锥面与球面相切或相割，将球面上的经纬线投影到圆锥面上，然后将圆锥面展为平面而成。这里，我们可将方位投影看作圆锥投影的一种特殊情况，假设当圆锥顶角扩大到180°时，这圆锥面就成为一个平面，再将地球椭球体上的经纬线投影到此平面上。圆柱投影，从几何定义上讲，也是圆锥投影的一个特殊情况，设想圆锥顶点延伸到无穷远时，即成为一个圆柱。

②非几何投影：不借助几何面，而是根据某些条件用数学解析法确定球面与平面之间点与点的函数关系。在这类投影中，一般按经纬线形状又分为下述几类。

伪方位投影：纬线为同心圆，中央经线为直线，其余的经线均为对称于中央经线的曲线，且相交于纬线的共同圆心。

伪圆柱投影：纬线为平行直线，中央经线为直线，其余的经线均为对称于中央经线的曲线。

伪圆锥投影：纬线为同心圆弧，中央经线为直线，其余经线均为对称于中央经线的曲线。

多圆锥投影：纬线为同周圆弧，其圆心均为于中央经线上，中央经线为直线，其余的经线均为对称于中央经线的曲线。

(2)地球椭球体

为了从数学上定义地球，必须建立一个地球表面的几何模型。这个模型由地球的形状决定的。它是一个较为接近地球形状的几何模型，即地球椭球体，是由一个椭圆绕着其短轴旋转而成。

地球的自然表面是起伏不平、十分不规则的，有高山、丘陵和平原，又有江河湖海。地球表面约有71%的面积为海洋，约有29%的面积为大陆与岛屿。陆地上最高点与海洋中最深处相差近20km。这个高低不平的表面无法用数学公式表达，也无法进行运算。所以在量测与制图时，必须找一个规则的曲面来代替地球的自然表面。当海洋静止时，它的自由水面必定与该面上各点的重力方向(铅垂线方向)成正交，我们把这个面称为水准面。但水准面有无数多个，其中有一个与静止的平均海水面相重合。可以假设这个静止的平均海水面穿过大陆和岛屿形成一个闭合的曲面，这就是大地水准面(图6-50)。

大地水准面所包围的形体称为大地球体。由于地球体内部质量分布不均匀，从而引起重力方向的变化，导致处处和重力方向呈正交的大地水准面成为一个不规则的，仍然是不

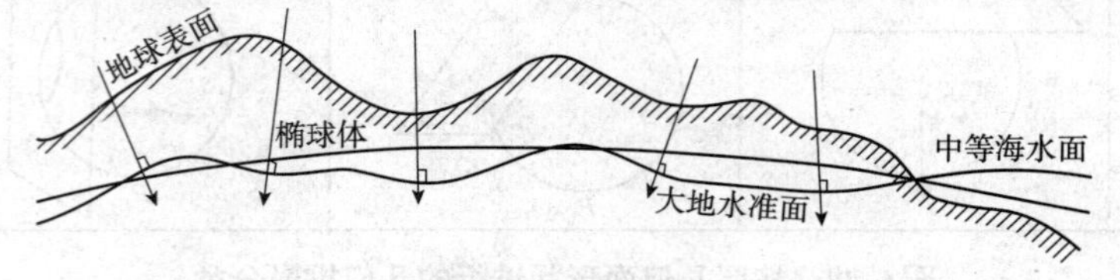

图6-50　大地水准面

能用数学表达的曲面。大地水准面形状虽然十分复杂，但从整体来看，起伏是微小的。它是一个很接近于绕自转轴(短轴)旋转的椭球体。所以在测量和制图中采用旋转椭球来代替大地球体，这个旋转球体通常称地球椭球体，简称椭球体。

(3)参考椭球体

参考椭球体是指具有一定几何参数、定位及定向的用以代表某一地区大地水准面的地球椭球。地面上一切观测元素都应归算到参考椭球面上，并在这个面上进行计算。参考椭球面是大地测量计算的基准面，同时又是研究地球形状和地图投影的参考面。

地球椭球的几何定义：O 是椭球中心，NS 为旋转轴，a 为长半轴，b 为短半轴(图 6-51)。

子午圈：包含旋转轴的平面与椭球面相截所得的椭圆。

平行圈：垂直于旋转轴的平面与椭球面相截所得的圆，也称伟圈。

赤道：通过椭球中心的平行圈。

地球椭球的 5 个基本几何参数：

椭圆的长半轴：a

椭圆的短半轴：b

椭圆的扁率：$\alpha=\dfrac{a-b}{a}$

椭圆的第一偏心率：$e=\dfrac{\sqrt{a^2-b^2}}{a}$

椭圆的第二偏心率：$e'=\dfrac{\sqrt{a^2-b^2}}{b}$

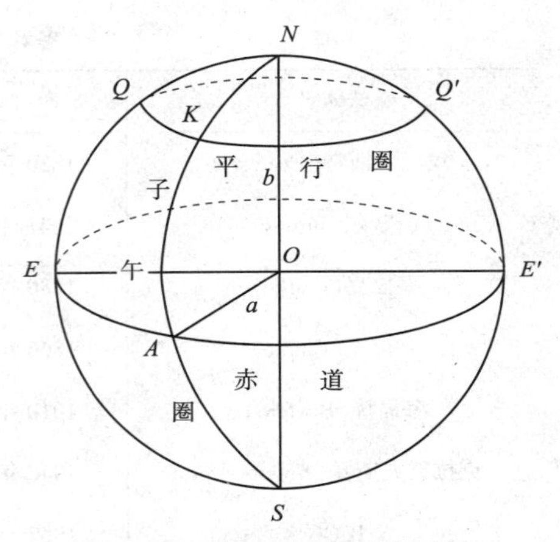

图 6-51　地理椭球体示意图

其中 a、b 称为长度元素；扁率 α 反映了椭球体的扁平程度。偏心率 e 和 e' 是子午椭圆的焦点离开中心的距离与椭圆半径之比，它们也反映椭球体的扁平程度，偏心率愈大，椭球愈扁。

两个常用的辅助函数，第一基本纬度函数 W 和第二基本纬度函数 V：

$$W=\sqrt{1-e^2\sin^2B}$$

$$V=\sqrt{1+e'^2\cos^2B}$$

我国的 1954 年北京坐标系应用的是克拉索夫斯基椭球体；1980 年西安坐标系应用的是 1975 年国际椭球体；而全球定位系统(GPS)应用的是 WGS-84 系椭球体参数(表 6-12)。

关于地球椭球体的大小，由于采用不同的资料推算，椭球体的元素值是不同的。世界各国常用的地球椭球体的数据见表 6-13。

(4)大地坐标系

在地面上建立一系列相连接的三角形，量取一段精确的距离作为起算边，在这个边的两端点，采用天文观测的方法确定其点位(经度、纬度和方位角)，用精密测角仪器测定各三角形的角值，根据起算边的边长和点位，就可以推算出其他各点的坐标。这样推算出的坐标，称为大地坐标。

表 6-12　几种常见的椭球体参数值

参数	克拉索夫斯基椭球体(m)	1975 年国际椭球体(m)	WGS-84 椭球体(m)
a	6378245.000000000	6378140.000000000	6378137.000000000
b	6356863.187730473	6356755.2881575287	6356752.3142
c	6399698.9017827110	6399596.651980105	6399593.6258
α	1/298.3	1/298.257	1/298.257223563
e^2	0.06693421622966	0.06694384999588	0.066943799013
e'^2	0.06738525414683	0.06739501819473	0.0673949674227

表 6-13　各种地球椭球体模型

椭球体名称	时间	长半轴(m)	短半轴(m)	扁率
埃维尔斯特(Everest)	1830 年	6377276	6356075	1：300.8
白塞尔(Bessel)	1841 年	6377397	6356079	1：299.15
克拉克(Clarke)	1880 年	6378249	6356515	1：293.5
克拉克(Clarke)	1866 年	6378206	6356584	1：295.0
海福特(Hayford)	1910 年	6378388	6356912	1：297
克拉索夫斯基(Krassovsky)	1940 年	6378245	6356863	1：298.3
IUGG	1967 年	6378160	6356775	1：298.25

1954 年北京坐标系和 1980 年西安坐标系是我们使用最多的大地坐标系，我们通常称之为北京 54 坐标系和西安 80 坐标系，实际上使用的是我国的两个大地基准面——北京 54 基准面和西安 80 基准面。我国从 1953 年起参照苏联采用克拉索夫斯基椭球体建立了我国的北京 54 坐标系，1978 年采用国际大地测量协会推荐的 1975 地球椭球体建立了我国新的大地坐标系——西安 80 坐标系。目前，大地测量基本上仍以北京 54 坐标系作为参照，北京 54 坐标系与西安 80 坐标系之间的转换可查阅国家测绘地球信息局公布的对照表。WGS-84 坐标系采用 WGS1984 基准面及 WGS84 椭球体，它是以地心坐标系，即以地心作为椭球体中心，目前 GPS 测量数据多以 WGS1984 为基准。从 2008 年起我国用 8~10 年时间完成向 2000 国家大地坐标系的过渡和转换，自然资源部决定自 2019 年 1 月 1 日起，全面停止向社会提供 1954 年北京坐标系和 1980 西安坐标系基础测绘成果。

①北京 54 坐标系：北京 54 坐标系为参心大地坐标系，大地上的一点可用经度、纬度和大地高程定位，它是以克拉索夫斯基椭球体为基础，经局部平差后产生的坐标系，与苏联 1942 年建立的以普尔科夫天文台为原点的大地坐标系统相联系，相应的椭球体为克拉索夫斯基椭球体。

②西安80坐标系：西安80坐标系是为了进行全国天文大地网整体平差而建立的。根据椭球定位的基本原理，在建立西安80坐标系时有以下先决条件。

◎大地原点在我国中部，具体地点是陕西省泾阳县永乐镇。

◎西安80坐标系是参心坐标系，椭球短轴 Z 轴平行于地球质心指向地极原点方向，大地起始子午面平行于格林尼治平均天文台子午面；X 轴在大地起始子午面内与 Z 轴垂直指向经度0方向；Y 轴与 Z、X 轴成右手坐标系。

◎椭球参数采用IUGG1975年大会推荐的参数，因而可得西安80椭球两个最常用的几何参数为：长轴为6378140m±5m；扁率为1∶298.257。椭球定位时以我国范围内高程异常值平方和最小为原则求解参数。

◎多点定位。

◎大地高程以1956年青岛验潮站求出的黄海平均水面为基准。

③WGS-84坐标系：WGS-84(World Geodetic System，1984年)是美国国防部研制确定的大地坐标系，其坐标系的几何定义是：原点在地球质心，Z 轴指向BIH 1984.定义的协议地球极(CTP)方向，X 轴指向BIH 1984的零子午面和CTP赤道的交点。Y 轴与 Z、X 轴构成右手坐标系(图6-52)。

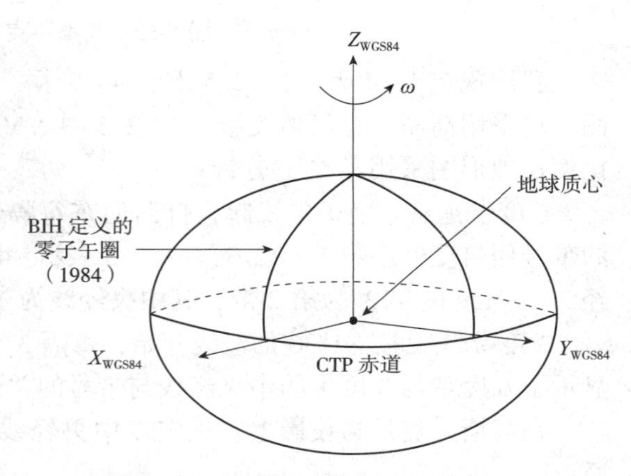

图6-52 WGS-84世界大地体系

对应于WGS-8大地坐标系有一个WGS-84椭球，其常数采用IUGG第17届大会大地测量常数的推荐值。WGS-84椭球的长半轴为6378137m±2m；扁率为1/298.257223563。

(5)高斯—克吕格(Gauss-Kruger)投影

由于这个投影是由德国数学家、物理学家、天文学家高斯于19世纪20年代拟定，后经德国大地测量学家克吕格于1912年对投影公式加以补充，故称为高斯—克吕格投影。

高斯—克吕格投影在英美国家称为横轴墨卡托投影。高斯—克吕格投影的中央经线长度比等于1，在6度带内最大长度变形不超过0.4%。

高斯—克吕格投影的中央经线和赤道为互相垂直的直线，其他经线均为凹向并对称于中央经线的曲线，其他纬线均为以赤道为对称轴的向两极弯曲的曲线，经纬线呈直角相交(图6-53)。在这个投影上，角度没有变形。中央经线长度比等于1，没有长度变形，其余经线长度比均大于1，长度变形为正，距中央经线愈远变形愈大，最大变形在边缘经线与赤道的交点上；面积变形也是距中央经线愈远，变形愈大。为了保证地图的精度，采用分带投影方法，即将投影范围的东西界加以限制，使其变形不超过一定的限度，这样把许多带结合起来，可成为整个区域的投影。高斯—克吕格投影的变形特征是：在同一条经线上，长度变形随纬度的降低而增大，在赤道处为最大；在同一条纬线上，长度变形随经差的增加而增大，且增大速度较快。在6度带范围内，长度最大变形不超过0.14%。

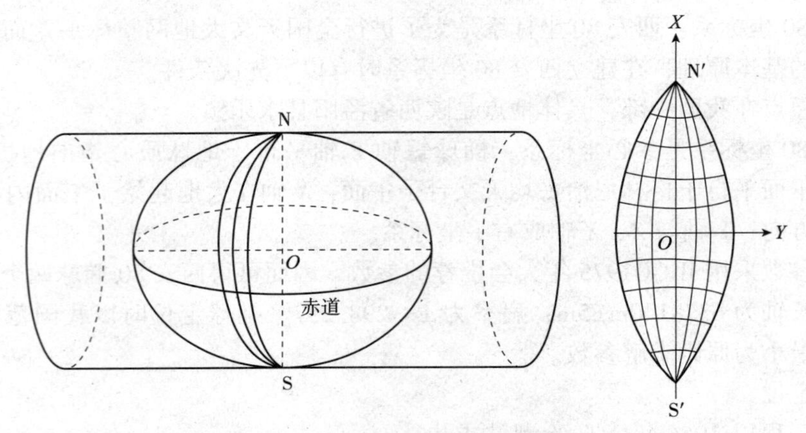

图 6-53　高斯—克吕格投影示意图

我国规定 1∶1 万、1∶2.5 万、1∶5 万、1∶10 万、1∶25 万、1∶50 万比例尺地形图，均采用高斯—克吕格投影。1∶2.5～1∶50 万比例尺地形图采用经差 6°分带，1∶1 万比例尺地形图采用经差 3°分带。

6 度带是从 0 度子午线起，自西向东每隔经差 6°为一投影带，全球分为 60 带，各带的带号用自度然序数 1，2，3，…，60 表示。即以东经 0°～6°为第 1 带，其中央经线为东经 3°，东经 6°～12°为第 2 带，其中央经线为东经 9°，其余类推(图 6-54)。

3 度带是从东经 1°30′的经线开始，每隔 3°为一带，全球划分为 120 个投影带。图 6-54 显示了 6 度带与 3 度带的中央经线与带号的关系。

在高斯—克吕格投影上，规定以中央经线为 *X* 轴，赤道为 *Y* 轴，两轴的交点为坐标原点。

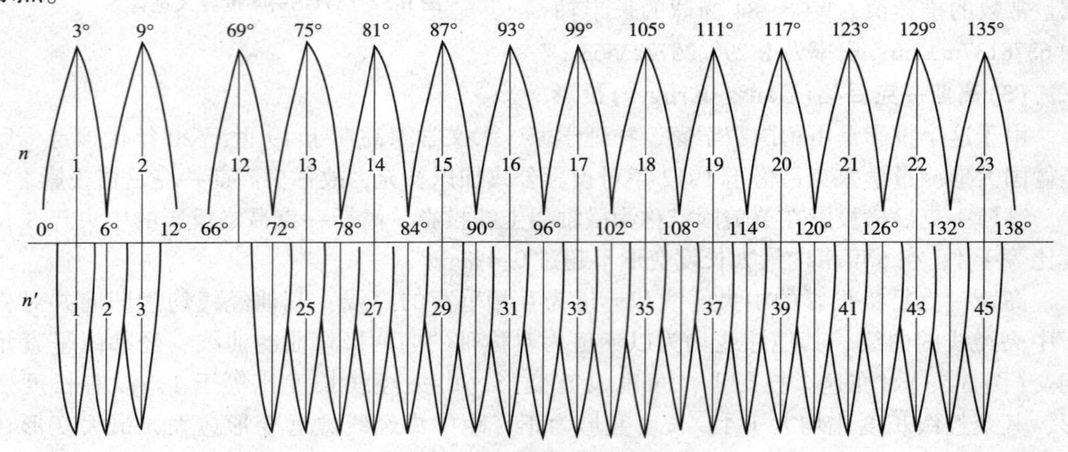

图 6-54　高斯—克吕格投影的分带

X 坐标值在赤道以北为正，以南为负；*Y* 坐标值在中央经线以东为正，以西为负。我国在北半球，*X* 坐标皆为正值。*Y* 坐标在中央经线以西为负值，运用起来很不方便。为了避免 *Y* 坐标出现负值，将各带的坐标纵轴西移 500km，即将所有 *Y* 值都加 500km。

由于采用了分带方法，各带的投影完全相同，某一坐标值(*X*，*Y*)，在每一投影带中均有一个，在全球则有 60 个同样的坐标值，不能确切表示该点的位置。因此，在 *Y* 值前，

需冠以带号，这样的坐标称为通用坐标。

高斯—克吕格投影各带是按相同经差划分的，只要计算出一带各点的坐标，其余各带都是适用的。该投影的坐标值由国家测绘部门根据地形图比例尺系列，事先计算制成坐标表供作业单位使用。

(6) UTM 投影

UTM(Universal Transverse Mercator)投影全称为通用横轴墨卡托投影，是一种等角横轴割圆柱投影，椭圆柱割地球于南纬 80°、北纬 84°两条等高圈，投影后两条相割的经线上没有变形，而中央经线上长度比 0.9996。UTM 投影是为了全球战争需要创建的，美国于 1948 年完成这种通用投影系统的计算。与高斯—克吕格投影相似，该投影角度没有变形，中央经线为直线，且为投影的对称轴，中央经线的比例因子取 0.9996 是为了保证离中央经线左右约 330km 处有两条不失真的标准经线。UTM 投影分带方法与高斯—克吕格投影相似，是自西经 180°起每隔经差 6°自西向东分带，将地球划分为 60 个投影带。我国的卫星影像资料常采用 UTM 投影，美国编制世界各地军用地图和地球资源卫星相片所采用的也是通用 UTM 投影。

6.5.4 任务实施

本任务是将任务 6.2 中裁剪后的影像 lc_sub4.img 进行投影变换，该图像原来使用 WGS84 坐标系统，即使用 UTM 投影，椭球体(Spheroid)和基准面(Datum)均采用 WGS-84，现将其变换为北京 54 坐标系。由于 ERDAS 中没有提供北京 1954 坐标系的相关参数，所以在进行投影转换前应先建立该坐标系。

步骤 1：启动投影变换

图像投影变换功能既可以数据预处理模块中启动(Start Reproiect)，也可以在图像解译模块中启动。

①在数据预处理模块(Data Preparation)中可以通过以下两种途径启动。

◎在 ERDAS 图标面板菜单条单击【Main】→【Data Preparation】→【Reproject Images】命令，打开 Reproject Images 对话框(图 6-55)。

◎在 ERDAS 图标面板工具条单击【Data Prep】→【Reproject Images】，打开 Reproject Images 对话框。

②在图像解译模块(Image Interpreter)中也可以通过以下两种途径启动：

◎在 ERDAS 图标面板菜单条单击【Main】→【Image Interpreter】→【Utilities】→【Reproject Images】命令，打开 Reproject Images 对话框。

◎在 ERDAS 图标面板工具条单击【Interpreter】→【Utilities】→【Reproject Images】，打开 Reproject

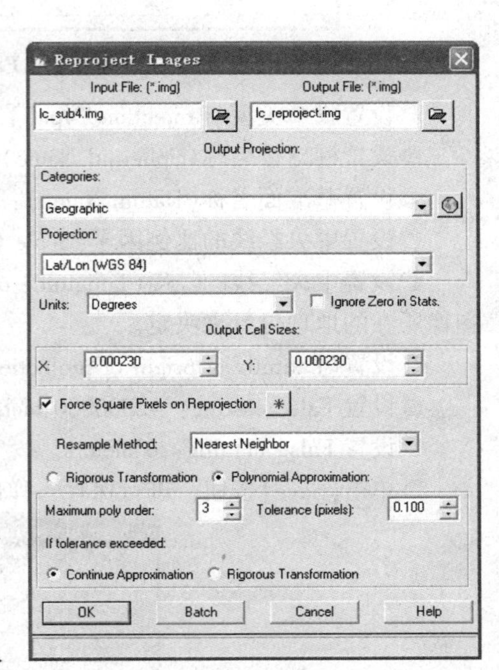

图 6-55 Reproject Images 对话框

Images对话框。

步骤 2：设置 Reproject Images 对话框参数

在 Reproject Images 对话框中必须设置下列参数，才可进行投影变换。

◎确定输入图像文件(Input File)：rectify. img

◎定义输出图像文件(Output File)：lc_reproject. img。

◎定义输出图像投影(Output Projection)：包括投影类型和投影参数。

◎定义投影类型(Categories)，单击【Edit】→【Create Projections】按钮，打开 Projection Chooser 对话框(图 6-56)，单击【Custom】选项卡，设置相关参数。

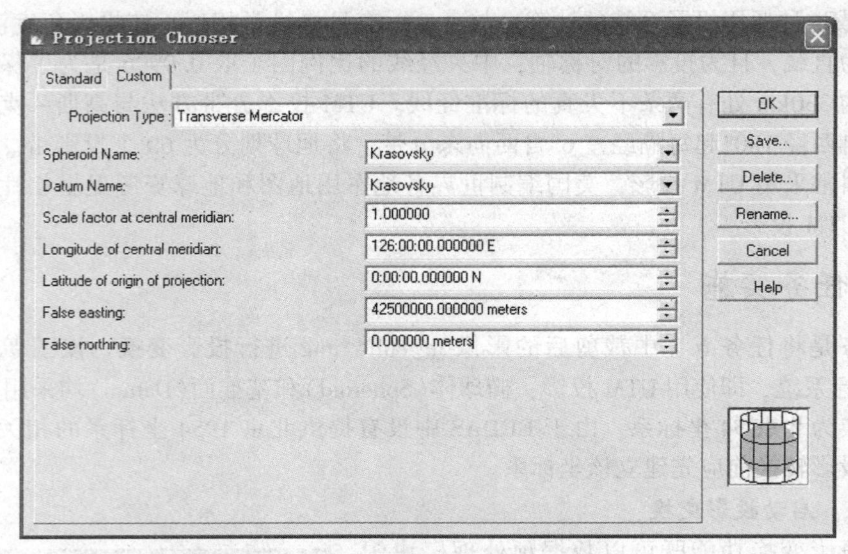

图 6-56　Projection Chooser 对话框

◎设置投影类型(Projection Type)：Transverse Mercator(横轴墨卡托)。

◎设置椭球体名称(Spheroid Name)：Krasovsky(克拉索夫斯基)。

◎设置基准面名称(Datum Name)：Krasovsky(克拉索夫斯基)。

◎设置中央经线的比例因子(Scale factor at central meridian)：1。

◎设置中央经线的经度(Longitude of central meridian)：126E，中央经度的设置要根据图像所在的地理位置来决定。

◎设置(Latitude of origin of projection)：0 N。

◎设置 False easting：42500000 meters。如果不需要带号的输为 500000 meters。

◎设置 False nothing：0 meters。

◎单击【Save】按钮，进行保存，弹出 Save Projection 对话框(图 6-57)。

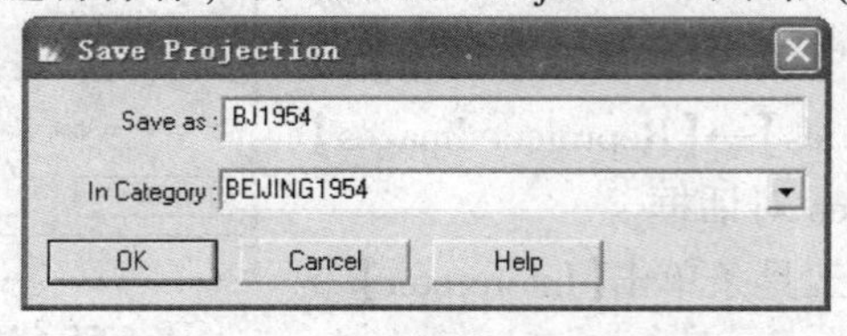

图 6-57　Save Projection 对话框

◎在另存为(Save as:)后输入自定义的投影名称，此处输入“BJ1954”。

◎在保存类别(In Category)后，输入“BEIJING1954”，然后点【OK】按钮，保存此自定义投影。返回到 Reproject Images 对话框。

◎在定义投影类型(Categories)中选择：BEIJING1954。

◎在 Projection 中选择 BJ1954

◎定义输出图像单位(Units)为 Meters。

◎确定输出统计默认零值。

◎定义输出像元大小(Output Cell Sizes)：X 值25，Y 值25。像元的大小最好保持跟原来的像元大小一致。

◎选择重采样方法(Resample Method)为 Nearest Neighbor。

◎定义转换方法为 Rigorous Transformation(严格按照投影数学模型进行变换)或 Polynomial Approximation(应用多项式近似拟合实现变换)。

如果选择 Polynomial Approximation 转换方法，还需设置下列参数：

◎多项式最大次方(Maximum Poly Order)：3。

◎定义像元误差(Tolerance Pixels)：1。

◎如果在设置的最大次方内没有达到像元误差要求，则按照下列设置执行。

◎如果超出像元误差，依然应用多项式模型转换，严格按照投影模型转换。

◎单击【OK】按钮，关闭 Reproject Images 对话框，执行投影变换。

6.5.5　成果评价

遥感图像投影变换考核评价指标设定方法参考表 6-14。

表 6-14　遥感图像投影变换验收考核评价表

姓名：		班级：	小组：	指导教师：
教学任务：学院实验林场遥感图像投影变换			完成时间：	
过程考核 60 分				
评价内容		评价标准	赋分	得分
1	专业能力	1. 了解地图投影的相关概念	10	
		2. 学会投影变换的操作	10	
		3. 掌握常用的投影类型	10	
		4. 掌握我国常用坐标系的参数设置	10	
2	方法能力	1. 充分利用网络、期刊等资源查找资料	3	
		2. 灵活运用遥感图像处理的各种方法	4	
		3. 具有灵活处理遥感图像问题的能力	4	

（续）

<table>
<tr><th colspan="2">评价内容</th><th colspan="2">评价标准</th><th>赋分</th><th>得分</th></tr>
<tr><td rowspan="3">3</td><td rowspan="3">社会能力</td><td colspan="2">1. 与小组成员协作，有团队意识</td><td>3</td><td></td></tr>
<tr><td colspan="2">2. 在完成任务过程中勇挑重担，责任心强</td><td>3</td><td></td></tr>
<tr><td colspan="2">3. 接受任务态度认真</td><td>3</td><td></td></tr>
<tr><td colspan="6">结果考核 40 分</td></tr>
<tr><td rowspan="4">4</td><td rowspan="4">工作成果</td><td rowspan="4">学院实验林场遥感图像投影变换验收报告</td><td>报告条理清晰</td><td>10</td><td></td></tr>
<tr><td>报告内容全面</td><td>10</td><td></td></tr>
<tr><td>结果检验方法正确</td><td>10</td><td></td></tr>
<tr><td>格式编写符合要求</td><td>10</td><td></td></tr>
<tr><td colspan="2">总评</td><td colspan="2"></td><td>100</td><td></td></tr>
<tr><td colspan="6">指导教师反馈：（教师根据学生在完成任务中的表现，肯定成绩的同时指出不足之处和修改意见）

年　　月　　日</td></tr>
</table>

6.5.6　拓展知识

国家基本比例尺地形图有 1∶1 万、1∶2.5 万、1∶5 万、1∶10 万、1∶20 万、1∶50 万和 1∶100 万 7 种。普通地图通常按比例尺分为大、中、小三种，一般以 1∶10 万和更大比例尺的地图称为大比例尺地图；1∶10 万至 1∶100 万的称为中比例尺地图；小于 1∶100 万的称为小比例尺地图。对于一个国家或世界范围来讲，测制成套的各种比例尺地形图时，分幅编号尤其必要。通常这是由国家主管部门制定统一的图幅分幅和编号系统。

(1) 地形图分幅

目前，我国采用的地形图分幅方案，是以 1∶100 万地形图为基准，按照相同的经差和纬差定义更大比例尺地形图的分幅。百万分之一地图在纬度 0°~60°的图幅，图幅大小按经差 6°，纬差 4°分幅；在 60°~76°的图幅，其经差为 12°，纬差为 4°；在 76°~80°图幅的经差为 24°，纬差为 4°。所以，各幅百万分之一地图都是经差 6°，纬差 4°分幅的。每幅百万分之一内各级较大比例尺地形图的划分，按规定的相应经纬差进行，其中，1∶50 万、1∶20 万、1∶10 万 3 种比例尺地形图，以百万分之一地图为基础直接划分。一幅百万分之一地形图划分 4 幅 1∶50 万地形图，每幅为经差 3°，纬差 2°；一幅百万分之一地图划分为 36 幅 1∶20 万地形图，每幅为经差 1°，纬差 40′；一幅百万分之一地图划分 144 幅 1∶10 万地形图，每幅为经差 30′，纬差 20′。

每幅大于 1∶10 万比例尺的地形图，则以 1∶10 万图为基础进行逐级划分，一幅 1∶10 万地形图划分 4 幅 1∶5 万地形图；一幅 1∶5 万地形图划分为 4 幅 1∶2.5 万地形图。在 1∶10 万图的基础上划分为 64 幅 1∶1 万地形图；一幅 1∶1 万地形图又划分为 4 幅 1∶5000 地形图(表 6-15)。

表 6-15 基本比例尺地形图的图幅大小及其图幅间的数量关系

比例尺	图幅大小		图幅间的数量关系					
	经度	纬度						
1∶100 万	6°	4°	1					
1∶50 万	3°	2°	4	1				
1∶20 万	1°	40′	36	9	1			
1∶10 万	30′	20′	144	36	4	1		
1∶5 万	15′	10′	576	144	16	4	1	
1∶2.5 万	7.5′	5′	2304	576	64	16	4	1
1∶1 万	3′45″	2′30″	9216	2304	256	64	16	4

(2)分幅编号

地形图的编号是根据各种比例尺地形图的分幅，对每一幅地图给予一个固定的号码，这种号码不能重复出现，并要保持一定的系统性。地形图编号的最基本的方法是采用行列法，即把每幅图所在一定范围内的行数和列数组成一个号码。

①1∶100 万地图的编号：该种地形图的编号为全球统一分幅编号。

列数：由赤道起向南北两极每隔纬差 4°为一列，直到南北纬 88°(南北纬 88°至南北两极地区，采用极方位投影单独成图)，将南北半球各划分为 22 列，分别用字母 A，B，C，D，…，V 表示。

行数：从经度 180°起向东每隔 6°为一行，绕地球一周共有 60 行，分别以数字 1，2，3，4，…，60 表示。

由于南北两半球的经度相同，规定在南半球的图号前加一个 S，北半球的图号前不加任何符号。一般来讲，把列数的字母写在前，行数的数字写在后，中间用一条短线连接。例如，北京所在的一幅百万分之一地图的编号为 J-50。

由于地球的经线向两极收敛，随着纬度的增加，同是 6°的经差但其纬线弧长已逐渐缩小，因此规定在纬度 60°~76°的图幅采用双幅合并(经差为 12°，纬差为 4°)；在纬度 76°~88°的图幅采用 4 幅合并(经差为 24°，纬差为 4°)。这些合并图幅的编号，列数不变，行数(无论包含两个或四个)并列写在其后。例如，北纬 80°~84°，西经 48°~72°的一幅百万分之一的地图编号应为 U-19、U-20、U-21、U-22(图 6-58)。

②1∶50 万、1∶20 万、1∶10 万地形图的编号：一幅 1∶100 万地图划分四幅 1∶50 万地图，分别用甲、乙、丙、丁表示，其编号是在 1∶100 万地形图的编号后加上它本身的序号，如 J-50-乙。一幅 1∶100 万地图划 36 幅 1∶20 万地图，分别用带括号的数字(1)~(36)表示，其编号是在 1∶100 万地形图的编号后加上它本身的序号，如 J-50-(28)。一幅 1∶100 万地图划分 144 幅 1∶10 万地图，分别用数字 1-144 表示，其编号是在 1∶100 万地形图的编号后加上它本身的序号，如 J-50-32(图 6-59)。

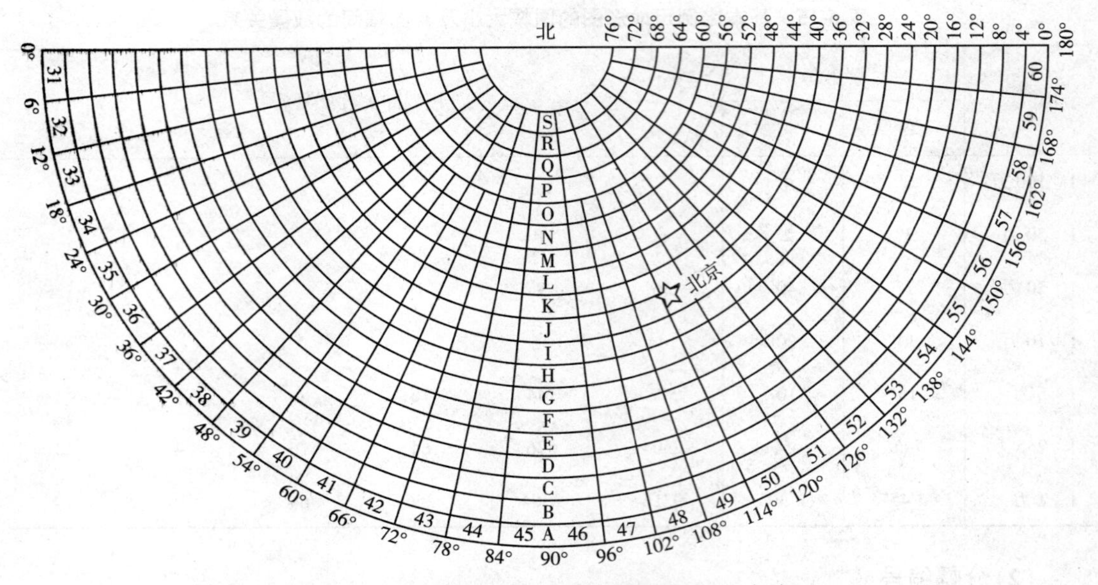

图 6-58　1∶100 万地形图的分幅和编号(北半球)

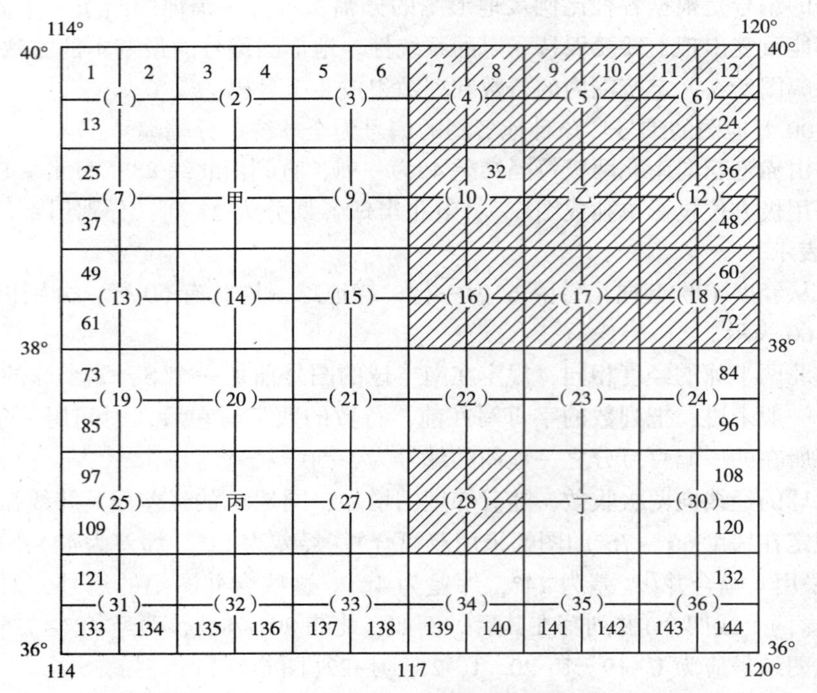

图 6-59　1∶50 万、1∶20 万、1∶10 万地形图的分幅和编号示例

③1∶5 万、1∶2.5 万、1∶1 万地形图的编号：以 1∶10 万地形图的编号为基础，将一幅 1∶10 万地图划分四幅 1∶5 万地图，分别用甲、乙、丙、丁表示，其编号是在 1∶10 万地形图的编号后加上它本身的序号，如 J-50-32-甲。再将一幅 1∶5 万地图划分 4 幅 1∶2.5 万地形图，分别用 1，2，3，4 表示，其编号是在 1∶5 万地形图的编号后加上它本身的序号，如 J-50-32-甲-1。1∶1 万地形图的编号，是以一幅 1∶10 万地形图划分为 64 幅 1∶1 万地

形图，分别以带括号的(1)~(64)表示，其编号是在1∶10万图号后加上1∶1万地图的序号，如J-50-32-(10)。一幅1∶1万地形图划分为4幅1∶5000地形图，分别用小写字母a，b，c，d表示，其编号是在1∶1万图号后加上它本身的序号，如J-50-32-(10)-a。

思考与练习

1. 简述地图投影的概念及常用投影种类。
2. 为什么要进行投影变换？
3. 简述高斯—克吕格投影与UTM投影有何异同。
4. 简述在ERDAS中自定义坐标系的方法和步骤。
5. 利用给定的遥感影像按照要求进行投影变换。

第7章 遥感图像增强处理

○ 项目概述

由于辽宁生态工程职业学院实验林场的遥感图像在获取的过程中难免会带有噪音或目视效果不佳，如对比度不够、图像模糊、线状地物边缘不突出、相关性大等问题，对进一步的处理造成困难。所以学院实验林场遥感图像增强项目通过对实验林场图像的空间增强、辐射增强、光谱增强及傅里叶变换4个任务的图像增强处理，提高图像的目视效果，突出需要的信息，为后续项目的图像分类及空间分析做准备。

○ 能力目标

①能够完成实验林场遥感图像的空间增强。
②能够完成实验林场遥感图像的辐射增强。
③能够完成实验林场遥感图像的光谱增强。
④能够完成实验林场遥感图像的傅里叶变换。

○ 知识目标

①了解遥感图像增强的类别和方法。
②掌握空间增强、辐射增强、光谱增强中各个方法的用途和概念。
③熟悉常用的图像增强的操作方法和步骤。

○ 项目分析

实验林场遥感图像增强的主要目的：改变图像的灰度等级和灰度范围，提高图像的对比度；消除噪声，平滑图像；突出地物边缘和线状地物，锐化图像；合成彩色图像；压缩图像数据量，突出主要信息等，为后续的图像处理提供良好的基础数据。完成这一项目必须在了解元数据的基础上，掌握各个图像增强方法的用途、概念及其基本操作。

7.1 遥感图像空间增强处理

7.1.1 任务描述

图像空间增强是指利用像元自身及其周围像元的灰度值进行运算，以实现增强整个图

像之目的。空间增强是有目的地突出图像上的某些特征(如突出边缘或线状地物)和去除某些特征(如抑制图像获取或传播过程中的噪声)。空间增强的目的性很强，处理后的图像可能与原图像的差异很大，但却突出了需要的信息或者抑制了不需要的信息，从而达到增强的目的。空间增强的方法强调了像元与其周围相邻像元的关系，采用空间域中邻域处理的方法，在被处理像元周围的像元参与下进行运算处理，空间增强也称空间滤波。

7.1.2 任务目标

①掌握遥感图像空间增强的目的及其概念。

②掌握遥感图像常用的空间增强的主要方法及步骤。

7.1.3 相关知识

ERDAS 软件的图像增强模块为图标面板工具条中的 Interpreter 图标下的 8 个方面的功能，依次是遥感图像的 Spatial Enhancement(空间增强)、Radiometric Enhancement(辐射增强)、Spectral Enhancement(光谱增强)、Hyper Spectral Tools(高光谱工具)、Fourier Analysis(傅里叶变换)、Topographic Analysis(地形分析)、GIS Analysis(地理信息系统分析)以及其他 Utilities(实用功能)，每一项功能菜单中又包含若干具体的遥感图像处理功能，其中空间增强处理功能的介绍见表 7-1。

表 7-1 遥感图像空间增强命令及其功能

空间增强命令	空间增强功能
Convolution(卷积增强)	用一个系数矩阵对图像进行分块平均处理
Non-directional Edge(非定向边缘增强)	首先应用两个正交卷积算子分别对图像进行边缘探测，然后将两个正交结果进行平均化处理
Focal Analysis(聚焦分析)	使用类似卷积滤波的方法，选择一定的窗口和函数，对输入图像文件的数值进行多种变换
Texture Analysis(纹理分析)	通过二次变异等分析增强图像的纹理结构
Adaptive Filter(自适应滤波)	应用自适应滤波器对 AOI 进行对比度拉伸处理
Statistical Filter(统计滤波)	以协方差统计值做参数对像元灰度值滤波变换
Resolution Merge(分辨率融合)	不同空间分辨率遥感图像的融合处理
Crisp(锐化处理)	增强整景图像亮度而不使其专题内容发生变化

(1)卷积增强

卷积增强(Convolution)是将整个图像按照像元分块进行平均处理，用于改变图像的空间频率特征。卷积增强处理的关键是卷积算子——系数矩阵的选择，该系数矩阵又称为卷积核(Kemal)。ERDAS IMAGINE 将常用的卷积算子放在一个名为 default. klb 的文件中，分为 3×3、5×5 和 7×7 三组，每组又包括 Edge Detect、Edge Enhance、Low Pass、High Pass、Horizontal 和 Vertical/Summary 等多种不同的处理方式。

(2)非定向边缘增强

非定向边缘增强(Non-directional Edge)应用两个非常通用的滤波器(Sobel 滤波器和 Prewitt 滤波器)，首先通过两个正交卷积算子(Horizontal 算子和 Vertical 算子)分别对遥感图像进行边缘检测，然后将两个正交结果进行平均化处理。操作过程比较简单，关键是滤波器的选择。

(3)聚焦分析

聚焦分析(Focal Analysis)使用类似卷积滤波的方法对图像数值进行多种分析，其基本算法是在所选择的窗口范围内，根据所定义的函数，应用窗口范围内的像元数值计算窗口中心像元的值，从而达到图像增强的目的。操作过程比较简单，关键是聚焦窗口的选择(Focal Definition)和聚焦函数的定义(Function Definition)。

(4)自适应滤波

自适应滤波(Adaptive Filter)是应用 Wallis Adapter Filter 方法对图像的感兴趣区域(AOI)进行对比度拉伸处理，从而达到图像增强的目的。操作过程比较简单，关键是移动窗口大小(Moving Window Size)和乘积倍数大小(Multiplier)的定义，移动窗口大小可以任意选择，如 3×3、5×5、7×7 等，请注意通常都确定为奇数；而乘积倍数大小(Multiplier)是为了扩大图像反差或对比度，可以更具需要确定，系统默认值为 2。

(5)锐化增强处理

锐化增强处理(Crisp Enhancement)实质上是通过对图像进行卷积滤波处理，使整景图像的亮度得到增强而不使其专题内容发生变化，从而达到图像增强的目的。根据其底层的处理过程，又可以分为两种方法：其一是根据用户定义的矩阵(Custom Matrix)直接对图像进行卷积处理(空间模型为 Crisp-greyscale. gmd)；其二是首先对图像进行主成分变换，并对第一主成分进行卷积滤波，然后再进行主成分逆变换(空间模型为 Crisp-Minmax. gmd)。

7.1.4　任务实施

7.1.4.1　卷积增强处理

在 ERDAS 图标面板工具条依次单击【Interpreter】→【Spatial Enhancement】→【Convolution】，打开 Convolution 对话框(图 7-1)。

在 Convolution 对话框中，需要设置下列参数。

◎确定输入文件(Input File)：etm2001_海阳林场 utm2. img。

◎定义输出文件(Output File)：qy_convolution. img。

◎选择卷积算子(Kernel Selection)。

◎卷积算子文件(Kernel Library)：default. klb。

◎卷积算子类型(Kernel)：5×5 Edge Detect。

◎边缘处理方法(Handle Edges by)：Reflection。

◎卷积归一化处理，选中 Normalize the Kernel 复选框。

◎文件坐标类型(Coordinate Type)：Map。

◎输出数据类型(Output Data Type)：Unsigned 8 bit。

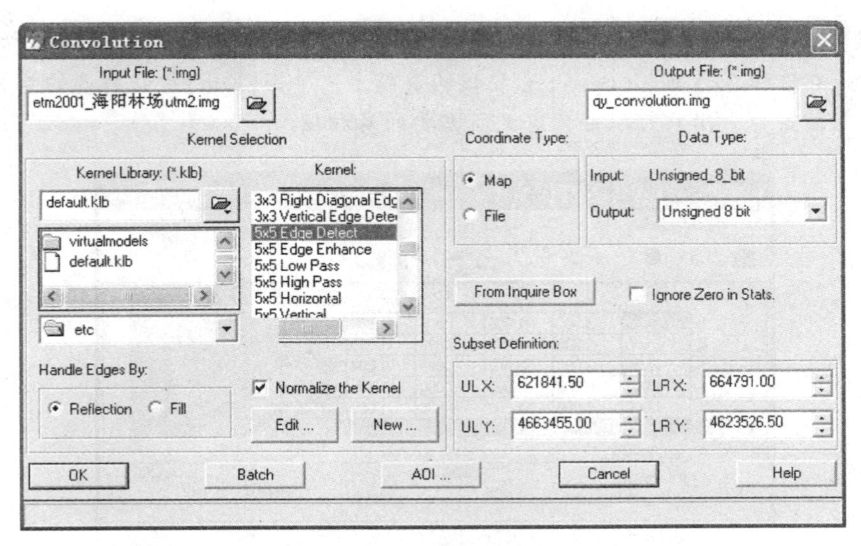

图 7-1 Convolution 对话框

◎单击【OK】按钮，关闭 Convolution 对话框，执行卷积增强处理，结果如图 7-2 所示。

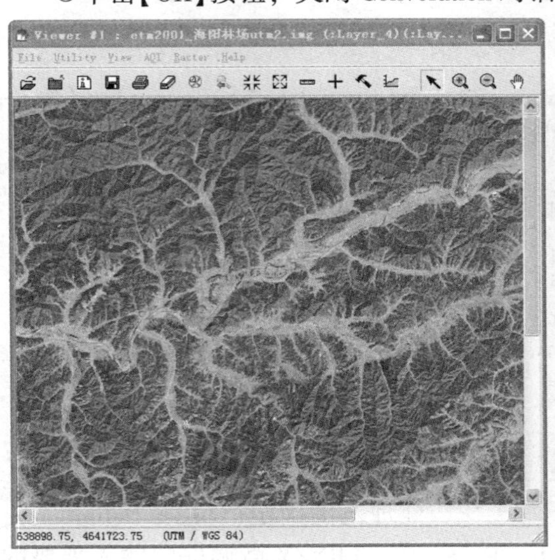

（a）处理前

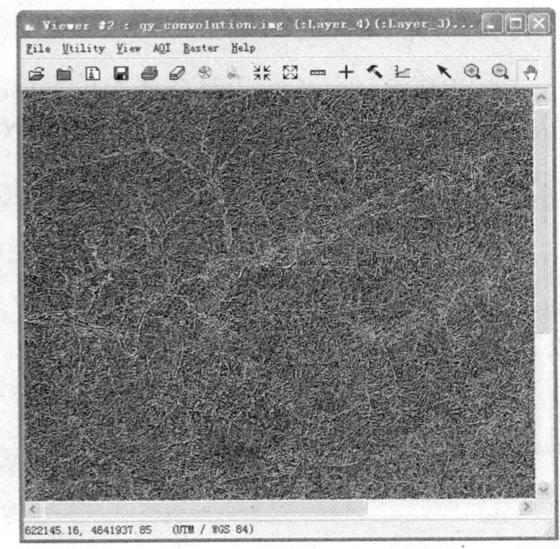

（b）处理后

图 7-2 Convolution 处理结果

说明：卷积增强处理的关键是卷积核的选择与定义。系统所提供的卷积核不仅包含了 3×3、5×5、7×7 等不同大小的矩阵，而且预制了不同的系数以便应用于不同目的的图像处理，诸如用于边缘检测（Edge Detect）、边缘增强（Edge Enhance）、低通滤波（LOW Pass）、高通滤波（High Pass）、水平增强（Horizontal）、垂直增强（Vertical）、水平边缘检测（Horizontal Edge Detection）、垂直边缘检测（Vertical Edge Detection）和交叉边缘检测（Cross Edge Detection）等。如果系统所提供的卷积核不能满足图像处理需要，用户可以随时编辑修改或重新建立卷积核。过程非常简单，只要在图 7-1 所示的 Convolution

对话框中单击【Edit】或【New】按钮，就可以随时进入卷积核编辑或建立状态。如图 7-3 所示，就是在选择 5×5 Edge Detect 卷积核的基础上，单击【Edit】按钮打开的卷积核编辑窗口，借助该窗口，用户可以任意定义所需要的卷积核。

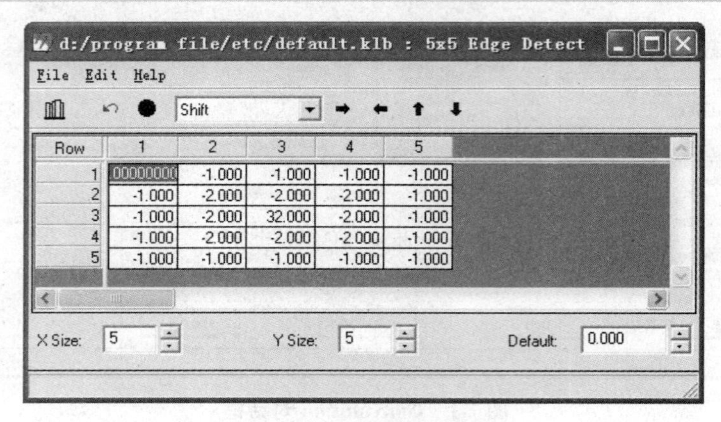

图 7-3 卷积核编辑窗口

7.1.4.2 非定向边缘增强

在 ERDAS 图标面板工具条依次单击【Interpreter】→【Spatial Enhancement】→【Non-directional Edge】，打开 Non-directional Edge 对话框(图 7-4)。

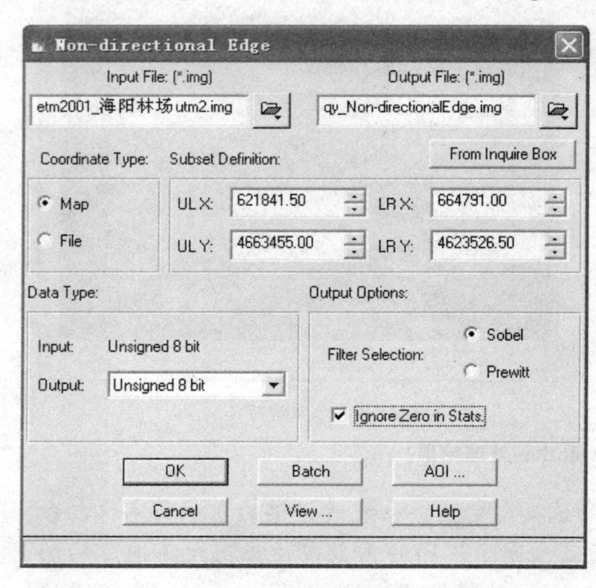

图 7-4 Non-directional Edge 对话框

在 Non-directional Edge 对话框中，需要设置下列参数。

◎确定输入文件(Input File)：etm 2001_海阳林场 utm2. img。

◎定义输出文件(Output File)：qy_Non-directionalEdge. img。

◎文件坐标类型(Coordinate Type)：Map。

◎处理范围确定(Subset Definition)，在 ULX/Y、LRX/Y 微调框中输入需要的数值(默认状态为整个图像范围，可以应用 Inquire Box 定义窗口)。

◎输出数据类型(Output Data Type)：Unsigned 8 bit。

◎选择滤波器(Filter Selection)，选择【Sobel】单选按钮。

◎输出数据统计时忽略零值，选中 Ignore Zero in Stats 复选框。

◎单击【OK】按钮，关闭 Non-directional Edge 对话框，执行非定向边缘增强，结果如图 7-5 所示。

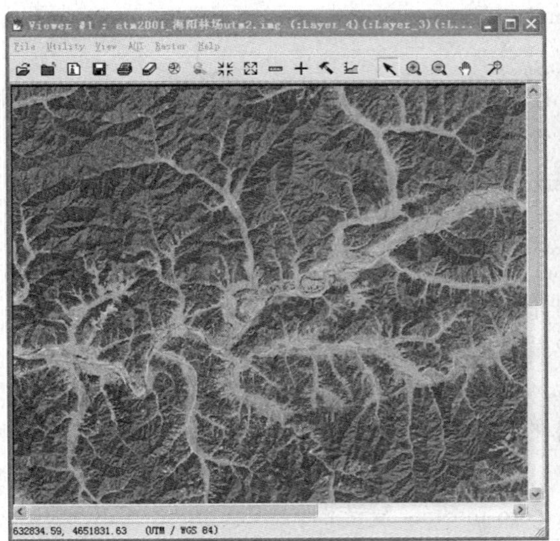

（a）处理前

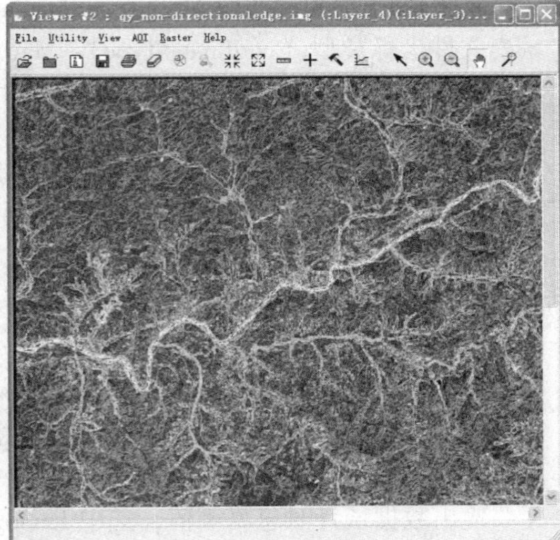

（b）处理后

图 7-5 Non-directional Edge 处理结果

7.1.4.3 聚焦分析

在 ERDAS 图标面板工具条依次单击【Interpreter】→【Spatial Enhancement】→【Focal Analysis】，打开 Focal Analysis 对话框(图 7-6)。

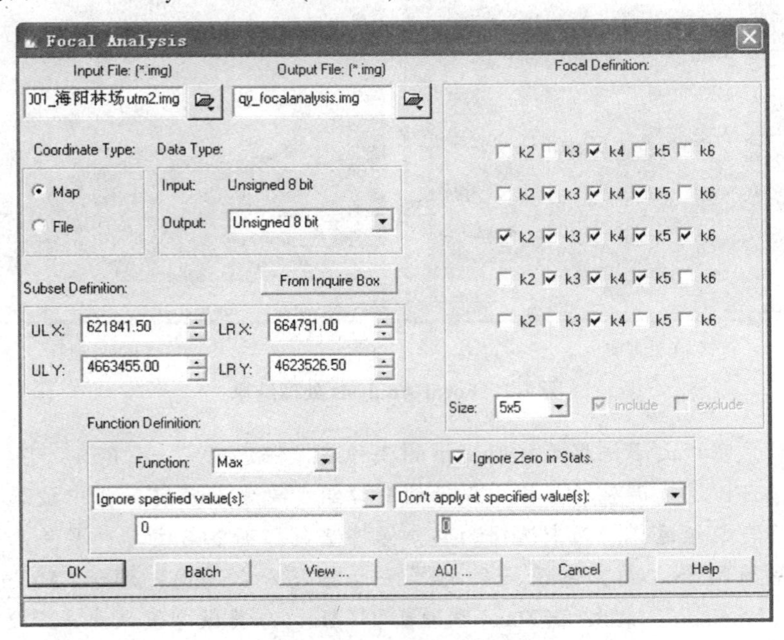

图 7-6 Focal Analysis 对话框

在 Focal Analysis 对话框中，需要设置下列参数。

◎确定输入文件(Input File)：etm2001_海阳林场 utm2. img。

◎定义输出文件(Output File)：qy_focalanalysis. img。

◎文件坐标类型(Coordinate Type)：Map。

◎处理范围确定(Subset Definition)，在 ULX/Y、LRX/Y 微调框中输入需要的数值(默认状态为整个图像范围，可以应用 Inquire Box 定义窗口)。

◎输出数据类型(Output Data Type)：Unsigned 8 bit。

◎选择聚焦窗口(Focal Definition)，包括窗口大小和形状。

◎窗口大小(Size)：5×5(或 3×3 或 7×7)。

◎窗口默认形状为矩形，可以调整为各种形状(如菱形)。

◎聚焦函数定义(Punction Definition)，包括算法和应用范围。

◎算法(Function)：Max 或 Min/Sum/Mean/SD/Median。

◎应用范围包括输入图像中参与聚焦运算的数值范围(3 种选择)和输入图像中应用聚焦运算函数的数值范围(3 种选择)。

◎输出数据统计时忽略零值，选中 Ignore Zero in Stats 复选框。

◎单击【OK】按钮，关闭 Focal Analysis 对话框，执行聚焦分析，结果如图 7-7 所示。

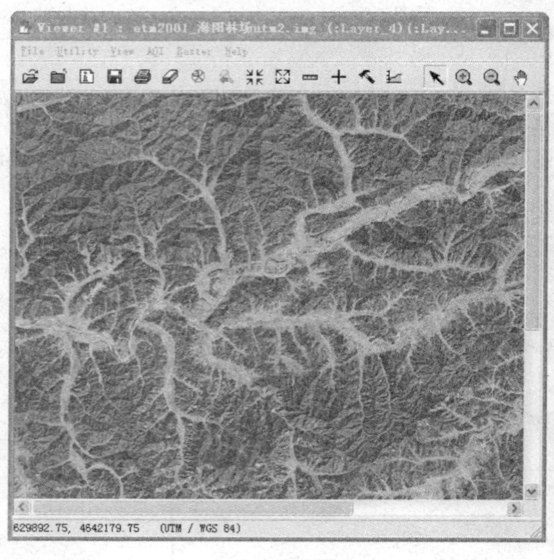

(a) 处理前

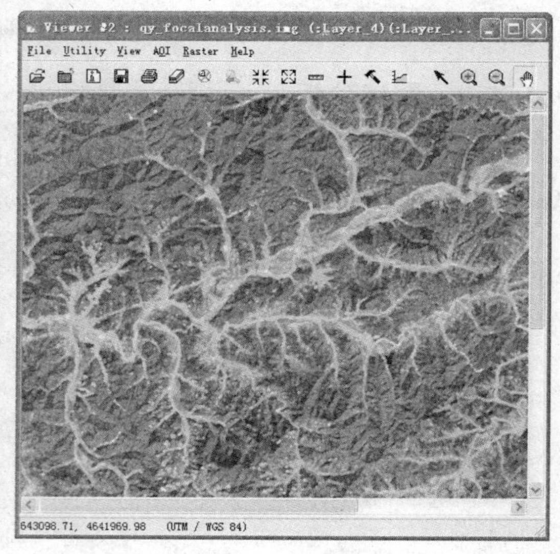

(b) 处理后

图 7-7　Focal Analysis 处理结果

说明：聚焦窗口大小依据系统所提供的 3 种选择任意确定一种(5×5、3×3 或 7×7)；聚焦窗口形状可以通过调整对话框中提示的窗口组成要素来确定，其中被选择的要素以√标记，将参与聚焦运算，而未选择的要素保持空白，不参与运算。聚焦函数定义包括算法和应用范围两个方面，系统提供的算法包括总和(Sam)、均值(Mean)、标准差(SD)、中值(Median)、最大值(Max)和最小值(Min)，其数学意义见表 7-2。而对于聚焦算法的应用范围，则需要分别对输入文件和输出文件进行选择定义，系统所提供的 3 种范围选择及其意义见表 7-2。

表 7-2 聚焦函数算法与范围选项及其意义

项目	聚焦函数选择项	聚焦函数选项意义
聚焦函数算法	Sum(总和)	窗口中心像元值被整个窗口像元值之和代替
	Mean(均值)	窗口中心像元值被整个窗口像元平均值代替
	SD(标准差)	窗口中心像元值被整个窗口像元标准差代替
	Median(中值)	窗口中心像元值被整个窗口像元值中数代替
	Max(最大值)	窗口中心像元值被整个窗口像元最大值代替
	Min(最小值)	窗口中心像元值被整个窗口像元最小值代替
输入图像参与聚焦运算范围	Use all values in computation	输入图像中的所有数值都参与聚焦运算
	Ignore specified values(s)	所确定的像元数值将不参与聚焦运算
	Use only specified value(s)	只有所确定的像元数值参与聚焦运算输入图像应用聚焦函数范围
输入图像应用聚焦函数范围	Apply function at all values	输入图像中的所有数值都应用聚焦函数
	Don't apply at specified values(s)	所确定的像元数值将不应用聚焦函数
	Apply only at specified value(s)	只有所确定的像元数值应用聚焦函数

7.1.4.4 自适应滤波

在 ERDAS 图标面板工具条依次单击【Interpreter】→【Spatial Enhancement】→【Adaptive Filter】，打开 Wallis Adapter Filter 对话框(图 7-8)。

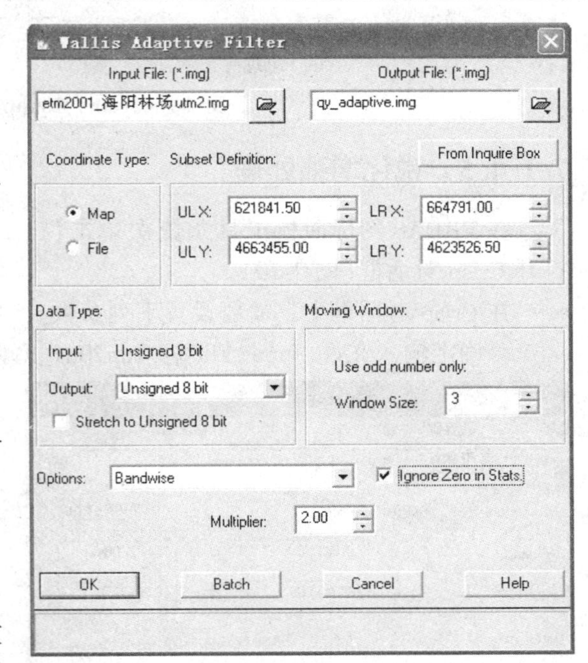

图 7-8 Wallis Adaptive Filter 对话框

在 Wallis Adapter Filter 对话框中，需要设置下列参数。

◎确定输入文件(Input File)：etm 2001_海阳林场 utm2. img。

◎定义输出文件(Output File)：qy_adaptive. img。

◎文件坐标类型(Coordinate Type)：Map。

◎处理范围确定(Subset Definition)，在 ULX/Y、LRX/Y 微调框中输入需要的数值(默认状态为整个图像范围，可以应用 InquireBox 定义子区)。

◎输出数据类型(Output Data Type)：Unsigned 8 bit。

◎移动窗口大小(Moving Window Size)：3(表示 3×3)。

◎输出文件选择(Options)Bandwise(逐个波段进行滤波)或 PC(仅对主成分变换后的第一主成分进行滤波)。

◎乘积倍数定义(Multiplier)：2(用于调整对比度)。

◎输出数据统计时忽略零值，选中 Ignore Zeroin Stats 复选框。

◎单击【OK】按钮，关闭 Wallis Adaptive Filter 对话框，执行自适应滤波，结果如图 7-9 所示。

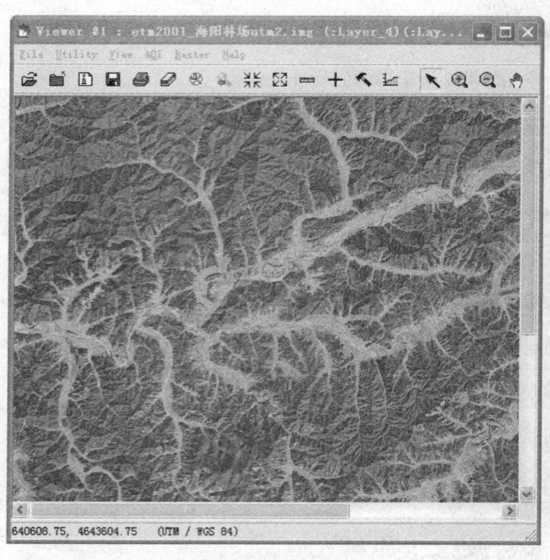

（a）处理前

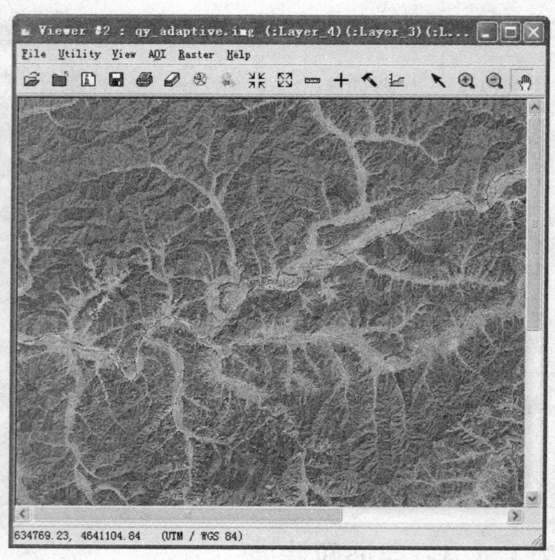

（b）处理后

图 7-9　Wallis Adaptive Filter 处理结果

7.1.4.5　锐化增强处理

在 ERDAS 图标面板工具条依次单击【Interpreter】→【Spatial Enhancement】→【Crisp】，打开 Crisp 对话框(图 7-10)。

在 Crisp 对话框中，需要设置下列参数。

◎确定输入文件(Input File)：etm2001_海阳林场 utm2. img。

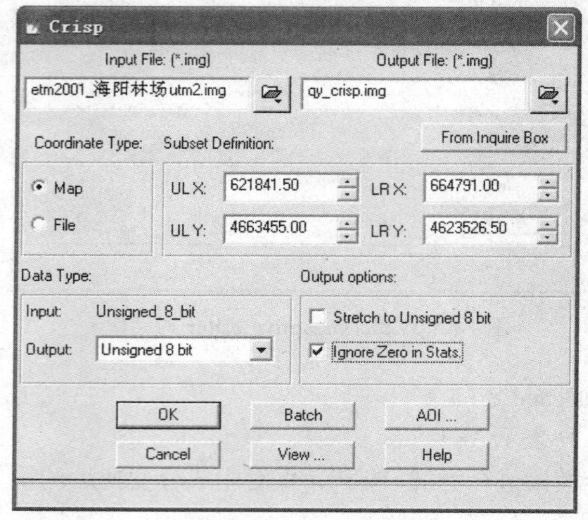

图 7-10　Crisp 对话框

◎定义输出文件(Output File)：qy_crisp. img。

◎文件坐标类型(Coordinate Type)：Map。

◎处理范围确定(Subset Definition)，在 ULX/Y、LRX/Y 微调框中分别输入需要的数值(默认状态为整个图像范围，可以应用 Inquire Box 定义子区)。

◎输出数据类型(Output Data Type)：Unsigned 8 bit。

◎输出数据统计时忽略零值，选中 Ignore Zero in Stats 复选框。

◎单击【View】按钮打开模型生成器窗口，浏览 Crisp 功能的空间模型。

◎单击【File】→【Close All】命令，退出模型生成器窗口。

◎单击【OK】按钮，关闭 Crisp 对话框，执行锐化增强处理，结果如图 7-11 所示。

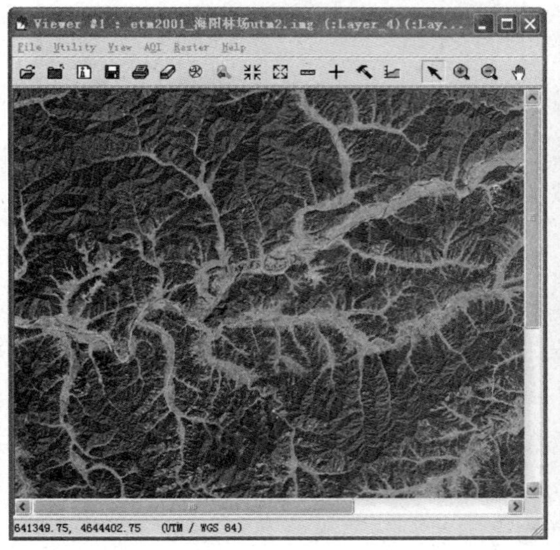

（a）处理前

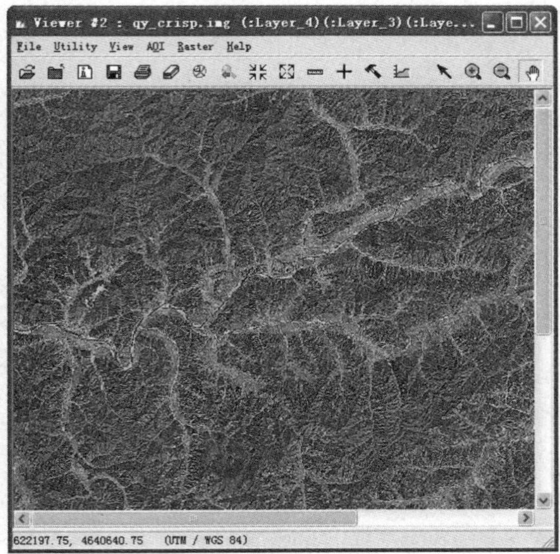

（b）处理后

图 7-11　Crisp 处理结果

说明：在图 7-1 至图 7-10 的 10 个对话框中大多含有 Batch、View、AOI 等按钮，为了简单明了，前文并没有对此进行说明，这里统一说明。◇Batch 按钮：单击【Batch】按钮调用 ERDAS 的批处理向导(图 7-12)，进入批处理状态。◇View 按钮：单击【View】按钮打开模型生成器窗口，浏览空间模型(图 7-13)。◇AOI 按钮：单击 AOI 按钮打开 Choose AOI 对话框(图 7-14)，通过 AOI 文件或窗口中的 AOI 要素确定感兴趣区域，使系统只对 AOI 区域进行处理。

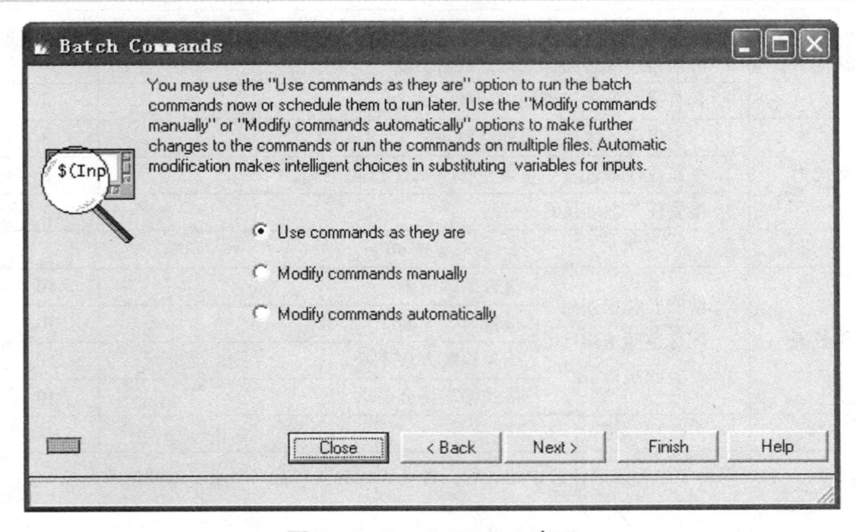

图 7-12　Batch Wizard 窗口

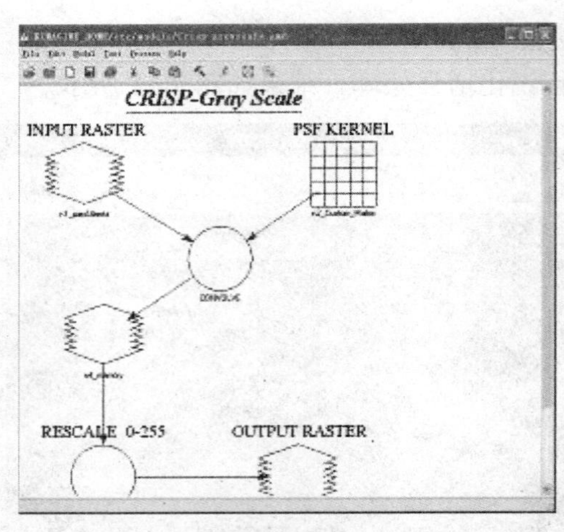

图 7-13 空间模型生成器窗口

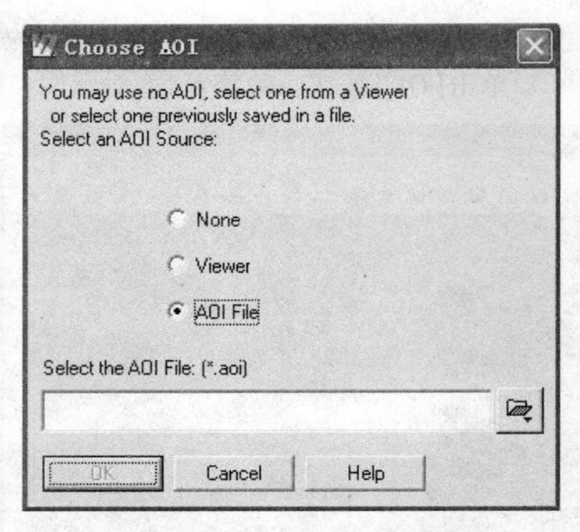

图 7-14 Choose AOI 对话框

7.1.5 成果评价

遥感图像空间增强验收考核指标设定方法参考表 7-3。

表 7-3 遥感图像空间增强验收考核评价表

<table>
<tr><td colspan="2">姓名：</td><td>班级：</td><td colspan="2">小组：</td><td>指导教师：</td></tr>
<tr><td colspan="3">教学任务：学院实验林场遥感图像空间增强</td><td colspan="3">完成时间：</td></tr>
<tr><td colspan="6">过程考核 60 分</td></tr>
<tr><td colspan="2">评价内容</td><td colspan="2">评价标准</td><td>赋分</td><td>得分</td></tr>
<tr><td rowspan="4">1</td><td rowspan="4">专业能力</td><td colspan="2">1. 准确理解图像空间增强的概念</td><td>10</td><td></td></tr>
<tr><td colspan="2">2. 了解图像空间增强的主要目的</td><td>10</td><td></td></tr>
<tr><td colspan="2">3. 了解图像空间增强的常用方法及作用</td><td>10</td><td></td></tr>
<tr><td colspan="2">4. 能够进行常用的图像空间增强处理</td><td>10</td><td></td></tr>
<tr><td rowspan="3">2</td><td rowspan="3">方法能力</td><td colspan="2">1. 充分利用网络、期刊等资源查找资料</td><td>3</td><td></td></tr>
<tr><td colspan="2">2. 灵活运用遥感图像处理的各种方法</td><td>4</td><td></td></tr>
<tr><td colspan="2">3. 具有灵活处理遥感图像问题的能力</td><td>4</td><td></td></tr>
<tr><td rowspan="3">3</td><td rowspan="3">社会能力</td><td colspan="2">1. 与小组成员协作，有团队意识</td><td>3</td><td></td></tr>
<tr><td colspan="2">2. 在完成任务过程中勇挑重担，责任心强</td><td>3</td><td></td></tr>
<tr><td colspan="2">3. 接受任务态度认真</td><td>3</td><td></td></tr>
<tr><td colspan="6">结果考核 40 分</td></tr>
<tr><td rowspan="4">4</td><td rowspan="4">工作成果</td><td rowspan="4">学院实验林场遥感图像空间增强验收报告</td><td>报告条理清晰</td><td>10</td><td></td></tr>
<tr><td>报告内容全面</td><td>10</td><td></td></tr>
<tr><td>结果检验方法正确</td><td>10</td><td></td></tr>
<tr><td>格式编写符合要求</td><td>10</td><td></td></tr>
<tr><td colspan="2">总评</td><td colspan="2"></td><td>100</td><td></td></tr>
<tr><td colspan="6">指导教师反馈：（教师根据学生在完成任务中的表现，肯定成绩的同时指出不足之处和修改意见）
年　月　日</td></tr>
</table>

7.1.6 拓展知识

遥感图像空间增强的方法，除7.1.4任务实施中的卷积增强(Convolution)、非定向边缘增强(Non-directional Edge)、聚焦分析(Focal Analysis)、自适应滤波(Adaptive Filter)及锐化增强处理(Crisp Enhancement)5种方法外，纹理分析(Texture Analysis)、统计滤波(Statistical Filter)及分辨率融合(Resolution Merge)也是图像空间增强的方法。下面对这3种方法进行简单介绍。

(1)纹理分析

纹理分析(Texture Analysis)是指通过在一定的窗口内进行二次变异分析(2nd-order Variance)或三次非对称分析(3rd-order Skewness)，使雷达图像或其他图像的纹理结构得到增强。操作过程比较简单，关键是窗口大小(Window Size)的确定和操作函数(Operator)的定义。

(2)统计滤波

统计滤波(Statistical Filter)是指应用Sigma Filter方法对用户选择图像区域之外的像元进行改进处理，从而达到图像增强的目的。统计滤波方法最早使用在雷达图像斑点噪声压缩(Speckle Suppression)处理中，随后引入到光学图像的处理。在统计滤波操作中，移动滤波窗口大小被固定为5×5，而乘积倍数大小则可以在4.0、2.0、1.0选择。统计滤波处理的操作比较简单，关键是理解其处理原理、并选择合理的参数，才能获得比较满意的处理结果。

(3)分辨率融合

分辨率融合(Resolution Merge)是指对不同空间分辨率遥感图像的融合处理，使处理后的遥感图像既具有较好的空间分辨率，又具有多光谱特征，从而达到图像增强的目的。图像分辨率融合的关键是融合前两幅图像的配准(Rectification)以及处理过程中融合方法的选择，只有将不同空间分辨率的图像精确地进行配准，才可能得到满意的融合效果；而对于融合方法的选择，则取决于被融合图像的特性以及融合的目的，同时，需要对融合方法的原理有正确的认识。ERDAS IMAGINE系统所提供的图像融合方法有3种：主成分变换融合(Principle Component)、乘积变换融合(Mutiplicative)和比值变换融合(Brovey Transform)。

主成分变换融合是建立在图像统计特征基础上的多维线性变换，具有方差信息浓缩、数据量压缩的作用，可以更准确地揭示多波段数据结构内部的遥感信息，常常是以高分辨率数据替代多波段数据变换以后的第一主成分来达到融合的目的。具体过程：首先对输入的多波段遥感数据进行主成分变换，然后以高空间分辨率遥感数据替代变换以后的第一主成分，最后再进行主成分逆变换，生成具有高空间分辨率的多波段融合图像。

乘积变换融合是应用最基本的乘积组合算法直接对两种空间分辨率的遥感数据进行合成，即Bi_new=Bi_m * B_h，其中Bi_new代表融合以后的波段数值($i=1, 2, 3, \cdots, n$)，Bi_m表示多波段图像中的任意一个波段数值，B_h代表高分辨率遥感数据。乘积变换是由Crippen的4种分析技术演变而来的，Crippen研究表明(Crippen，1989)：在将一定亮度的图像进行变换处理时，只有乘法变换可以使其色彩保持不变。

比值变换融合是将输入遥感数据的3个波段按照下列公式进行计算，获得融合以后各波段的数值：Bi_new=[Bi_m/(Br_m+Bg_m+Bbm)] * B_h，其中Bi_new代表融合以后的波段数值(i=1，2，3)，Br_m、Bg_m、Bb_m 分别代表多波段图像中的红、绿、蓝波段数值，Bi_m 表示红、绿、蓝 3 波段中的任意一个，B_h 代表高分辨率遥感数据。

思考与练习

1. 简述图像空间增强的目的。
2. 简述遥感图像空间增强有哪些常用的方法。
3. 通过对指定的遥感图像进行分析，选择合适的空间增强方法进行处理。

7.2　遥感图像辐射增强处理

7.2.1　任务描述

图像辐射增强(Radiometric Enhancement)是指通过直接改变图像中的像元的灰度值来改变图像的对比度，从而改善图像视觉效果的图像处理方法。辐射增强主要以图像的灰度直方图作为分析处理的基础。而本任务所采用的学院实验林场的原始遥感图像的灰度值范围比较窄，通过辐射增强处理可以将其灰度范围拉伸到 0~255 的灰度级显示，从而使图像对比度提高，视觉效果得到改善。

7.2.2　任务目标

①掌握遥感图像辐射增强的目的及其概念。
②掌握遥感图像常用的辐射增强的主要方法及步骤。

7.2.3　相关知识

遥感图像的辐射增强处理功能的介绍见表 7-4。

表 7-4　遥感图像辐射增强命令及其功能

辐射增强命令	辐射增强功能
LUT Stretch(查找表拉伸)	通过修改图像查找表(Lookup Table)使输出图像值发生变化，是图像对比度拉伸的总和
Histogram Equalization(直方图均衡化)	对图像进行非线性拉伸，重新分布图像像元值使一定灰度范围内像元的数量大致相等
Histogram Match(直方图匹配)	对图像查找表进行数学变换，使一幅图像的直方图与另一幅图像类似，常用于图像拼接处理
Brightness Inverse(亮度反转处理)	对图像亮度范围进行线性及非线性取反值处理
Haze Reduction(去霾处理)	降低多波段图像及全色图像模糊度的处理方法
Noise Reduction(降噪处理)	利用自适应滤波方法去除图像噪声
Destripe TM Data(去条带处理)	对 Landsat TM 图像进行三次卷积处理去除条带

(1)查找表拉伸

查找表拉伸(LUT Stretch)是遥感图像对比度拉伸的总和，是通过修改图像查找表(Look up Table)使输出图像值发生变化。根据用户对查找表的定义，可以实现线性拉伸、分段线性拉伸和非线性拉伸等处理。菜单中的查找表拉伸功能是由空间模型(LUT strech. gmd)支持运行的，用户可以根据自己的需要随时修改查找表(在 LUT Stretch 对话框中单击【View】按钮进入模型生成器窗口，双击查找表进入编辑状态)，实现遥感图像的查找表拉伸。

(2)直方图均衡化

直方图均衡化(Histogram Equalization)又称直方图平坦化，实质上是对图像进行非线性拉伸，重新分配图像像元值，使一定灰度范围内像元的数量大致相等。这样，原来直方图中间的峰顶部分对比度得到增强，而两侧的谷底部分对比度降低，输出图像的直方图是一个较平的分段直方图；如果输出数据分段值较小的话，会产生粗略分类的视觉效果。

(3)直方图匹配

直方图匹配(Histogram Match)是对图像查找表进行数学变换，使一幅图像某个波段的直方图与另一幅图像对应波段类似，或使一幅图像所有波段的直方图与另一幅图像所有对应波段类似。直方图匹配经常作为相邻图像拼接或应用多时相遥感图像进行动态变化研究的预处理工作，通过直方图匹配可以部分消除由于太阳高度角或大气影响造成的相邻图像的效果差异。

(4)亮度反转处理

亮度反转处理(Brighmess Inverse)是对图像亮度范围进行线性或非线性取反，产生一幅与输入图像亮度相反的图像，原来亮的地方变暗，原来暗的地方变亮。其中又包含两个反转算法：一是条件反转(Inverse)；二是简单反转(Reverse)，前者强调输入图像中亮度较暗的部分，后者则简单取反、同等对待。

(5)去霾处理

去霾处理(Haze Reduction)的目的是降低多波段图像(Landsat TM)或全色图像的模糊度(霾)。对于多波段图像，该方法实质上是基于缨帽变换方法(Tasseled Cap Transformation)，首先对图像进行主成分变换，找出与模糊度相关的成分并剔除，然后再进行主成分逆变换回到 RGB 彩色空间，达到去霾的目的。对于全色图像，该方法采用点扩展卷积反转(Inveme Point Spread Convolution)进行处理，并根据情况选择 5×5 或 3×3 的卷积算子分别用于高频模糊度(High-haze)或低频模糊度(Low-haze)的去除。

7.2.4 任务实施

7.2.4.1 查找表拉伸

在 ERDAS 图标面板工具条依次单击【Interpreter】→【Radiometric Enhancement】→【LUT Stretch】，打开 LUT Stretch 对话框(图 7-15)。在 LUT Stretch 对话框中，需要设置下列参数。

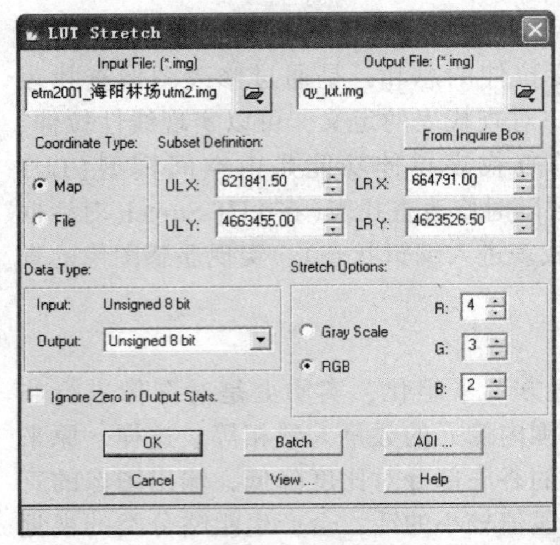

图 7-15　LUT Stretch 对话框

◎确定输入文件(Input File)：etm2001_海阳林场 utm2. img。

◎定义输出文件(Output File)：qy_lut. img。

◎文件坐标类型(Coordinate Type)：File。

◎处理范围确定(Subset Definition)，在 ULX/Y、LRX/Y 微调框中输入需要的数值(默认状态为整个图像范围，可以应用 Inquire Box 定义子区)。

◎输出数据类型(Output Data Type)：Unsigned 8bit。

◎确定拉伸选择(Stretch Options)：RGB(多波段图像、红绿蓝)或 Gray Scale(单波段图像)。

◎单击【View】按钮，打开模型生成器窗口，浏览 Stretch 功能的空间模型。

◎双击【Custom Table】，进入查找表编辑状态，根据需要修改查找表。

◎单击【OK】按钮(关闭查找表定义对话框，退出查找表编辑状态)。

◎单击【File】→【Close All】，退出模型生成器窗口。

◎单击【OK】按钮，关闭 LUT Stretch 对话框，执行查找表拉伸处理，结果如图 7-16 所示。

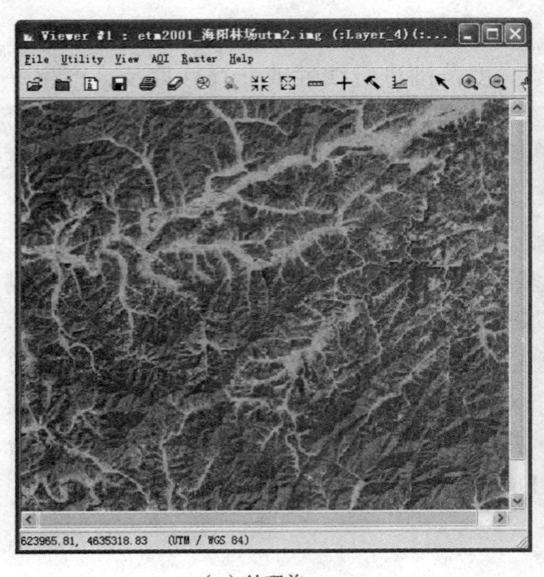

(a) 处理前　　(b) 处理后

图 7-16　LUT Stretch 处理结果

7.2.4.2　直方图均衡化

在 ERDAS 图标面板工具条依次单击【Interpreter】→【Radiometric Enhancement】→【His-

togram Equalization】，打开 Histogram Equalization 对话框(图 7-17)。在 Histogram Equalization 对话框中，需要设置下列参数。

◎确定输入文件(Input File)：etm 2001_海阳林场 utm2. img。

◎定义输出文件(Output File)：qy_equalization. img。

◎文件坐标类型(Coordinate Type)：File。

◎处理范围确定(Subset Definition)，在 ULX/Y、LRX/Y 微调框中输入需要的数值(默认状态为整个图像范围，可以应用 Inquire Box 定义子区)。

◎输出数据分段(Number of Bins)为 256(可以小一些)。

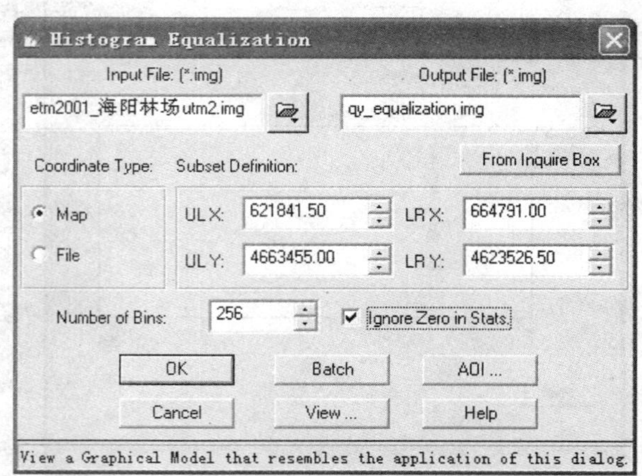

图 7-17 Histogram Equalization 对话框

◎输出数据统计时忽略零值，选中 Ignore Zero in Stats 复选框。

◎单击【View】按钮打开模型生成器窗口，浏览 Equalization 空间模型。

◎单击【File】→【Close All】，退出模型生成器窗口。

◎单击【OK】按钮，关闭 Histogram Equalization 对话框，执行直方图均衡化处理，结果如图 7-18 所示。

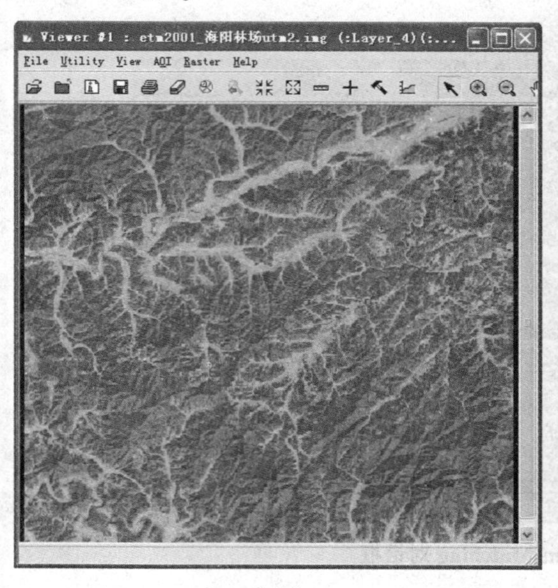

(a) 处理前

(b) 处理后

图 7-18 Histogram Equalization 处理结果

可以在 View 窗口的【Utility】→【Layer Infor】→【Histogram】选项卡中查看原始图像和直方图均衡化处理后的图像的直方图(图 7-19)。Pixel data 选项卡中显示的是图像的像素值，通过两幅图像像素值的对比，也可以发现均衡化处理后的图像的像素值符合正态分布。

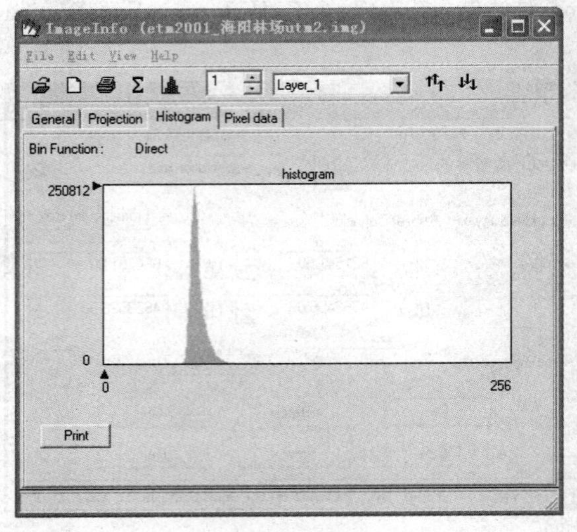

（a）处理前

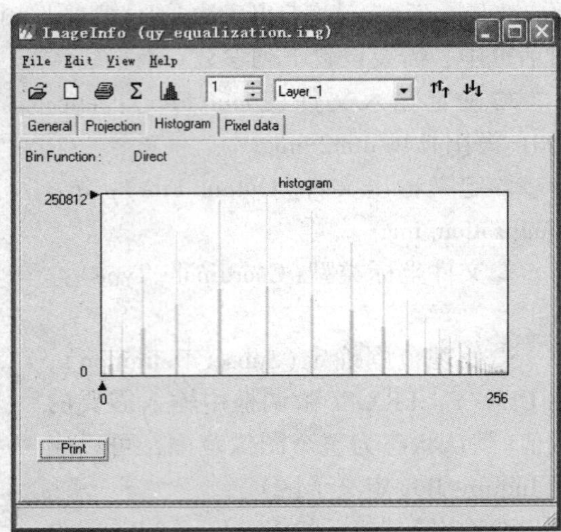

（b）处理后

图 7-19　图像的灰度直方图

7.2.4.3　直方图匹配

在 ERDAS 图标面板工具条依次单击【Interpreter】→【Radiometric Enhancement】→【Histogram Matching】，打开 Histogram Matching 对话框(图 7-20)。在 Histogram Matching 对话框中，需要设置下列参数。

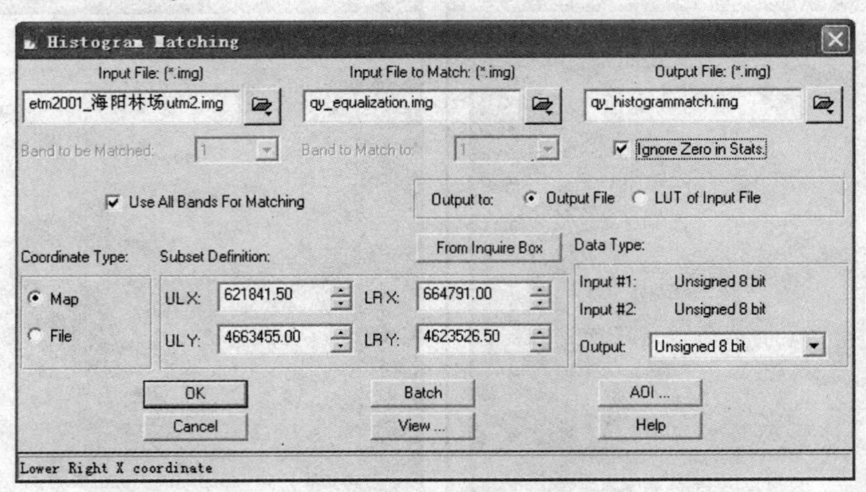

图 7-20　Histogram Matching 对话框

◎输入匹配文件(Input File)：etm2001_海阳林场 utm2. img。

◎匹配参考文件(Input File to Match)：qy_equalization. img。

◎匹配输出文件(Output File)：qy_histogrammatch. img(也可以直接将匹配结果输出到图像查找表中，即 LUT of Input File)。

◎选择匹配波段(Band to be Matched)：1。

◎匹配参考波段(Band to Match to)：对图像的所有波段进行匹配(Use All Bands for Matching)。

◎文件坐标类型(Coordinate Type)：File。

◎处理范围确定(Subset Definition)，在 ULX/Y，LRX/Y 微调框中输入需要的数值(默认状态为整个图像范围，可以应用 Inquire Box 定义子区)。

◎输出数据统计时忽略零值，选中 Ignore Zero in Stats 复选框。

◎输出数据类型(Output Data Type)：Unsigned 8 bit。

◎单击【View】按钮打开模型生成器窗口，浏览 Matching 空间模型。

◎单击【File】→【Close All】，退出模型生成器窗口。

◎单击【OK】按钮，关闭 Histogram Matching 对话框，执行直方图匹配处理，结果如图 7-21 所示。

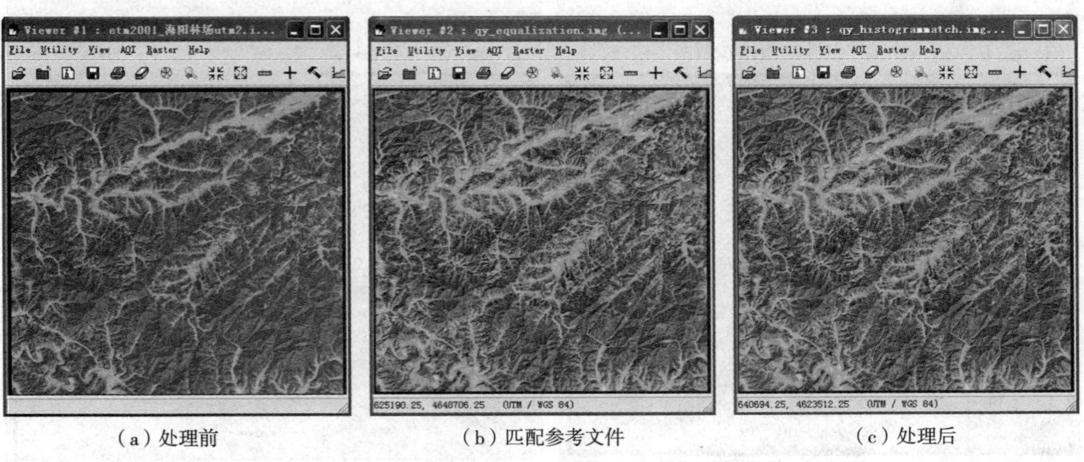

(a) 处理前　　(b) 匹配参考文件　　(c) 处理后

图 7-21　Histogram Matching 处理结果

7.2.4.4　亮度反转处理

在 ERDAS 图标面板工具条依次单击【Interpreter】→【Radiometric Enhancement】→【Brightness Inversion】，打开 Brightness Inversion 对话框(图 7-22)。在 Brightness Inversion 对话框中，需要设置下列参数。

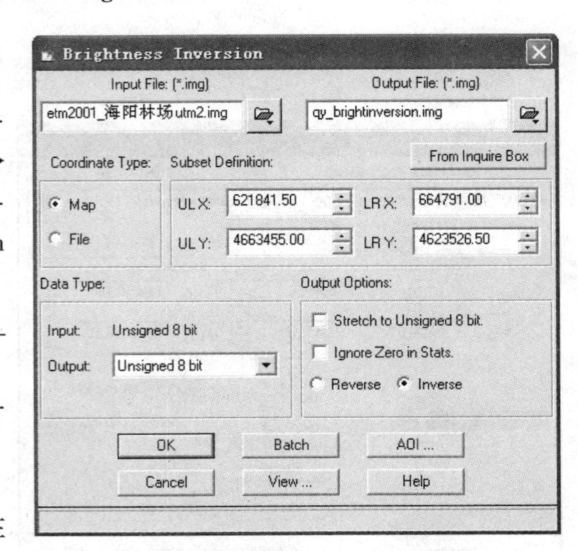

图 7-22　Brightness Inversion 对话框

◎确定输入文件(Input File)：etm 2001_海阳林场 utm2. img。

◎定义输出文件(Output File)：qy_brightinversion. img。

◎文件坐标类型(Coordinate Type)：Map。

◎处理范围确定(Subset Definition)，在 ULX/Y、LRX/Y 微调框中输入需要的数值

(默认状态为整个图像范围，可以应用Inquire Box定义子区)。

◎输出数据类型(Output Data Type)：Unsigned 8 bit。

◎输出数据统计时忽略零值：Ignore Zero in Stats。

◎输出变换选择(Output Options)：Inverse(或Reverse)。Inverse表示条件反转，条件判断，强调输入图像中亮度较暗的部分；Reverse表示简单反转，简单取反，输出图像与输入图像等量相反。

◎单击【View】按钮打开模型生成器窗口，浏览Inverse/Reverse空间模型。

◎单击【File】→【Close All】，退出模型生成器窗口。

◎单击【OK】按钮，关闭Brightness Inversion对话框，执行亮度反转处理，结果如图7-23所示。

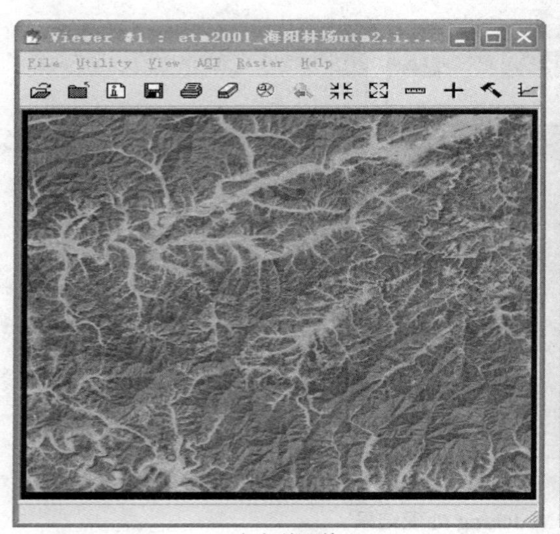

(a)处理前

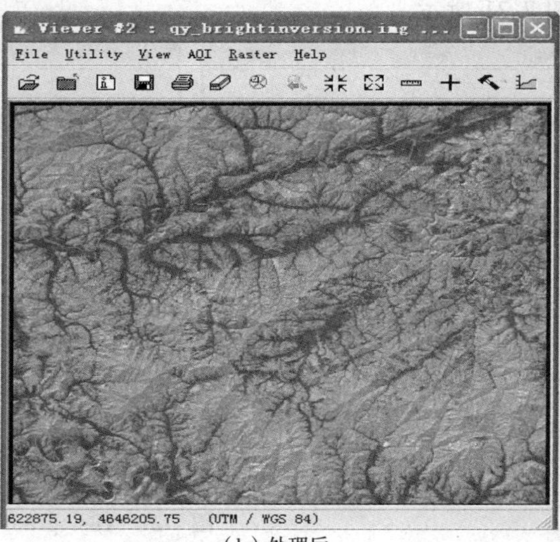

(b)处理后

图7-23　Brightness Inversion处理结果

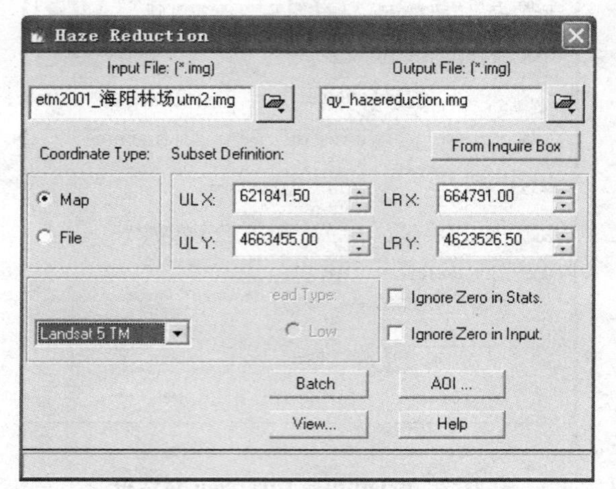

图7-24　Haze Reduction对话框

7.2.4.5　去霾处理

在ERDAS图标面板工具条依次单击【Interpreter】→【Radiometric Enhancement】→【Haze Reduction】，打开Haze Reduction对话框(图7-24)。在Haze Reduction对话框中，需要设置下列参数：

◎确定输入文件(Input File)：etm 2001_海阳林场utm2.img。

◎定义输出文件(Output File)：qy_hazereduction.img。

◎文件坐标类型(Coordinate Type)：Map。

◎处理范围确定(Subset Definition)，在 ULX/Y、LRX/Y 微调框中输入需要的数值(默认状态为整个图像范围，可以应用 Inquire Box 定义子区)。

◎处理方法选择 Landsat 5 TM 或 Landsat 4 TM。

◎单击【OK】按钮，关闭 Haze Reduction 对话框，执行去霾处理，结果如图 7-25 所示。

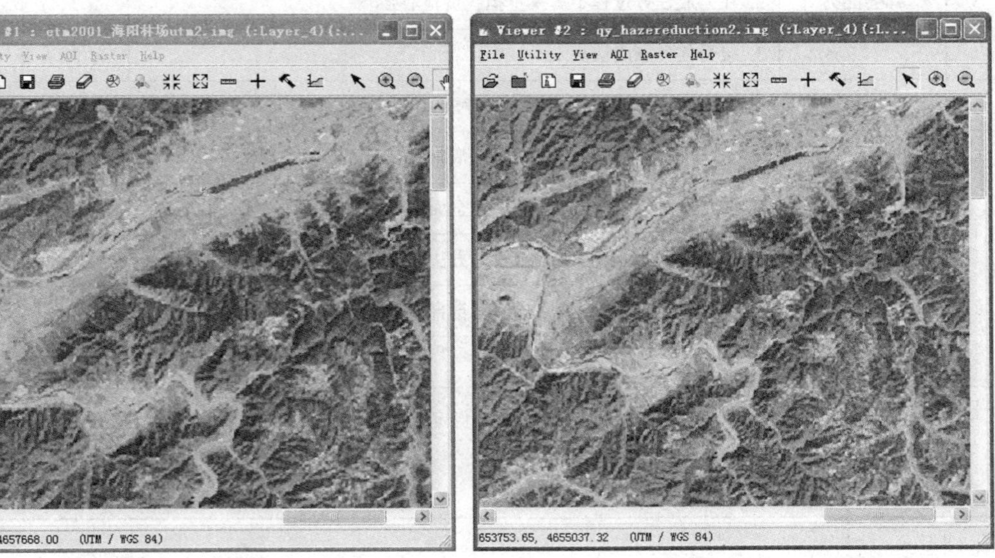

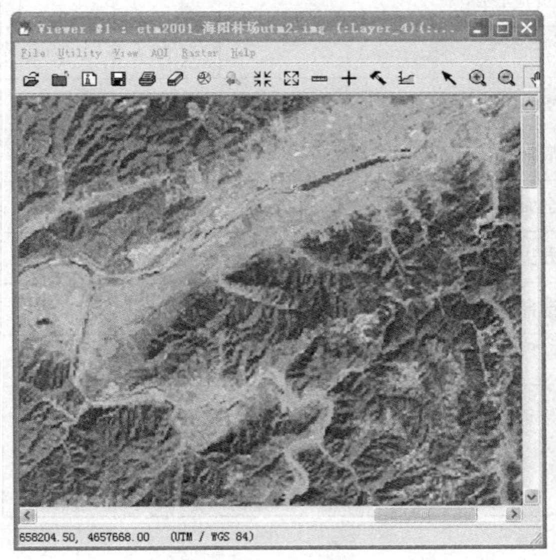

(a) 处理前　　(b) 处理后

图 7-25 Haze Reduction 处理结果

7.2.5 成果评价

遥感图像辐射增强验收考核指标设定方法参考表 7-5。

表 7-5 遥感图像辐射增强验收考核评价表

姓名：		班级：	小组：	指导教师：
教学任务：学院实验林场遥感图像辐射增强			完成时间：	
过程考核 60 分				
评价内容		评价标准	赋分	得分
1	专业能力	1. 准确理解图像辐射增强的概念	10	
		2. 了解图像辐射增强的主要目的	10	
		3. 了解图像辐射增强的常用方法及作用	10	
		4. 能够进行常用的辐射增强处理	10	
2	方法能力	1. 充分利用网络、期刊等资源查找资料	3	
		2. 灵活运用遥感图像处理的各种方法	4	
		3. 具有灵活处理遥感图像问题的能力	4	

（续）

评价内容		评价标准		赋分	得分
3	社会能力	1. 与小组成员协作，有团队意识		3	
		2. 在完成任务过程中勇挑重担，责任心强		3	
		3. 接受任务态度认真		3	
结果考核40分					
4	工作成果	学院实验林场遥感图像辐射增强验收报告	报告条理清晰	10	
			报告内容全面	10	
			结果检验方法正确	10	
			格式编写符合要求	10	
总评				100	
指导教师反馈：（教师根据学生在完成任务中的表现，肯定成绩的同时指出不足之处和修改意见） 年　月　日					

7.2.6　拓展知识

遥感图像辐射增强的方法，除7.2.4任务实施中的查找表拉伸(LUT Stretch)、直方图均衡化(Histogram Equalization)、直方图匹配(Histogram Match)、亮度反转处理(Brighmess Inverse)和去霾处理(Haze Reduction)5种方法外，降噪处理(Noise Reduction)和去条带处理(Destripe TM Data)也是图像辐射增强的方法。下面对这两种方法做简单介绍。

(1)降噪处理

降噪处理(Noise Reduction)是利用自适应滤波方法去除图像中的噪声。该技术在沿着边缘或平坦区域去除噪声的同时，可以很好地保持图像中一些微小的细节(Subtle Details)。

(2)去条带处理

去条带处理(Destripe TM Data)是针对Landsat TM的图像扫描特点对其原始数据进行3次卷积处理，以达到去除扫描条带之目的。在操作过程中，只有一个关于边缘处理的选择项需要用户定义，其中的两项选择分别是Reflection(反射)和Fill(填充)，前者是应用图像边缘灰度值的镜面反射值作为图像边缘以外的像元值，这样可以避免出现晕光(Halo)；而后者则是统一将图像边缘以外的像元以0值填充，呈现黑色背景。

思考与练习

1. 简述遥感图像辐射增强哪些常用方法。
2. 通过分析给定的遥感图像，选择合适的辐射增强方法进行处理。

7.3 遥感图像光谱增强处理

7.3.1 任务描述

图像光谱增强(Spectral Enhancement)处理是基于多波段数据对每个像元的灰度值进行变换，达到图像增强的目的。学院实验林场图像的光谱增强主要使用主成分变换分析(Principal Component Analysis，PCA)、主成分逆变换分析(Inverse Principal Components Analysis)、色彩变换(RGB to HIS)、色彩逆变换(HIS to RGB)和指数计算(Indices)5 种增强方法进行处理。

7.3.2 任务目标

①掌握遥感图像光谱增强的目的及其概念。

②掌握遥感图像常用的光谱增强的主要方法及步骤。

7.3.3 相关知识

遥感图像的光谱增强处理功能的介绍见表 7-6。

表 7-6 遥感图像光谱增强命令及其功能

光谱增强命令	光谱增强功能
Principal Components(主成分变换)	将具有相关性的多波段图像压缩到完全独立的较少的几个波段，使遥感图像更易于解译分析
Inverse Principal Components(主成分逆变换)	与主成分变换操作正好相反，将主成分变换图像依据当时的变换特征矩阵重新恢复到 RGB 彩色空间
Decorrelation Stretch(去相关拉伸)	首先对图像的主成分进行对比度拉伸处理，然后再进行主成分逆变换，将图像恢复到 RGB 彩色空间
Tasseled Cap(缨帽变换)	在植被研究中旋转数据结构轴优化图像显示效果
RGB to HIS(色彩变换)	将图像从红(R)、绿(G)、蓝(B)彩色空间转换到亮度(I)、色调(H)、饱和度(S)彩色空间
HIS to RGB(色彩逆变换)	将图像从亮度(I)、色调(H)、饱和度(S)、彩色空间转换到红(R)、绿(G)、蓝(B)彩色空间
Indices(指数计算)	用于计算反映矿物及植被的各种比率和指数
Natural Color(自然色彩变换)	模拟自然色彩对多波段数据变换输出自然色彩图集

(1) 主成分变换

主成分变换(Principal Component Analysis，PCA)是一种常用的数据压缩方法，它可以将具有相关性的多波段数据压缩到完全独立的较少的几个波段上，使图像数据更易于解译。主成分变换是建立在统计特征基础上的多维正交线性变换，是一种离散的 Karhunen-

Loeve 变换，又称 K-L 变换。ERDAS IMAGINE 提供的主成分变换功能，最多可以对 256 个波段的图像进行变换。

(2) 主成分逆变换

主成分逆变换(Inverse Principal Components Analysis)就是将经主成分变换获得的图像重新恢复到 RGB 彩色空间，输入的图像必须是由主成分变换得到的图像，而且必须有当时的特征矩阵(*.mtx)参与变换。

(3) 色彩变换

色彩变换(RGB to HIS)是将遥感图像从红(R)、绿(G)、蓝(B)3 种颜色组成的彩色空间转换到以色调(H)、亮度(I)、饱和度(S)作为定位参数的彩色空间，以便使图像的颜色与人眼看到的更为接近。其中，亮度表示整个图像的明亮程度，取值范围是 0~1；色度代表像元的颜色，取值范围是 0~360；饱和度代表颜色的纯度，取值范围是 0~1。

(4) 色彩逆变换

色彩逆变换(HIS to RGB)是与上述色彩变换对应进行的，是将遥感图像从以亮度、色度、饱和度作为定位参数的彩色空间转换到红、绿、蓝 3 种颜色组成的彩色空间。需要说明的是，在完成色彩逆变换的过程中，经常需要对亮度与饱和度进行最小和最大拉伸，使其数值充满 0~1 的取值范围。具体算法参见 *ERDAS Field Guide* 一书的第 5 章。

(5) 指数计算

指数计算(Indices)是应用一定的数学方法，将遥感图像中不同波段的灰度值进行各种组合运算，计算反映矿物及植被的常用比率和指数。各种比率和指数与遥感图像类型(即传感器)有密切的关系，因而在进行指数计算时，首先必须根据输入图像类型选择传感器。ERDAS 系统集成的传感器类型有 SPOT XS/XI、Landsat TM、Landsat MSS 和 NOAA AVHRR 4 种，不同传感器对应的指数计算是有区别的，ERDAS 系统集成了与各种传感器对应的常用指数。例如，Landsat TM 所对应的矿物指数有黏土矿指数(Clay Minerals)、铁矿指数(Ferrous Minerals)等，植被指数有 *NDVI*、*TNDVI* 等。

7.3.4 任务实施

7.3.4.1 主成分变换

在 ERDAS 图标面板工具条依次单击【Interpreter】→【Spectral Enhancement】→【Principal Components】，打开 Principal Components 对话框(图 7-26)。在 Principal Components 对话框中，需要设置下列参数。

◎确定输入文件(Input File)：etm2001_海阳林场 utm2.img。

◎定义输出文件(Output File)：qy_principalcomponents.img。

◎文件坐标类型(Coordinate Type)：Map。

◎处理范围确定(Subset Definition)，在 ULX/Y、LRX/Y 微调框中输入需要的数值(默认状态为整个图像范围，可以应用 Inquire Box 定义子区)。

◎输出数据类型(Output Data Type)：Float Single。

◎输出数据统计时忽略零值，即选中 Ignore Zero in Stats 复选框。

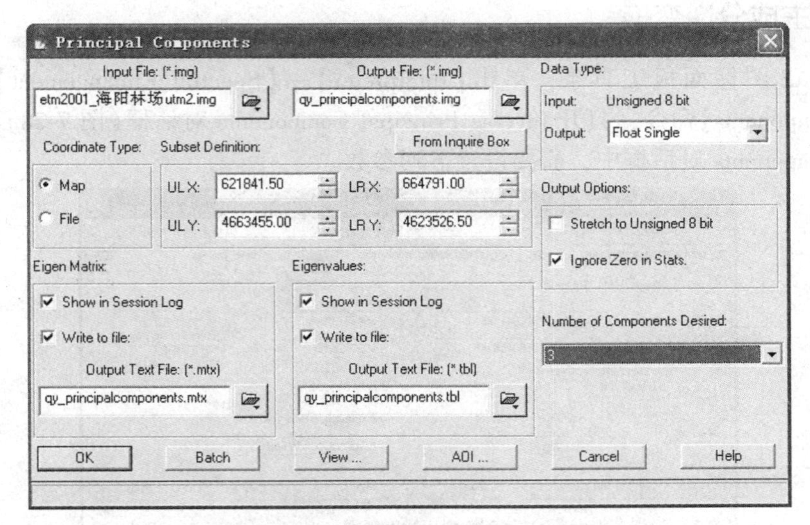

图 7-26 **Principal Components 对话框**

◎特征矩阵输出设置(Eigen Matrix)。若需在运行日志中显示，选中 Show in Session Log 复选框。若需写入特征矩阵文件，选中 Write to File 复选框(必选项，逆变换时需要)。特征矩阵文件名(Output Text File)：qy_principalcomponents. mtx。

◎特征数据输出设置(EigenValues)。若需在运行日志中显示，选中 Show in Session Log 复选框。若需写入特征数据文件，选中 Write to File 复选框。特征矩阵文件名(Output Text File：为 qy_aprincipal components. tbl。

◎需要的主成分数量(Number of Components Desired)：3。

◎单击【OK】按钮，关闭 Principal Components 对话框，执行主成分变换，结果如图 7-27 所示。

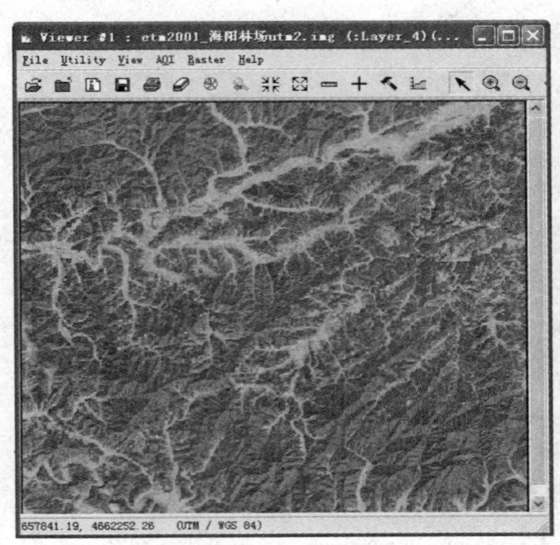

(a) 处理前

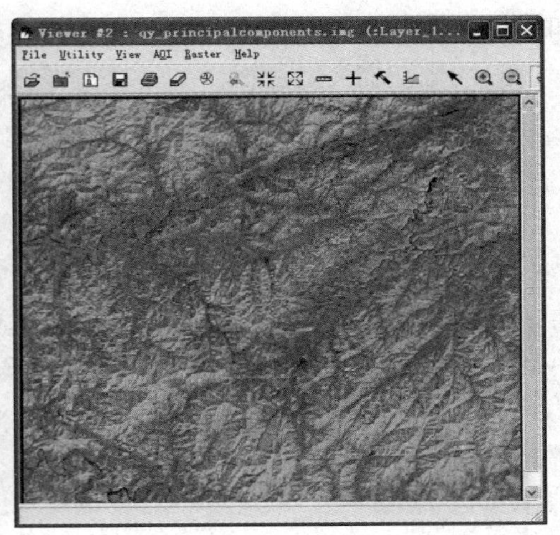

(b) 处理后

图 7-27 **Principal Components 处理结果**

7.3.4.2　主成分逆变换

在ERDAS图标面板工具条，单击【Interpreter】→【Spectral Enhancement】→【Inverse Principal Components】命令，打开Inverse Principal Components对话框(图7-28)。在Inverse Principal Components对话框中，需要设置下列参数。

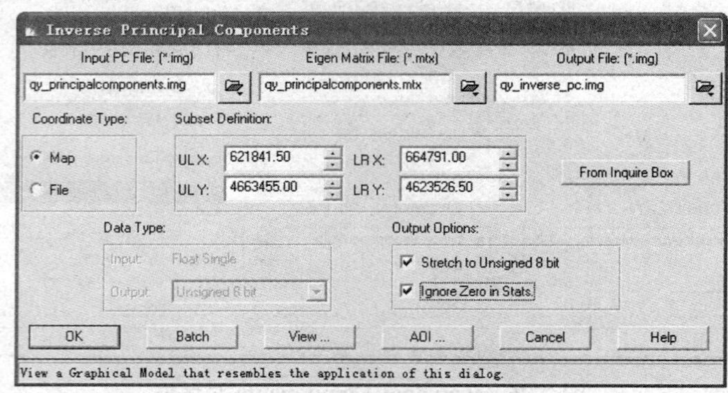

图7-28　**Inverse Principal Components对话框**

◎确定输入文件(Input PC File)：qy_principalcomponents.img。

◎确定特征矩阵(Eigen Matrix File)：qy_principalcomponents.mtx。

◎定义输出文件(Output File)：qy_inverse_pc.img。

◎文件坐标类型(Coordinate Type)：Map。

◎处理范围确定(Subset Definition)，在ULX/Y、LRX/Y微调框中输入需要的数值(默认状态为整个图像范围，可以应用Inquire Box定义子区)。

◎输出数据选择(Output Options)。若输出数据拉伸到0~255，选中Stretch to Unsigned 8 bit复选框。若输出数据统计时忽略零值，选中Ignore Zero in Stats复选框。

◎单击【OK】按钮，关闭Inverse Principal Components对话框，执行主成分逆变换，结果如图7-29所示。

(a)处理前

(b)处理后

图7-29　**Inverse Principal Components处理结果**

7.3.4.3 色彩变换

在 ERDAS 图标面板工具条，单击【Interpreter】→【Spectral Enhancement】→【RGB to HIS】命令，打开 RGB to HIS 对话框(图 7-30)。在 RGB to HIS 对话框中，需要设置下列参数：

◎确定输入文件(Input File)：etm2001_海阳林场 utm2. img。

◎定义输出文件(Output File)：qy_rgbtoihs. img。

◎文件坐标类型(Coordinate Type)：Map。

◎处理范围确定(Subset Definition)，在 ULX/Y、LRX/Y 微调框中输入需要的数值(默认状态为整个图像范围，可以应用 Inquire Box 定义子区)。

◎确定参与色彩变换的 3 个波段，Red：4、Green：3、Blue：2。

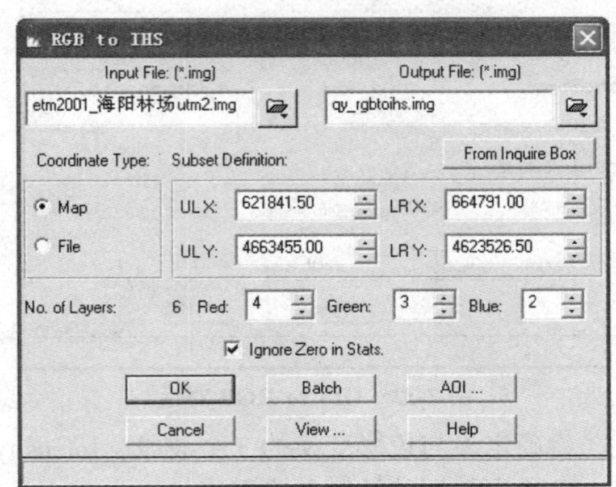

图 7-30　RGB to HIS 对话框

◎输出数据统计时忽略零值，选中 Ignore Zero in Stats 复选框。

◎单击【OK】按钮，关闭 RGB to HIS 对话框，执行 RGB to HIS 变换，结果如图 7-31 所示。

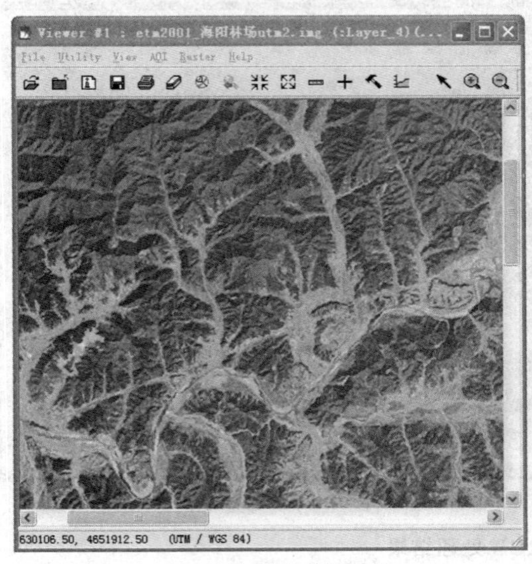

(a) 处理前　　(b) 处理后

图 7-31　RGB to HIS 处理结果

7.3.4.4 色彩逆变换

在 ERDAS 图标面板工具条依次单击【Interpreter】→【Spectral Enhancement】→【HIS to RGB】命令，打开 HIS to RGB 对话框(图 7-32)。

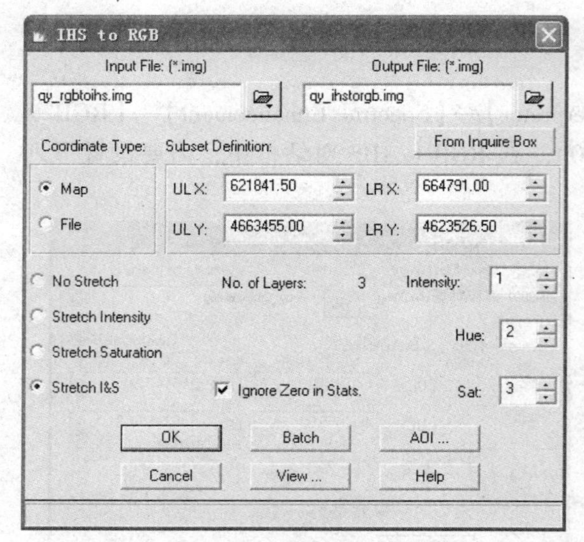

图 7-32　HIS to RGB 对话

在 HIS to RGB 对话框中，需要设置下列参数。

◎确定输入文件(Input File)：qy_rgbtoihs. img。

◎定义输出文件(Output File)：qy_ihstorgb. img。

◎文件坐标类型(Coordinate Type)：Map。

◎处理范围确定(Subset Definition)，在 ULX/Y、LRX/Y 微调框中输入需要的数值(默认状态为整个图像范围，可以应用 Inquire Box 定义子区)。

◎对亮度(I)与饱和度(S)进行拉伸，选择 Stretch I&S 单选按钮。

◎确定参与色彩变换的 3 个波段，Intensity：1，Hue：2，Sat：3。

◎输出数据统计时忽略零值，选中 Ignore Zeroin Stats 复选框。

◎单击【OK】按钮，关闭 HIS to RGB 对话框，执行 HIS to RGB 变换，结果如图 7-33 所示。

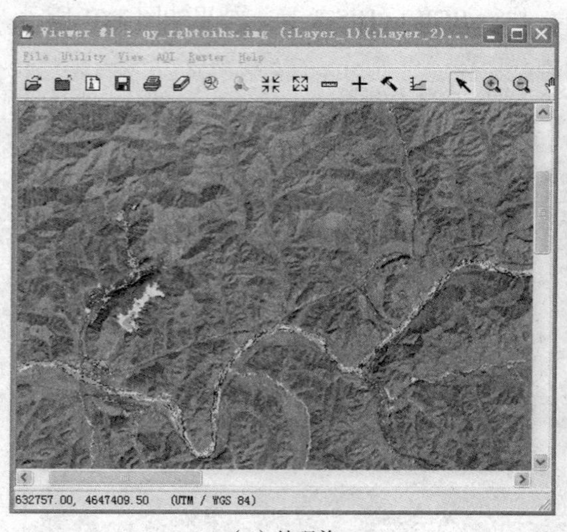

(a) 处理前

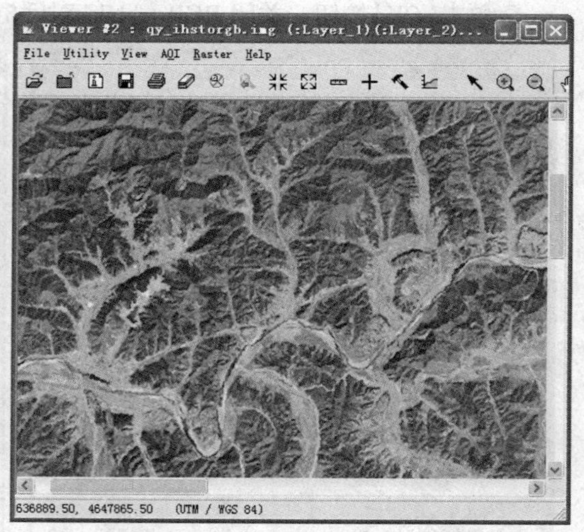

(b) 处理后

图 7-33　HIS to RGB 处理结果

7.3.4.5　植被指数计算

NDVI(归一化植被指数)是反映土地覆盖植被状况的一种遥感指标，定义为近红外通道与可见光通道反射率之差与之和的商，即：

$$NDVI=(NIR-R)/(NIR+R) \quad (7\text{-}1)$$

式中　*NIR*——近红外波段的反射值；

　　R——红光波段的反射值。

NDVI 和植物的蒸腾作用、太阳光的截取、光合作用以及地表净初级生产力等密切相关，是反映农作物长势和营养信息的重要参数之一。可以根据该参数获取不同季节的农作物对氮的需求量，对合理施用氮肥具有重要的指导意义。*NDVI* 的应用包括监测植被生长状态、植被覆盖度和消除部分辐射误差等。

NDVI 的取值范围为 $-1 \leq NDVI \leq 1$，负值表示地面覆盖为云、水、雪等，对可见光高反射；0 表示有岩石或裸土等，*NIR* 和 *R* 近似相等；正值，表示有植被覆盖，且随覆盖度增大而增大。*NDVI* 的局限性表现在，用非线性拉伸的方式增强了 *NIR* 和 *R* 的反射率的对比度。对于同一幅图像，分别求 *RVI* 和 *NDVI* 时会发现，*RVI* 值增加的速度高于 *NDVI* 增加速度，即 *NDVI* 对高植被区具有较低的灵敏度。*NDVI* 能反映出植物冠层的背景影响（如土壤、潮湿地面、雪被、枯叶、粗糙度等），且与植被覆盖有关。

在 ERDAS 图标面板工具条依次单击【Interpreter】→【Spectral Enhancement】→【Indices】，打开 Indices 对话框（图 7-34）。在 Indices 对话框中，需要设置下列参数。

◎确定输入文件（Input File）：etm2001_海阳林场 utm2. img。

◎定义输出文件（Output File）：qy_ndvi. img。

◎文件坐标类型（Coordinate Type）：Map。

◎处理范围确定（Subset Definition），在 ULX/Y、LRX/Y 微调框中输入需要的数值（默认状态为整个图像范围，可以应用 Inquire Box 定义子区）。

◎选择传感器类型（Sensor）：Landsat TM。

◎选择计算指数函数（Select Function）：NDVI（相应的计算公式将显示在对话框下方的 Function 提示栏）。

◎输出数据类型（Output Data Type）：Unsigned 8 bit。

◎单击【OK】按钮，关闭 Indices 对话框，执行指数计算，结果如图 7-35 所示。

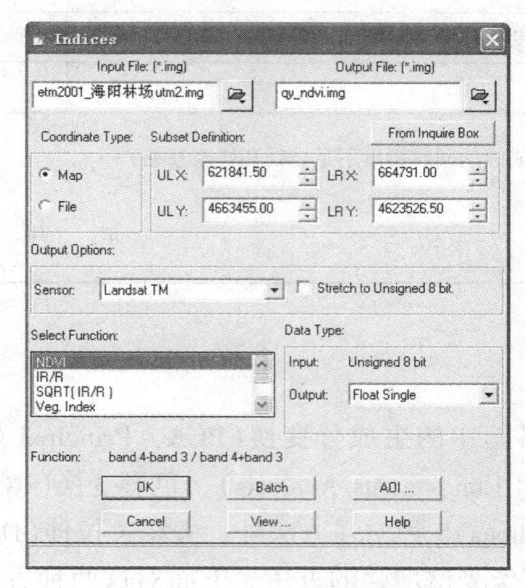

图 7-34　Indices 对话框

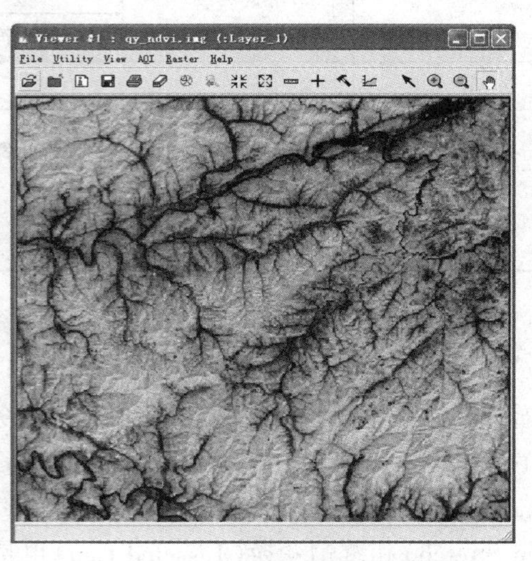

图 7-35　*NDVI* 植被指数计算结果

7.3.5　成果评价

遥感图像光谱增强验收考核指标设定方法参考表7-7。

表7-7　遥感图像光谱增强验收考核评价表

<table>
<tr><td colspan="2">姓名：</td><td colspan="2">班级：</td><td>小组：</td><td colspan="2">指导教师：</td></tr>
<tr><td colspan="4">教学任务：学院实验林场遥感图像光谱增强</td><td colspan="3">完成时间：</td></tr>
<tr><td colspan="7">过程考核60分</td></tr>
<tr><td colspan="2">评价内容</td><td colspan="3">评价标准</td><td>赋分</td><td>得分</td></tr>
<tr><td rowspan="4">1</td><td rowspan="4">专业能力</td><td colspan="3">1. 准确理解图像光谱增强的概念</td><td>10</td><td></td></tr>
<tr><td colspan="3">2. 了解图像光谱增强的主要目的</td><td>10</td><td></td></tr>
<tr><td colspan="3">3. 了解图像光谱增强的常用方法及作用</td><td>10</td><td></td></tr>
<tr><td colspan="3">4. 能够进行常用的光谱增强处理</td><td>10</td><td></td></tr>
<tr><td rowspan="3">2</td><td rowspan="3">方法能力</td><td colspan="3">1. 充分利用网络、期刊等资源查找资料</td><td>3</td><td></td></tr>
<tr><td colspan="3">2. 灵活运用遥感图像处理的各种方法</td><td>4</td><td></td></tr>
<tr><td colspan="3">3. 具有灵活处理遥感图像问题的能力</td><td>4</td><td></td></tr>
<tr><td rowspan="3">3</td><td rowspan="3">社会能力</td><td colspan="3">1. 与小组成员协作，有团队意识</td><td>3</td><td></td></tr>
<tr><td colspan="3">2. 在完成任务过程中勇挑重担，责任心强</td><td>3</td><td></td></tr>
<tr><td colspan="3">3. 接受任务态度认真</td><td>3</td><td></td></tr>
<tr><td colspan="7">结果考核40分</td></tr>
<tr><td rowspan="4">4</td><td rowspan="4">工作成果</td><td rowspan="4">学院实验林场遥感图像光谱增强验收报告</td><td colspan="2">报告条理清晰</td><td>10</td><td></td></tr>
<tr><td colspan="2">报告内容全面</td><td>10</td><td></td></tr>
<tr><td colspan="2">结果检验方法正确</td><td>10</td><td></td></tr>
<tr><td colspan="2">格式编写符合要求</td><td>10</td><td></td></tr>
<tr><td colspan="2">总评</td><td colspan="3"></td><td>100</td><td></td></tr>
<tr><td colspan="7">指导教师反馈：（教师根据学生在完成任务中的表现，肯定成绩的同时指出不足之处和修改意见）
年　月　日</td></tr>
</table>

7.3.6　拓展知识

遥感图像光谱增强的方法，除7.3.4任务实施中的主成分变换(PCA，Principal Component Analysis)、主成分逆变换(Inverse Principal Components Analysis)、色彩变换(RGB to HIS)、色彩逆变换(HIS to RGB)和指数计算(Indices)5种增强方法外，去相关拉伸(Decorrelation Stretch)和缨帽变换(Tasseled Cap)也是图像光谱增强的方法。下面对这两种方法做简单介绍：

(1)降噪处理

去相关拉伸(Decorrelation Stretch)是对图像的主成分进行对比度拉伸处理，而不是对原始图像进行拉伸。当然用户在操作时，只需要输入原始图像即可，系统将首先对原始图像进行主成分变换，并对主成分图像进行对比度拉伸处理，然后再进行主成分逆变换，依据当时变换的特征矩阵，将图像恢复到RGB彩色空间，达到图像增强的目的。

(2)缨帽变换

缨帽变换(Tasseled Cap)是针对植物学家所关心的植被图像特征，在植被研究中将原始图像数据结构轴进行旋转，优化图像数据显示效果，是由R. J. Kauth和G. S. Thomas两位学者提出来的一种经验性的多波段图像线性正交变换，因而又称K-T变换。该变换的基本思想：多波段(N波段)图像可以看作N维空间，每一个像元都是N维空间中的一个点，其位置取决于像元在各个波段上的数值。研究表明，植被信息可以通过3个数据轴(亮度轴、绿度轴、湿度轴)来确定，而这3个轴的信息可以通过简单的线性计算和数据空间旋转获得，当然还需要定义相关的转换系数；同时，这种旋转与传感器有关，因而还需要确定传感器类型。

思考与练习

1. 简述遥感图像光谱增强有哪些常用方法。
2. 试述植被指数在生产上有何应用。
3. 通过对给定的遥感图像进行分析，选择合适的光谱增强方法进行处理。

7.4 遥感图像傅里叶变换

7.4.1 任务描述

傅里叶变换(Fourier Analysis)是首先把遥感图像从空间域转换到频率域，然后在频率域上对图像进行滤波处理，减少或消除周期性噪声，再把图像从频率域转换到空间域，实现增强图像的目的。该任务主要对学院实验林场遥感图像进行傅里叶变换及傅里叶逆变换，从而减少图像本身的噪声。

7.4.2 任务目标

①掌握遥感图像傅里叶变换的目的及其概念。

②掌握遥感图像傅里叶变换及傅里叶逆变换的主要方法及步骤。

7.4.3 相关知识

傅里叶变换处理命令及其功能的介绍见表7-8。

表 7-8　傅里叶变换命令及其功能

命　令	功　能
Fourier Transform(傅里叶变换)	将空间域图像转换成频率域傅里叶图像(FFT)
Fourier Transform Editor(傅里叶变换编辑)	集成了一系列交互式的编辑工具和过滤器，让用户对傅里叶图像进行多种编辑和变换
Inverse Fourier Transform(傅里叶逆变换)	根据两维快速傅里叶变换图像计算其逆向值，将快速傅里叶图像转换成空间域图像
Fourier Magnitude(傅里叶显示变换)	将傅里叶图像转换为 IMG 文件，以便在 ERDAS IMAGINE 窗口显示操作
Periodic Noise Removal(周期噪声去除)	通过对遥感图像进行分块傅里叶变换处理，自动去除图像中诸如扫描条带等周期性噪声
Homomophic Filter(同态滤波)	利用光照度/反射模型对遥感图像进行滤波处理

(1)傅里叶变换

傅里叶变换首先是将遥感图像从空间域转换到频率域，把 RGB 彩色图像转换成一系列不同频率的二维正弦波傅里叶图像；然后，在频率域内对傅里叶图像进行滤波、掩膜等各种编辑，减少或消除部分高频成分或低频成分；最后，再把频率域的傅里叶图像变换到 RGB 彩色空间域，得到经过处理的彩色图像。傅里叶变换主要是用于消除周期性噪声，此外，还可用消除由于传感器异常引起的规则性错误；同时，这种处理技术还以模式识别的形式用于多波段图像处理。

(2)傅里叶逆变换

傅里叶逆变换的作用是将频率域上的傅里叶图像转换到空间域上，以便对比傅里叶图像处理的效果。

7.4.4　任务实施

7.4.4.1　快速傅里叶变换

应用傅里叶变换功能的第一步，就是把输入的空间域彩色图像转换成频率域傅里叶图像(＊.fit)，这项工作就是由快速傅里叶变换(Fourier Transform)完成的。进行快速傅里叶变换操作时，在 ERDAS 图标面板工具条依次单击【Interpreter】→【Fourier Analysis】→【Fourier Transform】，打开 Fourier Transform 对话框(图 7-36)。在 Fourier Transform 对话框中，需要设置下列参数。

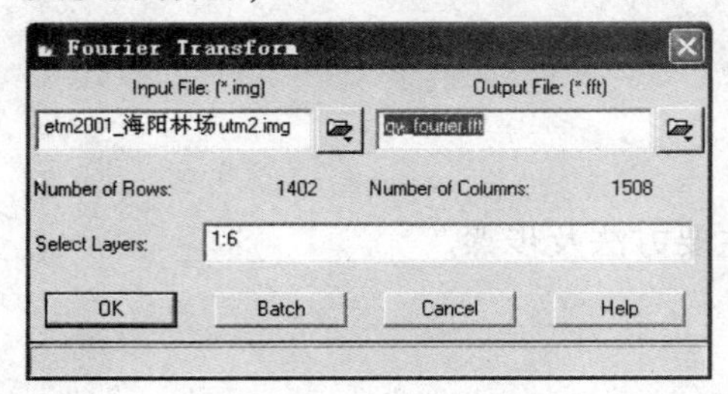

图 7-36　Fourier Transform 对话框

◎确定输入图像(Input File)：etm2001_海阳林场 utm2. img。

◎定义输出图像(Output File)：qy_fourier. fft。

◎波段变换选择(Select Layers)：1：6(从第 1

波段到第 6 波段)。

◎单击【OK】按钮，关闭 Fourier Transform 对话框，执行快速傅里叶变换。

7.4.4.2 傅里叶变换编辑器

傅里叶变换编辑器(Fourier Transform Editor)集成了傅里叶图像编辑的全部命令与工具，通过对傅里叶图像的编辑，可以减少或消除遥感图像条带噪声和其他周期性的图像异常。不过，始终应该记住一点：傅里叶图像的编辑是一个交互的过程，没有一个现成的最好的处理规则，只能根据用户所处理的数据特征，通过不同编辑工具应用的不断试验，寻找到最适合的编辑方法和途径。当然，用户可以用鼠标在傅里叶图像上单击或拖拉，查询其坐标位置(u，v)，坐标值将在编辑器窗口下部的状态条中显示，通过查询坐标，可以辅助决定傅里叶图像处理过程中的参数设置。

步骤 1：启动傅里叶变换编辑器

在 ERDAS 图标面板工具条依次单击【Interpreter】→【Fourier Analysis】→【Fourier Transform Editor】，打开 Fourier Editor 窗口(图 7-37)。

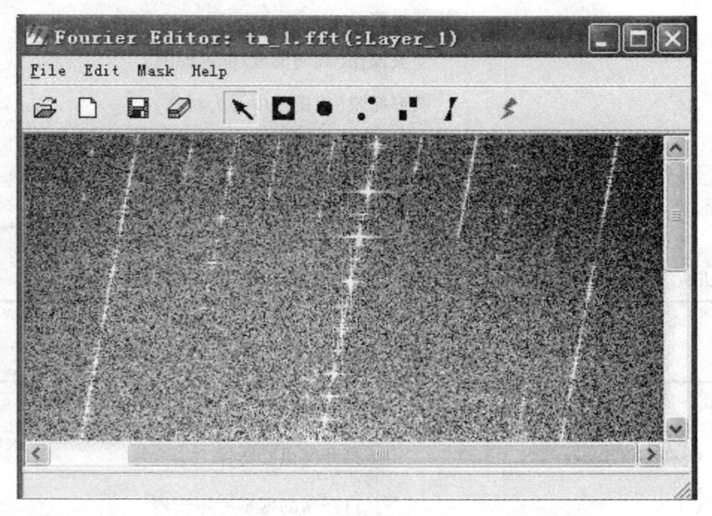

图 7-37　Fourier Editor 窗口(打开 FFT 图像之后)

步骤 2：傅里叶变换编辑器功能

从图 7-38 可知，傅里叶变换编辑器窗口由菜单条、工具条、图像窗口和状态条组成。菜单条中的命令及其功能见表 7-9，工具条中的图标及其功能见表 7-10。

表 7-9　傅里叶变换编辑器菜单命令及其功能

命　令	功　能
File:	文件操作:
New	打开一个新的傅里叶变换编辑器
Open	打开傅里叶图像(*.fit)
Revert	恢复所有的傅里叶图像编辑

（续）

命　令	功　能
Save	保存编辑后的傅里叶图像
Save All	保存所有编辑过的傅里叶图像
Save As	将编辑后的傅里叶图像保存为新文件
Inverse Transform	执行傅里叶逆变换
Clear	清除傅里叶编辑器窗口中的图像
Close	关闭当前傅里叶变换编辑器
Close All	关闭所有傅里叶变换编辑器
Edit:	编辑操作:
Undo	恢复前…次傅里叶图像编辑
Filter Options	设置基于鼠标的图像编辑滤波器
命令功能	
Mask:	掩膜操作:
Filters	滤波操作(高通滤波/低通滤波)
Circular Mask	圆形掩膜(以图像中心为对称)
Rectangular Mask	矩形掩膜(以图像中心为对称)
Wedge Mask	楔形掩膜(以图像中心为对称)
Help	联机帮助
Help for Fourier Editor	傅里叶变换编辑器的联机帮助

表 7-10　傅里叶变换编辑器工具图标及其功能

图标	命　令	功　能
	Open FFT Layer	打开傅里叶图像
	Create	打开新的傅里叶编辑器
	Save FFT Layer	保存傅里叶图像
	Clear	清除傅里叶图像
	Select	选择傅里叶工具、查询图像坐标
	Low-Pass Filter	低通滤波
	High-Pass Filter	高通滤波
	Circular Mask	圆形掩膜
	Rectangular Mask	矩形掩膜
	Wedge Mask	楔形掩膜
	Inverse Transform	傅里叶逆变换

7.4.4.3 傅里叶图像编辑

傅里叶图像编辑(Editing Fourier Image)是借助傅里叶变换编辑器所集成的众多功能完成的。下面首先从打开傅里叶图像讲起，然后分别介绍低通滤波、高通滤波、矩形掩膜和楔形掩膜等常用的傅里叶图像编辑方法，以及多种编辑方法的组合。各种编辑方法的操作过程并不复杂，关键是各种参数的设置与滤波方法的选择。如果没有特别说明，每进行一种处理操作，都需要重新打开傅里叶变换图像。

步骤1：打开傅里叶变换图像

在 Fourier Editor 菜单条依次单击【File】→【Open】，打开 Open FFT Layer 对话框(图 7-38)。在 Fourier Editor 工具条单击【Open】，打开 Open FFT Layer 对话框。在 Open FFT Layer 对话框中，确定傅里叶变换文件。

◎确定傅里叶变换文件目录：Users。

◎确定傅里叶变换文件名称：qy_fourier. fft。

◎单击【OK】按钮，打开 Fourier Editor 窗口(图 7-39)。

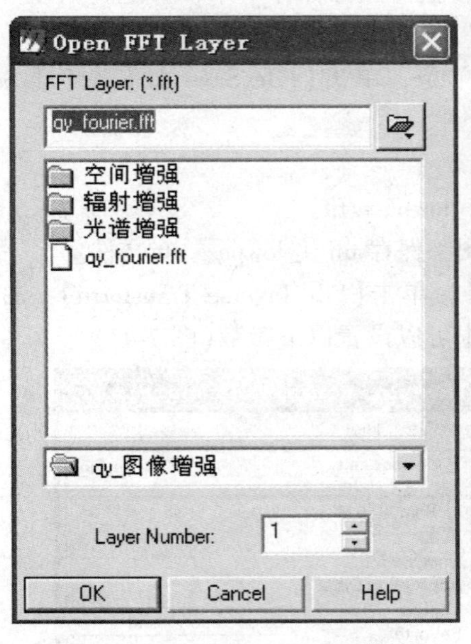

图 7-38 Open FFT Layer 对话框

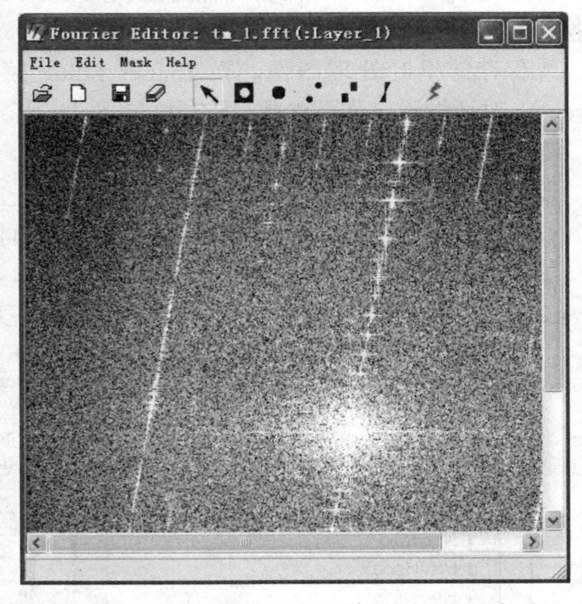

图 7-39 Fourier Editor 窗口(打开 tm_1. fit 之后)

步骤2：低通滤波

低通滤波(Low-Pass Filtering)的作用是削弱图像的高频组分，而让低频组分通过，使图像更加平滑、柔和。具体的操作过程如下，在 Fourier Editor 菜单条依次单击【Mask】→【Filters】，打开 Low/High Pass Filter 对话框(图 7-40)。在 Low/High Pass Filter 对话框中，需要设置下列参数：

◎选择滤波类型(Filter Type)：Low Pass(低通滤波)。

◎选择窗口功能(Window Function)：Ideal(理想滤波器)。

◎圆形滤波半径(Radius)：80(圆形区域以外的高频成分将被滤掉)。

◎定义低频增益(Low Frequency Gain)：1.0。

◎单击【OK】按钮，关闭 Low/High Pass Filter 对话框，执行低通滤波处理。

◎Fourier Editor 窗口显示低通滤波处理后的图像(图 7-41)。

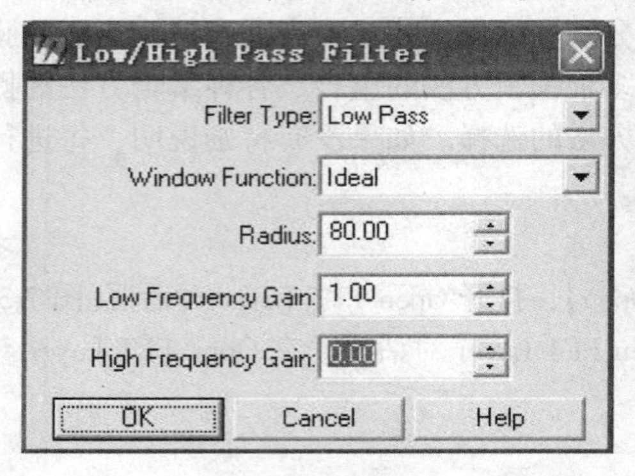

图 7-40　Low/High Pass Filter 对话框

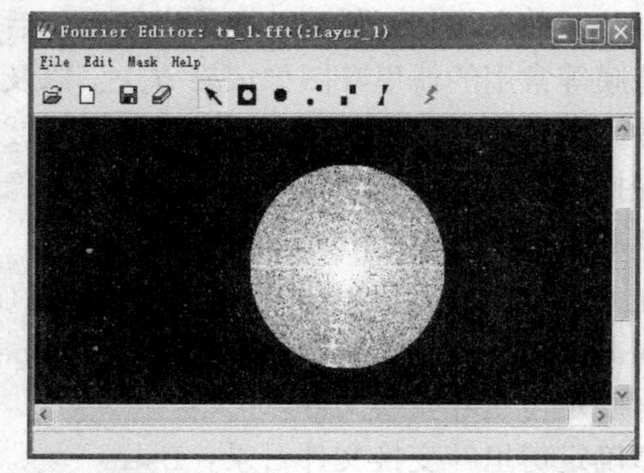

图 7-41　Fourier Editor 窗口(低通滤波效果)

为了比较处理效果，需要对低通滤波处理后的傅里叶图像保存下来，并进行傅里叶逆变换，具体操作步骤如下。

①保存傅里叶处理图像。在 Fourier Editor 菜单条，单击【File Save As】，打开 Save Layer As 对话框设定如下参数(图 7-42)。

◎确定输出傅里叶图像路径：Users。

◎确定输出傅里叶图像文件名(Save As)：tm_1_lowpass. fft。

◎单击【OK】按钮，关闭 Save Layer As 对话框图，保存 tm_1_lowpass. fft 文件。

②执行傅里叶逆变换。在 Fourier Editor 菜单条，单击【File Inverse Transforrn】，打开 Inverse Fourier。在 Inverse Fourier Transform 对话框中可以设置以下参数(图 7-43)。

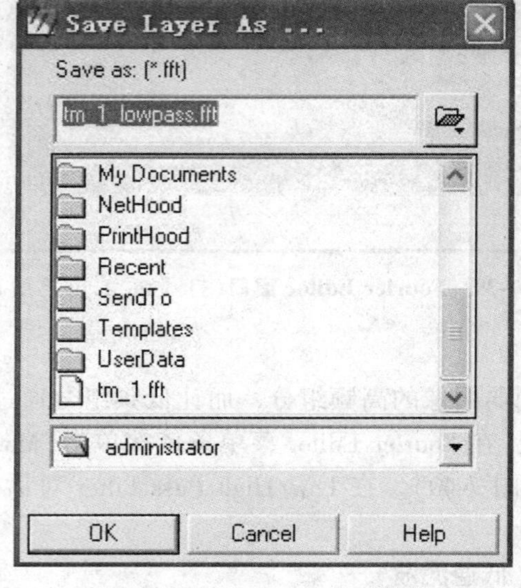

图 7-42　Save Layer As 对话框

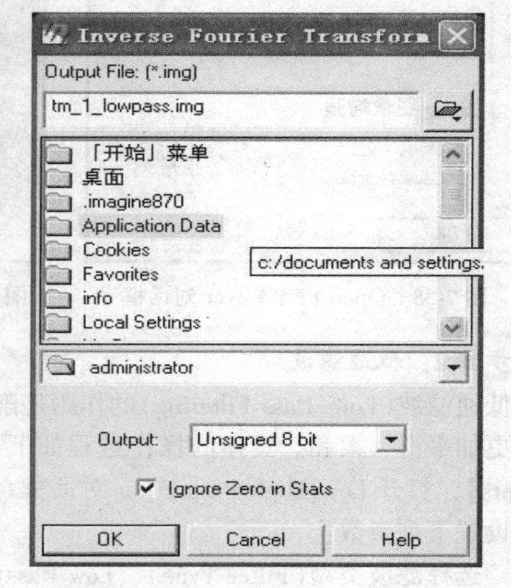

图 7-43　Inverse Fourier Transform 对话框

◎确定输出图像路径：Users。

◎确定输出图像文件(output File)：tm_1_lowpass. img。

◎输出数据类型(Output)：Unsigned 8 bit。

◎输出数据统计时忽略零值，选中 Ignore Zero in Stats 复选框。

◎单击【OK】按钮，关闭 Inverse Fourier Transform 对话框，执行傅里叶逆变换。

③对比傅里叶处理效果。在一个 ERDAS IMAGINE 窗口中同时打开处理前图像 tm_1. img 和处理后图像 tm_1_lowpass. img，通过图像叠加显示功能，观测处理前后图像的不同与变化，用户会发现处理后的图像比处理前更糟糕，这说明所选择的方法和参数不够恰当或处理不够充分。

说明：ERDAS IMAGINE 系统提供了 5 种常用的滤波窗口类型，其功能特点见表 7-11。

表 7-11 傅里叶滤波窗口类型及其功能特点

滤波窗口类型	滤波功能特点
Ideal(理想滤波窗口)	理想滤波窗口的截取频率是绝对的，没有任何过渡；其主要缺点是会产生环形条纹，特别是在半径较小时
Banlett(三角滤波窗口)	三角滤波窗口采用一种三角形函数，有一定的过渡滤波窗口类型滤波功能特点
Butterworth(巴特滤波窗口)	巴特滤波窗口采用平滑的曲线方程，过渡性比较好；其主要优点是最大限度地减小了环形波纹的影响
Gaussian(高斯滤波窗口)	高斯滤波窗口采用的是自然底数幂函数，过渡性好；具有与巴特滤波窗口类似的优点，可以互换应用
Hanning(余弦滤波窗口)	余弦滤波窗口采用的是条件余弦函数，过渡性好；具有与巴特滤波窗口类似的优点，可以互换应用

步骤 3：高通滤波

与低通滤波的作用相反，高通滤波(High-Pass Filtering)是削弱图像的低频组分，而使高频组分通过保留，可以使图像锐化和边缘增强。具体的操作过程如下(还是对 tm_1. fft 进行操作)，在 Fourier Editor 菜单条，单击【Mask Filters】，打开 Low/High Pass Filter 对话框(图 7-44)。在 Low/high Pass Filter 对话框中，需要设置下列参数。

◎选择滤波类型(Filter Type)：High Pass(高通滤波)。

◎选择窗口功能(Window Function)：Hanning(余弦滤波器)。

◎圆形滤波半径(Radius)：200(圆形区域以内的低频成分将被滤掉)。

◎定义高频增益(High Frequency Gain)：1.0。

◎单击【OK】按钮，关闭 Low/High Pass Filter 对话框，执行高通滤波处理。Fourier Editor 窗口显示高通滤波处理后的图像(图 7-45)。

为了比较处理效果，需要对高通滤波处理后的傅里叶图像保存下来，并进行傅里叶逆变换。

①保存傅里叶处理图像：在 Fourier Editor 菜单条，单击【File Save As】，打开 Save Layer As 对话框，在 Save Layer As 对话框可以设置以下参数。

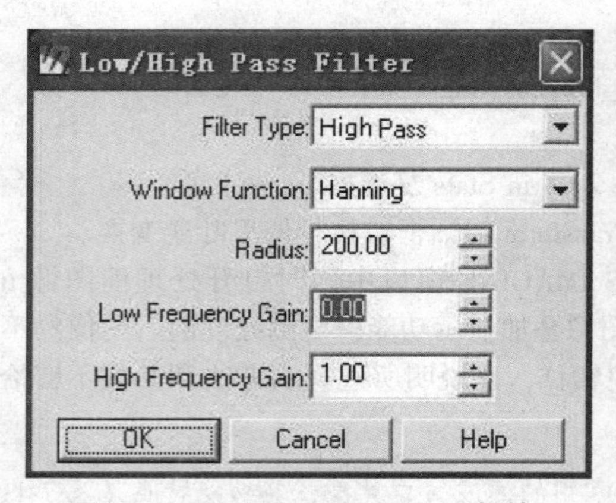

图 7-44　Low/High Pass Filter 对话框

图 7-45　Fourier Editor 窗口(高通滤波效果)

◎确定输出傅里叶图像路径：users。

◎确定输出傅里叶图像文件名(Save As)：tm_1_highpass. fft。

◎单击【OK】按钮，保存 tm_1_highpass. fft 文件。

②执行傅里叶逆变换：在 Fourier Editor 菜单条，单击【File Inverse Transform】，打开 Inverse Fourier Transform 对话框，在 Inverse Fourier Transform 对话框可以设置以下参数。

◎确定输出傅里叶图像路径：users。

◎确定输出图像文件(Output File)：tm_1_highpass. img。

◎输出数据类型(Output)：Unsigned 8 bit。

◎输出数据统计时忽略零值，选中 Ignore Zero in Stats 复选框。

◎单击【OK】按钮，关闭 Inverse Fourier Transform 对话框，执行傅里叶逆变换。

③对比傅里叶处理效果：可以在同一窗口同时打开处理前图像 tm_1. img 和处理后图像 tm_1_highpass. img，对比处理前后图像的不同与变化。同时，还可以分别在两个窗口打开低通滤波和高通滤波处理后的图像，比较效果差异(图 7-46)。

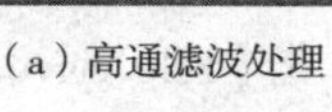
(a) 高通滤波处理

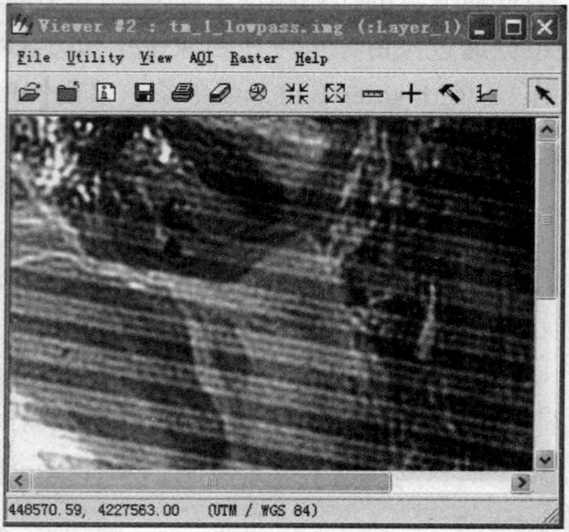

(b) 低通滤波处理

图 7-46　高通滤波与低通滤波效果差异

步骤4：圆形掩膜

在 Fourier Editor 图像窗口可以看到，傅里叶图像(tm_1. fft)中有几个分散分布的亮点。应用圆形掩膜处理(Circular Mask)可以将其去除，具体步骤如下。

①应用鼠标查询亮点分布坐标。在 Fourier Editor 图像窗口单击亮点中心，其坐标就会显示在状态条上(44，57)。

②启动圆形掩膜功能，设置相应的参数进行处理。在 Fourier Editor 菜单条，单击【Mask Circular Mask】命令，打开 Circular Mask 对话框(图 7-47)，在 Circular Mask 对话框中设置下列参数。

◎选择窗口功能(Window Function)：Hanning(余弦滤波器)。

◎圆形滤波中心坐标 U(Circule Center：U)：44。

◎圆形滤波中心坐标 V(Circule Center：V)：57。

◎圆形滤波半径(Radius)：20。

◎定义中心增益(Central Gain)：10。

◎单击【OK】按钮，关闭 Circular Mask 对话框，执行圆形掩膜处理。Fourier Editor 窗口显示圆形掩膜处理后的图像(图 7-48)。

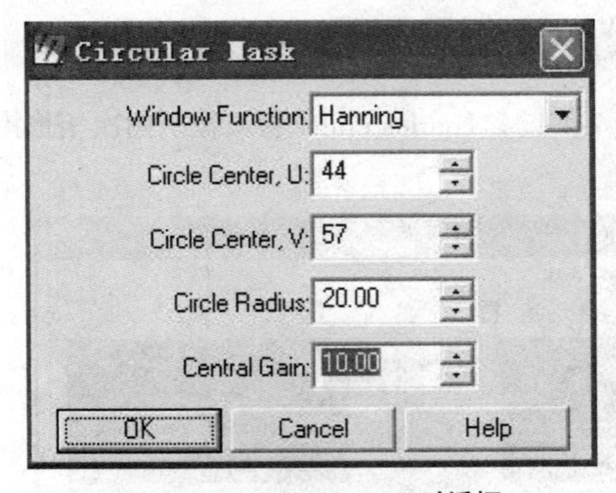

图 7-47 Circular Mask 对话框

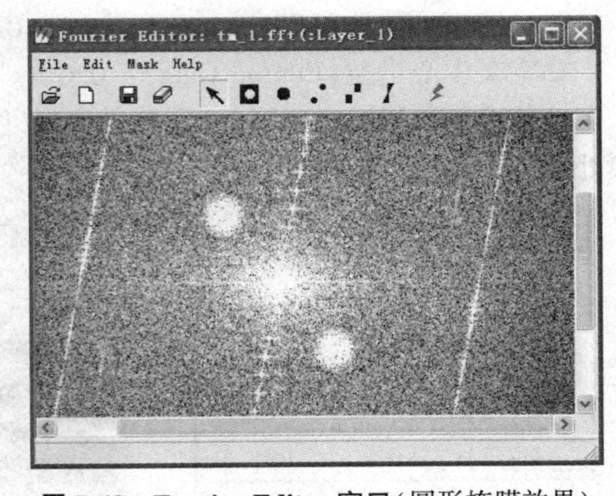

图 7-48 Fourier Editor 窗口(圆形掩膜效果)

为了比较处理效果，需要对圆形掩膜处理后的傅里叶图像保存下来，并进行傅里叶逆变换。

①保存傅里叶处理图像：在 Fourier Editor 菜单条单击【File Save As】命令，打开 Save Layer As 对话框，在 Save Layer As 对话框中可以设置以下参数。

◎确定输出傅里叶图像路径：users。

◎确定输出傅里叶图像文件名(Save As)：tm_1_circular. fft。

◎单击【OK】按钮，保存 tm_1_circular. fft 文件。

②执行傅里叶逆变换：在 Fourier Editor 菜单条，单击【File Inverse Transform】命令，打开 Inverse Fourier Transform 对话框，在 Inverse Fourier Transform 对话框可以设置以下参数。

◎确定输出傅里叶图像路径：users。

◎确定输出图像文件(Output File)：tm_1_circular. img。

◎输出数据类型(Output)：Unsigned 8 bit。

◎输出数据统计时忽略零值，选中 Ignore Zero in Stats 复选框。

◎单击【OK】按钮，关闭 Inverse Fourier Transform 对话框，执行傅里叶逆变换。

③对比傅里叶处理效果：在同一窗口同时打开处理前图像 tm_1. img 和处理后图像 tm_1_circular. img，对比处理前后图像的不同与变化。

步骤 5：矩形掩膜

矩形掩膜功能(Rectangular Mask)可以产生矩形区域的傅里叶图像，编辑过程类似于圆形掩膜，应用于非中心区的傅里叶图像处理，打开傅里叶图像(tm. 1. fft)，在 Fourier Editor 菜单条，单击【Mask Rectangular Mask】命令，打开 Rectangular Mask 对话框(图 7-49)。在 Rectangular Mask 对话框中，需要设置下列参数。

◎选择窗口功能(Window Function)：Ideal(理想滤波器)。

◎设置矩形滤波窗口坐标，ULU=50，ULV=50，LRU=255，LRV=255

◎定义中心增益(Central Gain)：0. 0。

◎单击【OK】按钮，执行矩形掩膜处理(图 7-49a)。

◎选择窗口功能(Window Function)：Ideal(理想滤波器)。

◎设置矩形滤波窗口坐标，ULU=50，ULV=-255，LRU=255，LRV=-50。

◎定义中心增益(Central Gain)：0. 0。

◎单击【OK】按钮，执行矩形掩膜处理(图 7-49b)。Fourier Editor 窗口显示两次矩形掩膜处理后的图像(图 7-50)。

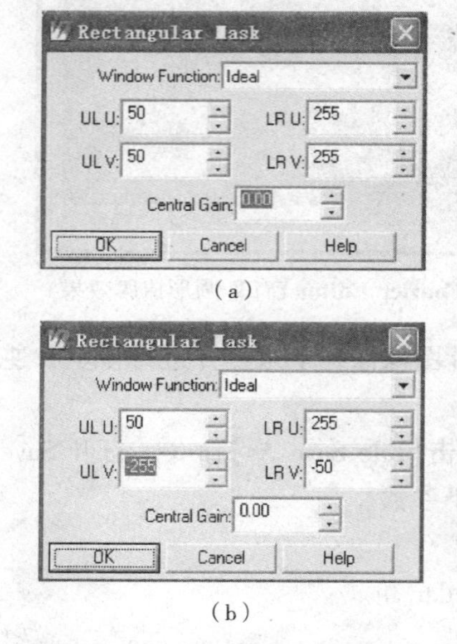

图 7-49　Rectangular Mask 对话框

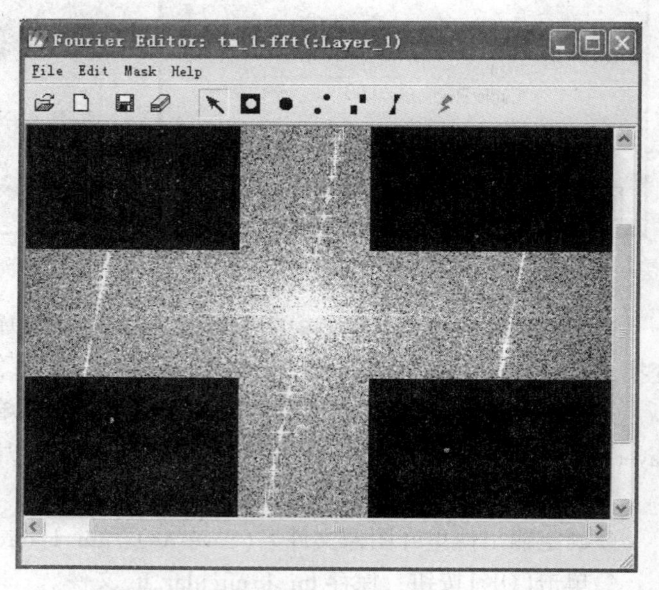

图 7-50　Fourier Editor 窗口(矩形掩膜效果)

为了比较处理效果，需要对矩形掩膜处理后的傅里叶图像保存下来，并进行傅里叶逆变换。

①保存傅里叶处理图像：在 Fourier Editor 菜单条，单击【File Save As】命令，打开 Save

Layer As 对话框。

◎确定输出傅里叶图像文件名(Save As)：tm_1_rectangul. fft。

◎单击【OK】按钮，保存 tm_1_rectangul. fft 文件。

如果对处理以后的图像效果不满意，在保存之前可以恢复，可通过单击【File Revert】命令实现。如果要进行傅里叶逆变换，则必须首先保存处理后的傅里叶图像。

②执行傅里叶逆变换：在 Fourier Editor 菜单条，单击【File Inverse Transform】命令，打开 Inverse Fourier Transform 对话框，在 Inverse Fourier Transform 对话框可以设置以下参数。

◎定输出图像文件(Output File)：tm_1_rectangul. img。

◎输出数据类型(Output)：Unsigned 8 bit。

◎输出数据统计时忽略零值，选中 Ignore Zero in Stats 复选框。

◎单击【OK】按钮，执行傅里叶逆变换。

③对比傅里叶处理效果：在同一窗口同时打开处理前图像 tm_1. img 和处理后图像 tm_1_rectangul. img，对比处理前后图像的变化。同时，还可以分别在两个窗口打开圆形掩膜和两次矩形掩膜处理后的图像，比较处理效果差异(图 7-51)。

(a) 圆形掩膜

(b) 矩形掩膜

图 7-51　圆形掩膜与矩形掩膜效果差异

步骤 6：楔形掩膜

楔形掩膜(Wedge Mask)经常用于去除图像中的扫描条带(Strip)，扫描条带在傅里叶图像中表现为光亮的辐射线(Radial Line)。Landsat MSS 与 TM 图像中的条带在傅里叶图像中多数都表现为非常明显高亮度的、近似垂直的、穿过图像中心的辐射线，正如例子当中的情况。应用楔形掩膜去除条带的具体过程是首先打开傅里叶图像(tm_1. fft)，然后按照下列步骤处理：

①确定辐射线的走向：应用鼠标查询沿着辐射线分布的任意两点坐标，在 Fourier Editor 窗口用单击辐射线上亮点的中心，其坐标就会显示在状态条上(36，-185)，该点坐标将用于计算辐射线的角度[-actan(-185/36)= 78. 99]。

②定义楔形掩膜参数：在 Fourier Editor 菜单条，单击【Mask Wedge Mask】命令，打开 Wedge Mask 对话框(图 7-52)，在 Wedge Mask 对话框中，需要设置下列参数。

◎选择窗口功能(Window Function)：Hanning(余弦滤波器)。

◎辐射线与中心的夹角(Center Angle)：-arctan(-185/36)= 78.99。

◎定义楔形夹角(Wedge Angle)：10.00

◎定义中心增益(Central Gain)：0.0。

◎单击【OK】按钮，关闭 Wedge Mask 对话框执行楔形掩膜处理。Fourier Editor 窗口显示楔形掩膜处理后的图像(图 7-53)。

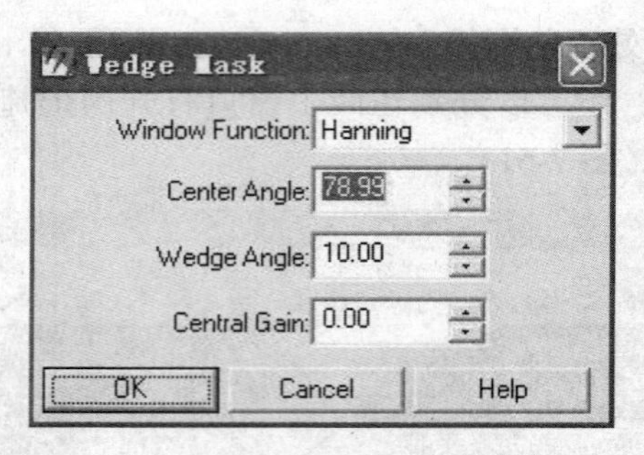

图 7-52　Wedge Mask 对话框

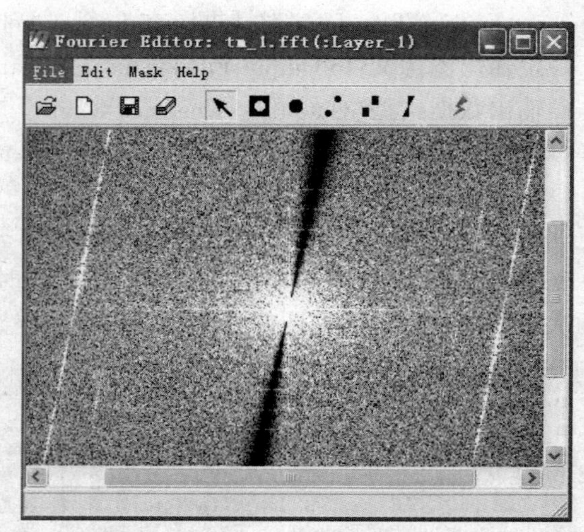

图 7-53　Fourier Editor 窗口(契形掩膜效果)

为了比较处理效果，需要对楔形掩膜处理后的傅里叶图像保存下来，并进行傅里叶逆变换。

①保存傅里叶处理图像：在 Fourier Editor 菜单条，单击【File Save As】命令，打开 Save Layer As 对话框，在 Save Layer As 对话框设定以下参数。

◎确定输出傅里叶图像文件名(Save As)：tm_1_wedge. fft。

◎单击【OK】按钮，保存 tm_1_wedge. fft 文件。

②执行傅里叶逆变换：在 Fourier Editor 菜单条，单击【File Inverse Transform】命令，打开 Inverse Fourier Transform 对话框(图 7-53)，在 Inverse Fourier Transform 对话框可以设置以下参数。

◎确定输出图像文件(Output File)：tm_1_wedge. img。

◎输出数据类型(Output)：Unsigned 8 bit。

◎输出数据统计时忽略零值，选中 Ignore Zero in Stats 复选框。

◎单击【OK】按钮，执行傅里叶逆变换。

③对比傅里叶处理效果：在同一窗口同时打开处理前图像 tm_1. img 和处理后图像 tm_1_wedge. img，对比处理前后图像的变化。

步骤 7：组合编辑

以上所介绍的都是单个傅里叶图像编辑命令。事实上，用户可以任意组合系统所提供的所有傅里叶图像编辑命令对同一幅傅里叶图像进行编辑。由于傅里叶变换与傅里叶逆变

换都是线性操作，所以，每一次编辑变换都是相对独立的。下面，我们将在上述楔形编辑图像的基础上进一步做低通滤波处理。保持 Fourier Editor 窗口中的楔形处理图像，在 Fourier Editor 菜单条，单击【Mask Filters】命令，打开 Low/High Pass Filter 对话框(图 7-54)。在 Low/High Pass Filter 对话框中，需要设置下列参数。

◎选择滤波类型(Filter Type)：LowPass(低通滤波)。

◎选择窗口功能(Window Function)：Hanning(余弦滤波器)。

◎圆形滤波半径(Radius)：200。

◎定义低频增益(Low Frequency Gain)：1.0。

◎单击【OK】按钮，关闭 Low/High Pass Filter 对话框，执行低通滤波处理。Fourier Editor 窗口显示低通滤波处理后的图像(图 7-55)。

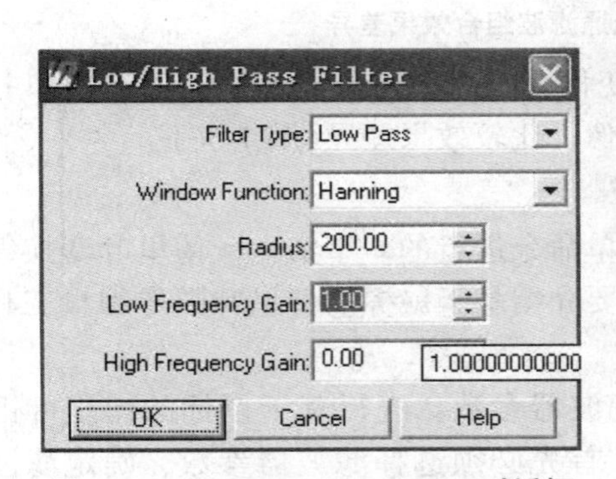

图 7-54 Low/High Pass Filter 对话框

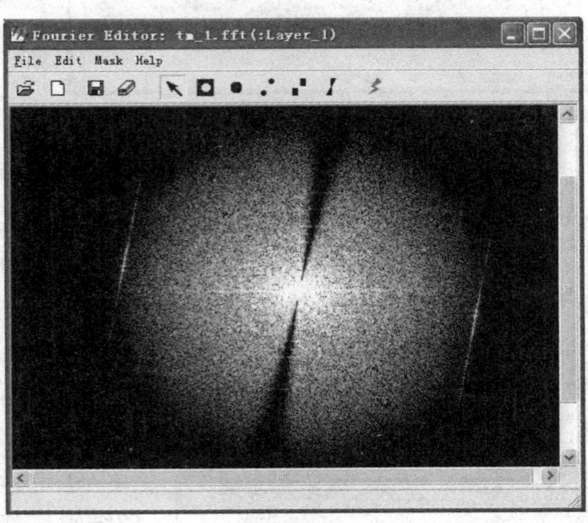

图 7-55 Fourier Editor 窗口(楔形掩膜与低通滤波组合效果)

为了比较处理效果，需要对组合编辑处理后的傅里叶图像保存下来，并进行傅里叶逆变换。

①保存傅里叶处理图像：在 Fourier Editor 菜单条，单击【File Save As】命令，打开 Save Layer As 对话框，在 Save Layer As 对话框中可以设置以下参数。

◎确定输出傅里叶图像文件名(Save As)：tm_1_wedgelowpass. fft。

◎单击【OK】按钮，保存 tm_1_wedgelowpass. fft 文件。

②执行傅里叶逆变换：在 Fourier Editor 菜单条，单击【File Inverse Transform】命令，打开 Inverse Fourier Transform 对话框，在 Inverse Fourier Transform 对话框中可以设置以下参数。

◎确定输出图像文件(Output File)：tm_1_wedgelowpass. img。

◎输出数据类型(Output)：Unsigned 8 bit.

◎输出数据统计时忽略零值，选中 Ignore Zero in Stats 复选框。

◎单击【OK】按钮，关闭 Inverse Fourier Transform 对话框，执行傅里叶逆变换。

③对比傅里叶处理效果：在同一窗口同时打开处理前图像 tm_1. img 和处理后图像 tm_

（a）楔形掩膜处理前

（b）楔形掩膜与低通滤波组合处理后

图 7-56　楔形掩膜和楔形掩膜与低通滤波组合效果差异

1_wedgelowpass. img，对比处理前后图像的不同与变化。同时，还可以分别在两个窗口打开楔形掩膜和楔形掩膜与低通滤波组合处理后的图像，比较效果差异(图 7-56)。

步骤 8：基于鼠标的傅里叶图像编辑

以上所介绍的傅里叶图像编辑功能都是基于菜单命令进行的。事实上，傅里叶变换编辑器中的编辑工具都是基于鼠标驱动的，下面就简要介绍基于鼠标的傅里叶图像编辑工具(Edit Using Mouse Driven Tool)。

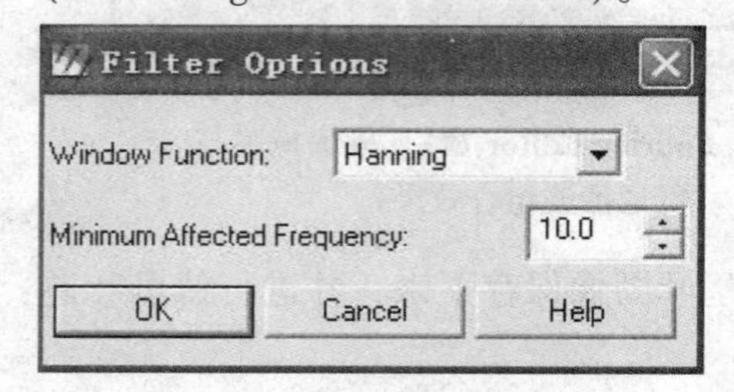

图 7-57　Filter Options 对话框

①选择滤波器参数：进行基于鼠标的傅里叶图像编辑操作，首先必须选择滤波器参数，确定滤波器之后，所有基于鼠标的傅里叶图像编辑都是应用该滤波器，直到选择了新的滤波器。在 Fourier Editor 菜单条，单击【Edit Filter Options】命令，打开 Filter Options 对话框(图 7-57)。在 Filter Options 对话框中，确定下列参数。

◎选择窗口功能(Window Function)：Hanning(余弦滤波器)。

◎确定最小影响频率(Minimum Affected Frequency)：10。

◎单击【OK】按钮(应用所确定的参数)。

②打开傅里叶图像：如同基于菜单命令编辑傅里叶图像一样，首先必须打开傅里叶图像，在 Fourier Editor 工具条进行如下操作。

◎单击【Open FFT Layer】图标。

◎打开 Open FFT Layer 对话框。

◎确定需要编辑的傅里叶图像：tm_1. fft。

◎单击【OK】按钮，打开所选择的傅里叶图像。

③低通滤波：在 Fourier Editor 工具条进行如下操作。

◎单击【Low-Pass Filter】图标。

◎光标放在 Fourier Editor 窗口中心，按住左键向外拖动鼠标，直到坐标状态条上显示的 u 值大于 80，释放按键。

◎鼠标左键一旦释放，图像立即被滤波。

④高通滤波：根据需要，保存低通滤波图像、或恢复编辑前的图像状态、或重新打开原始傅里叶图像。在 Fourier Editor 工具条进行如下操作。

◎单击【High-Pass Filter】图标。

◎光标放在 Fourier Editor 窗口中心，按住左键向外拖动鼠标，直到坐标状态条上显示的 u 值大于 20，释放按键。

◎鼠标左键一旦释放，图像立即被滤波。

⑤楔形掩膜：根据需要保存高通滤波图像、或恢复编辑前的图像状态、或重新打开原始傅里叶图像。在 Fourier Editor 工具条进行如下操作：

◎单击【Wedge Mask】图标。

◎光标放在 Fourier Editor 窗口中心，按住左键向外拖动鼠标，直到两条线的夹角(Wedge Angle)大于 20，释放按键。

◎鼠标左键一旦释放，楔形掩膜随即执行。

⑥组合编辑：在上面楔形滤波图像的基础上，再进行低通滤波，可以取得两个命令组合编辑的效果。在 Fourier Editor 工具条进行如下操作。

◎单击【Low-Pass Filter】图标。

◎光标放在 Fourier Editor 窗口中心，按住左键向外拖动鼠标，直到坐标状态条上显示的 u 值达到 200，释放按键。

◎鼠标左键一旦释放，图像立即被滤波。

类似于基于菜单命令的傅里叶图像编辑，用户随时可以通过单击保存傅里叶图像(Save FFT Layer)图标对编辑后的图像进行保存，然后单击傅里叶逆变换(Inverse Transform)图标对编辑后的傅里叶图像进行傅里叶逆变换，生成变换以后的空间域彩色图像，并对比其处理效果。

7.4.4.4 傅里叶逆变换

在 ERDAS 图标面板工具条，单击 Interpreter 图标→【Fourier Analysis】→【Inverse Fourier Transform】命令，打开 Inverse Fourier Transform 对话框(图 7-58)。

在 Inverse Fourier Transform 对话框中，确定下列参数：

◎选择输入傅里叶图像(Input File)：tm_1_wedgelowpass. fft。

◎确定输出彩色图像(Output File)：tm_1_wedgelowpass_fft. img。

◎定义输出数据类型(Output)：unsigned 8 bit。

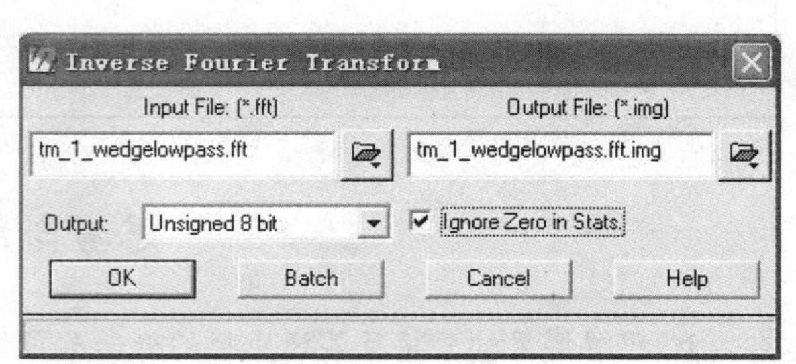

图 7-58 Inverse Fourier Transform 对话框

◎输出数据统计时忽略零值，选中 Ignore Zero in Stats 复选框。

◎单击【OK】按钮，关闭 Inverse Fourier Transform 对话框，执行傅里叶逆变换。

7.4.5 成果评价

遥感图像傅里叶变换验收考核指标设定方法见表 7-12。

表 7-12 遥感图像傅里叶变换验收考核评价表

姓名：		班级：		小组：	指导教师：
教学任务：学院实验林场遥感图像傅里叶变换				完成时间：	
过程考核 60 分					
评价内容		评价标准		赋分	得分
1	专业能力	1. 准确理解图像傅里叶变换的概念		10	
		2. 了解图像傅里叶变换的主要目的		10	
		3. 了解图像傅里叶变换的常用方法及作用		10	
		4. 能够进行傅里叶变换及逆变换的处理		10	
2	方法能力	1. 充分利用网络、期刊等资源查找资料		3	
		2. 灵活运用遥感图像处理的各种方法		4	
		3. 具有灵活处理遥感图像问题的能力		4	
3	社会能力	1. 与小组成员协作，有团队意识		3	
		2. 在完成任务过程中勇挑重担，责任心强		3	
		3. 接受任务态度认真		3	
结果考核 40 分					
4	工作成果	学院实验林场遥感图像傅里叶变换验收报告	报告条理清晰	10	
			报告内容全面	10	
			结果检验方法正确	10	
			格式编写符合要求	10	
总评				100	
指导教师反馈：（教师根据学生在完成任务中的表现，肯定成绩的同时指出不足之处和修改意见） 年 月 日					

思考与练习

1. 理解傅里叶变换及其逆变换的概念及目的。
2. 对给定的遥感图像进行傅里叶变换处理。

第8章 遥感图像空间分析

○ 项目概述

辽宁生态工程职业学院实验林场遥感图像的空间分析项目主要包括地形分析和虚拟GIS分析两个主要任务。地形分析的主要任务是提取反映地形的特征要素，找出地形的空间分布特征。地形分析的各项操作主要是以栅格DEM为基础，提取反映地形的各个因子：坡度、坡向、高程分带等。虚拟GIS分析的主要任务是洪水淹没区域分析和虚拟GIS三维分析两个子任务。

○ 能力目标

①能够完成学院实验林场遥感图像的地形分析，包括坡度、坡向分析，等高线生成和可视域分析等操作。

②能够建立虚拟GIS工程，并进行洪水淹没分析。

③能够定义飞行路线，完成研究区域虚拟GIS三维飞行。

○ 知识目标

①了解遥感图像空间分析的范畴和内容。

②掌握坡度、坡向和等高线等地形因子的相关概念。

③熟悉常用的地形分析和GIS分析的操作方法和步骤。

○ 项目分析

遥感图像空间分析是以预处理后的遥感图像数据和栅格DEM数据为基础，对空间地理对象的空间位置、分布和演变等信息的分析技术，在遥感图像处理各个流程中占有核心的地位，也是地理信息系统的核心功能之一。完成这一项目必须掌握各个地形因子的概念和用途，虚拟GIS的主要功能、应用范围及基本操作。

8.1 遥感图像地形分析

8.1.1 任务描述

地形分析的主要任务是提取反映地形的特征要素，找出地形的空间分布特征。地形分析的各项操作主要是以栅格 DEM 为基础，提取反映地形的各个因子：坡度、坡向、等高线等。其中坡度是制约生产力空间布局的重要因子；坡向是反映坡面姿态的另一个重要因子；等高线能科学地反映出地面高程、山体、坡度、山脉等基本的地貌形态及其变化。本次任务为完成遥感图像主要地形因子的提取，并应用地形因子进行可视域分析。

8.1.2　任务目标

①掌握遥感图像中主要的地形因子及其概念。

②掌握遥感图像地形因子分析的方法步骤。

8.1.3　相关知识

(1)坡度

坡度是指表述局部地表坡面在空间的倾斜程度。坡度的大小直接影响地表物质的流动和能量转换的规模与强度，是制约生产力空间布局的重要因子。科学地确定坡度具有重要意义。

(2)坡向

坡向是指反映坡面姿态的另一个重要因子，它反映的是局部地表坡面在三维空间的朝向，即地表法线在水平面投影与某一基准方向的夹角。这个基准方向可以是人为的规定，也可以是某一默认的方向，一般默认为正北方向，取逆时针方向为正值。因此，决定坡向的因素有两个：坡面法线和基准方向，坡面法向量在水平面内的投影与基准方向的逆时针夹角才构成坡向。

(3)等高线

等高线是指高程相等点的连线，是地形表达最为常见的形式，能比较科学地反映地面高程、山体、坡度、山脉等基本的地貌形态及其变化。从 DEM 上提取等高线一直是计算机辅助制图的基本任务之一，也是 DEM 最为重要的应用之一。

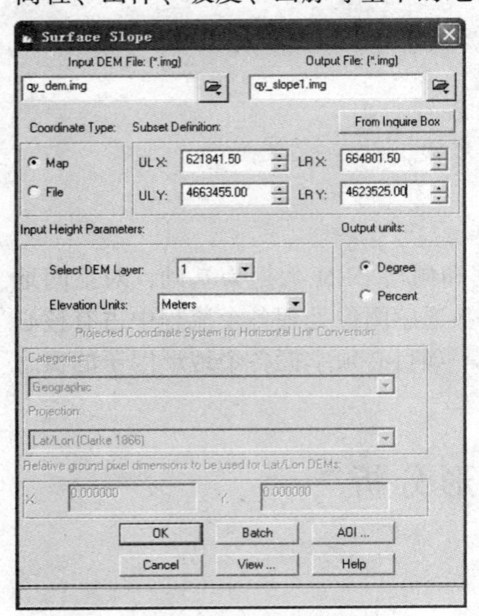

图 8-1　Surface Slope 对话框

8.1.4　任务实施

8.1.4.1　坡度

①在 Erdas Imagine 主窗口中，点击【Interpreter】→【Topographic Analysis】→【Slope】，打开 Surface Slope 对话框(图 8-1)。

②选择输入的 DEM 文件(Input DEM File)学院实验林场区域的 DEM 文件：qy_dem.img(图 8-2)。

③选择输出文件(Output File)：qy_slope1.img。

④点击【OK】按钮，依据设置的参数计算出 DEM 数据的学院实验林场坡度图(图 8-3)。

图 8-2　学院实验林场区域的 DEM 文件

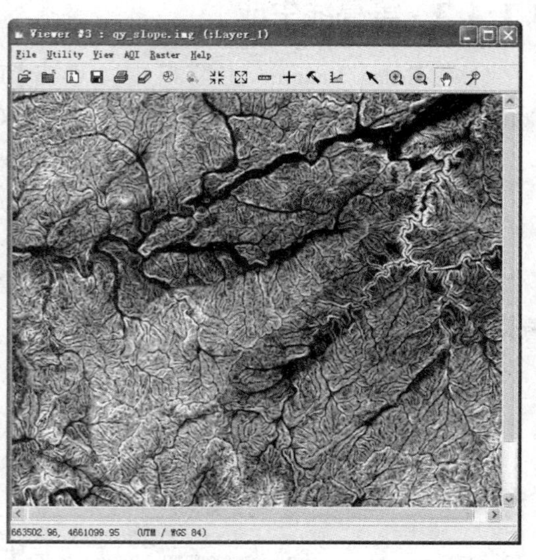

图 8-3　学院实验林场坡度图

8.1.4.2　坡向

①在 Erdas Imagine 主窗口中，点击【Interpreter】→【Topographic Analysis】→【Aspect】，打开 Surface Aspect 对话框(图 8-4)。

②选择输入的 DEM 文件(Input DEM File)学院实验林场区域的 DEM 文件：qy_dem.img。

③选择输出文件(Output File)：qy_aspect.img。

④点击【OK】按钮，依据设置的参数计算出 DEM 数据的学院实验林场坡向图(图 8-5)。

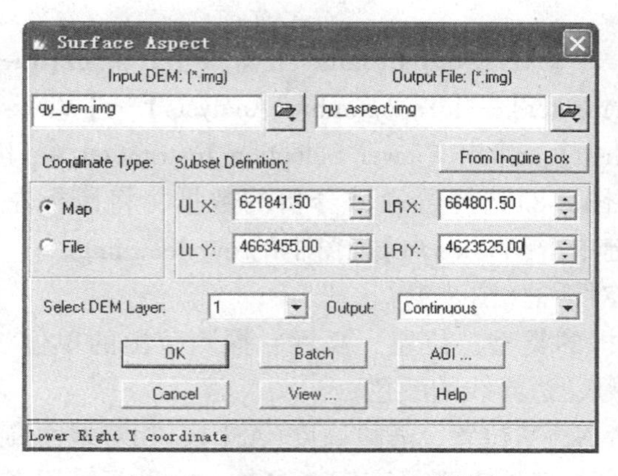

图 8-4　Surface Aspect 对话框

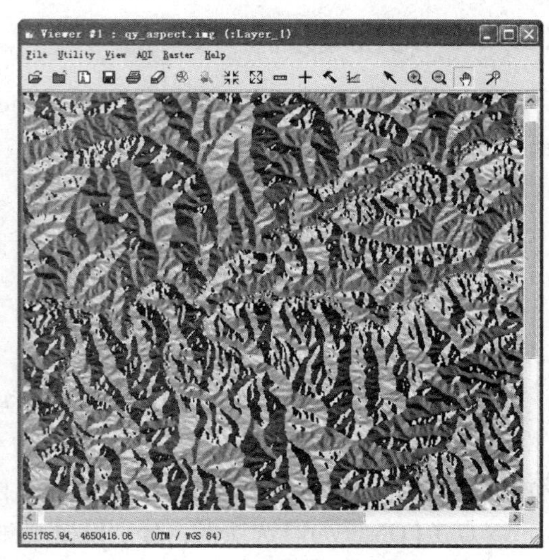

图 8-5　学院实验林场坡向图

8.1.4.3　等高线生成

①在 Erdas Imagine 主窗口中，点击【Interpreter】→【Topographic Analysis】→【Raster Contour】，打开 Raster Contour 对话框(图 8-6)。

②选择输入的 DEM 文件(Input DEM File)学院实验林场区域的 DEM 文件：qy_dem. img。

③选择输出文件(Output File)：qy_contour. img。

④设置等高线的间距(Contour Interval)：50。

⑤点击【OK】按钮，生成学院实验林场等高线栅格数据(图 8-7)，该数据由渐变的色彩渲染而成。

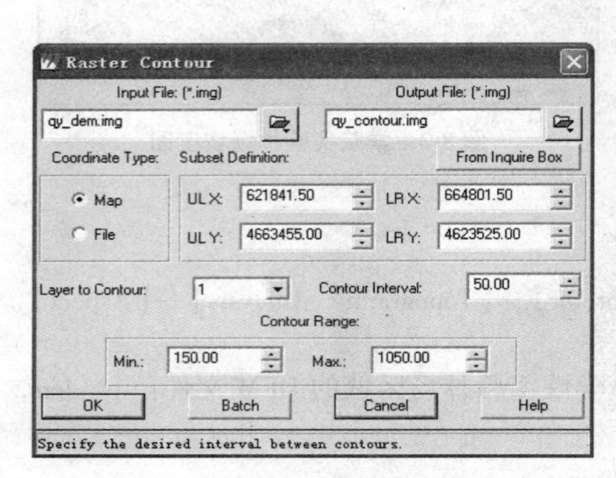

图 8-6　Raster Contour 对话框

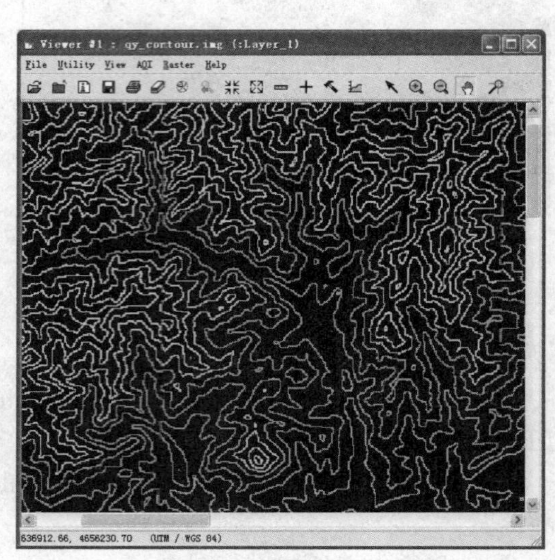

图 8-7　学院实验林场等高线图

8.1.4.4　可视域分析

①在 Erdas Imagine 主窗口中，点击【Viewer】，打开学院实验林场的 DEM 数据：qy_dem. img。

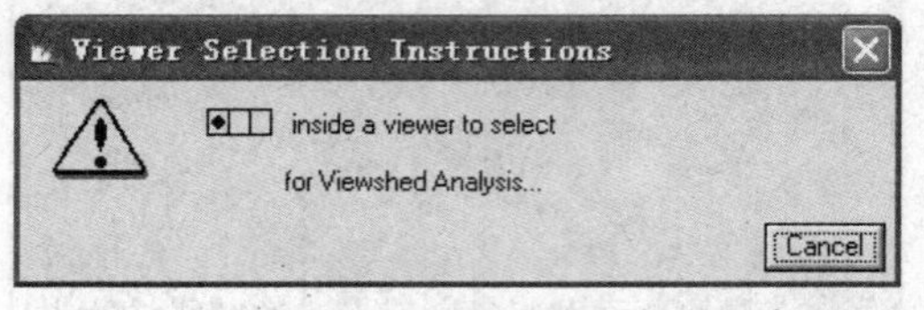

图 8-8　Viewer Selection Instruction 窗口

②在 Erdas Imagine 主窗口中，点击【Interpreter】→【Topographic Analysis】→【Viewshed】，弹出 Viewer Selection Instruction 窗口(图 8-8)选择可视域分析的数据，将鼠标左键单击【Viewer#1】视窗中的 qy_dem. img。

③自动打开 Viewshed#1 linked to Viewer#1 对话框(图 8-9)。

④点击【Function】选项卡，设置可视域分析的类型，位置、高程、探测范围的单位。设置探测的最大范围，设置该范围内可视、隐藏、边界线的颜色。

⑤点击【Observers】选项卡，分别设置观测者 X，Y 位置，海拔高度(ASL)、相对地面高度(AGL)、搜索范围(Range)、方位角(Azimuth)、离地表面的高度等参数，这里都采用默认值。

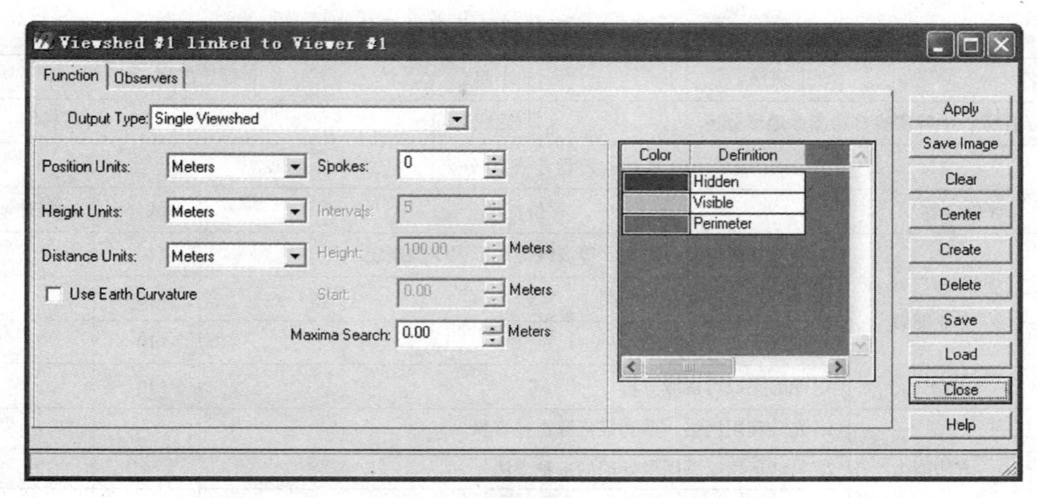

图 8-9　可视域分析对话框

⑥点击【Apply】按钮，即可在窗口中看见设定的最大探测范围内的可视域情况(图 8-10)。

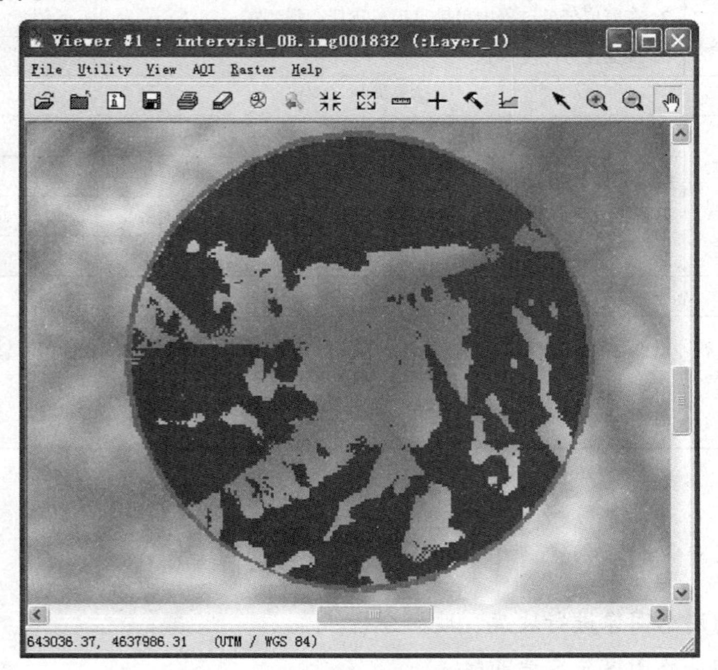

图 8-10　可视域分析结果

⑦点击【Save】按钮，即可把可视域范围输出为 Dat 文件。

在结果中蓝色(暗色)部分是不可见的范围，红色(亮色)为边线范围，该范围内的其他区域为可视范围。

8.1.5　成果评价

遥感图像地形分析验收考核评价指标设定方法见表 8-1。

表8-1　图像地形分析验收考核评价表

<table>
<tr><td colspan="2">姓名：</td><td>班级：</td><td>小组：</td><td colspan="2">指导教师：</td></tr>
<tr><td colspan="3">教学任务：学院实验林场图像地形分析</td><td colspan="3">完成时间：</td></tr>
<tr><td colspan="6">过程考核60分</td></tr>
<tr><td colspan="2">评价内容</td><td colspan="2">评价标准</td><td>赋分</td><td>得分</td></tr>
<tr><td rowspan="4">1</td><td rowspan="4">专业能力</td><td colspan="2">1. 准确理解坡度、坡向、等高线等地形因子的概念</td><td>10</td><td></td></tr>
<tr><td colspan="2">2. 准确生成坡度、坡向图</td><td>10</td><td></td></tr>
<tr><td colspan="2">3. 准确生成等高线图</td><td>10</td><td></td></tr>
<tr><td colspan="2">4. 能够完成可视域分析</td><td>10</td><td></td></tr>
<tr><td rowspan="3">2</td><td rowspan="3">方法能力</td><td colspan="2">1. 充分利用网络、期刊等资源查找资料</td><td>3</td><td></td></tr>
<tr><td colspan="2">2. 灵活运用遥感图像处理的各种方法</td><td>4</td><td></td></tr>
<tr><td colspan="2">3. 具有灵活处理遥感图像问题的能力</td><td>4</td><td></td></tr>
<tr><td rowspan="3">3</td><td rowspan="3">社会能力</td><td colspan="2">1. 与小组成员协作，有团队意识</td><td>3</td><td></td></tr>
<tr><td colspan="2">2. 在完成任务过程中勇挑重担，责任心强</td><td>3</td><td></td></tr>
<tr><td colspan="2">3. 接受任务态度认真</td><td>3</td><td></td></tr>
<tr><td colspan="6">结果考核40分</td></tr>
<tr><td rowspan="4">4</td><td rowspan="4">工作成果</td><td rowspan="4">学院实验林场遥感图像地形分析验收报告</td><td>报告条理清晰</td><td>10</td><td></td></tr>
<tr><td>报告内容全面</td><td>10</td><td></td></tr>
<tr><td>结果检验方法正确</td><td>10</td><td></td></tr>
<tr><td>格式编写符合要求</td><td>10</td><td></td></tr>
<tr><td colspan="2">总评</td><td colspan="2"></td><td>100</td><td></td></tr>
<tr><td colspan="6">指导教师反馈：（教师根据学生在完成任务中的表现，肯定成绩的同时指出不足之处和修改意见）
年　　月　　日</td></tr>
</table>

思考与练习

1. 对指定的遥感图像进行坡度、坡向分析。
2. 对给定的遥感图像生成等高线。
3. 试述地形分析在林业生产中有何应用。

8.2　洪水淹没区域分析

8.2.1　任务描述

学院实验林场的洪水淹没分析对林场防洪方面具有较高的实际应用价值，可以高效、

全面、动态地监测学院实验林场范围的水土流失状况，并能根据数字地面模型快速、准确地模拟洪水的影响范围，以确定洪水高危险区域，从宏观上直接对抗洪救灾工作发挥指导作用，减少经济损失。

8.2.2 任务目标

①了解 VirtualGIS(虚拟地理信息系统)的多种专题分析功能。

②掌握遥感图像的洪水淹没区域分析的方法步骤。

8.2.3 相关知识

Erdas Imagine 的 VirtualGIS 模块可创建 VirtualGIS 工程(Virtual GIS Project)文件，在已经创建的 VirtualGIS 视景中，可以通过叠加多种属性数据层(Overlay Feature Layers)，诸如矢量层(Vector Layer)、注记层(Annotation Layer)、洪水层(Water Layer)、模拟雾气层(Mist Layer)、空间模型层(Model Layer)和互视分析层(Intervisibility Layer)等，进行多种专题分析，如洪水淹没分析、大雾天气分析、威胁性分析和通视性分析等。本任务为学院实验林场遥感图像的洪水淹没区域分析。

8.2.4 任务实施

VirtualGIS 工程(VirtualGIS Project)文件将 VirtualGIS 窗口中所有的数据层及其显示参数、飞行路线和观测位置保存到一个配置文件中，当工程文件被打开时，其所有属性都将保持该文件创建时的状态。

8.2.4.1 生成 VirtualGIS 视景

生成 VirtualGIS 视景(Create VirtualGIS Scene)，是创建 VirtualGIS 工程(Setup Virtual GIS Project)的基础，也是 VirtualGIS 编辑的前提，最简单的 VirtualGIS 视景是由具有相同地图投影和坐标系统的数字高程模型 DEM 和遥感图像组成的。

步骤 1：打开 DEM 文件

DEM 文件是由 ERDAS 地形表面功能(Surface)生成的具有地图投影坐标体系的 IMG 文件。在 Erdas Imagine 主窗口中，选择【VirtualGIS】→【VirtualGIS Viewer】，打开 VirtualGIS Viewer 视窗。在 VirtualGIS 视窗的菜单条，单击【File】→【Open】→【DEM】→【Select Layer To Add】命令，打开 Select Layer To Add 对话框(图 8-11)，在 Select Layer To Add 对话框中，选择文件并设置以下参数。

①在 File 选项卡中(图 8-11)，选择 DEM 文件 qy_dem. img。

②在 Raster Options 选项卡中进行如下设定(图 8-12)。

◎选择确定文件类型：DEM。

◎确定数据波段(Band#)：1。

◎DEM 显示详细程度(Level of Detail%)：20。

◎单击【OK】按钮，VirtualGIS 窗口中显示 DEM。

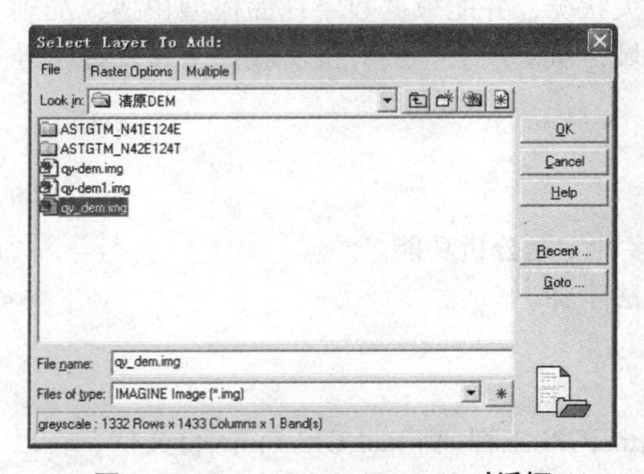

图 8-11　Select Layer To Add 对话框
（File 选项卡）

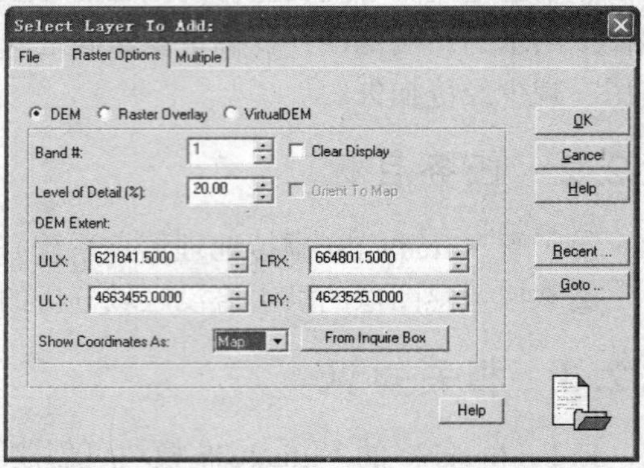

图 8-12　Select Layer To Add 对话框
（Raster Options 选项卡）

步骤 2：打开图像文件

将要打开的图像文件与已经打开的 DEM 文件必须具有相同的地图投影坐标系统。在 VirtualGIS 视窗的菜单条，单击【File】→【Open】→【Raster Layer】，打开 Select Layer To Add 对话框（图 8-12）。在 Select Layer To Add 对话框中，选择文件并设置参数。

①在 File 选项卡中，选择学院实验林场图像文件：etm2001_海阳林场 utm2. img。

②在 Raster Options 选项卡中进行如下设定（图 8-13）。

◎确定文件类型：Raster Overlay。

◎图像以真彩色显示（Display as）：True Color。

◎确定彩色显示波段，Red：3、Green：2、Blue：1。

◎图像显示详细程度（Level of Detail%）：40。

◎不需要清除下层图像，取消选中 Clear Overlays 复选框。

◎不需要背景透明显示，取消选中 Background Transparent 复选框。

◎单击【OK】按钮，图像叠加在 DEM 之上，产生 VirtualGIS 视景（图 8-14）。

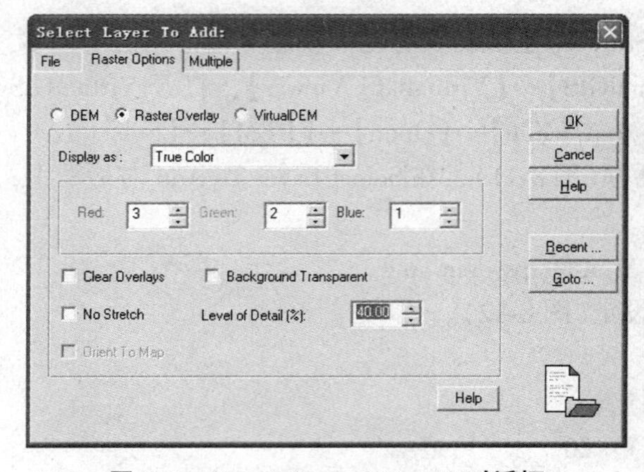

图 8-13　Select Layer TO Add 对话框

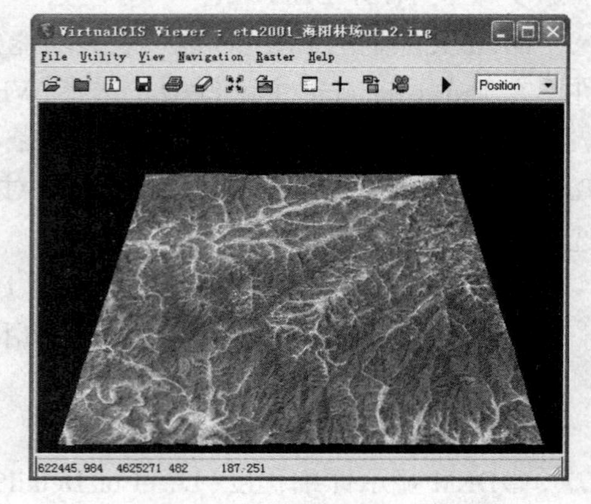

图 8-14　VirtualGIS 视景
（已完成背景设置）

说明：DEM及图像显示的详细程度(Level of Detail)用于确定VirtualGIS窗口中显示DEM与图像的分辨率高低，减小该参数有利于加快显示速度，但降低了分辨率；相反，增大该参数有利于三维视景的效果表达，但影响交互编辑操作的速度。

8.2.4.2 保存VirtualGIS工程

VirtualGIS视景可以保存为一个VirtualGIS工程文件(*.vwp)。VirtualGIS工程文件是一个保存VirtualGIS视景的配置文件(Configuration File)，VirtualGIS视景一旦保存为VirtualGIS工程，加载到视景中的所有数据层、显示参数、飞行路线等都将作为工程文件的参考值。如果工程文件被打开，其所有属性、包括视景图像空间分辨率和显示背景颜色，都将保持该文件产生时的VirtualGIS视景状态。

VirtualGIS工程的保存操作时在VirtualGIS菜单条单击【File】→【Save】→【Project As】，打开Save VirtualGIS Project对话框(图8-15)。在Save VirtualGIS Project对话框中，需要设置以下参数。

◎设置文件保存路径(File Look in)。

◎设置工程文件名称(File Name)：qy_virtualgis.vwp。

◎单击【OK】按钮，关闭Save virtualgis Project对话框，保存virtualgis工程文件。

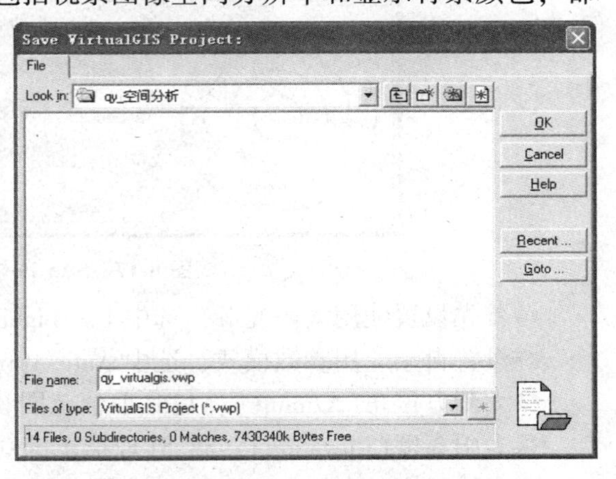

图8-15 Save VirtualGIS Project对话框

8.2.4.3 编辑VirtualGIS视景

在8.2.4.1节中所创建的VirtualGIS工程是由一个VirtualGIS视景组成的，其中的视景是一个基本的VirtualGIS视景，用户可以根据自己的需要，应用VirtualGIS菜单条和工具条中所集成的大量编辑功能，对VirtualGIS视景进行编辑(Edit VirtualGIS Scene)。

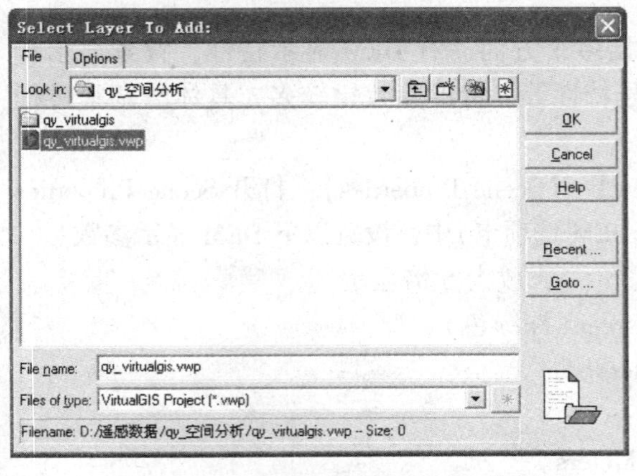

图8-16 Select Layer To Add对话框

编辑VirtualGIS视景的第一步，是在VirtualGIS窗口中打开VirtualGIS工程文件。在VirtualGIS视窗的菜单条，单击【File】→【Open】→【VirtualGIS Project】，打开Select Layer To Add对话框(图8-16)。在Select Layer To Add对话框进行如下操作。

◎确定文件路径为上节中保存的工程路径。

◎选择文件名称(File Name)：qy_virtualgis.vwp。

◎单击【OK】按钮，关闭 Select Layer To Add 对话框，打开 VirtualGIS 工程文件。打开 VirtualGIS 工程文件以后，可以对其 VirtualGIS 视景分别进行下列编辑操作。

步骤 1：调整太阳光源位置

太阳光源位置(Sun Position)包括太阳方位角、太阳高度、光线强度等参数，这些参数都可以直接由用户给定具体的数值，其中太阳方位角也可以通过确定时间(年、月、日、时)由系统自动计算获得，具体过程如下：

在 VirtualGIS 视窗的菜单条，单击【View】→【Sun Positioning】，打开 Sun Positioning 对话框(图 8-17)，在 Sun Positioning 对话框中，可以输入数字或移动标尺来设置以下参数。

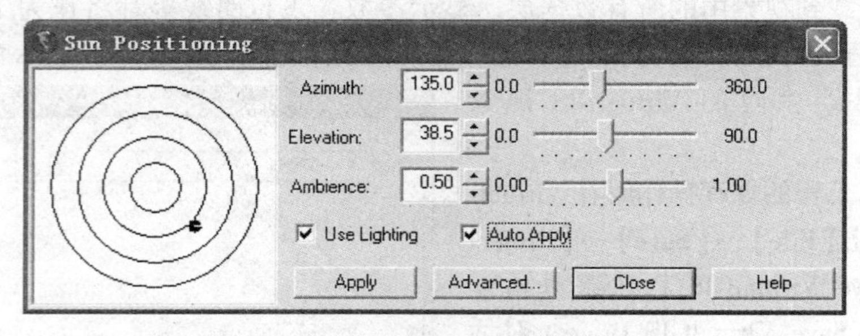

图 8-17　Sun Positioning 对话框

◎首先设置使用太阳光源，选中 Use Lighting 复选框。

◎设置自动应用参数模式，选中 Auto Apply 复选框。

◎太阳方位角(Azimuth)：135(取值范围 0~360)。

◎太阳高度(Elevation)：38.5(取值范围 0~90)。

◎光线强度(Ambience)：0.5(取值范围 0~1)。

◎单击【Advanced】按钮，打开 Sun Angle From Date 对话框(图 8-18)。

◎确定日期与时间(Date)，Year：1990、Month：January、Day：1、Time：12：00。

◎确定位置(Location)，Latitude：414447.26N、1245855.34E。

◎单击【Close】按钮，关闭 Sun Angle From Date 对话框。

◎单击【Close】按钮，关闭 Sun Positioning 对话框。

步骤 2：调整视景特性

VirtualGIS 视景特性(Scene Properties)包括多个方面，有 DEM 显示特性、背景显示特性、三维漫游特性、立体显示特性和注记符号特性等，特性参数比较多，具体的调整过程如下。

①在 VirtualGIS 视窗的菜单条，单击【View】→【Scene Properties】，打开 Scene Properties 对话框(图 8-19)。在 Scene Properties 对话框(DEM 选项卡)中，设置以下 DEM 显示参数。

◎DEM 垂直比例(Exaggeration)：5(表示 5：1，放大 5 倍显示)。

◎DEM 地面颜色(Terrain Color)：Dark Green(深绿色)。

◎视域范围(Viewing Range)：85920 Meters。

◎高程单位(Elevation Uint)：Meters。

◎高度显示单位(Display Elevation In)：Meters。

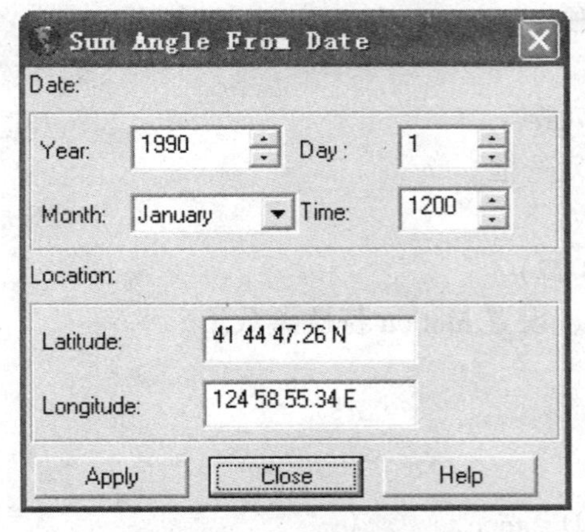

图 8-18　**Sun Angle From Date 对话框**

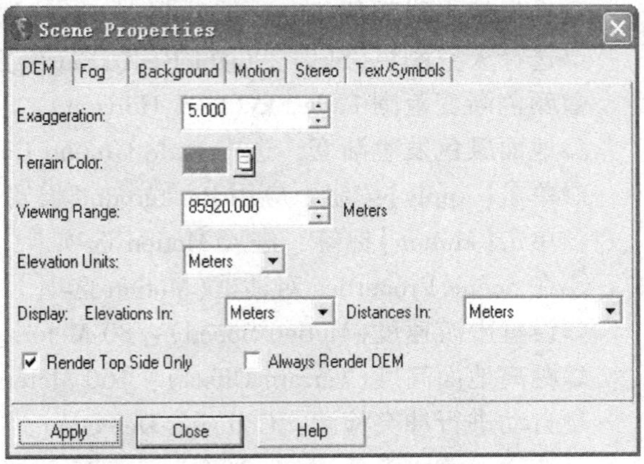

图 8-19　**Scene Properties 对话框**(DEM 选项卡)

◎距离显示单位(Display Distance In)：Meters。

◎仅对上层图像进行三维显示，选中 Render Top Side Only 复选框。

◎单击【Apply】按钮(应用 DEM 设置参数)。

◎单击【Fog】标签进入 Fog 选项卡(图 8-20)。

②在 Scene Properties 对话框(Fog 选项卡)中，设置 Fog 显示参数。

◎首先确定使用 Fog，选中 Use Fog 复选框。

◎确定 Fog 颜色(Color)：White Gray(浅灰色)。

◎确定 Fog 浓度(Density,%)：3(取值范围 1~100)。

◎确定 Fog 应用方式(Use)：Exponential Fog(指数方式)。

◎单击【Apply】，应用 Fog 设置参数。

◎单击【Background】标签，进入 Background 选项卡(图 8-21)。

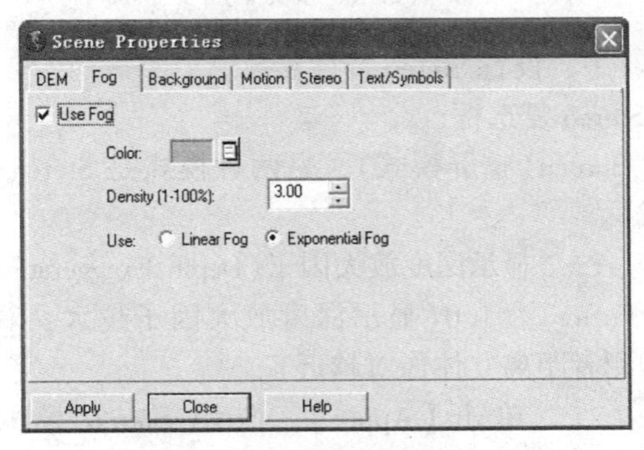

图 8-20　**Scene Properties 对话框**
(Fog 选项卡)

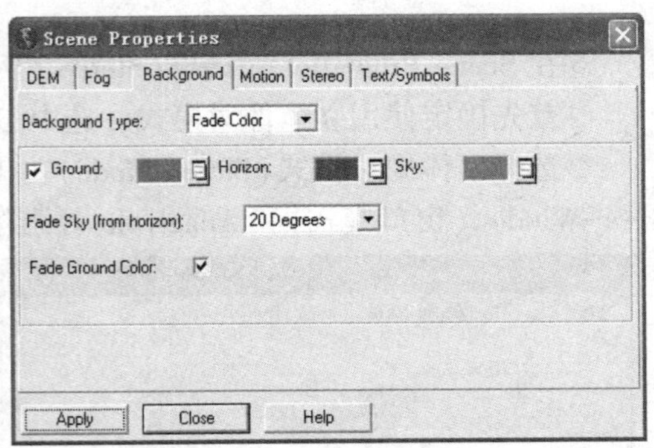

图 8-21　**Scene Properties 对话框**
(Background 选项卡)

③在 Scene Properties 对话框(Background 选项卡)中，设置 Background 显示参数。

◎确定背景类型(Background Type)：Fade Color(渐变颜色)，另两种背景类型为 Solid Color(固定颜色)和 Image(图像)。

◎选择地面颜色(Ground)：Dark Green(深绿色)。

◎选择地平线颜色(Horizon)：Light Blue(淡蓝色)。

◎选择天空颜色(Sky)：Light Red(浅红色)。

◎颜色渐变范围 Fade Sky(from Horizon)：20 Degrees。

◎地面颜色发生渐变，选中 Fade Ground Color 复选框。

◎单击【Apply】按钮，应用 Background 设置参数。

◎单击【Motion】标签，进入 Motion 选项卡(图 8-22)。

④在 Scene Properties 对话框(Motion 选项卡)中，设置 Motion 特性参数。

◎设置漫游速度(Motion Speed)：80 Meters。

◎距离地面高度(Terrain Offset)：160 Meters。

◎自动进行冲突检测：Collision Detection。

◎选择漫游距离范围(Seek Using)：75 Percent Distance。

◎单击【Apply】按钮，应用 Motion 设置参数。

◎单击【Stereo】标签，打开 Stereo 选项卡(图 8-23)。

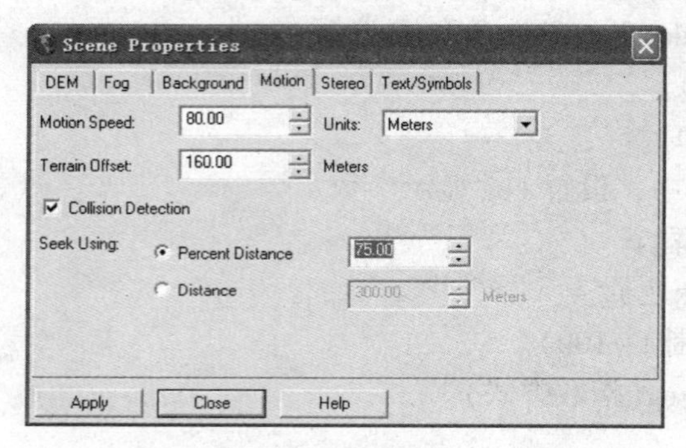

图 8-22　Scene Properties 对话框
(Motion 选项卡)

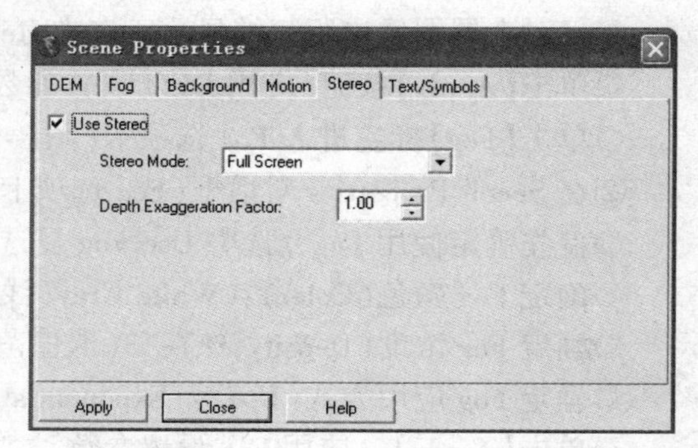

图 8-23　Scene Properties 对话框
(Stereo 选项卡)

⑤在 Scene Properties 对话框(Stereo 选项卡)中，设置 Stereo 特性参数。

◎首先确定使用立体像对模式，选中 Use Stereo 复选框。

◎选择立体像对模式(Stereo Mode)为 Full Screen(整屏模式)，另两种模式是 Stereo-in-a-Window(窗口模式)和 Anaglyph(浮雕模式)。

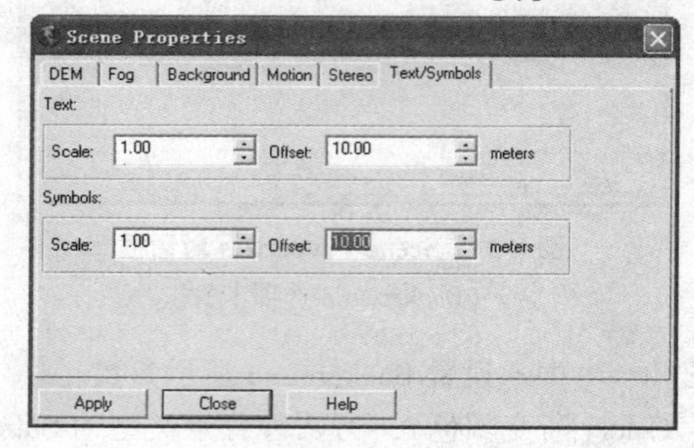

图 8-24　Scene Properties 对话框
(Text/Symbols 选项卡)

◎显示深度放大因子(Depth Exaggeration Factor)为 1.0(显示深度放大因子越大，观测者距离立体像对越近)。

◎单击【Apply】，应用 Stereo 模式设置。

◎单击【Text/Symbols】标签，打开 Text/Symbols 选项卡(图 8-24)。

⑥在 Scene Properties 对话框(Text/Symbols 选项卡)中，设置 Text/Symbols 特性参数。

◎设置数字注记显示比例(Text Scale)：1.0。

◎数字注记距离地面高度(Text Offset)：10.0meters。

◎设置图形符号显示比例(Symbol Scale)：1.0。

◎图形符号距离地面高度(Symbol Offset)：10.0meters。

◎单击【Apply】按钮，应用Text/Symbols参数设置。

◎单击【Close】按钮，关闭Scene Properties对话框，完成视景参数调整。

步骤3：变换视景详细程度

VirtualGIS三维视景显示的详细程度(Level of Detail)，在产生VirtualGIS视景过程中已经进行过初步设置，在编辑操作过程中，还可以根据对视景质量和显示速度的需要随时进行变换调整。在VirtualGIS菜单条，单击【View】→【Level Of Detail Control】，打开Level Of Detail对话框(图8-25)。

在Level Of Detail对话框中，通过输入数字或滑动标尺设置2个参数。

◎DEM显示的详细程度(DEM LOD)：80%(1%~100%)。

◎图像显示的详细程度(Raster LOD)：100%(1%~100%)。

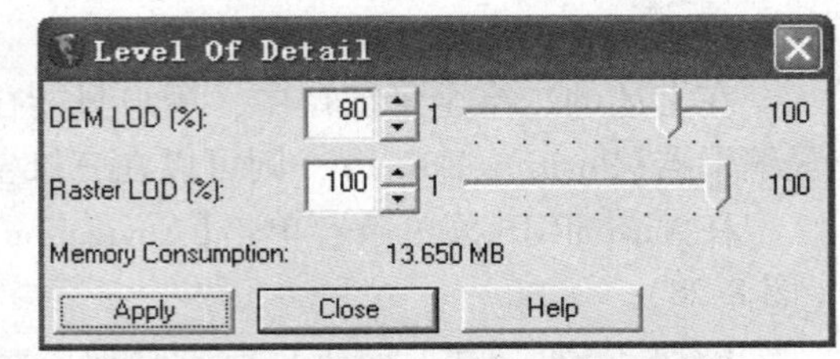

图8-25 Level of Detail对话框

◎单击【Apply】按钮，应用设置参数。

◎单击【Close】按钮，关闭Level of Detail对话框。

步骤4：产生二维全景窗口

VirtualGIS窗口是一个三维窗口，随着三维漫游等操作的进行，窗口中所显示的可能只是整个三维视景的一部分，致使操作者往往搞不清楚观测点的位置以及观测目标状况，二维全景窗口(Overview Viewer)可以解决上述问题。

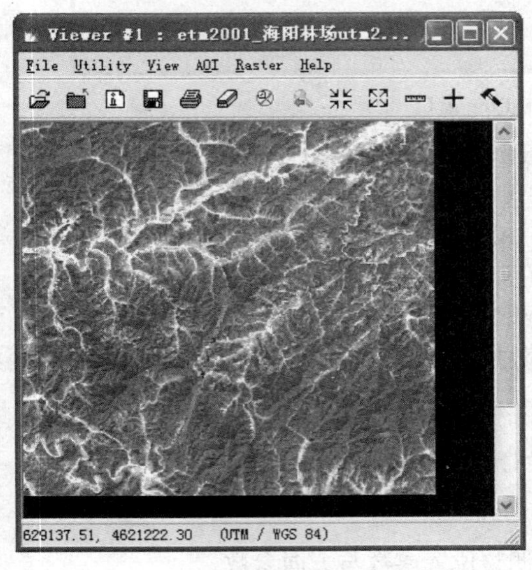

图8-26 ERDAS IMAGINE二维全景窗口

在VirtualGIS菜单条，单击【View】→【Greate Overview Viewer】→【Linked】命令，打开ERDAS IMAGINE二维全景窗口(图8-26)。

IMAGINE二维全景窗口中不仅包含VirtualGIS三维窗口中的全部数据层，更重要的是其中的定位工具(Positioning Tool)，由观测点位置(Eye)、观测目标(Target)以及连接观测点和观测目标的视线组成，观测点与观测目标可以任意移动，定位工具也可以整体移动。由于二维全景窗口与VirtualGIS三维窗口是互动连接的，只要定位工具中的任意一个部分发生位移，VirtualGIS窗口中的三维视景就会相应地漫游，非常直观、便于操作。同时，在二维窗口中还可以编辑定位工具属性。

在IMAGINE二维菜单条，单击【Utility】→【Selector Properties】，打开Eye/Target Edit对话框(图8-27)。

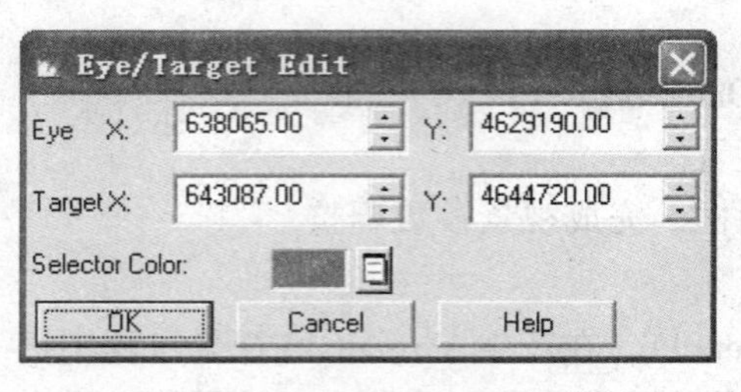

图8-27　Eye/Target Edit对话框

在Eye/Target Edit对话框中，可以确定下列参数：

◎观测点的确切位置(Eye)：X坐标值、Y坐标值。

◎观测目标的确切位置(Target)：X坐标值、Y坐标值。

◎观测点与观测目标的颜色(Selector Color)：Red(红色)。

◎单击【OK】按钮，关闭Eye/Target Edit对话框，应用参数。

步骤5：编辑观测点位置

在上述的二维全景窗口中，用户只能在二维平面上移动观测点位置，而借助观测点位置编辑器(Position Editor)，则可以在三维空间中编辑观测点位置(Edit Eye Position)。

在VirtualGIS菜单条，单击【Navigation】→【Position Editor】，打开Position Editor窗口(图8-28)。

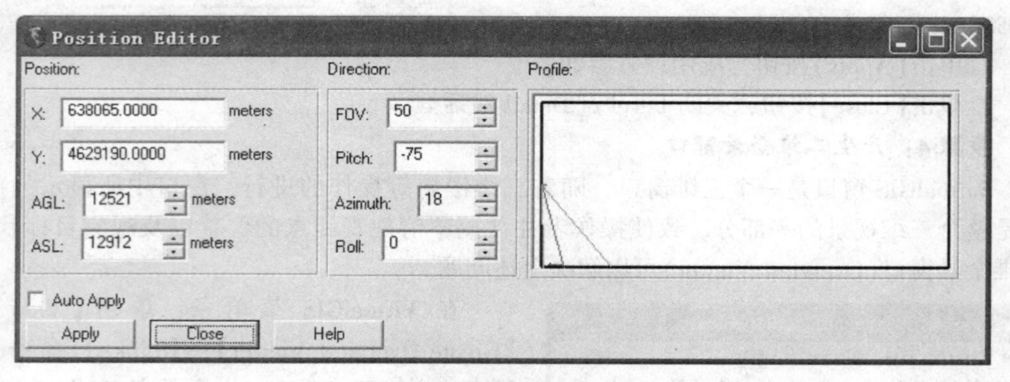

图8-28　Position Editor窗口

在Position Editor窗口中，可以确定下列位置参数。

◎观测点的平面位置(Position)：X坐标值、Y坐标值。

◎观测点的高度位置(Position)：AGL数值、ASL数值。

◎AGL(Above Ground Level)，观测点距地平面的高度：12521 meters。

◎ASL(Above Sea Level)，观测点距海平面的高度：12912 meters。

◎观测点的方向参数(Direction)，用4个参数描述观测方向。

◎FOV(Field of View)，观测视场角度：50。

◎Pitch，观测俯视角度：−75。

◎Azimuth，观测方位角度：18。

◎Roll，旋转角度：0。

◎观测点位置剖面(Profile)，任意拖动鼠标调整位置参数与方向参数。

◎设置自动应用设置参数，选中Auto Apply复选框或单击【Apply】按钮应用。

◎单击【Close】按钮，关闭 Position Editor 窗口。

8.2.4.4 洪水淹没分析

在 VirtualGIS 窗口中可以叠加洪水层(Overlay Water Layers)，进行洪水淹没状况分析，系统提供了两种分析模式(Fill Entire Scene 和 Create Fill Area)进行操作。在 Fill Entire Scene 模式中，对整个可视范围增加一个洪水平面，水位的高度可以调整以模拟洪水的影响范围；在 Create Fill Area 模式中，可以选择点进行填充，VirtualGIS 将模拟比选择点低的地区所构成的“岛”(Island)的范围，并计算出“岛”的表面积和体积。

步骤 1：创建洪水层(Create Water Layer)

在 VirtualGIS 菜单条，单击【File】→【New】→【Water Layer】，打开 Create Water Layer 对话框(图 8-29)。在 Create Water Layer 对话框中，可以确定下列位置参数：

◎设置文件路径。

◎设置文件名称：qy_waterlayer.fld。

◎单击【OK】按钮，关闭 Create Water Layer 对话框，创建洪水层文件。洪水层文件建立以后，自动叠加在 VirtualGIS 视景之上，由于洪水层中还没有属性数据，所以现在 VirtualGIS 视景还没有什么变化。不过，在 VirtualGIS 菜单条中已经增加了一项 Water 菜单，其中包含了关于洪水层的各种操作命令和参数设置，具体功能见表 8-2。

图 8-29 Create Water Layer 对话框

表 8-2 VirtualGIS Water 菜单命令与功能

命令	功能	命令	功能
Fill Entire Scene	洪水充满整个视景模式开关	Fill Attributes	洪水填充属性表格
Water Elevation Tool	洪水高度设置工具	View Selected Areas	浏览选择洪水区域
Display Styles	洪水显示特性设置	Move to Selected Areas	移到选择洪水区域
Create Fill Areas	洪水区域填充模式开关		

步骤 2：编辑洪水层(Edit Water Layer)

应用表 8-2 所列的洪水层操作命令，可以对步骤 1 所创建的洪水层进行各种属性编辑，以便在 VirtualGIS 视景中观测和显示洪水泛滥和淹没情况，下面将按照 Fill Entire Scene 和 Create Fill Area 两种模式进行说明。

【模式 1】Fill Entire Scene

在 VirtualGIS 菜单条，单击【Water】→【Fill Entire Scene】→【VirtualGIS】命令，视景之上叠加一个具有默认属性的洪水层(图 8-30)，对于 VirtualGIS 之上叠加的充满整个视景的洪水层，可以进一步编辑其属性。

图 8-30　VirtualGIS 视景之上叠加洪水层(两层)

①调整洪水的高度：在 VirtualGIS 菜单条，单击【Water】→【Water Elevation Tool】→【Water Elevation】，打开 Water Elevation 对话框(图 8-31)，在 Water Elevation 对话框中，可以编辑下列参数。

◎调整洪水的高度(Elevation)：400。

◎调整洪水高度增量(Delta)：10。

◎设置自动应用模式，选中 Auto Apply 复选框(VirtualGIS 窗口中的洪水层水位将相应自动变化)。

◎单击【Close】按钮，关闭 Water Elevation 对话框。

②设置洪水显示特性：在 VirtualGIS 菜单条，单击【Water】→【Display Styles】，打开 Water Display Styles 对话框(图 8-32)，在 Water Display Styles 对话框中，可以编辑下列参数。

◎设置洪水表面特征(Surface Style)为 Rippled(水波纹)，另外两种特征是 Solid(固定颜色)和 Textured(图像纹理)。

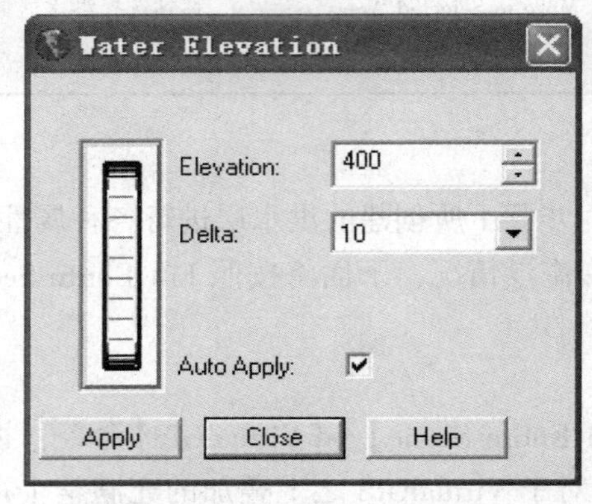

图 8-31　Water Elevation 对话框

图 8-32　Water Display Styles 对话框

◎设置洪水基础颜色(Water Color)：Light Blue(淡蓝色)。

◎设置洪水映像，选中 Reflections 复选框。

◎单击【Apply】按钮，应用洪水层设置参数，洪水层效果如图 8-33 所示。

◎单击【Close】按钮，关闭 Water Display Styles 对话框。

图 8-33 洪水高程为 400m 淹没效果图

【模式 2】Create Fill Area

在 VirtualGIS 菜单条，单击【Water】→【Fill Entire Scene】，去除洪水层；再依次单击【Water】→【Create Fill Area】命令，打开 Water Properties 对话框(图 8-34)，在 Water Properties 对话框中，选择填充洪水层的区域。

◎单击【Options】按钮，打开 Fill Area Options 对话框(图 8-35)。

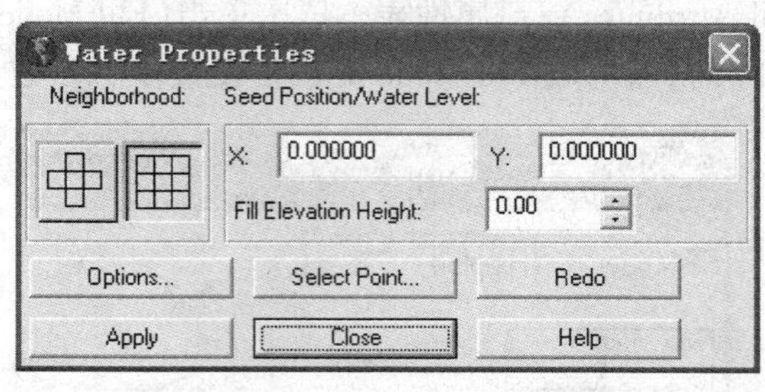

图 8-34 Water Properties 对话框
(选择区域之后)

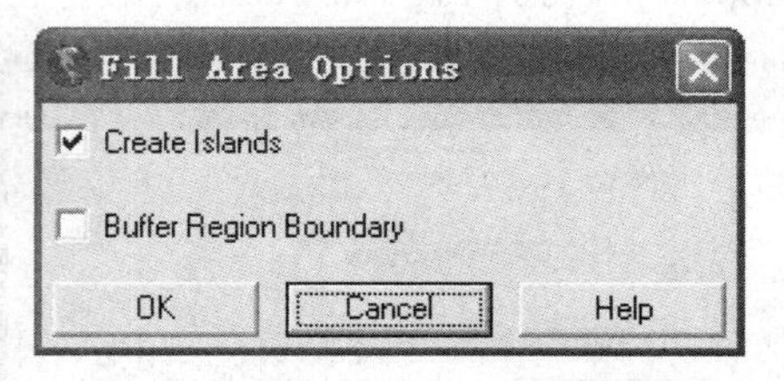

图 8-35 Fill Area Options 对话框

◎在 Fill Area Options 对话框中设置产生“岛”选择项，选中 Create Islands 复选框。

◎单击【OK】按钮，关闭 Fill Area Options 对话框，应用选择项设置。

◎单击【Select Point】按钮，并在 VirtualGIS 窗口中单击确定一点，该点的 X、Y 坐标与高程将分别显示在 Fill Area Options 对话框中。

◎调整洪水层填充区域高度(Fill Elevation Height)：500.0。

◎单击【Apply】按钮，应用洪水层设置参数，产生洪水淹没区域并计算面积与体积。

◎重复执行上述操作，可以产生多个洪水淹没区域。

◎单击【Close】按钮，关闭 Water Properties 对话框，结束洪水淹没区域填充。

对于上述过程中所产生的洪水淹没填充区域，可以通过洪水填充属性表进行编辑，在 VirtualGIS 菜单条，单击【Water】→【Fill Attributes】，打开 Area Fill Attributes 窗口(图 8-36)。

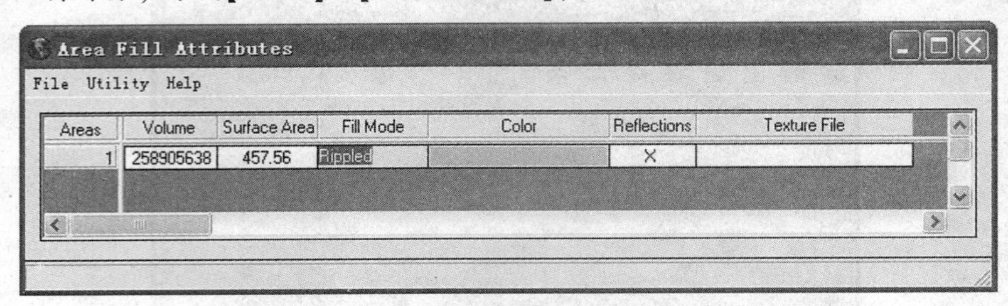

图 8-36　Area Fill Attributes 窗口

Area Fill Attributes 窗口由菜单条和洪水属性表(Attributes Cellarray)组成，属性表中的每一条记录对应一个洪水淹没区域，每一条记录都包含洪水的体积、淹没区域面积、洪水区域填充模式、填充颜色等属性信息。其中，洪水的体积与面积单位可以改变，填充模式与填充颜色也可以调整，下面介绍具体的编辑过程。

①改变洪水体积与面积单位：在 Area Fill Attributes 菜单条，依次单击【Utility】→【Set Units】，打开 Set Volume/Area Units 对话框(图 8-37)，在 Set Volume/Area Units 对话框设置以下参数：

◎设置洪水体积单位(Volume)：Cubic Meters。

◎设置洪水面积单位(Area)：Hectares。

◎单击【OK】按钮，关闭 Set Volume/Area Units 对话框，应用新设置的单位(属性表格中的体积与面积统计数据将按照新设置的单位显示)。

②调整洪水区域填充模式：在 Area Fill Attributes 窗口属性表，依次单击【Fill Mode】→【Rippled】，打开 Set Fill Mode 对话框(图 8-38)，在 Set Fill Mode 对话框设置以下参数。

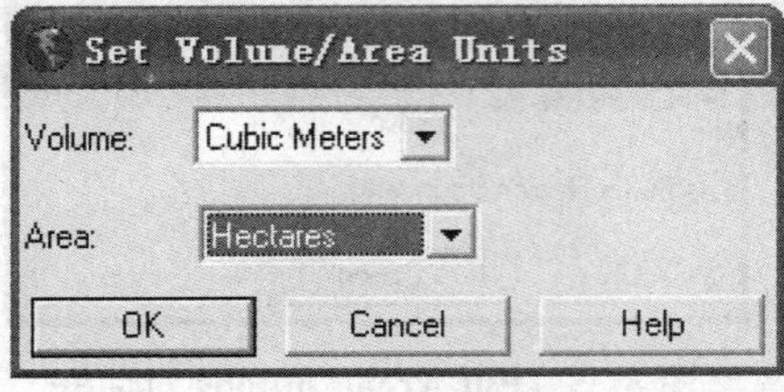

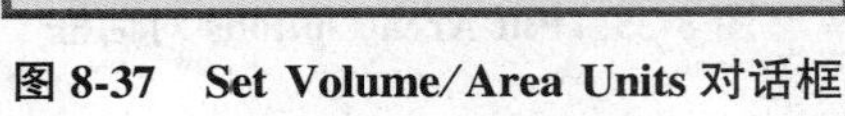
图 8-37　Set Volume/Area Units 对话框

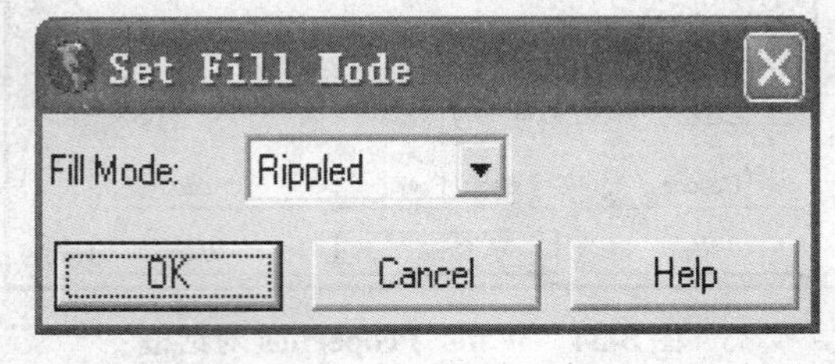

图 8-38　Set Fill Mode 对话框

◎调整洪水区域填充模式(Fill Mode)：Rippled(3 种模式之一)。

◎单击【OK】按钮，关闭 Set Fill Mode 对话框，应用新设置的填充模式(VirtualGIS 三维视景中的洪水区将按照新设置的模式显示)。

③调整洪水区域填充颜色：在 Area Fill Attributes 窗口属性表进行以下操作。

◎单击【Color】按钮，弹出常用色标。

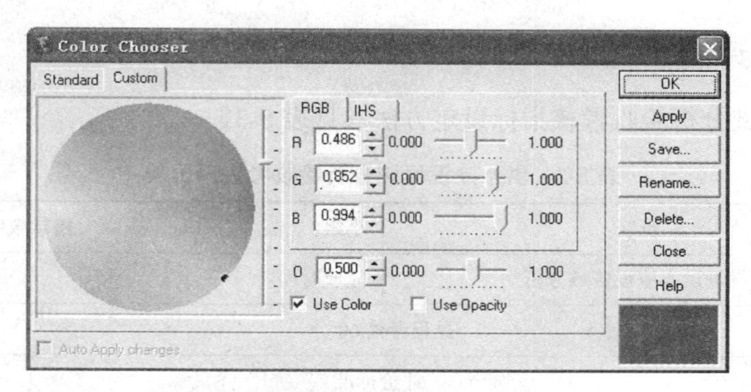

图 8-39　Color Chooser 对话框

◎单击【Other】按钮，打开 Color Chooser 对话框(图 8-39)。

◎在 RGB 模式中改变 RGB 数值(0~1)，达到调整颜色的目的(拖动 RGB 数值后面的滑块可以达到同样的效果)。

◎在 HIS 模式中改变 HIS 数值(0~1)，达到调整颜色的目的(拖动 HIS 数值后面的滑块可以达到同样的效果)。

◎选择使用透明颜色，选中 Use Opacity 复选框。

◎定量设置颜色的透明程度(O：Opacity)为 0.5(拖动 Opacity 数值后面的滑块可以达到同样的效果)。

◎单击【Apply】按钮，应用新设置的填充颜色，洪水填区将按照新设置的颜色显示。

◎重复执行上述过程可以调整多个洪水填充区的颜色。

◎单击【OK】按钮，关闭 Color Chooser 对话框，结束颜色调整操作。

经过洪水区域填充模式和填充颜色调整之后的洪水层，及其在 VirtualGIS 三维视景中的显示状况如图 8-40 所示。

图 8-40　调整填充模式与填充颜色以后的洪水区域

8.2.5　成果评价

洪水淹没区域分析验收考核指标设定方法参见表 8-3。

表 8-3　洪水淹没区域分析验收考核评价表

<table>
<tr><td colspan="2">姓名：</td><td>班级：</td><td>小组：</td><td colspan="2">指导教师：</td></tr>
<tr><td colspan="3">教学任务：学院实验林场洪水淹没区域分析</td><td colspan="3">完成时间：</td></tr>
<tr><td colspan="6">过程考核 60 分</td></tr>
<tr><td colspan="2">评价内容</td><td colspan="2">评价标准</td><td>赋分</td><td>得分</td></tr>
<tr><td rowspan="4">1</td><td rowspan="4">专业能力</td><td colspan="2">1. 准确理解虚拟 GIS 的概念</td><td>10</td><td></td></tr>
<tr><td colspan="2">2. 能够建立 VirtualGIS 工程</td><td>10</td><td></td></tr>
<tr><td colspan="2">3. 了解 VirtualGIS 的多种专题分析功能</td><td>10</td><td></td></tr>
<tr><td colspan="2">4. 能够完成洪水淹没区域分析</td><td>10</td><td></td></tr>
<tr><td rowspan="3">2</td><td rowspan="3">方法能力</td><td colspan="2">1. 充分利用网络、期刊等资源查找资料</td><td>3</td><td></td></tr>
<tr><td colspan="2">2. 灵活运用遥感图像处理的各种方法</td><td>4</td><td></td></tr>
<tr><td colspan="2">3. 具有灵活处理遥感图像问题的能力</td><td>4</td><td></td></tr>
<tr><td rowspan="3">3</td><td rowspan="3">社会能力</td><td colspan="2">1. 与小组成员协作，有团队意识</td><td>3</td><td></td></tr>
<tr><td colspan="2">2. 在完成任务过程中勇挑重担，责任心强</td><td>3</td><td></td></tr>
<tr><td colspan="2">3. 接受任务态度认真</td><td>3</td><td></td></tr>
<tr><td colspan="6">结果考核 40 分</td></tr>
<tr><td rowspan="4">4</td><td rowspan="4">工作成果</td><td rowspan="4">学院实验林场洪水淹没区域分析验收报告</td><td>报告条理清晰</td><td>10</td><td></td></tr>
<tr><td>报告内容全面</td><td>10</td><td></td></tr>
<tr><td>结果检验方法正确</td><td>10</td><td></td></tr>
<tr><td>格式编写符合要求</td><td>10</td><td></td></tr>
<tr><td colspan="2">总评</td><td colspan="2"></td><td>100</td><td></td></tr>
<tr><td colspan="6">指导教师反馈：（教师根据学生在完成任务中的表现，肯定成绩的同时指出不足之处和修改意见）

年　　月　　日</td></tr>
</table>

思考与练习

1. 简述 VirtualGIS 的含义。
2. 对指定的遥感影像进行洪水淹没区域分析。

8.3 VirtualGIS 三维飞行

8.3.1 任务描述

在 VirtualGIS 三维飞行任务中，用户可以通过自定制的飞行路线，并通过设置飞行的高度，沿着确定的路线在虚拟三维环境中飞行，体验三维景观的空间变化。本任务为虚拟 GIS 三维飞行。

8.3.2 任务目标

①掌握建立 VirtualGIS 工程文件的基本步骤。
②掌握遥感图像 VirtualGIS 三维飞行的方法步骤。

8.3.3 相关知识

ERDAS IMAGINE VirtualGIS 是一个三维可视化工具，给用户提供了一种对大型数据库进行实时漫游操作的途径。在虚拟环境下，您可以显示和查询多层栅格图像、矢量图形和注记数据。VirtualGIS 以 OpenGL 作为底层图形语言，由于 OpenGL 语言允许对几何或纹理的透视使用硬件加速设置，从而使 VirtualGIS 可以在 Unix 工作站及 PC 机上运行。

ERDAS IMAGINE VirtualGIS 采用透视的手法，减少了三维视景中所需显示的数据，仅当图像的内容位于观测者视域范围内时(Field of View)才被调入内存，而且远离观测者的对象比接近观测者的对象以较低的分辨率显示。同时，为了增加三维显示效果，对于地形变化较大的图像，采用较高的分辨率显示，而地形平缓的图像则以较低的分辨率显示。

8.3.4 任务实施

在 VirtualGIS 环境中，用户可以根据需要定义飞行路线，然后沿着确定的路线在虚拟三维环境中飞行。类似于 VirtualGIS 导航，VirtualGIS 飞行也是以 VirtualGIS 工程为基础，所以，首先需要打开 VirtualGIS 工程文件 VirtualGIS. vwp，并且叠加注记属性层 Virtualannotat. ovr。

8.3.4.1 定义飞行路线

可以通过多种方式定义飞行路线(Create a Flight Path)：也可以在 VirtualGIS 窗口中记录观测点位置(Record Position)形成飞行路线；也可以在 IMAGINE 二维窗口中数字化一条曲线(Polyline)作为飞行路线；还可以直接设置沿飞行路线上每个点的三维坐标来确定飞行路线。下面将介绍在 IMAGINE 二维窗口中定义飞行路线的方法和过程。

步骤 1：打开二维全景窗口(Create Overview Viewer)

在 Erdas Imagine 主窗口中，点击【VirtualGIS】→【VirtualGIS Viewer】，打开 VirtualGIS Viewer 视窗。在 VirtualGIS 视窗的菜单条，单击【File】→【Open】→【VirtualGIS Project】，打

开 Select Layer To Add 对话框。在 Select Layer To Add 对话框，选择文件名称(File Name)为 qy_VirtualGIS. vwp。在 VirtualGIS 视窗工具条中，单击(Show Data Layer in IMAGINE Viewer)图标，打开二维全景窗口(包含 VirtualGIS 窗口中的全部内容)，对二维全景窗口进行缩放操作，把窗口内容放大到适当的比例。

步骤 2：打开飞行路线编辑器(Open Flight Path Editor)

在 VirtualGIS 菜单条，单击【Navigation】→【Flight Path Editor】，打开 Flight Path Editor 对话框(图 8-41)。

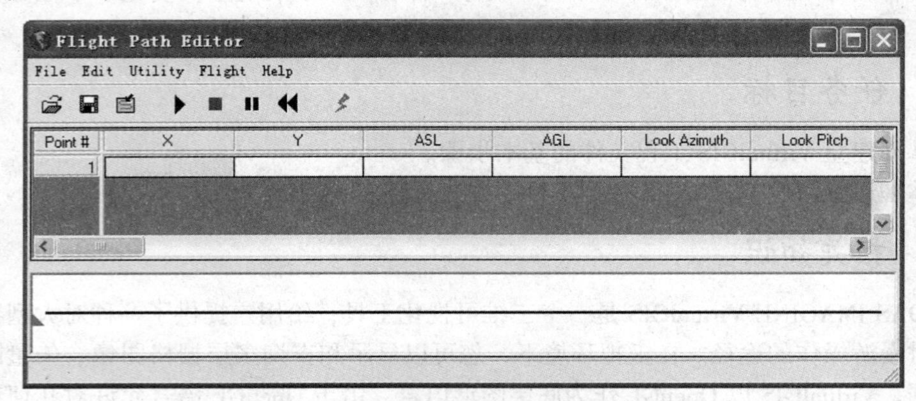

图 8-41　Flight Path Editor 窗口

借助 Flight Path Editor 窗口，用户可以在一个在 VirtualGIS 视景中产生、编辑、保存、显示飞行路线，设置飞行参数，并执行飞行操作。飞行路线编辑器由菜单条、工具条、飞行路线数据表格、飞行路线图形窗口和状态条 5 个部分组成。Flight Path Editor 集成了有关 VirtualGIS 飞行的多种命令菜单和操作工具，具体的命令和工具及其功能见表 8-4 和表 8-5。

表 8-4　VirtualGIS 飞行路线编辑器菜单命令与功能

命令类型	命　令	功　能
File	Save As	保存新编辑的飞行路线文件
	Load Flight Path	向 VirtualGIS 加载飞行路线文件
	Load Positions File	向 VirtualGIS 加载位置记录文件
	Close	关闭 VirtualGIS 飞行路线编辑器
Edit		应用飞行路线编辑操作
	Apply Undo Edits	取消对飞行路线的编辑
	Use Spline	平滑飞行路线
	Reset Look Direction	将所有点的俯视角和方位角设为 0
	Set Elevation	设置飞行路线的高程
	Calculate Roll Angles	计算飞行旋转角度
	Set Focal Point	设置飞行路线的聚焦点
	Add Current Position	将当前的位置加载到飞行路线中
	Delete Selected Points	删除飞行路线上被选择的位置点
	Clear All Points	删除飞行路线中所有的位置点

（续）

命令类型	命　令	功　能
Utility	Digitize Flight Path	在二维窗口中数字化飞行路线
	Flight Line Properties	编辑二维及三维窗口中飞行路线的特性
Flight	Start Flight	开始飞行
	Stop Flight	停止飞行
	Pause Flight	暂停飞行
	Reset Flight	使观测者回到初始位置
	Set Flight Mode	设置飞行模式
	Loop	循环飞行模式
	Swing	来回飞行模式
	Stop at End	一次飞行模式
	Use Flight Path Speed	使用飞行路线编辑器中设置的飞行速度
	Update Flight Path Graphic	以图形方式实时显示飞行路线位置
Help	Help for Fight Path Editor	关于飞行路线编辑器的联机帮助

表 8-5　VirtualGIS 飞行路线编辑器工具图标与功能

图标	命　令	功　能
	Open Flight Path	向 VirtualGIS 加载飞行路线文件
	Save Flight Path	保存新编辑的飞行路线文件
	Digitize Flight Path	在二维窗口中数字化飞行路线
	Start Flight	开始飞行
	Stop Flight	停止飞行
	Pause Flight	暂停飞行
	Reset to Beginning of Flight Path	使观测者回到初始位置
	Apply Changes to Flight Pach	应用飞行路线编辑操作

步骤 3：数字化飞行路线(Digitizer Flight Path)

①在 Flight Path Editor 菜单条，单击【Utility】→【Digitizer Flight Path】，打开 Viewer Selection Instructions 指示器(图 8-42)。

②在步骤①中打开的二维视窗中单击左键，在视窗中合适的位置依次单击定义飞行路线上的若干点。

③定义了足够的点之后，双击左键结束飞行路线定义(图 8-43)。

④飞行路线上各点的三维坐标显示在飞行路线数据表格(图 8-44)。

⑤单击 Flight Path Editor 工具条中的【Apply】图标。

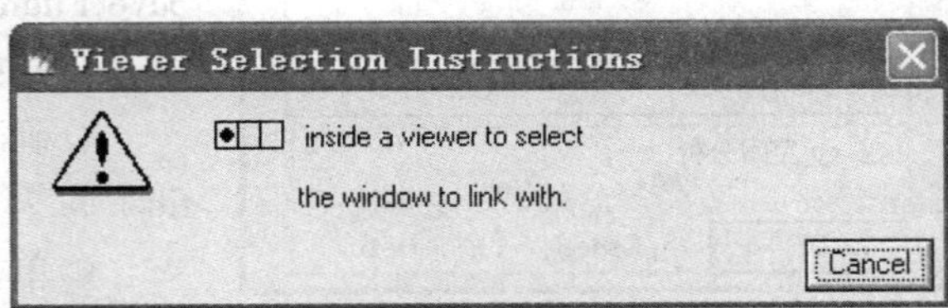

图 8-42　Viewer Selection Instructions 指示器

⑥飞行路线上各点的序列号将标注在飞行路线图形窗口。

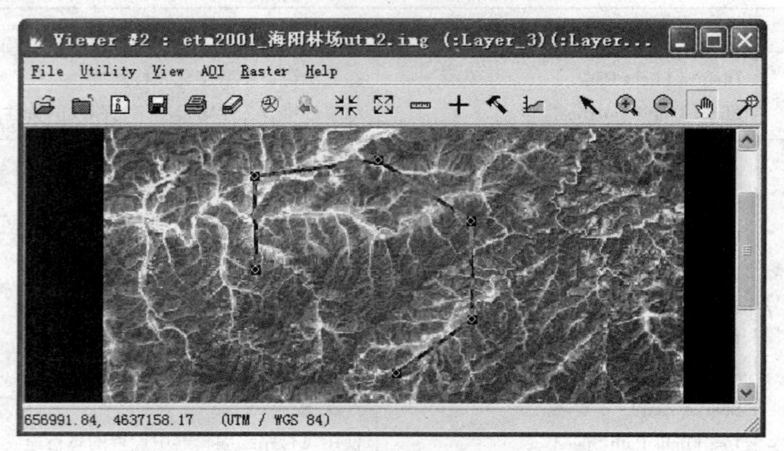

图 8-43　二维窗口中定义飞行路线

Flight Path Editor

File Edit Utility Flight Help

Point #	X	Y	ASL	AGL	Look Azimuth
1	633117.208955224	4645912.201	1084.00	787.00	0.00
2	633017.731	4652975.112	1084.00	874.00	0.00
3	642169.672	4654168.843	1084.00	766.00	0.00
4	649033.627	4649592.873	1084.00	697.00	0.00
5	649133.104	4642231.530	1084.00	608.00	0.00
6	643562.358	4638152.948	1084.00	599.00	0.00
7					

图 8-44　**Flight Path Editor**(定义飞行路线之后)

图 8-45　**Save Flight Path** 对话框

步骤 4：保存飞行路线文件

可以将所定义的飞行路线保存在文件中，以便下次三维飞行操作时直接加载。在 Flight Path Editor 菜单条，单击【File Save As】，打开 Save Flight Path 对话框。在 Flight Path Editor 工具条，单击【Save Flight Path】，打开 Save Flight Path 对话框(图 8-45)，在 Save Flight Path 对话框进行如下操作。

◎选择保存飞行路线文件的目录。

◎确定保存飞行路线文件的名称：qy_flight.fit。

◎单击【OK】按钮，关闭 Save Flight Path 对话框，保存飞行路线文件。

8.3.4.2 编辑飞行路线

前面所定义的飞行路线已经包含了一些默认的或者是在 Position Editor 中所定义的一些观测者的空间特性，在此基础上直接进行飞行操作是可以的。然而，为了使 VirtualGIS 的三维空间飞行更符合用户的需要，还需要对飞行路线进行一定的编辑（Edit Flight Path）。

步骤 1：设置飞行路线高度（Set Flight Elevation）

在定义飞行路线过程中，各点的三维坐标中已经包含有飞行路线的高程（ASL）。不过，在飞行路线定义之后，用户还可以根据需要重新设置飞行路线高度，可以统一的高度，也可以是一组变化的高度。在 Flight Path Editor 菜单条依次进行如下操作。

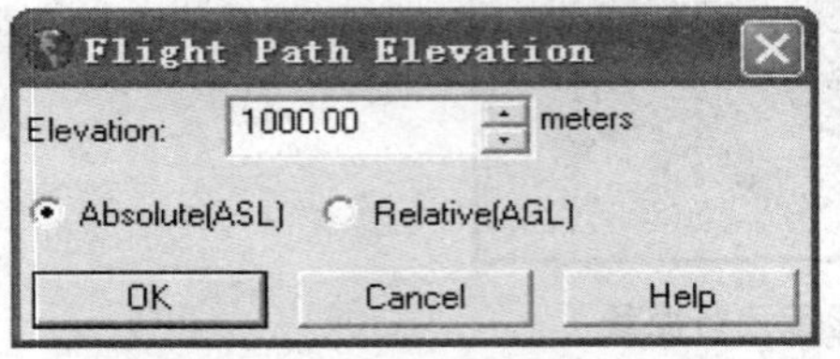

图 8-46 Flight Path Elevation 对话框

◎单击【Edit】→【Set Elevation】。

◎打开 Flight Path Elevation 对话框（图 8-46）。

◎输入飞行路线高程值（Elevation）：1000.0。

◎选择绝对高程类型：Absolute（ASL）。

◎单击【OK】按钮，关闭 Flight Path Elevation 对话框，执行飞行路线高度设置。

说明：可以通过上述步骤给飞行路线设置一个固定的高度，也可以直接更改 Flight Path Editor 中的 ASL 数据项值，使飞行路线上的各点具有不同的绝对高程。在应用 Flight Path Elevation 对话框改变飞行路线高度值时，如果选择 Relative（AGL）单选按钮，则飞行路线上点的高度值是原有值与输入 Elevation 值之和。

步骤 2：设置飞行路线特性（Flight Line Properties）

上述过程中所定义的飞行路线目前还只是显示在二维窗口和飞行路线编辑器中，下面的飞行路线编辑操作，要使飞行路线按照用户所设置的特性显示在 VirtualGIS 三维窗口中。在 Flight Path Editor 菜单条依次进行如下操作。

◎单击【Utility】→【Flight Line Properties】。

◎打开 Flight Line Properties 对话框（图 8-47）。

◎设置三维窗口中飞行路线的特性（三维 Viewer）。

◎选择显示飞行路线：Flight Line。

◎设置显示飞行路线的颜色：Red（红色）。

◎选择显示飞行路线上的点：Flight Line Points。

◎设置显示飞行路线上点的大小（Scale）：2.0。

◎设置二维窗口中飞行路线的特性(2D Viewer)。

◎选择显示飞行路线：Show Flight Line。

◎单击【Apply】按钮，执行飞行路线特性设置，三维窗口中显示飞行路线，如图 8-48 所示。

◎单击【Close】按钮，关闭 Flight Line Properties 对话框，结束飞行路线特性设置。

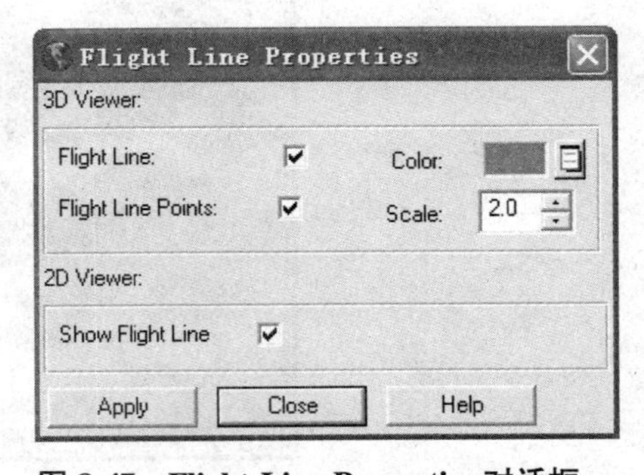

图 8-47 Flight Line Properties 对话框

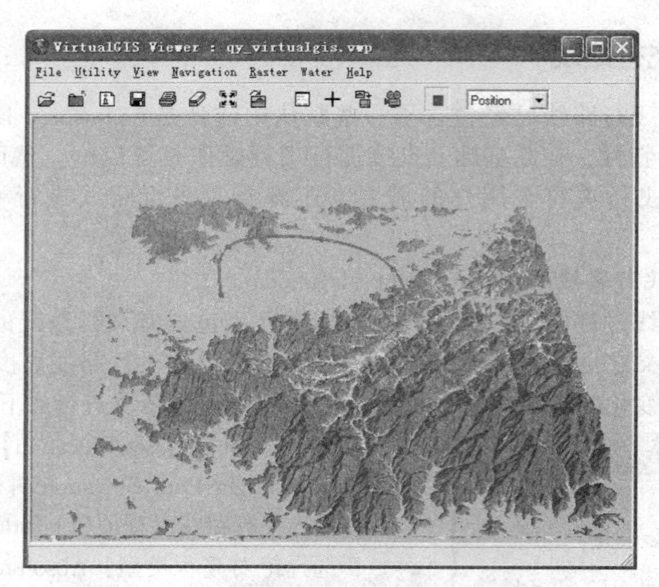

图 8-48 VirtualGIS 三维窗口中显示飞行路线

步骤 3：设定飞行模式(Set Flight Mode)

在开始 VirtualGIS 三维飞行之前，可以根据需要设定飞行模式，操作过程如下。

◎在 Flight Path Editor 菜单条，单击 Flight Set Flight Mode Swing(Loop/Stop at End)命令。

◎单击 Flight Path Editor 工具条中的【Apply】图标(应用模式设定)。

8.3.4.3 执行飞行操作

①在 Flight Path Editor 工具条，单击【Start Flight】图标开始飞行。在三维飞行过程中，飞行路线编辑器中的飞行路线图形窗口将同步显示当前的空间位置(图 8-49)。

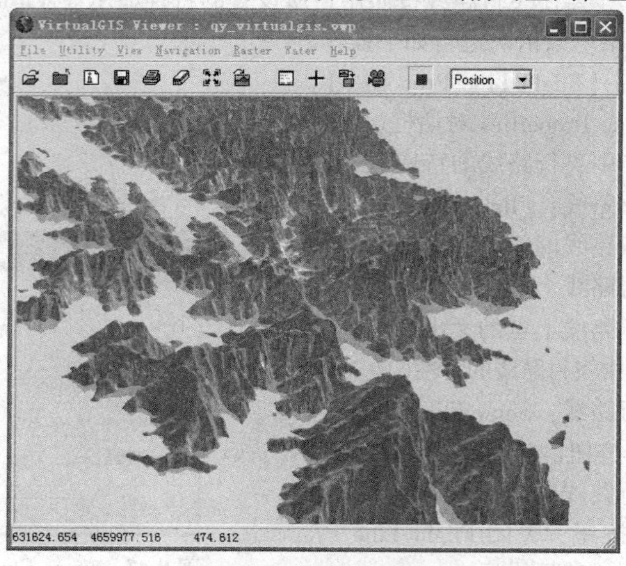

图 8-49 当前空间位置的三维飞行效果图

②在 Flight Path Editor 工具条，单击【Stop Flight】图标■停止飞行。

8.3.5 成果评价

虚拟 GIS 三维飞行验收考核指标设定方法参见表 8-6。

表 8-6 虚拟 GIS 三维飞行验收考核评价表

<table>
<tr><td colspan="2">姓名：</td><td>班级：</td><td>小组：</td><td colspan="2">指导教师：</td></tr>
<tr><td colspan="3">教学任务：学院实验林场虚拟 GIS 三维飞行</td><td colspan="3">完成时间：</td></tr>
<tr><td colspan="6">过程考核 60 分</td></tr>
<tr><td colspan="2">评价内容</td><td colspan="2">评价标准</td><td>赋分</td><td>得分</td></tr>
<tr><td rowspan="4">1</td><td rowspan="4">专业能力</td><td colspan="2">1. 准确理解虚拟 GIS 的概念</td><td>10</td><td></td></tr>
<tr><td colspan="2">2. 能够建立 VirtualGIS 工程</td><td>10</td><td></td></tr>
<tr><td colspan="2">3. 能够定义并编辑飞行路线</td><td>10</td><td></td></tr>
<tr><td colspan="2">4. 能够完成虚拟 GIS 三维飞行</td><td>10</td><td></td></tr>
<tr><td rowspan="3">2</td><td rowspan="3">方法能力</td><td colspan="2">1. 可充分利用网络、期刊等资源查找资料</td><td>3</td><td></td></tr>
<tr><td colspan="2">2. 可灵活运用遥感图像处理的各种方法</td><td>4</td><td></td></tr>
<tr><td colspan="2">3. 具有灵活处理遥感图像问题的能力</td><td>4</td><td></td></tr>
<tr><td rowspan="3">3</td><td rowspan="3">社会能力</td><td colspan="2">1. 可与小组成员协作，具有团队意识</td><td>3</td><td></td></tr>
<tr><td colspan="2">2. 在完成任务过程中勇挑重担，责任心强</td><td>3</td><td></td></tr>
<tr><td colspan="2">3. 接受任务态度认真</td><td>3</td><td></td></tr>
<tr><td colspan="6">结果考核 40 分</td></tr>
<tr><td rowspan="4">4</td><td rowspan="4">工作成果</td><td rowspan="4">学院实验林场虚拟 GIS 三维飞行验收报告</td><td>报告条理清晰</td><td>10</td><td></td></tr>
<tr><td>报告内容全面</td><td>10</td><td></td></tr>
<tr><td>结果检验方法正确</td><td>10</td><td></td></tr>
<tr><td>格式编写符合要求</td><td>10</td><td></td></tr>
<tr><td colspan="2">总评</td><td colspan="2"></td><td>100</td><td></td></tr>
<tr><td colspan="6">指导教师反馈：（教师根据学生在完成任务中的表现，肯定成绩的同时指出不足之处和修改意见）
年 月 日</td></tr>
</table>

思考与练习

1. 试述 VirtualGIS 的意义和作用。
2. 对给定的遥感图像进行三维飞行的定义与编辑。

第9章 遥感影像土地利用分类

○ 项目概述

遥感图像分类是指根据遥感图像中地物的光谱特征、空间特征、时相特征等，对地物目标进行识别的过程。图像分类是基于图像像元的灰度值，将像元归并成有限几种类型、等级或数据集的过程。通过图像分类，可以得到地物类型及其空间分布信息。常规图像分类主要有非监督分类和监督分类，而专家分类是近年来发展起来的另一种新兴分类方法。根据图像分类的两种常用方法，学院实验林场遥感图像土地利用分类项目包括非监督分类和监督分类两个任务，并通过两种分类结果的比较，选择适合本项目的分类方法。

○ 能力目标

①能够完成遥感图像的非监督分类及分类后处理。
②能够完成遥感图像的监督分类。
③能够完成遥感图像的监督分类的结果评价。

○ 知识目标

①了解图像分类的概念及常用的图像分类方法。
②掌握遥感图像解译的相关知识。
③熟悉非监督分类、监督分类的操作方法。

○ 项目分析

在遥感技术应用中，主要的工作目的是通过遥感图像判读识别出各种地物。无论是地物信息的提取、动态变化监测，还是专题地图制作等都离不开图像分类。完成该项目必须掌握遥感图像解译的相关知识、图像分类的概念；图像分类的两种方法及操作步骤，以及分类后的处理。

9.1 遥感影像土地利用非监督分类

9.1.1 任务描述

学院实验林场的土地类型非监督分类主要包括初始分类获取、分类方案的调整及分类

后的处理三大子任务。而分类后的处理又包括聚类分析、过滤分析、去除分析和分类重编码等。本任务主要利用上述处理方法对学院实验林场的土地类型进行非监督分类。

9.1.2 任务目标

①掌握遥感图像非监督分类的概念。

②掌握遥感图像非监督分类的方法步骤。

9.1.3 相关知识

(1)非监督分类

非监督分类(Unsupervised Classification)的前提是假定遥感影像上同类地物在相同的条件下具有相同的光谱特征信息。仅依靠影像本身的特征进行特征提取，根据统计特征及点群的分布情况划分地物。

非监督分类运用ISO-DATA迭代自组织算法，完全按照像元的光谱特性进行统计分类，对分类区情况不了解时常使用这种方法。使用该方法时，原始图像的所有波段都参与分类运算，分类结果往往是各类像元数大体等比例。由于人为干预较少，非监督分类过程的自动化程度较高。非监督分类一般要经过以下几个步骤：初始分类、专题判别、分类合并、色彩确定、分类后处理、色彩重定义、栅格矢量转换和统计分析。

(2)TM影像的波段特征分析

在多光谱传感器波段设置中，包含多个可见光和红外波段，例如，TM 7个多光谱波段、MODIS 7个植被波段、SPOT 3个多光谱波段。地物在各波段有不同的反射波谱特征信息，在遥感影像上呈现不同彩色灰度，而且各类型的反射波谱差异不同。因此基于多波段组合的遥感信息提取是必要的，能大大提高区分不同植被类型的能力。尤其是对目视解译而言，通常需要选择3个波段进行彩色合成，这样就产生了一个波段优化组合选择问题。下面结合TM在全国森林资源清查中的应用实践来分析TM波段组合。

(3)波段特征

TM影像波段可分为4个区段(表9-1)。其中，TM1、TM 2、TM3处于可见光区，能反映植物色素的不同程度。在3个波段中，TM2记录植物在绿光区反射峰的信息。不过，由于反射峰值的大小取决于叶绿素在蓝光和红光区吸收光能的强弱，因此，TM2不能本质地决定可见光区植物反射波谱特性的叶绿素情况。TM1和TM3记录蓝光区和红光区的信息，由于蓝光在大气中散射强烈，TM1亮度值受大气状况影响显著；而TM3不仅反映植物的叶绿素信息，而且在秋季植物变色期，还反映叶红素、叶黄素等色素信息，在遥感信息上，能使不同类型的植被在色彩上出现差异，有利于植被类型的识别。TM4为近红外区。它获取植物强烈反射近红外的信息，且信息强弱与植物的生活力、叶面积指数和生物量等因子相关，对植物叶绿素的差异表现出较强的敏感性。因此，TM4是反映植被信息的重要波段。TM5和TM7属短波红外区。两个通道获取的信息对植物叶片中的水分状况有良好的反映。研究表明，在TM的7个波段中，TM5记录的光谱信息最为丰富，植被、水体、土壤3大类地物波段反射率相差十分明显，是区分森林反射率最理想的波段。此外，TM5和TM7所包含的光谱信息有很大的相似性。TM6属热红外区，由于空间分辨率低，在植

表 9-1 TM 各波段特性

波段序号	波长范围(μm)	波段名称	地面分辨率	主要应用领域
1	0.45~0.52	蓝光	30	对水体有透射能力，可区分上壤和植被、编制森林类型图、区分人造地物类型
2	0.52~0.60	绿光	30	探测健康植物绿色反射率、可区分植被类型和评估作物长势，对水体有定透射力
3	0.63~0.69	红光	30	可测量植物绿色素吸收率，并依次进行植物分类，可区分人造地物类型
4	0.76~0.90	近红外	30	测定生物量和作物长势，区分植被类型，绘制水体边界、探测水中生物的含量
5	1.55~1.75	短波红外	30	用于探测植物含水量及土壤湿度，区别云与雪
6	10.4~12.5	热红外	120	探测地球表而不同物质的自身热辐射的主要波段，可用于热分布制图及地探方面
7	2.8~2.35	短波红外	30	探测高温辐射源，如监测森林火灾、火山活动等，区分人造地物类型

被调查、监测中应用很少，一般用于岩石识别和地质探矿等方面。

(4)TM 影像的波段组合分析

波段组合的选择遵循两个原则：一是所选波段要物理意义良好并尽量处在不同光区；二是要选择信息量大、相关性小的波段。按 RGB 合成方法，除 TM6 以外的 TM 波段可构成 20 个波段组合。根据施拥军等(2003)利用 Chavez et al.(1982)提出的最佳指数因子法(OIF)，对 20 个波段组合进行量化排序的结果，TM 影像的最佳波段组合为 1，4，5 和 3，4，5。同时综合考虑 TM1 亮度值受大气状况影响显著，因此，TM3、TM4 和 TM5 组合是进行森林植被解译的最佳波段组合方案，也是目前全国森林资源清查所采用的 TM 波段组合，反映出理论与实践的高度一致性。

①741 波段组合：741 波段组合图像具有兼容中红外、近红外及可见光波段信息的优势，图面色彩丰富，层次感好，具有极为丰富的地质信息和地表环境信息，而且清晰度高，干扰信息少，地质可解译程度高，各种构造形迹(褶皱及断裂)显示清晰，不同类型的岩石区边界清晰，岩石地层单元的边界、特殊岩性的展布以及火山机构也显示清晰。

②742 波段组合：1992 年，完成的桂东南金银矿成矿区遥感地质综合解译，利用 1：10 万 TM7、TM4 和 TM2 假彩色合成片进行解译，共解译出线性构造 1615 条，环形影像 481 处，并在总结了构造蚀变岩型、石英脉型、火山岩型典型矿床的遥感影像特征及成矿模式的基础上，对全区进行成矿预测，圈定金银 A 类成矿远景区 2 处，B 类 4 处，C 类 5 处。为该区优选找矿靶区提供了遥感依据。

③743 波段组合：我国利用美国的陆地卫星专题制图仪图像成功地监测了大兴安岭林火及灾后变化。这是因为 TM7 波段(2.8~2.35μm)对温度变化敏感；TM4、TM3 波段则分别属于红外光、红光区，是反映植被特征的最佳波段，并有减轻烟雾影响的功能；同时

TM7、TM4、TM3(分别赋予红、绿、蓝色)的彩色合成图的色调接近自然彩色，故可通过TM743彩色合成图来分析林火蔓延趋势和灾后林木的恢复状况。

④754波段组合：陆地卫星图像的标准假彩色，采用陆地卫星多光谱扫描仪所成的同一图幅的第4波段MSS4图像、第5波段MSS5图像和第7波段MSS7图像，分别配以蓝、绿、红色的彩色合成图像上的彩色。并称此种合成的图像为陆地卫星标准假彩色图像。在此图像上植被分布显红色，城镇为蓝灰色，水体为蓝色、浅蓝色(浅水)，冰雪为白色等。对不同时期湖泊水位的变化，也可采用不同波段，如用陆地卫星MSS7、MSS5、MSS4合成的标准假彩色图像中的蓝色、深蓝色等不同层次的颜色得以区别，从而可用作分析湖泊水位变化的地理规律。

⑤432波段组合：标准假彩色合成，即4、3、2波段分别赋予红、绿、蓝色，获得图像植被成红色，由于突出表现了植被的特征，应用十分的广泛，而被称为标准假彩色。例如，蓝藻暴发时绿色的藻类生物体伴随着白色的泡沫状污染物聚集于水体表面，蓝藻覆盖区的光谱特征与周围湖面有明显差异。由于所含高叶绿素A的作用，蓝藻区在Landsat TM2波段具有较高的反射率，在TM3波段反射率略降但仍比湖水高，在TM4波段反射率达到最大。因此，在TM4(红)、TM3(绿)、TM2(蓝)假彩色合成图像上，蓝藻区呈绯红色，与周围深蓝色、蓝黑色湖水有明显区别。此外，蓝藻暴发聚集受湖流、风向的影响，呈条带延伸，在TM图像上呈条带状结构和絮状纹理，与周围的湖水水面也有明显不同。

⑥472波段组合：在采用TM4、TM7和TM2波段假彩色合成和1∶4计算机插值放大技术方面，在制作1∶5万TM影像图并成1∶5万工程地质图、塌岸发展速率的定量监测以及在单张航片上测算岩(断)层产状等方面，均有独到之处。

⑦753波段组合：植被绿色，水体蓝色，居民地紫色。

⑧451波段组合：TM图像的光波信息具有3~4维结构，其物理含义相当于亮度、绿度、热度和湿度。在TM7个波段光谱图像中，一般第5个波段包含的地物信息最丰富。3个可见光波段(即第1、2、3波段)之间，两个中红外波段(即第4、7波段)之间相关性很高，表明这些波段的信息中有相当大的重复性或者冗余性。第4、6波段较特殊，尤其是第4波段与其他波段的相关性得很低，表明这个波段信息有很大的独立性。计算0种组合的熵值的结果表明，由一个可见光波段、一个中红外波段及第4波段组合而成的彩色合成图像一般具有最丰富的地物信息，其中又常以4，5，3或4，5，1波段的组合为最佳。

⑨453波段组合：采取4、5、3波段分别赋红、绿、蓝色合成的图像，色彩反差明显，层次丰富，而且各类地物的色彩显示规律与常规合成片相似，符合过去常规片的目视判读习惯。

戴昌达等利用中国科学院卫星遥感地面接收站于1995年10月接收美国MSS卫星遥感TM波段4(红)、波段5(绿)、波段3(蓝)CCT磁带数据制作的1∶10万和1∶5万假彩色合成卫星影像图。图上山地、丘陵、平原台地等喀斯特地貌景观及各类用地影像特征分异清晰。

◎成像时期晚稻接近收获，且稻田中不存积水，因此耕地类型中的水田色调呈粉红色。

◎旱地由于作物大多收获，且土壤水分少而呈灰白色。

◎菜地则由于蔬菜长势好，色调鲜亮呈猩红色。

◎园地色调呈浅褐色，且地块规则整齐、轮廓清晰。

◎林地中乔木林色调呈深褐色，而分布于喀斯特山地丘陵等地区的灌丛则呈黄到黄褐色。

◎牧草地大多呈黄绿色调；建设用地中的城镇呈蓝色；公路呈线状，色调灰白。

◎铁路呈线条状，色调为浅蓝色；机场跑道为蓝色直线；背景草地呈蓝绿色。

◎在建新机场建设场地为白色长方形；备用旧机场呈白色，外形轮廓清晰、较规则。

◎水库和河流则都呈深蓝色。

最佳波段组合选出后，要想得到最佳彩色合成图像，还必须考虑赋色问题。人眼最敏感的颜色是绿色，其次是红色、蓝色。因此，应将绿色赋予方差最大的波段。按此原则，采取4、5、3波段分别赋红、绿、蓝色合成的图像，色彩反差明显，层次丰富，而且各类地物的色彩显示规律与常规合成片相似，符合过去常规片的目视判读习惯。例如，把4、5两波段的赋色对调一下，即5、4、3分别赋予红、绿、蓝色，则获得近似自然彩色合成图像，适合于非遥感应用专业人员使用。

9.1.4　任务实施

9.1.4.1　初始分类获取

应用非监督分类方法进行遥感图像分类时，首先需要调用系统提供的非监督分类方法获得初始分类结果，而后再进行一系列的调整分析。下面首先说明初始分类的获取。

步骤1：启动非监督分类

调出非监督分类对话框有以下两种方法。

【方法1】在ERDAS图标面板工具条中单击【Data Prep】图标，打开Data Preparation对话框(图9-1)，在对话框中单击【Unsupervised Classification】按钮，打开Unsupervised Classification对话框(图9-2)。

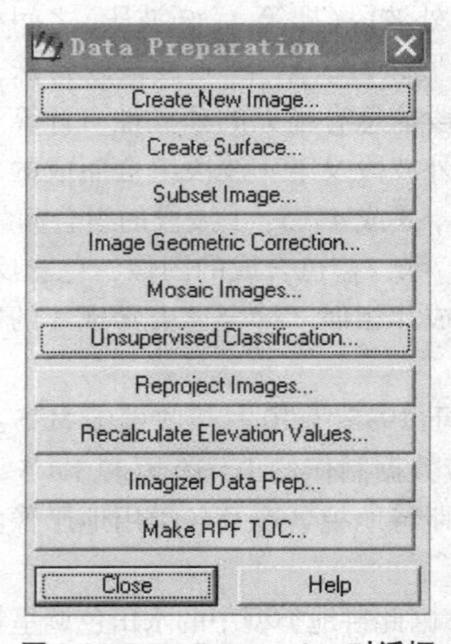

图9-1　Data Preparation对话框

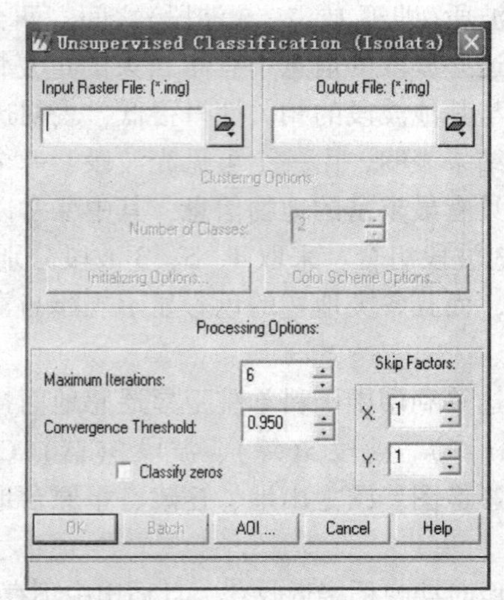

图9-2　Unsupervised Classification对话框(方法1)

【方法2】在 ERDAS 图标面板工具条中单击【Classifier】图标，打开 Classification 对话框（图 9-3），单击【Unsupervised Classification】按钮，打开 Unsupervised Classification 对话框（图 9-4）。

图 9-3　Classification 对话框

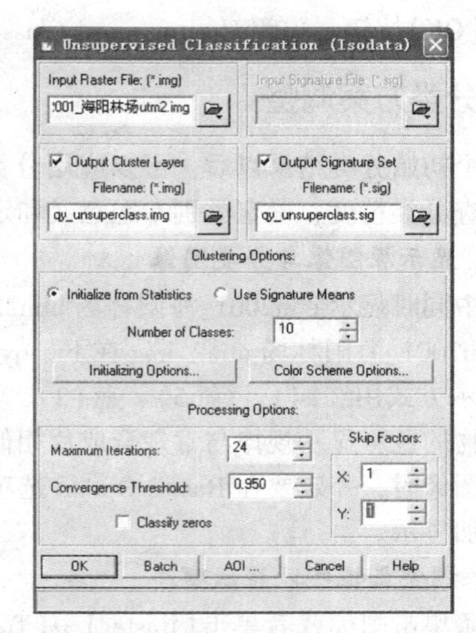

图 9-4　Unsupervised Classification 对话框（方法 2）

步骤 2：进行非监督分类

在 Unsupervised Classification 对话框（图 9-4）进行下列设置。

◎确定输出文件（Input Raster File）为学院实验林场遥感图像：etm2001_海阳林场utm2.img（被分类的图像）。

◎确定输出文件（Output File）：qy_unsuperclass.img（产生的分类图像）。

◎选择生成分类模板文件：Output Signature Set（产生一个模板文件）。

◎确定分类模板文件（File Name）：qy_unsuperclass.sig。

◎确定聚类参数（Clustering Options），需要确定初始聚类方法与分类数。

◎系统提供的初始聚类方法有两种：Initialize from Statistics 方法是按照图像的统计值产生自由聚类；Use Signature Means 方法是按照选定的模板文件进行非监督分类。

◎确定初始分类数（Number of classes）为 10（分出 10 个类别。实际工作中一般将初始分类数取为最终分类数的两倍以上）。

◎单击【Initializing Options】按钮。

◎打开 File Statistics Options 对话框，设置 ISO-DATA 的一些统计参数。

◎单击【Color Scheme Options】按钮。

◎打开 Output Color Scheme Options 对话框，设置分类图像彩色属性。

◎确定处理参数（Processing Options），需要确定循环次数与循环阈值。

◎定义最大循环次数（Maximum Iterations）为 24（是指 ISO-DATA 重新聚类的最多次数，是为了避免程序运行时间太长或由于没有达到聚类标准而导致的死循环，在应用中一般将循环次数设置为 6 次以上)。

◎设置循环收敛阈值(Convergence Threshold)：0. 95(是指两次分类结果相比保持不变的像元所占最大百分比，是为了避免 ISO-DATA 无限循环下去)。

◎单击【OK】按钮，关闭 Unsupervised Classification 对话框，执行非监督分类。

9. 1. 4. 2　分类方案调整

获得一个初始分类结果以后，可以应用分类叠加(Classification Overlay)方法来评价分类结果、检查分类精度、确定类别专题意义和定义分类色彩，以便获得最终的分类方案。

步骤 1：显示原图像与分类图像

在窗口中同时显示 etm2001_海阳林场 utm2. img 和 qy_unsuperclass. img。两个图像的叠加顺序为 etm2001_海阳林场 utm2. img 在下，qy_unsuperclass. img 在上，etm2001_海阳林场 utm2. img 显示方式用红(4)、绿(5)、蓝(3)，453 波段组合的色彩反差明显，层次丰富，而且各类地物的色彩显示规律与常规合成片相似，符合过去常规片的目视判读习惯。注意在打开分类图像时，一定要在 Raster Option 选项卡取消选中 Clear Display 复选框，以保证两幅图像叠加显示。

步骤 2：调整属性字段显示顺序

在工具条单击图标或者单击【Raster】→【Tools】，打开 Raster 工具面板。单击【Raster】工具面板的图标，或者在菜单条单击【Raster】→【Attributes】，打开 Raster Attribute Editor 窗口(germtm_isodata 的属性表)(图 9-5)。

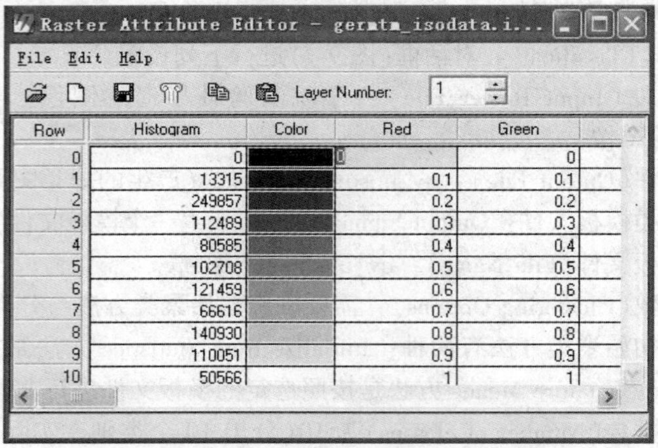

Raster Attribute Editor - germtm_isodata.i...

File　Edit　Help

Layer Number: 1

Row	Histogram	Color	Red	Green
0	0		0	0
1	13315		0.1	0.1
2	249857		0.2	0.2
3	112489		0.3	0.3
4	80585		0.4	0.4
5	102708		0.5	0.5
6	121459		0.6	0.6
7	66616		0.7	0.7
8	140930		0.8	0.8
9	110051		0.9	0.9
10	50566		1	1

图 9-5　Raster Attribute Editor 窗口

属性表中的 11 个记录分别对应产生的 10 个类及 Unclassified 类，每个记录都有一系列的字段。如果想看到所有字段，需要用鼠标拖动浏览条。为了方便看到关心的重要字段，需要按照下列操作调整字段显示顺序。

在 Raster Attribute Editor 对话框菜单条，单击【Edit】→【Column Properties】，打开 Column Properties 对话框(图 9-6)，在 Columns 列表框中选择要调整显示顺序的字段，通过 Up、Down、Top、Bottom 等按钮调整其至合适的位置，通过设置 Display Width 微调框来调整其显示宽度，通过 Alignment 下拉框调整其对齐方式。如果选中 Editable 复选框，则可以

在 Title 文本框中修改各个字段的名字及其他内容。

在 Column Properties 对话框中调整字段顺序的步骤如下。

◎依次选择 Histogram、Opacity、Color、Class Names 字段，并利用 Up 按钮移动，使 Histogram、Opacity、Color 和 Class_Names 这 4 个字段的显示顺序依次排在前面。

◎单击【OK】按钮，关闭 Column Properties 对话框。

◎返回 Raster Attribute Editor 对话框。

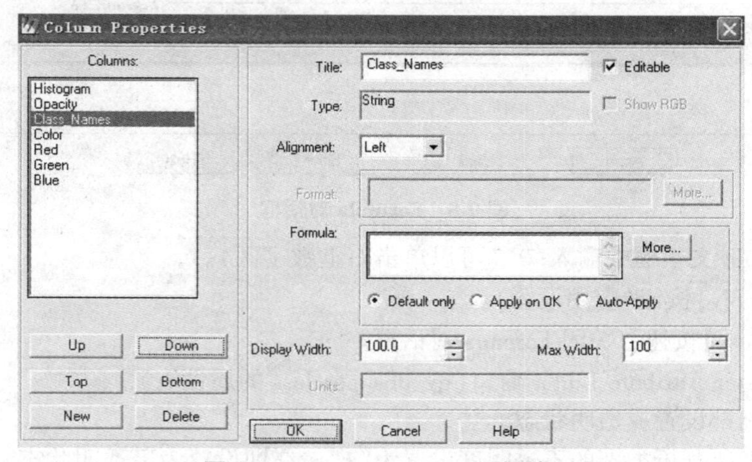

图 9-6　Column Properties 对话框

步骤 3：定义类别颜色

在图 9-5 中，初始分类图像是灰度图像，各类别的显示灰度是系统自动赋予的，为了提高分类图像的直观表达效果，需要重新定义类别颜色。在 Raster Attribute Editor 窗口(qy_unsuperclass. img 的属性表)。

◎单击一个类别的 Row 字段从而选择该类别。

◎右击该类别的 Color 字段(颜色显示区)。

◎在 Asls 色表菜单选择一种合适颜色。

◎重复以上操作，直到给所有类别赋予合适的颜色(图 9-7)。

步骤 4：设置不透明度

由于分类图像覆盖在原图像上面，为了对单个类别的专题含义与分类精度进行分析，首先要把其他所有类别的不透明程度(Opacity)值设为 0(即改为透明)，而要分析的类别的透明度设为 1(即不透明)，在 Raster Attribute Editor 窗口(qy_unsuperclass 的属性表)进行如下操作。

◎右击 Opacity 字段名。

◎单击【Column Options】→【Formula】。

◎打开 Formula 对话框(图 9-8)。

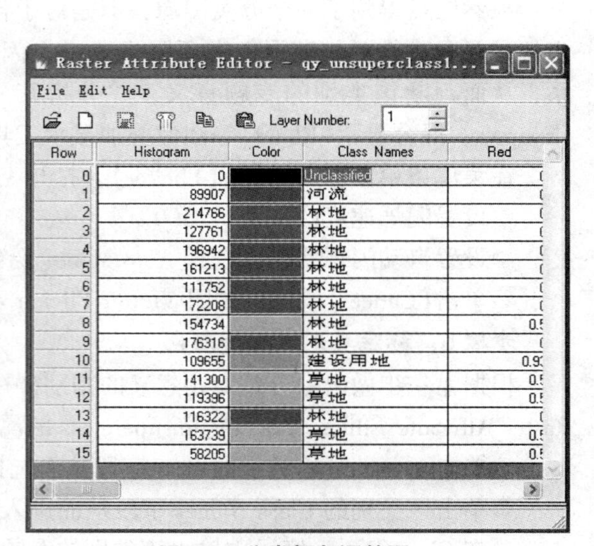

图 9-7　分类颜色调整图

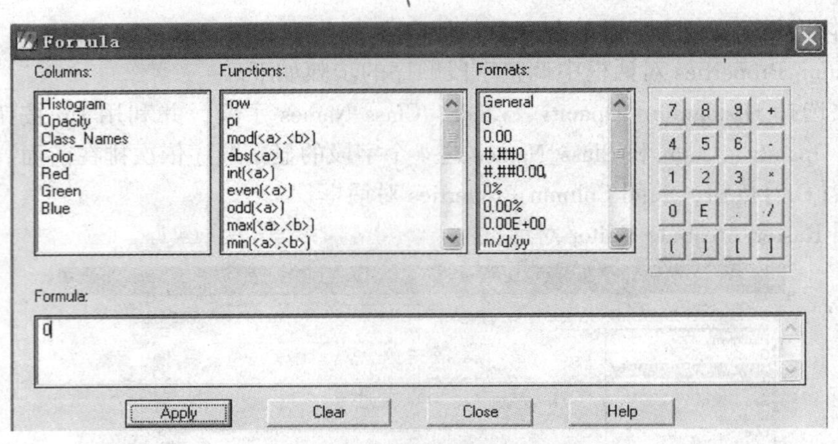

图 9-8　**Formula 对话框**

◎在 Formula 文本框中输入“0”(可以单击右上数字区)。

◎单击【Apply】按钮(应用设置)。

◎单击【Close】按钮，关闭 Formula 对话框。

◎返回 Raster Attribute Editor 窗口(qy_unsuperclass 的属性表)。

◎所有类别都设置成透明状态。

下面需要把所分析类别的不透明度设置为“1”，亦即设置为不透明状态，在 Raster Attribute Editor 窗口(qy_unsuperclass 的属性表)进行如下操作。

◎单击一个类别的 Row 字段从而选择该类别。

◎单击该类别的 Opacity 字段从而进入输入状态。

◎在该类别的 Opacity 字段中输入“1”，并按 Enter 键。

此时，在窗口中只有要分析类别的颜色显示在原图像的上面，其他类别都是透明的。

步骤 5：确定类别意义及精度

虽然已经得到了一个分类图像，但是对于各个分类的专题意义目前还没有确定，这一步就是要通过设置分类图像在原图像背景上闪烁(Flicker)，观察其与背景图像之间的关系，从而判断该类别的专题意义，并分析其分类准确程度。当然，也可以用卷帘显示(Swipe)、混合显示(Blend)等图像叠加显示工具进行判别分析。

在菜单条单击【Utility】→【Flicker】，打开 Viewer Flicker 对话框，可以进行如下设置。

◎设置闪烁速度(Speed)：500。

◎设置自动闪烁状态，选择 Auto Mode(观察类别与原图像之间的对应关系)。

◎单击【Cancel】按钮，关闭 Viewer Flicker 对话框。

步骤 6：标注类别名称和颜色

根据上一步做出的分类专题意义的判别，在属性表中赋予分类名称(英文或拼音)。在 Raster Attribute Editor 窗口(qy_unsuperclass 的属性表)中进行如下设置。

◎单击上一部分析类别的 Row 字段从而选择该类别。

◎单击该类别的 Class Names 字段从而进入输入状态。

◎在 Class Names 字段中输入该类别的专题名称(如水体)并按 Enter 键。

◎右击该类别的 Color 字段(颜色显示区)。

◎打开 As Is 菜单。

◎选择一种合适的颜色(如水体为蓝色)。

重复步骤4、5、6，直到对所有类别都进行了分析与处理。在进行分类叠加分析时，每次可以选择一个类别，也可以选择多个类别同时进行。

步骤7：合并类别与重定义属性

如果经过上述6个步操作获得了比较满意的分类，非监督分类的过程就可以结束；反之，如果在进行上述各步操作的过程中发现分类方案不够理想，就需要进行分类后处理，如进行聚类统计、过滤分析、去除分析和分类重编码等，具体方法详见本项目相关任务。由于给定的初始分类数量比较多，因而往往需要进行类别的合并操作(分类重编码)。合并操作之后，就意味着形成了新的分类方案，需要按照上述步骤重新定义分类色彩、分类名称、计算分类面积等属性。

9.1.4.3 聚类统计

应用监督分类或非监督分类，分类结果中都会产生一些面积很小的图斑。无论从专题制图的角度还是从实际应用的角度，都有必要对这些小图斑进行剔除。应用 ERDAS 系统中的 GIS 分析功能 Clump、Sieve、Eliminate 等，可以联合完成小图斑的处理工作。聚类统计是通过对分类专题图像计算每个分类图斑的面积、记录相邻区域中最大图斑面积的分类值等操作，产生一个 Clump 类组输出图像，其中每个图斑都包含 Clump 类组属性。Clump 类组输出的图像是一个中间文件，用于进行下一步处理。

在 ERDAS 图标面板工具条，单击【Interpreter】→【GIS Analysis】→【Clump】，打开 Clump 对话框(图 9-9)。在 Clump 对话框中，需要确定下列参数。

◎确定输入文件(Input File)：qy_unsuperclass15. img。

◎定义输出文件(Output File)：qy_unsupercla_clump. img。

◎文件坐标类型(Coordinate Type)：Map。

◎处理范围确定(Subset Definition)，在 ULX/Y、LRX/Y 微调框中输入需要的数值(默认状态为整个图像范围，可以应用 Inquire Box 定义子区)。

◎确定聚类统计邻域大小(Connect Neighbors)：8(统计分析将对每个像元四周的8个相邻像元进行)。

◎单击【OK】按钮，关闭 Clump 对话框，执行聚类统计分析。

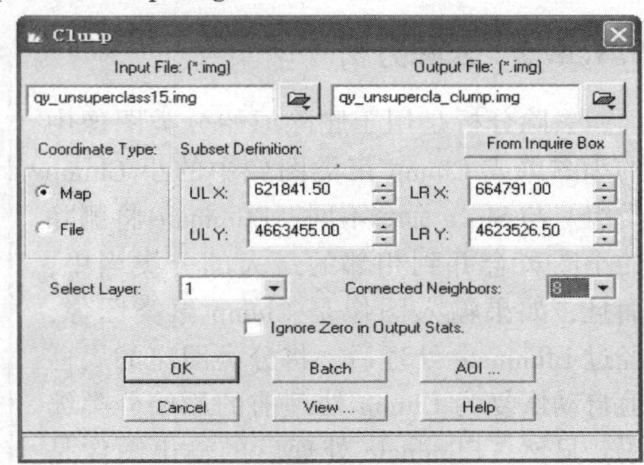

图 9-9 Clump 对话框

说明：Clump 聚类统计分析需要较长的时间，特别当邻域为8时；如果图像本身非常大，建议统计邻域选择4。

9.1.4.4　过滤分析

过滤分析是对经 Clump 处理后的 Clump 类组图像进行处理，按照定义的数值大小，删除 Clump 图像中较小的类组图斑，并给所有小图斑赋予新的属性值 0。显然，这里引出了一个新的问题，就是小图斑的归属问题。可以与原分类图对比确定其新属性，也可以通过空间建模方法，调用 Delerows 或 Zone 工具进行处理(详见 ERDAS 空间建模联机帮助)。Sieve 经常与 Clump 命令配合使用，对于无需考虑小图斑归属的应用问题，有很好的作用。

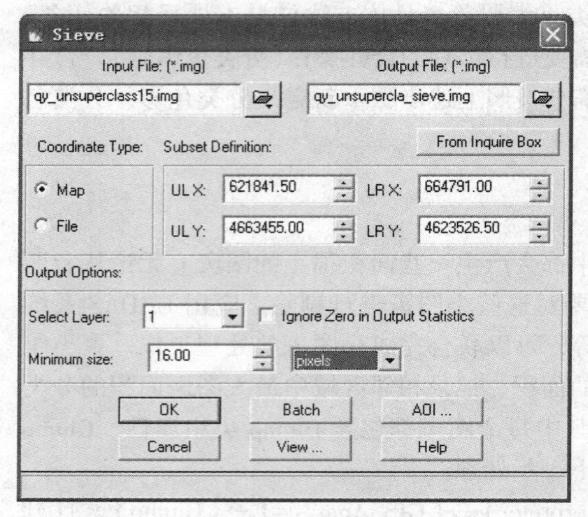

图 9-10　Sieve 对话框

在 ERDAS 图标面板工具条，单击【Interpreter】→【GIS Analysis】→【Sieve】，打开 Sieve 对话框(图 9-10)。在 Sieve 对话框中，需要确定下列参数。

◎确定输入文件(Input File)：qy_unsuperclass15.img。

◎定义输出文件(Output File)：qy_unsupercla_sieve.img。

◎文件坐标类型(Coordinate Type)：Map。

◎处理范围确定(Subset Definition)，在 ULX/Y、LRX/Y 微调框中输入需要的数值(默认状态为整个图像范围，可以应用 Inquire Box 定义子区)。

◎确定最小图斑大小(Minimum size)：16 pixels。

◎单击【OK】按钮，关闭 Sieve 对话框，执行过滤分析。

9.1.4.5　去除分析

去除分析是用于删除原始分类图像中的小图斑或 Clump 聚类图像中的小 Clump 类组。与 Sieve 命令不同，Eliminate 将删除的小图斑合并到相邻的最大的分类当中，而且，如果输入图像是 Clump 聚类图像，经过 Eliminate 处理后，将分类图斑的属性值自动恢复为 Clump 处理前的原始分类编码。显然，Eliminate 处理后的输出图像是简化了的分类图像。

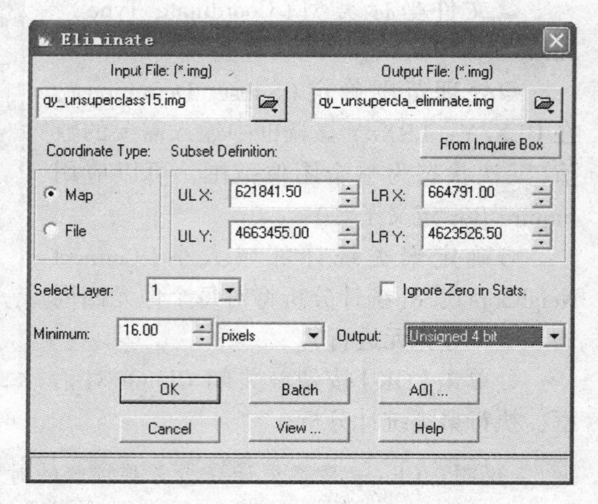

图 9-11　Eliminate 对话框

在 ERDAS 图标面板工具条，单击【Interpreter】→【GIS Analysis】→【Eliminate】，打开 Eliminate 对话框(图 9-11)。

在 Eliminate 对话框中，需要确定下列参数。

◎确定输入文件(Input File)：qy_unsuperclass15. img。

◎定义输出文件(Output File)：qy_unsupercla_Eliminate. img。

◎文件坐标类型(Coordinate Type)：Map。

◎处理范围确定(Subset Definition)，在 ULX/Y、LRX/Y 微调框中输入需要的数值，默认状态为整个图像范围，可以应用 Inquire Box 定义子区。

◎确定最小图斑大小(Minimum)：16 pixels。

◎确定输出数据类型(Output)：Unsigned 4 bit。

◎单击【OK】按钮，关闭 Eliminate 对话框，执行去除分析。

9.1.4.6 分类重编码

分类重编码作为分类后的处理命令之一，主要是针对非监督分类而言的。由于非监督分类之前，用户对分类地区缺少了解，所以在非监督分类过程中，一般要定义比最终需要多一定数量的分类数。在完全按照像元灰度值通过 ISO-DATA 聚类获得分类方案后，首先是将专题分类图像与原始图像对照，判断每个分类的专题属性，然后对相近或类似的分类通过图像重编码进行合并，并定义分类名称和颜色。当然，分类重编码还可以用在其他很多方面。

在 ERDAS 图标面板工具条，单击【Interpreter】→【GIS Analysis】→【Recode】，打开 Recode 对话框(图 9-12)。在 Recode 对话框中，需要确定下列参数。

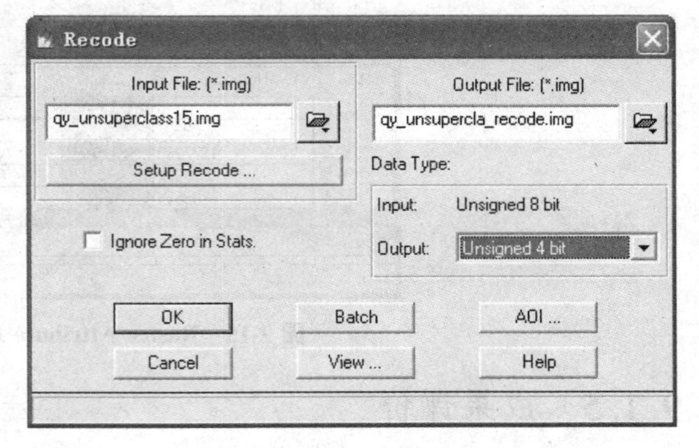

图 9-12 Recode 对话框

◎确定输入文件(Input File)：qy_unsuperclass15. img。

◎定义输出文件(Output File)：qy_unsupercla_recode. img。

◎设置新的分类编码(Setup Recode)，单击【Set up Recode】按钮。

◎打开 Thematic Recode 表格(图 9-13)。

◎根据需要改变 New Value 字段的取值(直接输入，把相同的类别用相同的数字表示)，该任务将原来的 15 类合并成 4 类(图 9-13)。

◎单击【OK】按钮，关闭 Thematic Recode 表格，完成新编码输入。

◎确定输出数据类型(Output)：Unsigned 4 bit。

◎单击【OK】按钮，关闭 Recode 对话框，执行图像重编码，输出图像将按照 New Value 变换专题分类图像属性，产生新的专题分类图像。

可以在 Viewer 窗口中打开重编码后的专题分类图像，查看其分类属性表。在 Viewer 窗口菜单条单击【File】→【Open】→【Raster Layer】，选择 qy_unsupercla_recode. img 文件(图 9-14)。

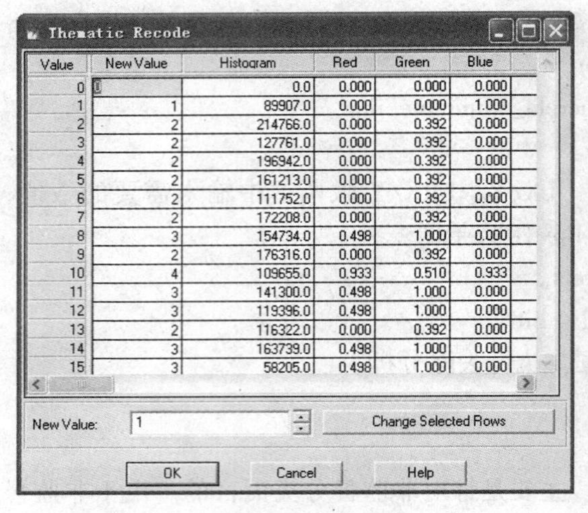

图 9-13　Thematic Recode 表格

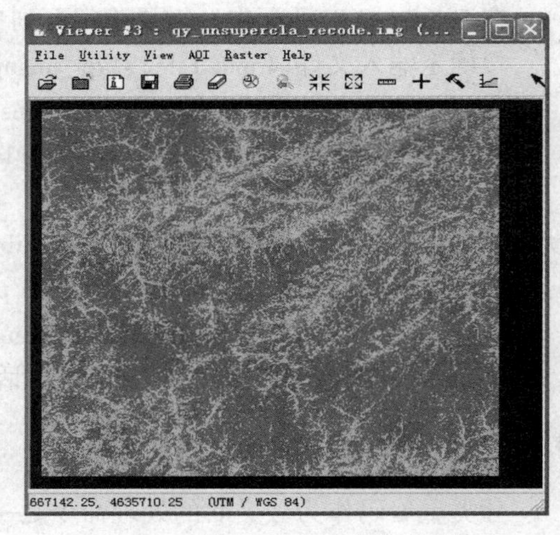

图 9-14　重编码后的土地类型分类图

在菜单条依次单击【Raster】→【Attributes】，打开 Raster Attribute Editor 属性表(图 9-15)。对比图 9-13 和图 9-15，特别是 Histogram 字段的数值，会发现两者之间的联系与区别。

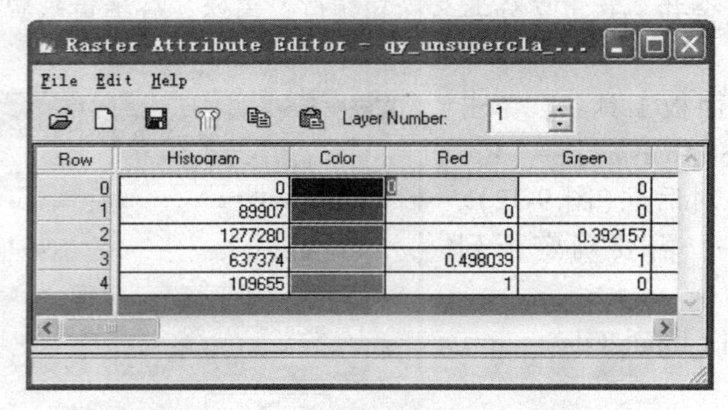

图 9-15　Raster Attribute Editor 属性表

9.1.5　成果评价

土地类型非监督分类验收考核评价指标设定方法参考表 9-2。

表 9-2　土地类型非监督分类验收考核评价表

<table>
<tr><td colspan="2">姓名：</td><td>班级：</td><td>小组：</td><td colspan="2">指导教师：</td></tr>
<tr><td colspan="3">教学任务：学院实验林场土地类型非监督分类</td><td colspan="3">完成时间：</td></tr>
<tr><td colspan="6">过程考核 60 分</td></tr>
<tr><td colspan="2">评价内容</td><td colspan="2">评价标准</td><td>赋分</td><td>得分</td></tr>
<tr><td rowspan="4">1</td><td rowspan="4">专业能力</td><td colspan="2">1. 准确理解非监督分类的概念</td><td>10</td><td></td></tr>
<tr><td colspan="2">2. 能够建立分类方案及方案的调整</td><td>10</td><td></td></tr>
<tr><td colspan="2">3. 能够进行分类后的处理</td><td>10</td><td></td></tr>
<tr><td colspan="2">4. 能够完成土地类型非监督分类</td><td>10</td><td></td></tr>
</table>

（续）

评价内容		评价标准		赋分	得分
2	方法能力	1. 充分利用网络、期刊等资源查找资料		3	
		2. 灵活运用遥感图像处理的各种方法		4	
		3. 具有灵活处理遥感图像问题的能力		4	
3	社会能力	1. 与小组成员协作，有团队意识		3	
		2. 在完成任务过程中勇挑重担，责任心强		3	
		3. 接受任务态度认真		3	
结果考核 40 分					
4	工作成果	学院实验林场土地类型非监督分类验收报告	报告条理清晰	10	
			报告内容全面	10	
			结果检验方法正确	10	
			格式编写符合要求	10	
总评				100	
指导教师反馈：（教师根据学生在完成任务中的表现，肯定成绩的同时指出不足之处和修改意见） 年　月　日					

9.1.6 拓展知识

9.1.6.1 森林遥感影像解译标志

不同森林类型在遥感影像上具有各自特有的影像特征，包括色调、形状、大小、位置及地物之间的平面位置关系、阴影和纹理等，而且随着传感器类型、波段组合、时相、分布区域的不同，影像特征的表现形式也有所差异。在我国森林资源清查工作中，TM/ETM+卫星影像作为主要数据源应用于森林资源遥感调查已经很普遍，全国各省份均形成较为完整的主要地类解译标志；同时其他林业监测项目也在遥感应用方面做了大量的研究、实践工作。全国森林资源多阶遥感监测应充分利用全国森林资源清查遥感解译成果，同时结合土地荒漠化/沙化、湿地等林业监测的遥感应用实践，丰富和发展森林资源遥感影像特征及其解译标志库，形成全面、系统的解译标志标准和技术体系。

9.1.6.2 主要地类解译标志

在全国森林资源清查中，主要森林类型的遥感解译选用 TM/ETM 数据的原则是森林处于生长季，且林地与其他地类界线明晰。波段组合为 TM/ETM4、5、3 三个波段，分别配以红、绿、蓝三原色进行彩色合成，用于目视解译。对于 ETM 数据还将再与第 8 波段进行波段融合，最后形成分辨率为 15m 的假彩色图像，进一步提高影像的空间分辨率和信息丰富度，以利于目视解译工作。下面以吉林省 2004 年遥感调查结果来分析主要地类的遥感影像解译标志。

①针叶林：色调多为褐色、灰褐色、红褐色或深褐色，形状为不规则片状，纹理除疏林外均较均匀，地域分布没有明显规律，在山地、丘陵和平地均有分布。

②阔叶林：色调多为红色、鲜红色、橙红色或暗红色，形状为不规则片状，纹理随龄组和郁闭度变化明显，除幼中疏林和近成、过熟密林外，多数森林纹理均表现出一定的粗糙度，地域分布没有明显规律，在山地、丘陵和平地均有分布。

③针阔混交林：色调为红、橙和褐组合色，形状为不规则片状，纹理粗糙、不均匀，其中近成、过熟密林有颗粒状影像特征，地域分布也没有明显规律，在山地、丘陵和平地均有分布。

④经济林：色调为灰黄色、橙黄色，形状为规则或不规则片状，纹理粗糙且有明显颗粒，在丘陵和平地有分布。

⑤疏林地：色调为橙色与青色相间，形状为不规则斑片，纹理小、均匀，有斑状，多分布于山地和丘陵。

⑥灌木林地：色调为青色，形状为不规则片状，纹理较粗糙，多分布于山地、丘陵。

⑦未成林造林地：色调为橙黄色，形状为规则或不规则片状，纹理较均匀，多分布于丘陵、平地。

⑧苗圃地：色调为浅蓝绿色，形状规则片状，纹理不均匀、有颗粒，多分布于丘陵、平地。

⑨无林地：色调为浅蓝绿色、亮黄白色或浅绿色，形状为不规则片状，纹理较粗糙，宜林荒山和采伐迹地多分布于丘陵和山地，在河流附近的宜林沙(荒)地也有分布。

⑩农地：色调随种植作物的变化而有所变化，包括红色、灰绿色、粉色等，但均匀，纹理一致性强，为有规则的片状，多分布于平地、丘陵。

⑪水域：色调为蓝色或黑色且均匀，形状为带状或片状，纹理均匀、平滑，分布在河流、湖泊及地势低洼处。

⑫未利用地：色调为蓝紫色、墨绿色，形状为规则或不规则片状，纹理均匀或有颗粒，多分布于沼泽、海边滩涂。

⑬其他用地：色调为蓝白或黑蓝色，形状为不规则片状或线状，纹理不均匀且有颗粒，主要分布于居民点、路、桥等区域。

9.1.6.3 土地荒漠化/沙化解译标志

中国是世界上受荒漠化危害最严重的国家之一，土地荒漠化面积大、分布广，主要发生在新疆、宁夏、甘肃和陕西等省(自治区)。到目前为止，全国先后开展了3次荒漠化/沙化调查，全国森林资源清查也对各总体内的土地退化情况进行了遥感调查。二者的荒漠化/沙化信息提取也均以TM为主，波段组合选用TM4、TM5、TM3波段。下面以天津市为例介绍区域内土地荒漠化/沙化状况的遥感影像特征及其解译和标志。

①半固定沙地(丘)：色调为淡黄色，形状为不规则片状，有较大斑点，主要分布于河流边。

②固定沙地(丘)：色调为淡黄色，形状为不规则片状，斑点相比半固定沙地(丘)较小，主要分布于河流边。

③沙改田：色调为粉红色或淡蓝色，形状为规则或小规则片状，纹理粗糙且不均匀，主要分布于河流边。

④轻度盐渍荒漠化：色调为浅蓝色，形状为规则片状，有较均匀条纹，主要分布于表面较潮湿处。

⑤中度盐渍荒漠化：色调为略深的蓝色，形状为规则片状，有较均匀条纹，主要分布于表面较潮湿处。

9.1.6.4　主要湿地类型遥感解译标志

我国江河溪流纵横，湿地资源分类复杂多样且区域分布明显，解译标志的建立在沿海和内地分别进行。尤其是除沿海以外的其余各地，选用的影像数据最好为非旱季但降水相对较少的季节影像，原因是湖泊、河流的水位不高，有利于湖泊滩地和河流滩地的出露；同时植被旺盛，易于在遥感图像上进行判读解译。选取波段同样为 TM4、TM5 和 TM3 波段。吉林省 2004 年各类湿地的解译标志如下。

①近海及海岸湿地：色调为蓝紫色，形状为大而积片状，纹理均匀平滑，主要是海边。

②河流湿地：色调为深蓝色、黑色，形状为带状或线状，纹理均匀平滑，主要是河流。

③湖泊湿地：色调为深蓝色、黑色，形状为规则或不规则片状，纹理均匀平滑，主要是湖泊、水库。

④沼泽和沼泽化草甸湿地：色调为墨绿色，形状为规则或不规则片状，纹理不均匀且有红色斑，主要是河流、地势低洼处。

⑤人工湿地：色调为红色或蓝色，形状为规则或不规则片状，纹理粗糙且有条纹或颗粒，主要是近海、虾塘、鱼塘。

思考与练习

1. 简述什么是非监督分类。
2. 试述分类后处理有哪些方法。
3. 对给定的遥感影像进行非监督分类。

9.2　遥感影像土地利用监督分类

9.2.1　任务描述

本任务为学院所属城区土地类型的监督分类，主要包括分类模板的定义、分类模板的评价、执行监督分类和分类结果的评价 4 个子任务。学院所属城区为沈阳市苏家屯区，在现有的 ETM 遥感图像上看，苏家屯区的土地类型特征突出、界线明显，为本次任务的完成提供了良好的数据保证。

9.2.2　任务目标

①掌握遥感图像监督分类的概念。

②掌握遥感图像监督分类的方法步骤。

9.2.3　相关知识

监督分类(Supervised Classification)比非监督分类需要用户采取更多的控制，常用于对研究区域比较了解的情况。在监督分类过程中，首先选择可以识别或者借助其他信息可以断定其类型的像元建立模板，然后基于该模板使计算机系统自动识别具有相同特性的像元。对分类结果进行评价后再对模板进行修改，多次反复后建立一个比较准确的模板，并在此基础上最终进行分类。

9.2.4　任务实施

监督分类一般有以下几个步骤：定义分类模板(Define Signatures)、评价分类模板(Evaluate Signatures)、进行监督分类(Perform Supervised Classification)和评价分类结果(Evaluate Classification)，下面结合任务 9.2 的遥感数据介绍监督分类的具体操作步骤。

9.2.4.1　定义分类模板

ERDAS IMAGINE 的监督分类是基于分类模板(Classification Signature)来进行的，而分类模板的生成、管理、评价和编辑等功能是由分类模板编辑器(Signature Editor)来负责的。毫无疑问，分类模板编辑器是进行监督分类不可缺少的组件。在分类模板编辑器中生成分类模板的基础是原图像和(或)其特征空间图像。因此，显示这两种图像的窗口也是进行监督分类的重要组件。

步骤 1：显示需要分类的图像

在 Viewer 窗口中打开苏家屯区影像图 sjt_3－5. img(Red4/Grean5/Blue3，选择 Fit to Frame，其他使用默认设置。

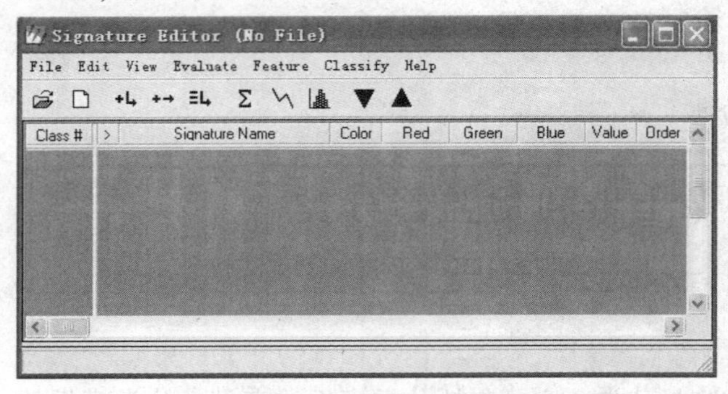

图 9-16　Signature Editor 窗口

步骤 2：打开分类模板编辑器

在 ERDAS 图标面板工具条依次单击【Classifier】→【Classification】→【Signature Editor】，打开 Signature Editor 窗口(图 9-16)。从图 9-16 中可以看到分类模板编辑器由菜单条、工具条和分类模板属性表 3 部分组成，各组成部分的主要命令、图标以及功能分别见表 9-3～表 9-5。

表 9-3　分类模板编辑器菜单命令与功能

命　令	功　能
File:	文件操作:
New	打开分类模板编辑器
Save	保存分类模板文件(. sig)
Save As	重新保存分类模板文件
Report	产生分类模板统计特征

（续）

命 令	功 能
Close	关闭当前分类模板编辑器
Close All	关闭所有分类模板编辑器
Edit：	编辑操作：
Undo	恢复前一次编辑操作
Add	加载新的分类模板
Replace	替换当前分类模板
Merge	合并所选择的分类模板
Delete	删除所选择的分类模板
Colors	改变所选分类模板颜色
Values	复位或颠倒分类模板数值
Order	复位或颠倒分类模板顺序
Probabilities	设置分类模板的概率数值
Parallelepiped Limits	设置分类模板的判别极限
Layer Selection	确定进行分类或分析的图像
Image Association	定义产生分类模板的源图像
Extract from Thematic Layer	从分类图像中获取分类模板
View：	显示操作：
Image AOI	窗口中显示当前分类模板 AOI
Image Alarm	窗口中显示分类模板预警
Statistics	分类模板中显示统计特征值
Mean Plots	绘制分类模板各波段平均光谱曲线
Histograms	显示所选分类模板统计直方图
Comments	浏览或增加分类模板注释
Columns	确定在分类模板编辑器显示的属性
Evaluate：	模板评价：
Separability	计算分类模板之间的分离性(距离)
Contingency	计算图像 AOI 符合分类的可能性
Feature：	特征空间图像操作：
Create	生成特征空间图像
View	建立特征空间与图像窗口之联系
Masking	将分类模板 AOI 作为图像掩膜
Statistics	计算特征空间图像分类模板统计值
Objects	显示特征空间图像分类模板统计图
Classify：	执行分类：
Unsupervised	应用 ISO-DATA 算法进行非监督分类
Supervised	应用分类模板进行监督分类
Help：	联机帮助：

表 9-4　分类模板编辑器工具图标与功能

图标	命　令	功　能
	Open Signature File	打开已有分类模板文件
	New Signature Editor	打开新的分类模板编辑器
	Create New Signature	依据 AOI 区域建立新的分类模板
	Replace Signatures	用所选 AOI 替换当前分类模板
	Merge Signatures	合并所选择的一组分类模板
	Display Statistics	显示分类模板的统计特征值
	Mean Plot	绘制分类模板各波段平均光谱曲线
	Display Histograms	显示所选分类模板的统计直方图
	Scroll Signature Down	向下移动分类模板标记符号(>)
	Scroll Signature Up	向上移动分类模板标记符号(>)

表 9-5　分类模板编辑器属性表数据项含义

数据项	含　义	数据项	含　义
Class#	分类编号	Order	分类过程中的判断顺序
>	当前分类指示符号	Count	分类样区中的像元个数
Signature Name	分类名称(将带入分类图像)	Prob.	分类可能性权重(用于分类判断)
Color	分类颜色(将带入分类图像)	P(Parametric)	标识分类是否依据一定的参数
Red	分类颜色中的红色数值	I(Inverse)	标识方差矩阵是否可以转置
Green	分类颜色中的绿色数值	H(Histogram)	标识分类是否存在统计直方图
Blue	分类颜色中的蓝色数值	A(AOI)	标识分类是否与窗口中的 AOI 对应
Value	分类代码(只能用正整数)	FS(Feature Space)	标识分类是否来自于特征空间图像

步骤 3：调整分类属性字段

在 Signature Editor 窗口的分类属性表中有很多字段，不同字段对于建立分类模板的作用或意义是不同的，为了突出作用比较大的字段，需要进行必要的调整。在 Signature Editor 窗口菜单条，依次单击【View】→【Columns】，打开 View Signature Columns 对话框(图 9-17)。在 View Signature Columns 对话框进行如下操作。

◎单击第一个字段的 Column 列并向下拖动鼠标直到最后一个字段，此时，所有字段都被选择上，并用黄色(默认色)标识出来。

◎按住 Shift 键的同时分别单击 Red、Green、Blue 3 个字段，Red、Green、Blue 3 个字段将分别从选择集中被清除。

◎单击【Apply】按钮，分类属性表中显示的字段发生变化。

◎单击【Close】按钮，关闭 View Signature Columns 对话框。

从 View Signature Columns 对话框可以看到，Red、Green、Blue 3 个字段将不再显示。

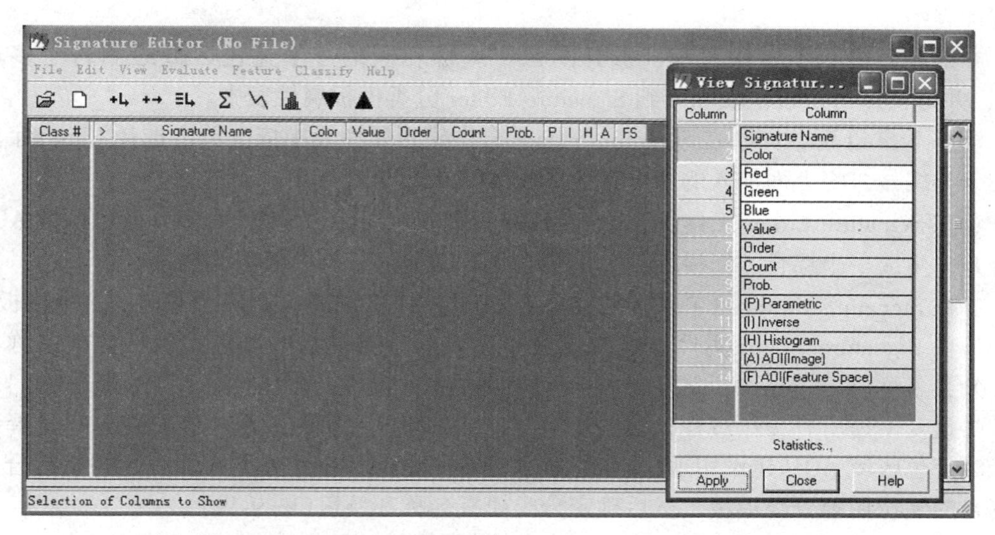

图 9-17 Signature Editor 窗口和 View Signature Columns 对话框

步骤 4：获取分类模板信息

可以分别应用 AOI 绘图工具、AOI 扩展工具和查询光标、扩展和在特征空间图像中应用 AOI 工具 4 种方法，在原始图像或特征空间图像中获取分类模板信息，在实际工作中可能只用其中的一种方法即可，也可能要将几种方法联合应用。无论是在原图像还是在随后要讲的特征空间图像中，都是通过绘制或产生 AOI 区域来获取分类模板信息，具体方法如下。

①应用 AOI 绘图工具在原始图像获取分类模板信息：若要显示 sjt_3-5. img 图像的工具条，可单击【Tools】图标，打开 Raster 工具面板(图 9-18)，也可在 sjt_3-5. img 图像的菜单条单击【Raster】→【Tools】命令，打开 Raster 工具面板。下面的操作将在 Raster 工具面板、图像窗口、Signature Editor 对话框三者之间交替进行。

◎在 Raster 工具面板单击图标【Create New Signature】，进入多边形 AOI 绘制状态。

◎在图像窗口中选择蓝色区域(水体)，绘制一个多边形 AOI。

◎在 Signature Editor 窗口，单击【Create New Signature】图标，将多边形 AOI 区域加载到 Signature Editor 分类模板属性表中。

◎在图像窗口中选择另一个蓝色区域，再绘制一个多边形 AOI。

◎同样在 Signature Editor 窗口，单击【Create New Signature】图标，将多边形 AOI 域加载到 Signature Editor 分类模

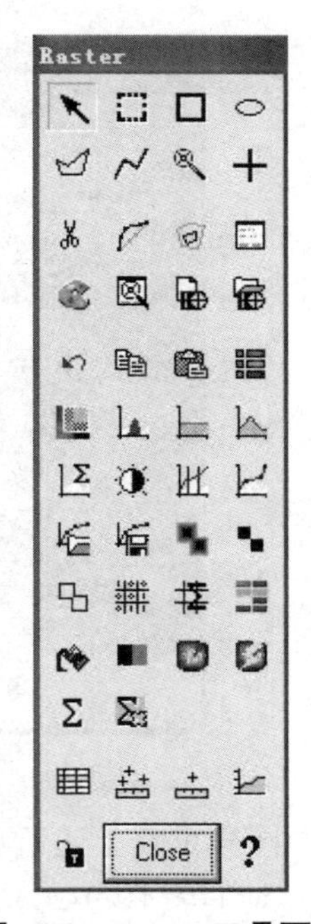

图 9-18 Raster 工具面板

板属性表中。

◎重复上述两步操作过程，选择图像中属性相同的多个蓝色区域绘制若干多边形 AOI，并将其作为模板依次加入到 Signature Editor 分类模板属性表中。

◎按下 Shift 键，同时在 Signature Editor 分类模板属性表中依次单击选择 Class#字段下面的分类编号，将上面加入的多个蓝色区域 AOI 模板全部选定。

◎在 Signature Editor 工具条，单击【Merge Signatures】图标，将多个蓝色区域 AOI 模板合并，生成一个综合的新模板，其中包含了合并前的所有模板像元属性。

◎在 Signature Editor 菜单条，依次单击【Edit】→【Delete】，删除合并前的多个模板。

◎在 Signature Editor 属性表，改变合并生成的分类模板的属性，包括分类名称与颜色。分类名称(Signature Name)：Agriculture；颜色(Color)：蓝色。

◎重复上述所有操作过程，根据实地调查结果和已有研究成果，在图像窗口选择绘制多个淡蓝色区域 AOI(建设用地)，依次加载到 Signature Editor 分类属性表，并执行合并生成综合的建设用地分类模板，然后确定分类模板名称和颜色(图 9-19)。

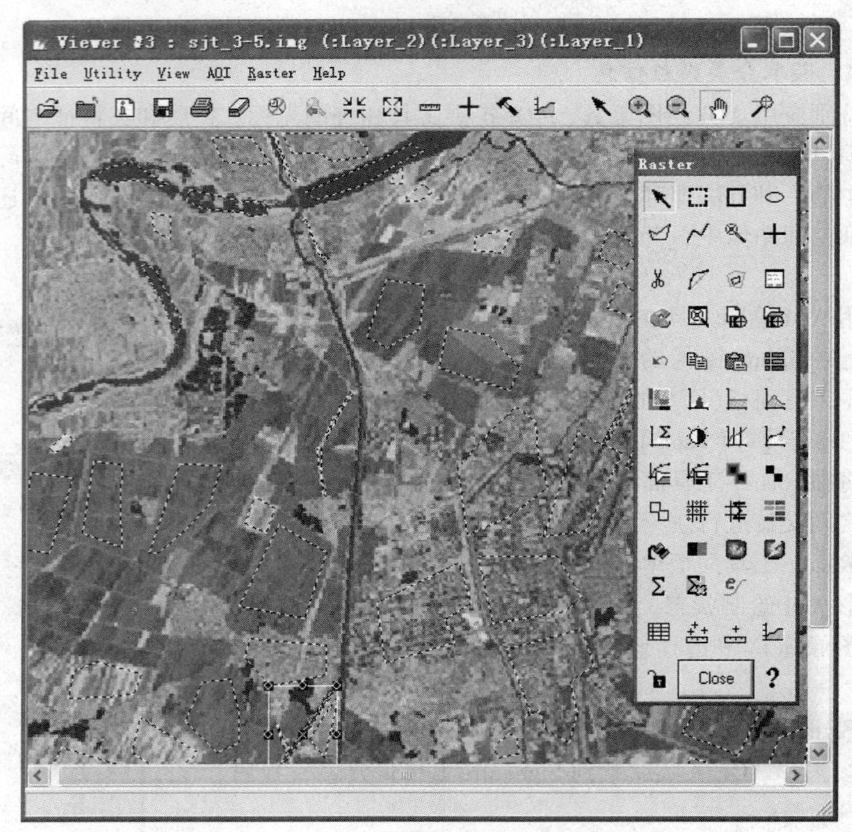

图 9-19　多个 AOI 分类区域

◎同样重复上述所有操作过程，绘制多个猩红色区域 AOI(菜地)、多个蓝绿色区域 AOI(草地)等(图 9-20)，加载、合并、命名，建立新的模板。

◎如果将所有的类型都建立了分类模板，就可以保存分类模板。

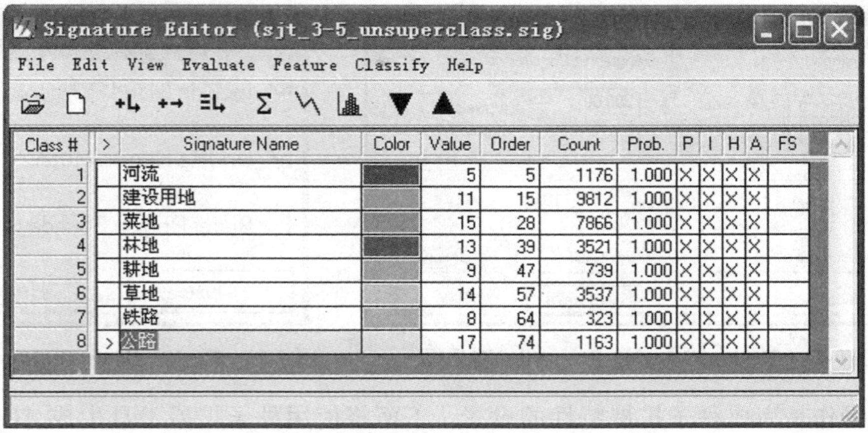

Signature Editor (sjt_3-5_unsuperclass.sig)

File Edit View Evaluate Feature Classify Help

Class #	>	Signature Name	Color	Value	Order	Count	Prob.	P	I	H	A	FS
1		河流		5	5	1176	1.000	X	X	X	X	
2		建设用地		11	15	9812	1.000	X	X	X	X	
3		菜地		15	28	7866	1.000	X	X	X	X	
4		林地		13	39	3521	1.000	X	X	X	X	
5		耕地		9	47	739	1.000	X	X	X	X	
6		草地		14	57	3537	1.000	X	X	X	X	
7		铁路		8	64	323	1.000	X	X	X	X	
8	>	公路		17	74	1163	1.000	X	X	X	X	

图 9-20 分类模板的名称颜色重定义

②应用 AOI 扩展工具在原始图像获取分类模板信息：应用 AOI 扩展工具生成 AOI 的起点是一个种子像元，与该像元相邻的像元被按照各种约束条件(如空间距离、光谱距离等)来考察，如果相邻像元符合条件被接受，就与种子像元一起成为新的种子像元组，并重新计算新的种子像元平均值(当然也可以设置为一直沿用原始种子的值)，随后的相邻像元将以新的种子像元平均值来计算光谱距离，执行进一步的判断。但是，空间距离始终是以最初的种子像像元为原点来计算的。应用 AOI 扩展工具在原始图像获取分类模板信息时，必须先设置种子像元特性，在 germtm. img 图像的菜单条单击【AOI】→【Seed Properties】命令，打开 Region Growing Properties 对话框(图 9-21)，在 Region Growing Properties 对话框中，设置下列参数：

◎选择相邻像元扩展方式(neighborhood)：选择按 4 个相邻像元扩展⊕，包括两种扩展方式：⊕表示以上、下、左、右 4 个像元作为相邻进行扩展；⊞表示种子像元周围的 9 个像元都是扩展的相邻像元。

◎选择区域扩展的地理约束条件(geographic constrains)，包括面积约束 Area，确定每个 AOI 所包含的最多像元数(或者面积)；距离约束 Distance，确定 AOI 所包含像元距种子像元的最大距离。这两个约束可以只设置一个，也可以设置两个或者一个也不设。

◎确定区域扩展的地理约束参数，约束面积大小为 300，采用单位为像元#pixels。

◎设置波谱欧氏距离(Spectral Euclidean Distance)为 10，这是判断相邻像元与种子像元平均值之间的最大波谱欧氏距离，大于该距离的相邻像元将不被接受。

◎单击【Options】按钮，打开 Region Grow Options 对话框(图 9-22)，设置区域扩展过程中的算法。Region Grow Options 对话框包含以下 3 种算法(3 个复选框)。Include Island Polygons：以岛的形式剔除不符合条件的像元，在种子扩展过程中可能会有些不符合条件的像元被符合条件的像元包围，该算法将剔除这些像元；Update Region Mean：重新计算种子平均值，不选则一直以原始种子的值为均值；Buffer Region Boundary：对 AOI 产生缓冲区，该设置在选择 AOI 编辑 DEM 数据时比较有用，可以避免高程的突然变化。在本例中选择前两项算法。

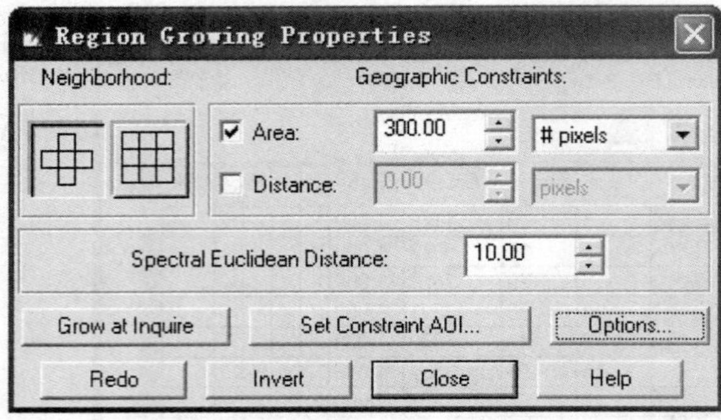

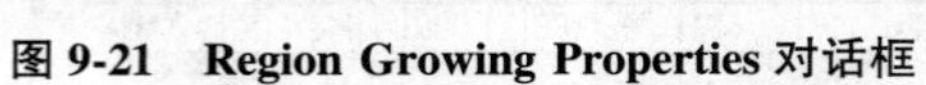
图 9-21　**Region Growing Properties** 对话框

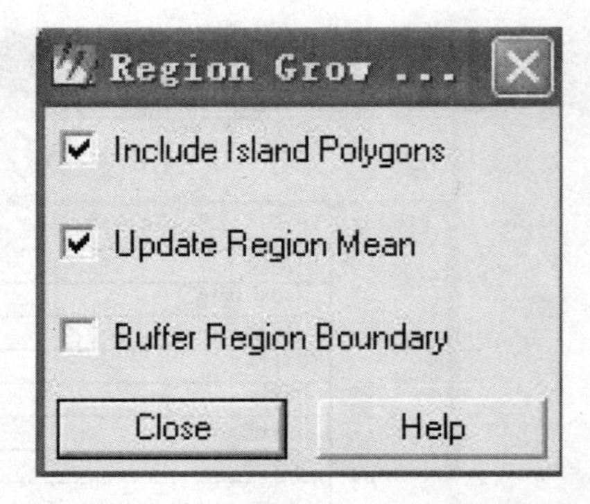

图 9-22　**Region Grow Options** 对话框

以上操作是完成种子扩展特性的设置，下面将使用种子扩展工具生成 AOI。在 germtm. img 图像的工具条，单击【Tools】图标，打开 Raster 工具面板，或在 germtm. img 图像的菜单条，依次单击【Raster】→【Tools】，打开 Raster 工具面板。下面的操作将在 Raster 工具面板、图像窗口和 Signature Editor 对话框三者之间交替进行。

◎在 Raster 工具面板单击图标，进入扩展 AOI 生成状态。

◎在图像窗口中选择红色区域(林地)，单击确定种子像元。

◎系统将依据所定义的区域扩展条件自动扩展生成一个 AOI。

◎如果生成的 AOI 不符合需要，可以修改 Region Growing Properties 参数，直到符合为止；如果对所生成的 AOI 比较满意，则继续进行下面的操作。

◎在 Signature Editor 对话框，单击【Create New Signature】图标。

◎将扩展 AOI 区域加载到 Signature 分类模板属性表。

◎重复上述两步操作过程，选择图像中您认为属性相同的多个红色区域单士生成若干扩展 AOI，并将其作为模板依次加入到 Signature Editor 分类模板属性表中。

◎按住 Shift 键，同时在 Signature Editor 分类模板属性表中依次单击选择 Class#字段下面的分类编号，将上面加入的多个红色区域扩展 AOI 模板全部选定。

◎在 Signature Editor 工具条，依次单击【Merge Signatures】图标，将多个红色区域 AOI 模板合并，生成一个综合的新模板，其中包含了合并前的所有模板像元属性。

◎在 Signature Editor 菜单条，依次单击【Edit】→【Delete】，删除合并前的多个模板。

◎在 Signature Editor 属性表，改变合并生成的分类模板的属性，包括名称与颜色分类名称(Signature Name)：Forest；颜色(Color)：红色。

◎重复上述所有操作过程，在图像窗口选择多个黑色区域定义种子像元，自动生成扩展 AOI(水体)，依次加载到 Signature Editor 分类属性表，并执行合并生成综合的水体分类模板，然后确定分类模板名称和颜色。

◎同样重复上述所有操作过程，绘制多个蓝色区域 AOI(建筑)、多个绿色区域 AOI(农田)等，加载、合并、命名，建立新的模板。

◎如果将所有的类型都建立了分类模板的话，就可以保存分类模板。

③应用查询光标扩展方法获取分类模板信息：本方法与方法②大同小异，只不过方法②是在选择扩展工具后，用单击的方式在图像上确定种子像元，而本方法是要用查询光标

确定种子像元。种子扩展的设置与方法②完全相同。在 sjt_3-5. img 图像的菜单条，依次单击【AOI】→【Seed Properties】，打开 Region Growing Properties 对话框。在 sjt_3-5. img 图像的工具条，单击【Inquire Cursor】图标 ，打开 Viewer 对话框(图 9-23)。同时图像窗口出现相应的十字查询光标，十字交点可以准确定位一个种子像元。在 germtm. img 图像的菜单条，依次单击【Utility】→【Inquire Cursor】，打开 Viewer 对话框。同时图像窗口出现相应的十字查询光标，十字交点可以准确定位一个种子像元。

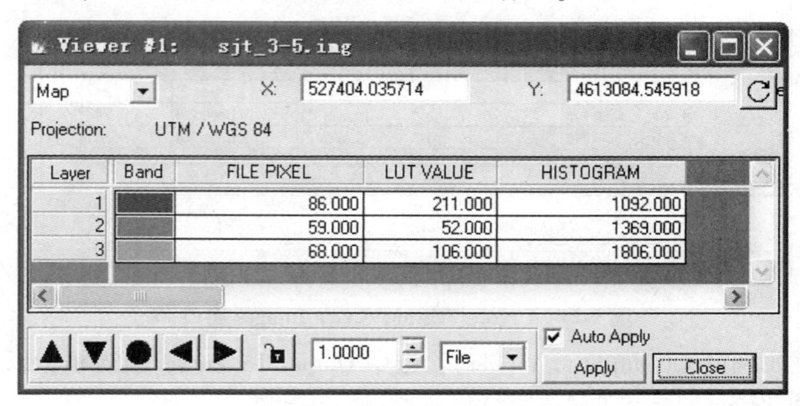

图 9-23 Viewer 对话框

下面的操作将在 Region Growing Properties 对话框、图像窗口或 Inquire Cursor 对话框、Signature Editor 对话框三者之间交替进行。

◎在显示 sjt_3-5. img 图像窗口，将十字查询光标交点移动到种子像元上，Inquire Cursor 对话框中光标对应像元的坐标值与各波段数值相应变化。

◎单击 Region Growing Properties 对话框左下部的 Grow at Inquire 按钮。

◎sjt_3-5. img 图像窗口中自动产生一个新的扩展 AOI。

◎在 Signature Editor 对话框中单击【Create New Signature】图标 。

◎将扩展 AOI 区域加载到 Signature 分类模板属性表中。

◎重复上述操作，参见方法②继续进行，直到生成分类模板文件。

④在特征空间图像中应用 AOI 工具产生分类模板：特征空间图像是依据需要分类的原图像中任意两个波段值分别作横、纵坐标轴形成的图像。前面所讲的在原图像上应用 AOI 区域产生分类模板是参数型模板，而在特征空间(Feature Space)图像上应用 AOI 工具产生分类模板则属于非参数型模板(Non-Parametric)。在特征空间图像中应用 AOI 工具产生分类模板的基本操作：生成特征空间图像、关联原始图像与特征空间图像，确定图像类型在特征空间的位置，在特征空间图像绘制 AOI 区域，将 AOI 区域添加到分类模板中，具体操作过程如下。

在 Signature Editor 窗口菜单条，依次单击【Feature】→【Create】→【Feature Space Layers】，打开 Create Feature Space Images 窗口(图 9-24)，在 Create Feature Space Images 窗口中，需要设置下列参数：

◎确定原图像文件名(Input Raster Layer)：sjt_3-5. img。

◎确定输出图像文件根名(Output Root Name)：sjt_3-5。

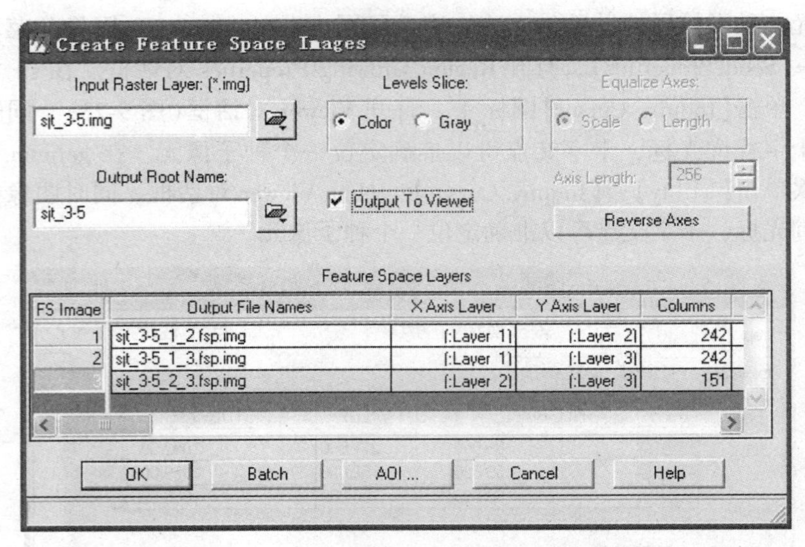

图 9-24　Create Feature Space Images 窗口

◎选择输出到窗口(Output to Viewer)，选中 Output To Viewer 复选框，以便生成的输口特征空间图像将自动在一个窗口中打开。

◎确定生成彩色图像，选择 Levels Slice 选项组中的 Color 单选按钮，即使产生黑白图像，也可以随后通过修改属性表而改为彩色。

◎在 Feature Space Layers 中选择特征空间图像为 sjt_2_3. fsp. img(是由第 2 波段和第 3 波段生成的特征空间图像)。

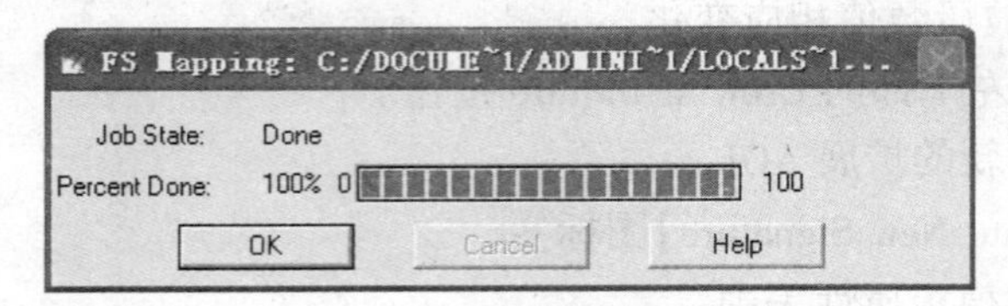

图 9-25　特征空间图像生成进程

◎单击【OK】按钮，关闭 Create Feature Space Image 对话框。

◎打开生成特征空间图像的进程状态条(图 9-25)。

◎进程结束后，打开特征空间图像窗口(图 9-26)。

说明：在 Create Feature Space Image 对话框 Feature Space Layers 表中，列出了 germtm. img 所有 6 个波段两两组合生成特征空间图像的文件名。这些特征空间图像的文件名是由在对话框中输入的文件根名以及该图像所使用的波段数组成的，如文件根名为 germtm，而使用的波段数为 2 和 5，则该特征空间图像的文件名为 germtm_2_5. fsp. img(其中 fsp 为 feature space 之意)。两个波段数字中在前面的数字表示产生的图像 X 轴为该数字波段的值，这个顺序可以通过单击 Create Feature Space Image 对话框右中部的【Reverse Axes】按钮进行反转。在本例中之所以选择图像中的 2 波段和 5 波段来产生特征空间图像，是由于下面是要产生针对水体的分类模板，而这两个波段的组合对水体的反映比较明显。这也说明在遥感图像分类工作中，对地物波谱特性的掌握是非常重要的。产生了特征空间图像后，需要将特征空间图像窗口与原图像窗口联系起来，从而分析原图像上的水体在特征空间图像上的位置。

在 Signature Editor 窗口菜单条，依次单击【Feature】→【View】→【Linked Cursors】，打开 Linked Cursor 对话框(图 9-27)。在 Linked Cursor 对话框中，可以选择原图像将与哪个窗口中的特征空间图像关联，以及在原图像上和特征空间图像上的十字光标的颜色等参数，并确定原始图像中的水体在特征空间图像中的位置范围。在 Linked Cursor 对话框中，进行下列参数设置。

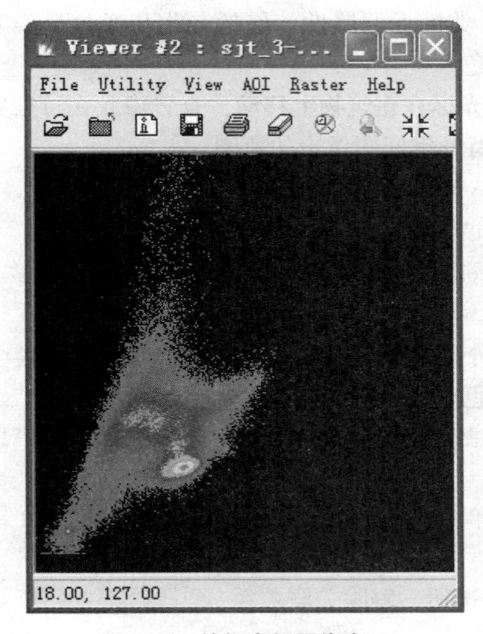

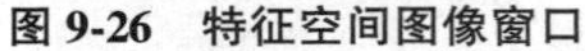
图 9-26　特征空间图像窗口

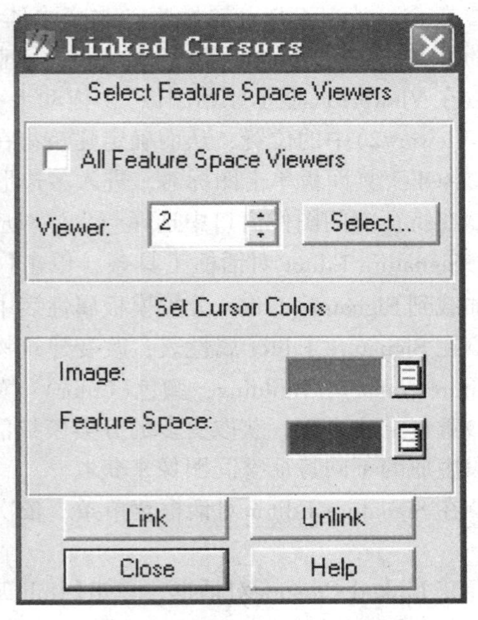

图 9-27　Linked Cursors 对话框

◎在 Viewer 微调框中输入“2”(因为 germtm_2_5. fsp. img 显示在 Viewer#2 中)也可以先单击【Select】按钮，再根据系统提示用鼠标在显示特征空间图像 germtm_2_5. fsp. img 的窗口中单击一下，此时，Viewer 微调框中将出现正确的窗口编号“2”。如果在多个窗口中显示了多幅特征空间图像，也可以选中 All Feature Space Viewers 复选框使原图像与所有的特征空间图像关联起来。

◎设置查询光标的显示颜色(Set Cursor Colors)，包括窗口图像与特征空间图像窗口图像查询光标的显示颜色。原图像(Image)：在 As Is 色表选择红色。特征空间图像(Feature Space)：在 As Is 色表选择蓝色。

◎单击【Link】按钮，两个窗口关联起来，两个窗口中的查询光标将同时移动。

◎在 Viewer#1(显示原始图像)中拖动十字光标在水体上移动，查看像元在特征空间图像(Viewer#2)中的位置，从而确定水体在特征空间图像中的范围。

以上操作不仅生成了特征空间图像，并将其显示 Viuewe#2 中，而且建立了原始图像与特征空间图像之间的关联，进一步确定了原始图像中水体在特征空间图像中的位置范围。下面将通过在特征空间图像上绘制水体所对应的 AOI 多边形，建立水体分类模板等。

显示 germtm_2_5. fsp. img 特征空间图像的菜单条。单击 AOI/Tools 命令，打开 AOI 工具面板。下面要进行特征空间图像中应用 AOI 工具产生分类模板的操作，需要在 AOI 工具面板、特征空间图像窗口、原始图像窗口以及 Signature Editor 对话框之间交替进行。

◎AOI 工具面板单击图标，进入多边形 AOI 绘制状态。

◎在特征空间图像窗口中选择与水体对应的区域，绘制一个多边形 AOI。

◎Signature Editor 对话框工具条，单击【Create New Signature】图标，将多边形 AOI 区域加载到 Signature Editor 分类模板属性表中。

◎在 Signature Editor 属性表，改变水体分类模板的属性，包括名称与颜色分类名称(Signature Name)：Water；颜色(Color)：深蓝色。

◎在 Viewer#1(显示原始图像)中拖动十字光标在建筑物上移动，查看像元在特征空间图像(Viewer#2)中的位置，从而确定建筑物在特征空间图像中的范围。

◎AOI 工具面板单击图标，进入多边形 AOI 绘制状态。

◎在特征空间图像窗口中选择与水体对应的区域，绘制一个多边形 AOI。

◎Signature Editor 对话框工具条，单击【Create New Signature】图标，将多边形 AOI 区域加载到 Signature Editor 分类模板属性表中。

◎在 Signature Editor 属性表，改变建筑物分类模板的属性，包括名称与颜色分类名称(Signature Name)：Building；颜色(Color)：黄色。

◎重复上述步骤，获取更多的分类模板信息。当然，不同的分类模板信息需要借助不同波段生成的不同特征空间图像来获取。

◎在 Signature Editor 对话框菜单条，依次单击【Feature】→【Statistics】，生成 AOI 统计特性。

◎在 Linked Cursors 对话框，单击【Unlink】按钮，解除关联关系。

◎单击【Close】按钮，关闭对话框。

说明：在特征空间中选择 AOI 区域时要力求准确，绝对不可以大概绘制，只有做到准确，才能够建立科学的分类模板，获得精确的分类结果。为了保证特征空间中绘制 AOI 的精度，在关联两个窗口进行观察时，可以在特征空间图像与水体对应的像元上产生一系列点状 AOI 作为标记，随后绘制 AOI 多边形时，将这些点都准确地包含进去。基于特征空间图像 AOI 区域产生的分类模板，本身并不包含任何统计信息，必须重新进行统计来产生统计信息。Signature Editor 对话框分类模板属性表中有一个名为 FS 的字段，如果其内容为空表明是非特征空间模板，如果其内容是由代表图像波段的两个数字组成的一组数字，则表明是特征空间模板。

步骤5：保存分类模板

在步骤4中，分别应用不同方法产生了分类模板，现在需要将分类模板保存起来，以便随后依据分类模板进行监督分类。在 Signature Editor 窗口菜单条进行以下操作。

◎依次单击【File】→【Save】。

◎打开 Save Signature File As 对话框。

◎确定是保存所有模板(All)或只保存被选中的模板(Selected)。

◎确定保存分类模板文件的目录和文件名(＊.sig)。

◎单击【OK】按钮，关闭 Save Signature File As 对话框，保存模板。

9.2.4.2 评价分类模板

分类模板建立后，就可以对其进行评价、删除、更名、与其他分类模板合并等操作。分类模板的合并可使用户应用来自不同训练方法的分类模板进行综合分类，这些模板训练方法包括监督、非监督、参数化和非参数化。

本节将要介绍的分类模板评价工具包括：分类预警(Alarms)、可能性矩阵(Contingency Matrix)、特征对象(Feature Objects)、特征空间到图像掩膜(Feature Space to Image Masking)、直方图方法(Histograms)、分离性分析(Separability)和分类统计分析(Statistics)等。当然，不同的评价方法各有不同的应用范围，例如，不能用分离性分析对非参数化(由特征空间产生)的分类模板进行评价，而且要求分类模板中应至少具有5个以上的类别。

【工具1】分类预警评价

分类预警评价是根据平行六面体分割规则(Parallelepiped Division Rule)进行判断，并依据属于或可能属于某一类别的像元生成一个预警掩膜，然后叠加在图像窗口显示，以示预警。一次预警评价可以针对一个类别或多个类别进行，如果没有在Signature Editor中选择类别，那么当前活动类别(Signature Editor中“>”符号旁边的类别)就被用于进行分类预警。本功能需要经过下述3个步骤的操作。

步骤1：产生分类预警掩膜

在Signature Editor窗口进行以下操作。

◎选择某一类或者某几类模板。

◎依次单击【View】→【Image Alarm】。

◎打开Signature Alarm对话框(图9-28)。

◎选中Indicate Overlap复选框，使同时属于两个及以上分类的像元叠加预警显示。

◎在Indicate Overlap复选框后面的色框中设置像元叠加预警显示的颜色：红色。

◎单击【Edit Parallelepiped Limits】按钮。

◎打开Limits对话框(图9-29)。

◎单击Limits对话框的【Set】按钮。

◎打开Set Parallelepiped Limits对话框(图9-30)。

◎设置计算方法(Method)：Minimum/Maximum。

◎选择使用当前模板(Signature)：Current。

◎单击【OK】按钮，关闭Set Parallelepiped Limits对话框。

◎返回Limits对话框(图9-29)。

◎单击【Close】按钮，关闭Limits对话框。

◎返回Signature Alarm对话框(图9-28)。

◎单击【OK】按钮，执行分类预警评价，形成预警掩膜，掩膜的颜色与模板颜色一致。

◎单击【Close】按钮，关闭Signature Alarm对话框。

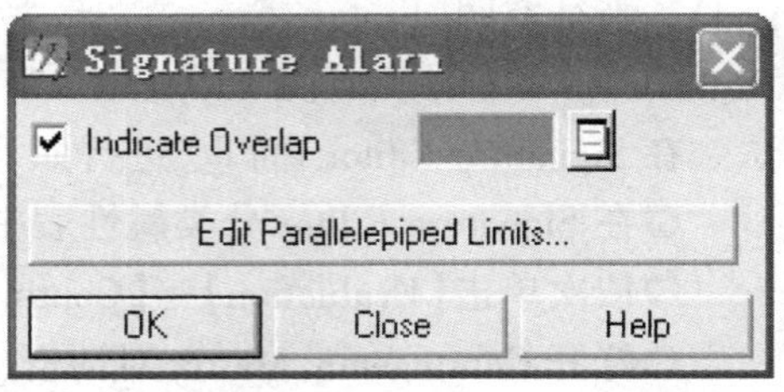

图9-28 Signature Alarm对话框

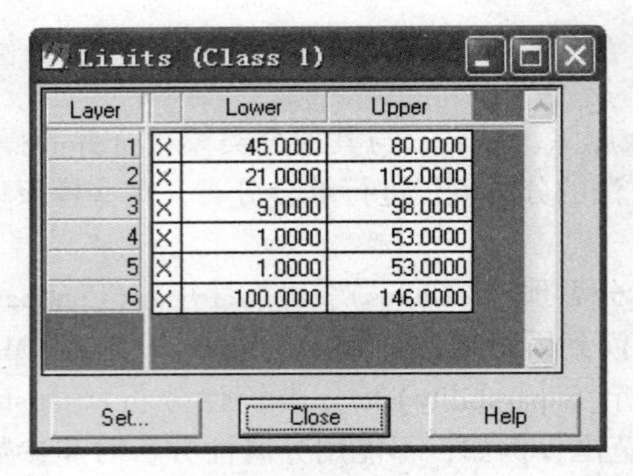

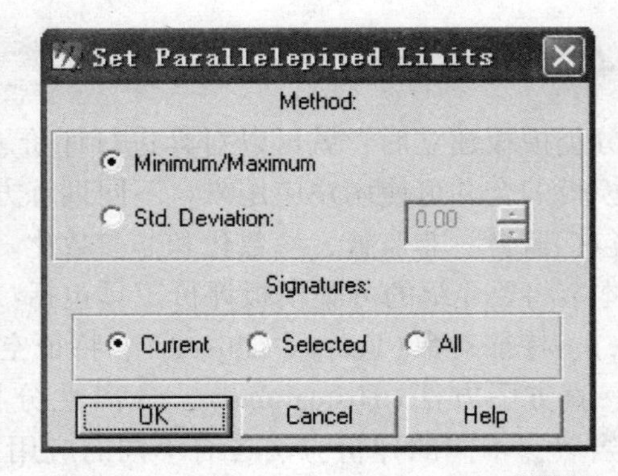

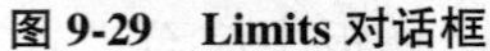
图 9-29　Limits 对话框　　　　图 9-30　Set Parallelepiped Limits 对话框

步骤 2：查看分类预警掩膜

可以应用图像叠加显示功能，如闪烁显示、混合显示、卷帘显示等，来查看分类预警掩膜与图像之间的关系。

步骤 3：删除分类预警掩膜

在菜单条依次单击【View】→【Arrange Layers】，打开 Arrange Layers 对话框进行以下操作。

◎右击【Alarm Mask】报警掩膜图层，弹出 Layer Options 快捷菜单。

◎单击【Delete Layer】命令，Alarm Mask 图层被删除。

◎单击【Apply】按钮，应用图层删除操作。

◎提示“Save Changes Before Closing?”

◎单击【NO】按钮。

◎单击【Close】按钮，关闭 Arrange Layers 对话框。

【工具 2】可能性矩阵

可能性矩阵评价工具是根据分类模板，分析 AOI 训练区的像元是否完全落在相应的类别之中。通常都期望 AOI 区域的像元分到它们参与训练的类别当中，实际上 AOI 中的像元对各个类都有一个权重值，AOI 训练样区只是对类别模板起一个加权的作用。Contingency Matrix 工具可同时应用于多个类别，如果没有在 Signature Editor 中确定选择集，则所有的模板类别都将被应用。

可能性矩阵的输出结果是一个百分比矩阵，说明每个 AOI 训练区中有多少个像元分别属于相应的类别。AOI 训练样区的分类可应用下列几种分类原则：平行六面体(Parallelepiped)、特征空间(Feature Space)、最大似然(Maximum Likelihood)以及马氏距离(Mahalanobis Distance)。各种原则详见 *ERDAS Field Guide* 一书。下面说明可能性矩阵评价工具的使用方法。在 Signature Editor 窗口。进行如下操作。

◎在 Signature Editor 分类属性表中选择所有类别。

◎依次单击【Evaluation】→【Contingency】。

◎打开 Contingency Matrix 对话框(图 9-31)，在非参数规则(Non-Parametric Rule)下拉框选择：Feature Space。

◎在叠加规则(Overlay Rule)下拉框选择：Parametric Rule。

◎在未分类规则(Unclassified Rule)下拉框选择：Parametric Rule。

◎在参数规则(Parametric Rule)下拉框选择：Maximum Likelihood。

◎选择像元总数作为评价输出统计：Pixel Counts。

◎单击【OK】按钮，关闭 Contingency Matrix 对话框，计算分类误差矩阵。

◎打开 IMAGINE 文本编辑器，显示分类误差矩阵(图 9-32)。

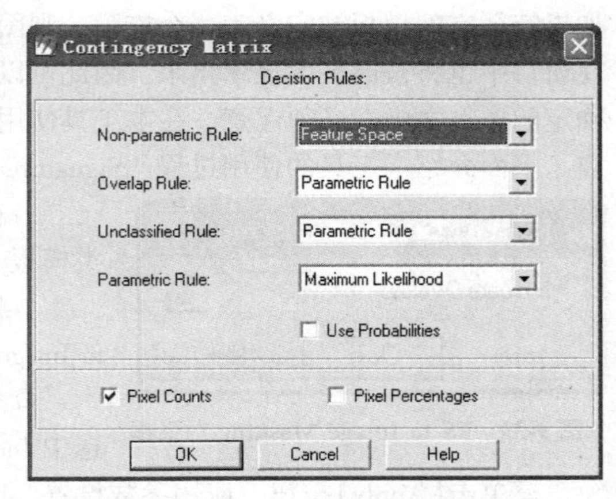

图 9-31　Contingency Matrix 对话框

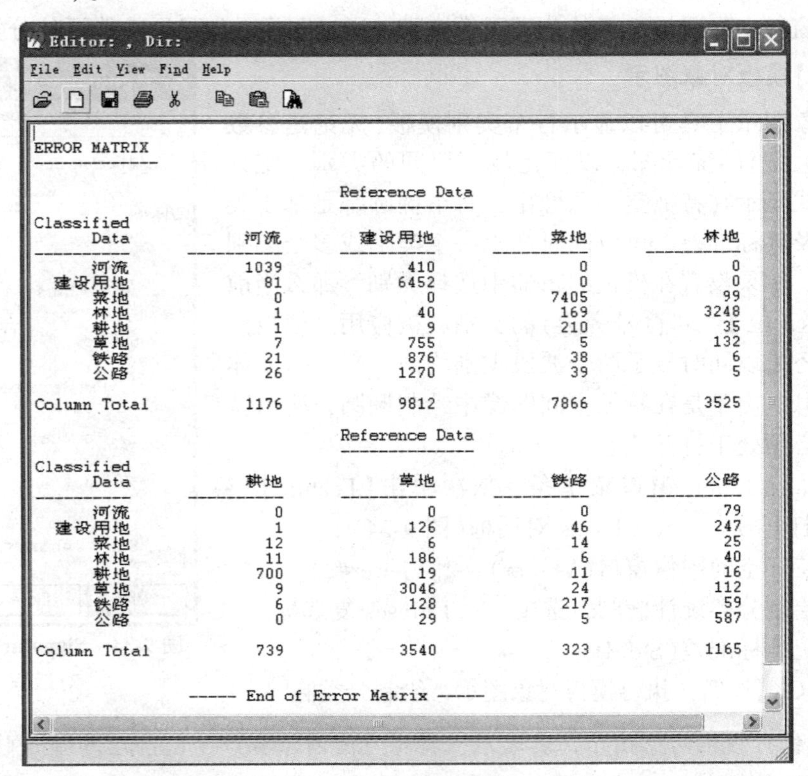

Editor: , Dir:

File Edit View Find Help

ERROR MATRIX

Reference Data

Classified Data	河流	建设用地	菜地	林地
河流	1039	410	0	0
建设用地	81	6452	0	0
菜地	0	0	7405	99
林地	1	40	169	3248
耕地	1	9	210	35
草地	7	755	5	132
铁路	21	876	38	6
公路	26	1270	39	5
Column Total	1176	9812	7866	3525

Reference Data

Classified Data	耕地	草地	铁路	公路
河流	0	0	0	79
建设用地	1	126	46	247
菜地	12	6	14	25
林地	11	186	6	40
耕地	700	19	11	16
草地	9	3046	24	112
铁路	6	128	217	59
公路	0	29	5	587
Column Total	739	3540	323	1165

----- End of Error Matrix -----

图 9-32　IMAGINE 文本编辑器(Error Matrix)

图 9-32 所显示的是可能性矩阵评价获得的分类误差矩阵(Error Matrix)的局部，从中可以看到每一个分类像元数的分布情况。从分类误差总体的百分比来说，如果误差矩阵值小于 85%，则分类模板的精度太低，需要重新建立。

【工具 3】分类图像掩膜

只有产生于特征空间的 Signature 才可使用本工具，使用时可以基于一个或者多个特征空间模板。如果没有选择集，则当前处于活动状态(位于“>”符号旁边)的模板将被使用。

如果特征空间模板被定义为一个掩膜，则图像文件会对该掩膜下的像元作标记，这些像元在窗口中也将被高亮度显示出来，因此可以直观地了解哪些像元将被分在特征空间模板所确定的类型之中。必须注意，在本工具使用过程中窗口内的图像必须与特征空间图像相对应。下面介绍本工具的使用过程。Signature Editor 窗口进行以下操作。

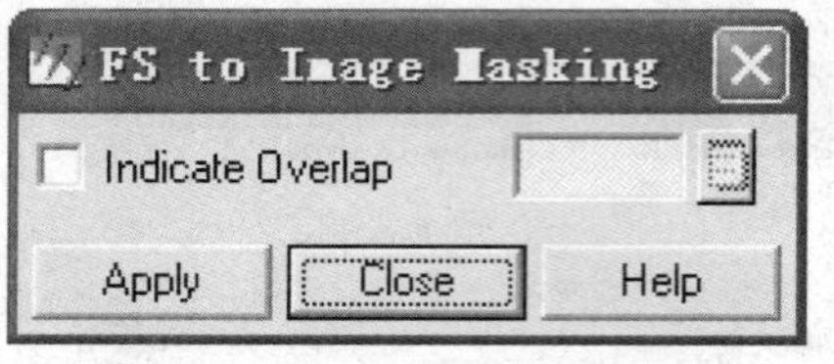

图 9-33　FS to Image Masking 对话框

◎在分类模板属性表中选择要分析的特征空间分类模板。

◎依次单击【Feature】→【Masking】→【Feature Space to Image】。

◎打开 FS to Image Masking 对话框(图 9-33)，不选中 Indicate Overlay 复选框。

◎单击【Apply】按钮，应用参数设置，产生分类掩膜。

◎单击【Close】按钮，关闭 FS to Image Masking 对话框。

◎图像窗口中生成被选择的分类图像掩膜，通过图像叠加显示功能评价分类模板。

【工具 4】模板对象图示

模板对象图示工具可以显示各个类别模板(无论是参数型还是非参数型)的统计图，以便比较不要同的类别。统计图以椭圆形式显示在特征空间图像中，每个椭圆都是基于类别的平均值及其标准差，可以同时产生一个类别或多个类别的图形显示。如果没有在模板编辑器中选择类别，那么当前处于活动状态(位于“>”符号旁边)的类别就被应用。模板对象图示工具还可以同时显示两个波段类别均值、平行六面体和标识等信息。由于是在特征空间图像中绘制椭圆，所以特征空间图像必须处于打开状态。

在 Signature Editor 窗口菜单条，依次单击【Feature】→【Objects】，打开 Signature Objects 对话框(图 9-34)。

①确定特征空间图像窗口(Viewer)：2(Viewer#2)。

②确定绘制分类统计椭圆，选中 Plot Ellipses 复选框。

③确定统计标准差(Std. Dev.)：4。

④单击【OK】按钮，执行模板对象图示，绘制分类椭圆。

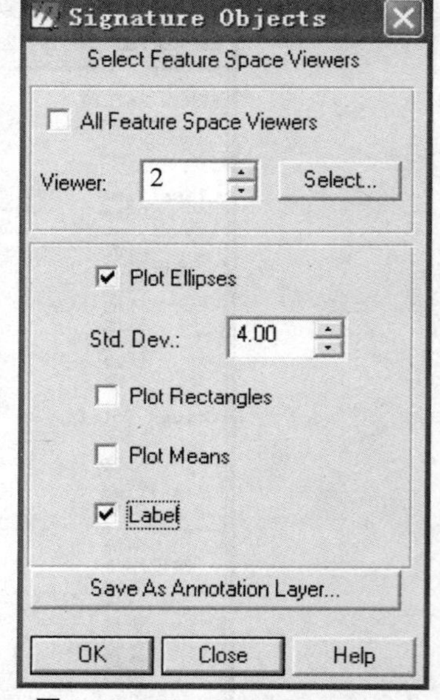

图 9-34　Signature Objects 对话框

说明：执行模板对象图示工具之后，特征空间图像窗口 Viewer#2 中显示特征空间及所选类别的统计椭圆，这些椭圆的重叠程度反映了类别的相似性。如果两个椭圆不重叠，说明它们代表相互独立的类型，这正是分类所需要的。但是，重叠肯定存在，因为几乎没有完全不同的类别；如果两个椭圆完全重叠或重叠较多，则这两个类别相似性较高，对分类而言，这是不理想的。

【工具 5】直方图绘制

直方图绘制工具通过分析类别的直方图对模板进行评价和比较，本功能可以同时对一个或多个类别制作直方图，如果处理对象是单个类别(选择 Single Signature)，那就是当前

活动类别(位于“>”符号旁边的那个类别)；如果是多个类别的直方图，那就是处于选择集中的类别。

要执行分类模板直方图绘制工具，首先需要在 Signature Editor 对话框的分类模板属性表中选定某一或者某几个类别，然后按照下列操作完成直方图绘制。

在 Signature Editor 窗口菜单条，单击【View】→【Histograms】命令，打开 Histograms Plot Control Panel 对话框(图 9-35)，在 Histograms Plot Control Panel 对话框中，需要设置下列参数。

◎确定分类模板数量(Signature)：Single Signature。

◎确定分类波段数量(Bands)：Single Band。

◎确定应用哪个波段(Band No.)：4。

◎单击【Plot】按钮，绘制分类直方图。

◎显示绘制的分类直方图(图 9-36)。

说明：通过选择不同类别、不同波段绘制直方图，可以分析类别的特征。显示出一个图像层的直方图后，如果在 Signature Editor 窗口中将不同的 Signature 置于活动状态(如果选中了 Single Signature 复选框)，则图形将立即显示不同模板的直方图。当然也可以在 Histogram Plot Control Panel 中作调整并且单击【Plot】按钮，以实现直方图反映内容的变化。

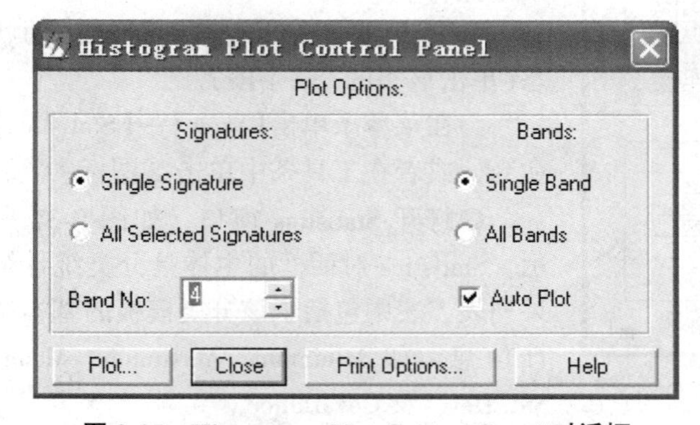

图 9-35 Histograms Plot Control Panel 对话框

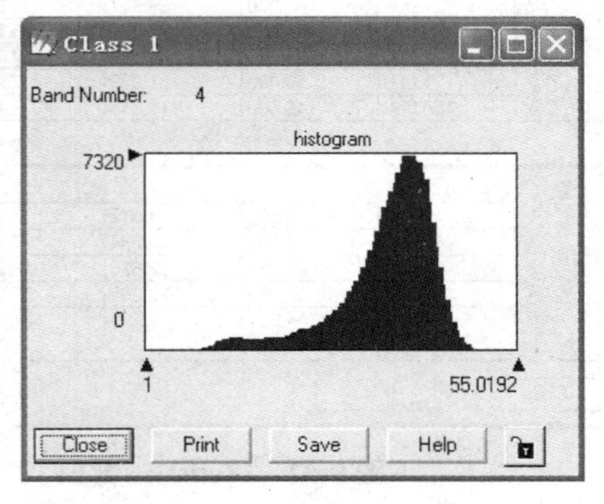

图 9-36 Class 3 类第 4 波段的直方图

【工具 6】类别的分离性

类别的分离性工具用于计算任意类别间的统计距离，这个距离可以确定两个类别间的差异性程度，也可用于确定在分类中效果最好的数据层。类别间的统计距离是基于下列方法计算的：欧氏光谱距离、Jeffries-Matusta 距离、分类的分离度(Divergence)和转换分离度(Transformed Divergence)。类别的分离性工具可以同时对多个类别进行操作，如果没有选择任何类别，则它将对所有的类别进行操作。在 Signature Editor 窗口进行如下操作。

◎选定某一或者某几个类别。

◎单击【Evaluate】→【Separability】命令。

◎打开 Signature Separability 对话框，确定组合数据层数(Layers Per Combination)为 3（表示该工具将基于 3 个波段来计算类别间的距离，从而确定所选择类别在 3 个波段上的分离性大小）

◎选择计算距离的方法(Distance Measure)：Transformed Divergence。

◎确定输出数据格式(Output Form)：ASCII。

◎确定统计结果报告方式(Report Type)：Summary Report。系统提供了两种选择：选择 Summary Report，则计算结果只显示分离性最好的两个波段组合的情况，分别对应最小分离性最大和平均分离性最大；如果选择 Complete Report，则计算结果不仅显示分离性最好的两个波段组合，而且要显示所有波段组合的情况。

◎单击【OK】按钮，执行类别的分离性计算，并将计算结果显示在 ERDAS 文本编辑器窗口，在文本编辑器窗口可以对报告结果进行分析，可以将结果保存在文本文件中。

◎单击【Close】按钮，关闭 Signature Separability 对话框。

【工具 7】类别统计分析

类别统计分析功能可以首先对类别专题层进行统计，然后做出评价和比较(Evaluations & Comparisons)。统计分析每次只能对一个类别进行，即位于">"符号旁边的处于活动状态的类别就是当前进行统计的类别。在 Signature Editor 窗口进行以下操作。

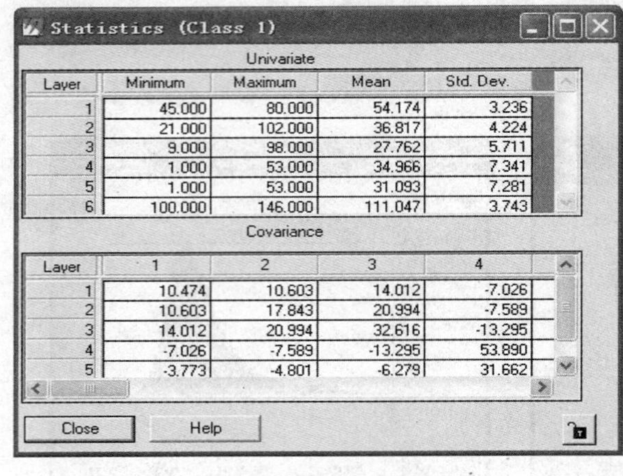

图 9-37　Statistics 窗口

◎把要进行统计的类别置于活动状态(单击该类的">"字段)。

◎在菜单条单击【View】→【Statistics】命令，或者在工具条中单击 Σ 图标。

◎打开 Statistics 窗口，如图 9-37 所示，Statistics 对话框的主体是分类统计结果列表，表中包括了该分类模板的基本统计信息，如 Minimum、Maximum、Mean、Std. Dev. 及 Covariance。

9.2.4.3　执行监督分类

监督分类实质上就是依据所建立的分类模板，在一定的分类决策规则条件下，对图像像元进行聚类判断的过程。在监督分类过程中，用于分类决策的规则是多类型、多层次的，如对非参数分类模板有特征空间、平行六面体等方法，对参数分类模板有最大似然法、Mahalanobis 距离法、最小距离法等方法。当然，非参数规则与参数规则可以同时使用，但要注意应用范围，非参数规则只能应用于非参数型模板，而对于参数型模板，要使用参数型规则。另外，如果使用非参数型模板，还要确定叠加规则(Overlay Rule)和未分类规则(Unclassified Rule)。执行监督分类的操作过程如下。

在 ERDAS 图标面板菜单条，依次单击【Main】→【Image Classification】命令，打开 Classification 对话框。在 ERDAS 图标面板工具条，单击【Classifier】→【Classification】→【Super-

vised Classification】命令，打开 Supervised Classification 对话框(图 9-38)，在 Supervised Classification 对话框中，需要确定下列参数。

◎确定输入原始文件(Input Raster File)：sjt_3−5. img。

◎定义输出分类文件(Classified File)：sjt_3−5_superclass. img。

◎确定分类模板文件(Input Signature File)：sjt_3−5_unsuperclass. sig。

◎选择输出分类距离文件：Distance File，用于分类结果进行阈值处理。

◎定义分类距离文件(File name)：sjt_3−5_distance. img。

◎选择非参数规则(Non−Parametric Rule)：Feature Space。

◎选择叠加规则(Overlay Rule)：Parametric Rule。

◎选择未分类规则(Unclassified Rule)：Parametric Rule。

◎选择参数规则(Parametric Rule)：Maximum Likelihood。

◎取消选中 Classify Zeros 复选框，分类过程中是否包括 0 值。

◎单击【OK】按钮，执行监督分类，关闭 Supervised Classification 对话框。

在 Supervised Classification 对话框中，还可以定义以下分类图的属性表项目。

◎单击【Attribue Options】按钮，打开 Attribue Options 对话框(图 9-39)。

◎在 Attribute Options 对话框上进行选择。

◎单击【OK】按钮，关闭 Attribute Options 对话框。

◎返回 Supervised Classification 对话框。

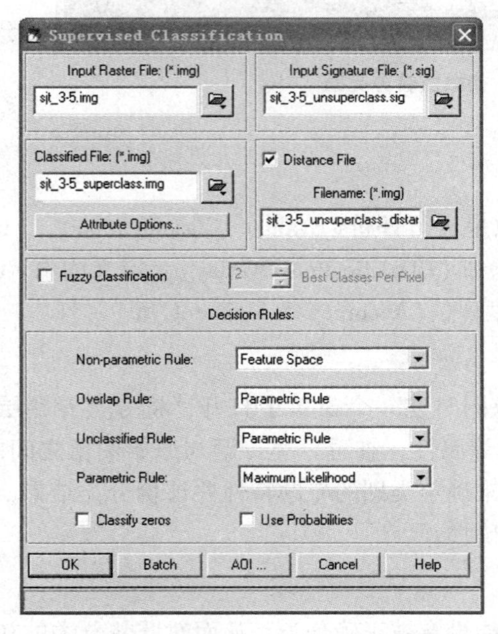

图 9-38　Supervised Classification 对话框

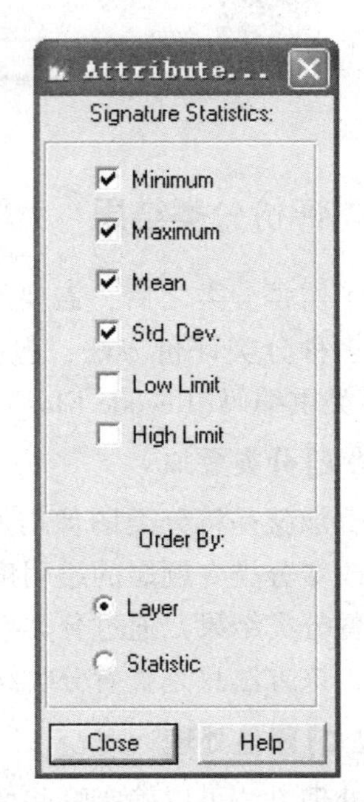

图 9-39　Attribute Options 对话框

通过 Attribute Options 对话框，可以确定模板的哪些统计信息将被包括在输出的分类图像层中。这些统计值是基于各个层中模板对应的数据计算出来的，而不是基于被分类的整个图像(图 9-40)。

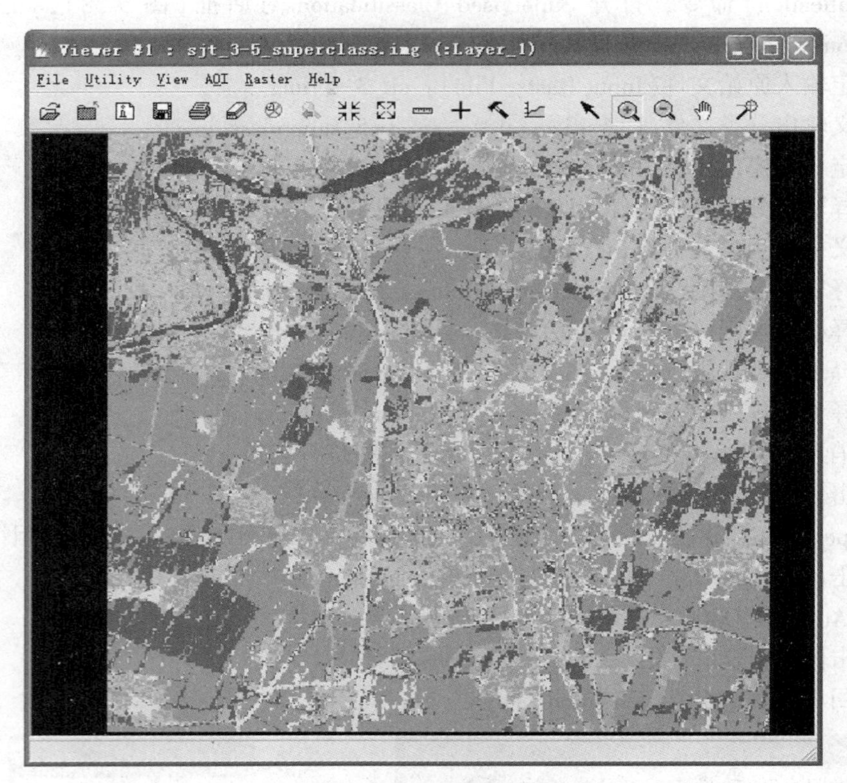

图 9-40　初始监督分类图

9. 2. 4. 4　评价分类结果

执行了监督分类之后，需要对分类效果进行评价(Evaluate Classification)，ERDAS 系统提供了多种分类评价方法，包括分类叠加(Classification Overlay)、定义阈值(Thresholding)、分类重编码(Recode Classes)和精度评估(Accuracy Assessment)等。

【方法 1】分类叠加

分类叠加就是将分类图像与原始图像同时在一个窗口中打开，将分类专题层置于上层，通过改变分类专题层的透明度及颜色等属性，查看分类专题与原始图像之间的关系。对于非监督分类结果，通过分类叠加方法来确定类别的专题特性并评价分类结果。对监督分类结果，该方法只是查看分类结果的准确性。

【方法 2】阈值处理

阈值处理方法可以确定哪些像元最可能没有被正确分类，从而对监督分类的初步结果进行优化。用户可以对每个类别设置一个距离阈值，将可能不属于它的像元(在距离文件中的值大于设定阈值的像元)筛选出去，筛选出的像元在分类图像中将被赋予另一个分类值。下面讲述本方法的应用步骤。

步骤1：显示分类图像并启动阈值处理

首先在窗口中打开分类后的专题图像，然后启动阈值处理功能，在ERDAS图标面板工具条，依次单击【Classifier】→【Threshold】，打开Threshold窗口(图9-41)。

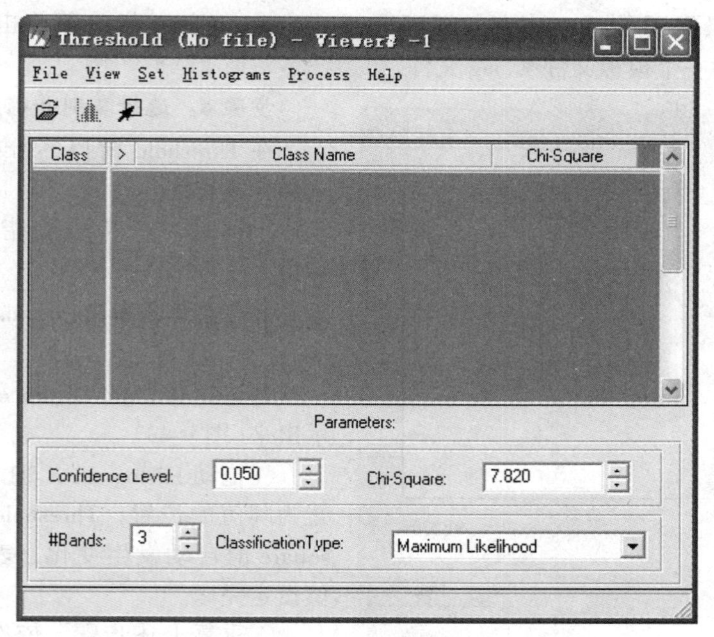

图9-41 Threshold窗口

步骤2：确定分类图像和距离图像

在Threshold窗口菜单条，依次单击【File】→【Open】，打开Open Files对话框(图9-42)。在Open Files对话框进行如下操作。

◎确定专题分类图像(Classified Image)：qy_unsuperclass15. img。

◎确定分类距离图像(Distance Image)：qy_unsupercla_recode. img。

◎单击【OK】按钮，关闭Open Files对话框。

◎返回Threshold窗口。

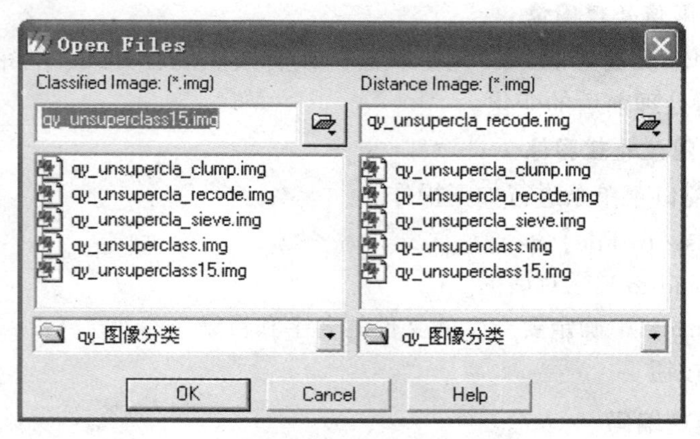

图9-42 Open Files对话框

步骤3：视图选择及直方图计算

在Threshold窗口菜单条，依次单击【View】→【Select Viewer】，单击显示分类专题图像的窗口。在Threshold窗口菜单条，依次单击【Histogram】→【Compute】，计算各个类别的距离直方图，如果需要的话，该直方图可通过Threshold窗口菜单条单击【Histogram】→【Save】而保存为一个模板文件＊.sig文件。

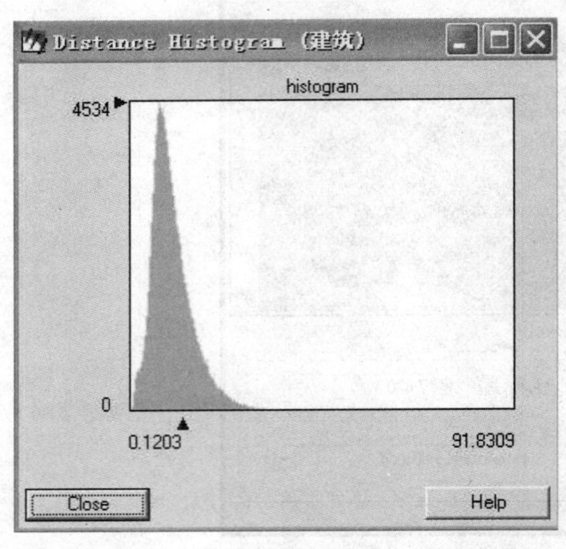

图9-43 Distance Histogram窗口

步骤4：选择类别并确定阈值

在Threshold窗口的分类属性表格中，选择专题类别。

①移动“>”符号到指定的专题类别旁边。

②在菜单条单击【Histograms】→【View】命令。

③选定类别的Distance Histogram被显示出来(图9-43)。

④拖动Histogram X轴上的箭头到想设置为阈值的位置，Threshold窗口中的Chi-square值自动发生变化，表明该类别的阈值设定完毕。

⑤重复上述步骤，依次设定每一个类别的阈值。

步骤5：显示阈值处理图像

①在Threshold窗口菜单条，依次单击【View】→【View Colors】→【Default Colors】，进行环境设置。选择默认色彩是将阈值以外的像元显示成黑色，而将属于分类阈值之内的像元以类别颜色显示。

②单击【Process/To Viewer】命令。

③阈值处理图像将显示在分类图像之上，即形成一个阈值掩膜。

步骤6：观察阈值处理图像

将阈值处理图像设置为Flicker闪烁状态，或者按照混合方式、卷帘方式进行叠加显示，以便直观查看处理前后的变化。

步骤7：保存阈值处理图像

在Threshold窗口菜单条进行如下操作。

◎单击【Process/To File】命令。

◎打开Threshold to File对话框。

◎在Output Image中确定要产生的文件的名字和目录。

◎单击【OK】按钮。

【方法3】分类重编码

对分类图像像元进行了分析之后，可能需要对原来的分类重新进行组合(如将林地1

与林地2合并为林地)，给部分或所有类别以新的分类值，从而产生一个新的分类专题层，这就需要借助分类重编码功能来完成。该功能的详细介绍和具体操作，请参见本项目9.1.4.6小节。

【方法4】分类精度评估

分类精度评估是将专题分类图像中的特定像元与已知分类的参考像元进行比较，实际工作中常常是将分类数据与地面真值、先前的试验地图、航空相片或其他数据进行对比。具体操作步骤如下。

步骤1：打开分类前原始图像

在Viewer中打开分类前的原始图像，以便进行精度评估。

步骤2：打开精度评估对话框

在ERDAS图标面板工具条，单击【Classifier】→【Accuracy Assessment】，打开Accuracy Assessment窗口(图9-44)。

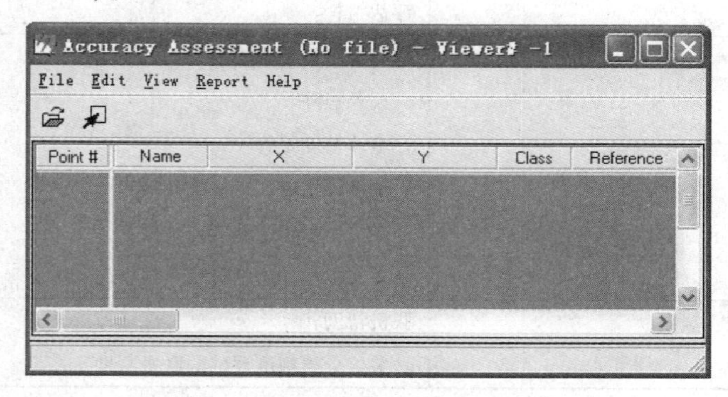

图9-44 Accuracy Assessment窗口

Accuracy Assessment窗口由菜单条、工具条和精度评估矩阵(Accuary Assessment Cellarray)3部分组成，各组成部分中的命令、图标及其功能分别见表9-6~表9-8所列。其中，精度评估矩阵中将包含分类图像若干像元的几个参数和对应的参考像元的分类值，该矩阵值可以使用户对分类图像中的特定像元与作为参考的已知分类的像元进行比较，参考像元的分类值是用户自己输入的，矩阵数据保存在分类图像文件中。

表9-6 分类精度评估对话框菜单命令与功能

命 令	功 能
File：	文件操作：
Open	打开用于精度评估的分类图像文件
Save Table	将随机点保存在分类图像文件中
Save As Annotation	将随机点保存为注释专题文件
Close	关闭精度评估工具
Edit：	编辑操作：
Create/Add Random Points	产生并按照设置参数显示随机点
Import User-defined Points	从ASCII码文件导入用户定义点

（续）

命　令	功　能
Class Value Assignment Options	设置分类值评价参数
Show Class Values	在精度评估矩阵显示随机点数值
Hide Class Values	在精度评估矩阵隐藏随机点数值
View：	显示操作：
Select	Viewer 选择显示随机点的图像窗口
Change colors	改变随机点的显示颜色
Show All	在图像窗口中显示所有随机点
Hide All	在图像窗口中隐藏所有随机点
Show Current Selection	只有选择的随机点显示在图像窗口
Hide Current Selection	所选择的随机点从图像窗口中隐藏
Report：	评估报告：
Options：	选择输出评估报告类型：
Error Matrix	误差矩阵
Accuracy Totals	整体精度报告
Kappa Statistics	精度评估的 Kappa 统计报告
Accuracy Report	在文本框输出精度评估报告
Cell Report	在文本框输出随机像元报告
Help：	联机帮助：
Contents	关于分类精度评估的联机帮助

表 9-7　分类精度评估对话框工具图标与功能

图标	命令	功能
	Open Classified Image File	打开分类专题图像文件
	Select Viewer to Display	选择显示随机点的窗口

表 9-8　分类精度评估精度评估矩阵字段与含义

命令	功能
Assigned Value：	获取值：
Point#	显示随机点的编号
Name	显示随机点的名称
X	显示随机点的水平坐标值
Y	显示随机点的垂直坐标值
Class	自动获得的随机点分类名称
Input Value：	输入值：
Reference	依靠地面控制点输入随机点的真值

步骤 3：打开分类专题图像

在 Accuracy Assessment 窗口工具条，单击【Open File】图标，或在 Accuracy Assessment 窗口菜单条进行如下操作。

◎单击【File】→【Open】命令。

◎打开 Classified Image 对话框。

◎在 Classified Image 对话框中确定与窗口中对应的分类专题图像。

◎单击【OK】按钮，关闭 Classified Image 对话框。

◎返回 Accuracy Assessment 窗口。

步骤 4：连接原始图像与精度评估窗口

在 Accuracy Assessment 窗口工具条，单击【Select Viewer】图标，或在 Accuracy Assessment 窗口菜单条进行如下操作。

◎单击【View】→【Select Viewer】命令。

◎将光标移在显示原始图像的窗口中单击一下。

◎原始图像窗口与精度评估窗口相连接。

步骤 5：设置随机点的色彩

在 Accuracy Assessment 窗口菜单条进行如下操作。

◎单击【View】→【Change Colors】命令。

◎打开 Change Colors 对话框(图 9-45)。

◎在 Points with no reference 文本框确定没有真实参考值的点的颜色。

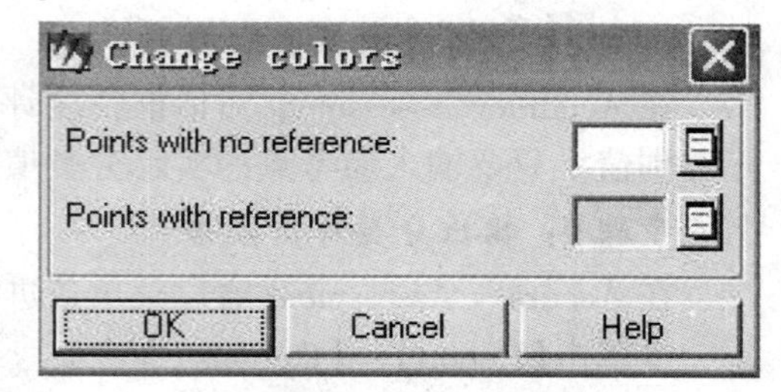

图 9-45　Change colors 对话框

◎在 Points with reference 文本框确定有真实参考值的点的颜色。

◎单击【OK】按钮，执行参数设置。

◎返回 Accuracy Assessment 对话框。

步骤 6：产生随机点

本操作将首先在分类图像中产生一些随机的点，并需要用户给出随机点的实际类别，然后与分类图像的类别进行比较，在 Accuracy Assessment 菜单条进行如下操作。

◎单击【Edit】→【Create】→【Add Random Points】命令。

◎打开 Add Random Points 对话框(图 9-46)。

◎在 Search Count 微调框中输入：1024。

◎在 Number of Points 微调框中输入：10。

◎在 Distribution Parameters 选项组中选择 Random 单选按钮。

◎单击【OK】按钮，按照参数设置产生随机点。

◎返回 Accuracy Assessment 窗口。

图 9-46　Add Random Points 对话框

可以看到在 Accuracy Assessment 窗口的数据表中出现了 10 个比较点，每个点都有点号、X/Y 坐标值、Class、Reference 等字段，其中点号、X/Y 坐标值字段是有属性值的。

在 Add Random Points 对话框中，Search Count 是指确定随机点过程中使用的最多分析像元数，当然，这个数目一般都比 Number of Points 大很多。Number of Points 设为 10 说明是产生 10 个随机点，如果是做一个正式的分类评价，必须产生 250 个以上的随机点。选择 Random 意味着将产生绝对随机的点位，而不使用任何强制性规则。Equalized Random 是指每个类将具有同等数目的比较点。Stratified Random 是指点数与类别涉及的像元数成比例，但选择该复选框后可以确定一个最小点数(选择 Use Minimum Points)，以保证小类别也有足够的分析点。

步骤 7：显示随机点及其类别

在 Accuracy Assessment 窗口菜单条进行如下操作。

◎单击【View】→【Show All】命令，所有随机点均以第 5 步所设置的颜色显示在窗口中。

◎单击【Edit】→【Show Class Values】命令，各点的类别号出现在数据表的 Class 字段中。

步骤 8：输入参考点实际类别

在 Accuracy Assessment 对话框精度评估矩阵，在 Reference 字段输入各个随机点的实际类别值，只要输入参考点的实际分类值，它在窗口中的色彩就变为第 5 步设置的颜色。

步骤 9：输出分类评价报告

在 Accuracy Assessment 窗口菜单条进行如下操作。

◎单击【Report】→【Options】命令。

◎分类评价报告输出内容选项(图 9-47)，单击选择参数。

◎单击【Report】→【Accuracy Report】命令，产生分类精度报告。

◎单击【Report】→【Cell Report】命令，报告有关产生随机点的设置及窗口环境。

◎所有报告将显示在 ERDAS 文本编辑器窗口，可以保存为文本文件。

◎单击【File】→【Save Table】命令，保存分类精度评价数据表。

◎单击【File】→【Close】命令，关闭 Accuracy Assessment 对话框。

Accuracy Assessment (gemtm_superclass.img) ...

File　Edit　View　Report　Help

Point #	Name	X	Y	Class	Reference
1	ID#1	702884.000	463383.500		
2	ID#2	727604.000	485543.500		
3	ID#3	747604.000	457303.500		
4	ID#4	769844.000	494583.500		
5	ID#5	700804.000	499463.500		
6	ID#6	710244.000	516023.500		
7	ID#7	733684.000	512423.500		
8	ID#8	715924.000	484103.500		
9	ID#9	749124.000	484583.500		

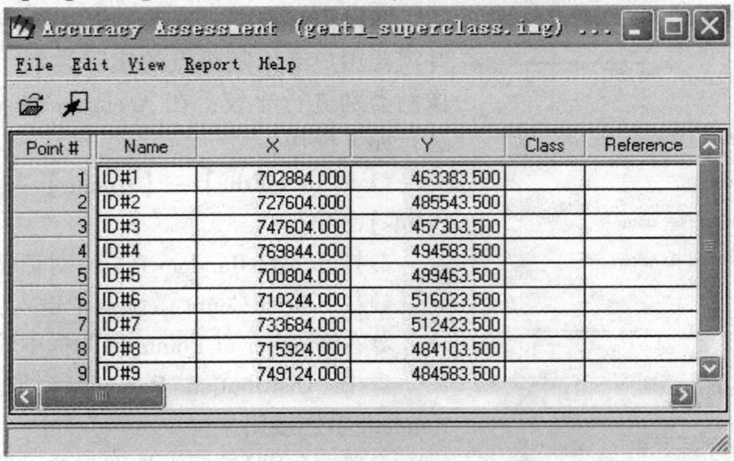

图 9-47　分类评价报告输出内容选项

通过对分类的评价，如果对分类精度满意，保存结果；如果不满意，可以进一步做有关的修改，如修改分类模板或应用其他功能进行调整。需要说明的是，从理论和方法上讲，每次进行图像分类时，都应该进行分类精度评估。但在实际应用中可以根据应用项目需要进行多种形式的分类效果评价，而不仅仅是借助上述的分类精度评估。

9.2.5 成果评价

学院所属城区土地利用监督分类验收考核评价指标制定方法见表9-9。

表9-9 学院所属城区土地利用监督分类验收考核评价表

<table>
<tr><td colspan="2">姓名：</td><td>班级：</td><td>小组：</td><td colspan="2">指导教师：</td></tr>
<tr><td colspan="3">教学任务：学院所属城区土地利用监督分类</td><td colspan="3">完成时间：</td></tr>
<tr><td colspan="6">过程考核60分</td></tr>
<tr><td colspan="2">评价内容</td><td colspan="2">评价标准</td><td>赋分</td><td>得分</td></tr>
<tr><td rowspan="4">1</td><td rowspan="4">专业能力</td><td colspan="2">1. 准确理图像监督分类的概念</td><td>10</td><td></td></tr>
<tr><td colspan="2">2. 能够定义和评价分类模板</td><td>10</td><td></td></tr>
<tr><td colspan="2">3. 能够对分类的结果进行评价</td><td>10</td><td></td></tr>
<tr><td colspan="2">4. 能够完成土地类型的监督分类</td><td>10</td><td></td></tr>
<tr><td rowspan="3">2</td><td rowspan="3">方法能力</td><td colspan="2">1. 充分利用网络、期刊等资源查找资料</td><td>3</td><td></td></tr>
<tr><td colspan="2">2. 灵活运用遥感图像处理的各种方法</td><td>4</td><td></td></tr>
<tr><td colspan="2">3. 具有灵活处理遥感图像问题的能力</td><td>4</td><td></td></tr>
<tr><td rowspan="3">3</td><td rowspan="3">社会能力</td><td colspan="2">1. 与小组成员协作，有团队意识</td><td>3</td><td></td></tr>
<tr><td colspan="2">2. 在完成任务过程中勇挑重担，责任心强</td><td>3</td><td></td></tr>
<tr><td colspan="2">3. 接受任务态度认真</td><td>3</td><td></td></tr>
<tr><td colspan="6">结果考核40分</td></tr>
<tr><td rowspan="4">4</td><td rowspan="4">工作成果</td><td rowspan="4">学院所属城区土地类型监督分类验收报告</td><td>报告条理清晰</td><td>10</td><td></td></tr>
<tr><td>报告内容全面</td><td>10</td><td></td></tr>
<tr><td>结果检验方法正确</td><td>10</td><td></td></tr>
<tr><td>格式编写符合要求</td><td>10</td><td></td></tr>
<tr><td colspan="2">总评</td><td colspan="2"></td><td>100</td><td></td></tr>
<tr><td colspan="6">指导教师反馈：（教师根据学生在完成任务中的表现，肯定成绩的同时指出不足之处和修改意见）
年　月　日</td></tr>
</table>

9.2.6 拓展知识

专家分类（Expert Classification）首先需要建立知识库，根据分类目标提出假设，并依据所拥有的数据资料定义支持假设的规则、条件和变量，然后应用知识库自动进行分类。

ERDAS IMAGINE 图像处理系统率先推出专家分类器模块，包括知识工程师和知识分类器两部分，分别应用于不同的情况。

由于基本的非监督分类属于 IMAGINE Essentials 级产品功能，但在 IMAGINE Professional 级产品中有一定的功能扩展；而监督分类和专家分类只属于 IMAGINE Professional 级产品，所以，非监督分类命令分别出现在 Data Preparation 菜单和 Classification 菜单中，而监督分类和专家分类命令仅出现在 Classification 菜单中。

思考与练习

1. 简述监督分类与非监督分类的区别。
2. 建立分类模板需要注意哪些问题?
3. 简述分类模板评价有哪几种方法。
4. 试述评价分类结果的方法。

第10章 土地类型分类专题图制作

○ 项目概述

学院实验林场土地类型分类专题图制作项目是以学院实验林场土地类型分类图为制图数据，并在此基础上添加图例、比例尺、格网线、标尺点、图廓线、符号及其他制图要素。可见，本书第6章至第9章的学院林场遥感图像的预处理、增强及分类处理为第10章专题图的制作提供数据基础，而专题图制图项目也是整个遥感图像处理的流程的完善。

○ 能力目标

①掌握专题制图的流程，熟悉专题制图的操作方法，能够根据制图数据生成专题制图文件。

②了解专题制图的制图要素，能够准确添加图面整饰要素。

③能够完成专题图的打印输出。

○ 项目分析

在遥感技术应用中，工作的主要目的是通过遥感图像判读识别各种地物。无论是地物信息的提取、动态变化监测，还是专题地图制作等都离不开图像分类。完成该项目必须掌握遥感图像解译的相关知识、图像分类的概念，图像分类的3种方法及操作步骤，以及分类后的处理。

ERADS IMAGINE 的专题地图编辑器(Map Composer)是一种所见即所得编辑器，用于产生地图质量的图像和演示图，这种地图可以包含单个或多个栅格图像层、GIS专题图层、矢量图形层和注记层。同时，地图编辑器允许自动生成文本、图例、比例尺、格网线、标尺点、图廓线、符号及其他制图要素，可以选择1600万种以上的颜色、多种线划类型和60种以上的字体。

10.1 土地类型分类专题图制作相关知识

专题地图编辑器又称 Map Composer 或 Composer，可以通过以下两种途径启动。

①在 ERDAS 图标面板菜单条，依次单击【Main】→【Map Composer】，打开 Map Composer 对话框。

②在 ERDAS 图标面板工具条，单击【Composer】图标，打开 Map Composer 对话框，从 Map Composer 对话框可以看到，ERDAS 专题制图模块包含了 6 项主要功能，各功能模块的名称(表 10-1)。

表 10-1　专题制图模块菜单、命令与功能

命令	功能	命令	功能
New Map Composition	产生专题制图文件	Edit Composition Path	编辑专题制图文件路径
Open Map Composition	打开专题制图文件	Map Series Tool	系列地图编辑工具
Print Map Composition	打印专题制图文件	Map Database Tool	地图数据库工具

10.2 项目实施

10.2.1 专题制图的工作流程

ERADS IMAGINE 专题制图过程(Work Flow of Map Composition)一般包括以下 6 个步骤(图 10-1)。

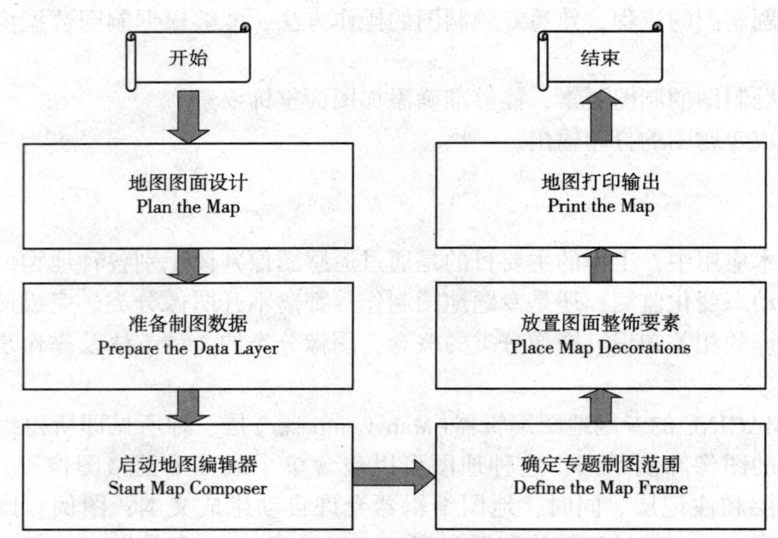

图 10-1　专题制图的工作流程

①根据工作需要和制图区域的地理特点进行地图图面的整体设计，设计内容包括图幅大小尺寸、图面布置方式、地图比例尺、图名及图例说明等。

②准备专题制图输出的数据层，也就是在窗口中打开有关的图像或图形文件。

③启动地图编辑器，正式开始制作专题地图。

④确定地图的内图框，同时确定输出地图所包含的实际区域范围，生成基本的制图输出图面内容。

⑤在主要图面内容周围内放置图廓线、格网线、坐标注记，以及图名、图例、比例尺、指北针等图廓外要素。

⑥设置打印机，打印输出地图。

本项目分别从专题制图数据准备(Prepare the Data Layer)、专题制图文件生成(Create Map Composition)、专题制图范围确定(Define the Map Frame)、图面整饰要素放置(Place Map Decorations)和专题地图打印输出(Print Map Composition)5个方面来完成学院实验林场土地类型专题图的编辑。此外，本项目还包括制图文件路径编辑、系列地图编辑工具及地图数据库工具等专题图制作的功能介绍。

10.2.2 准备专题制图数据

准备专题制图数据就是在窗口中打开所有要输出的数据层，包括栅格图像数据、矢量图形数据、文字注记数据等。在 ERDAS IMAGINE 主窗口中，选择 Viewer 图标，在菜单条依次单击【File】→【Open】→【Raster Layer】命令，进行如下操作：

◎File Name 选择项目4中分类后的数据：qy_unsuperclass.img。

◎Raster Options：Fit to Frame。

◎单击【OK】按钮，在窗口中打开 qy_unsuperclass.img 图像文件。

下面将针对 qy_unsuperclass.img 图像进行专题制图的操作。

10.2.3 生成专题制图文件

在 ERDAS 图标面板菜单条，依次单击【Main】→【Map Composer】→【New Map Composition】命令，打开 New Map Composition 对话框(图10-2)，或在 ERDAS 图标面板工具条，单击【Composer】→【New Map Composition】命令，打开 New Map Composition 对话框(图10-2)。在 New Map Composition 对话框中，需要定义下列参数：

◎专题制图文件名(New Name)：qy_unsuperclass_composer.map。

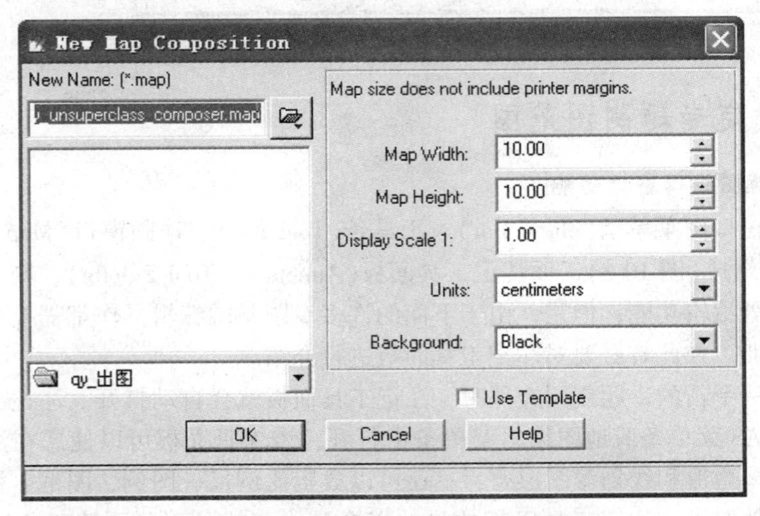

图10-2 New Map Composition 对话框

◎输出图幅宽度(Map Width)：10。

◎输出图幅高度(Map Height)：10。

◎地图显示比例(Display Scale)：1。

◎图幅尺寸单位(Units)：centimeters。

◎地图背景颜色(Background)：Black 或 White。

◎以上是自定义状态，也可以使用模板文件：选中 Use Template 复选框。

◎单击【OK】按钮，关闭 New Map Composition 对话框。

◎打开 Map Composer 窗口和 Annotation 工具面板(图 10-3)。

图 10-3　Map Composer 窗口和 Annotation 工具面板

10.2.4　确定专题制图范围

步骤 1：地图编辑窗口功能

地图编辑窗口由菜单条(Menu Bar)、工具条(Tool Bar)、地图窗口(Map View)和状态条(Status Bar)组成(图 10-3)，而注记工具面板(Annotation Tool Palette)，则是从菜单条中调出来的一部分编辑功能；但是，由于下面的许多专题制图编辑操作都需要借助注记工具面板来完成，所以在此有必要对注记工具面板进行介绍。

每当产生一个新的专题制图文件时，注记工具面板就会自动打开。注记工具面板还可以分别从 ERDAS 菜单条或地图编辑菜单条中打开，该工具面板可以使您在注记层或地图上放置矩形、多边形和线划等图形要素，还可以放置比例尺、图例、图框、格网线、标尺点、文字及其他要素。注记工具面板的尺寸以及其中集成的工具取决于相应默认值的设定。注记工具面板上的功能很多，与众不同主要的专用工具图标及其功能见表 10-2。

表 10-2 Annotation 工具面板图标及其功能

图标	命令	功能
	Select	选择或重新定位制图目标
	Marquee	多要素范围选择
	Create Symbol	绘制符号，如指北针等
	Create Text	放置文字注记，如图名等
	Create Map Frame	绘制地图图框，确定制图范围
	Select Map Frame	选择图框，以便进行编辑修改
	Create Grid/Tick	放置格网线、标注点、图廓线
	Create Scale Bar	放置地图比例尺
	Create Legend	放置地图图例
	Lock	锁住命令选择

步骤 2：绘制地图图框

地图图框(Map Frame)用于确定专题制图的范围及内容，图框中可以包含栅格图层、矢量图层和注记图层等。绘制图框以后，虽然其中显示了所确定的数据层，但是数据本身并没有被复制，只是与窗口建立了一种参考关系，将窗口中的图层显示出来。

地图图框的大小取决于 3 个要素：制图范围(Map Area)、图纸范围(Frame Area)和地图比例(Scale)。制图范围是指图框所包含的图像面积(实地面积)，使用地面实际距离单位；图纸范围是指图框所占地图的面积(图面面积)，使用图纸尺寸单位；地图比例是指图框距离与所代表的实际距离的比值，实质上就是制图比例尺。地图图框绘制时，在 Annotation 工具面板进行如下操作：

①单击【Create Map Frame】图标，在地图编辑窗口的图形窗口中拖动绘制一个矩形框(Map Frame)，图框大小还可以调整，如果想绘制正方形，可以在拖动时按住 Shift 键完成图框绘制，释放鼠标左键后，打开 Map Frame Data Source 对话框(图 10-4)。

②单击【Viewer】按钮，从窗口中获取数据填充 Map Frame，打开 Create Frame Instructions 指示器(图 10-5)，在显示图像的窗口中任意位置单击，表示对该图像进行专题制图。

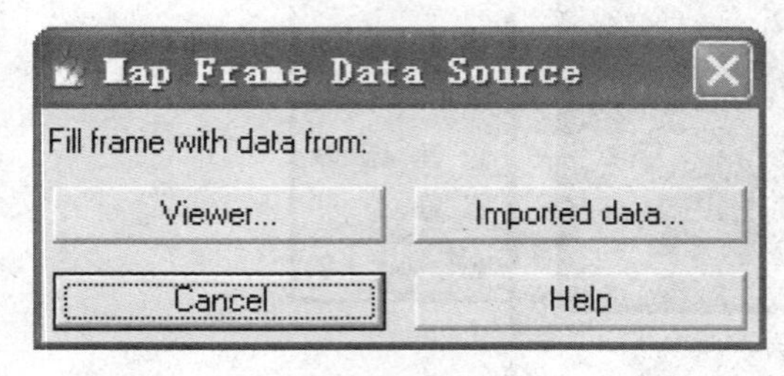

图 10-4 Map Frame Data Source 对话框

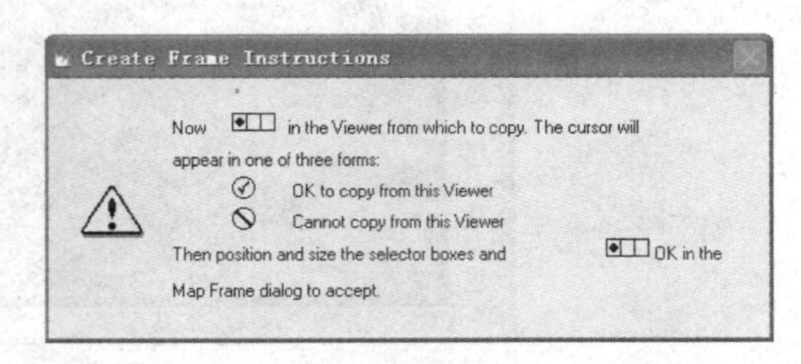

图 10-5 Create Frame Instructions 指示器

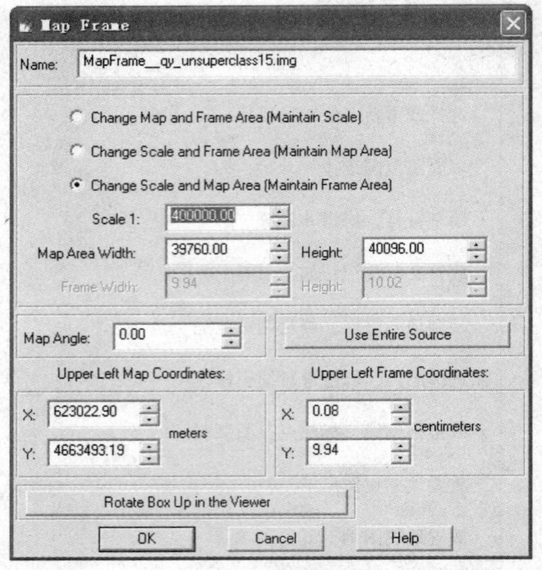

图 10-6　Map Frame 对话框

③打开 Map Frame 对话框(图 10-6)，在 Map Frame 对话框中需要定义下列参数。

◎选择 Change Map and Frame Area 单选按钮，改变制图范围与图框范围，保持比例尺不变。

◎Frame Width 设为 9. 94，Frame Height 设为 10. 2，Map Area Width & Height 出现相应变化。

◎选择 Change Scale and Frame Area 单选按钮，改变比例尺与制图范围，保持图框范围不变。

◎Map Area Width 设为 39760. 00，Height 设为 40096. 00，所添加的尺寸由图框与比例决定。

◎地图旋转角度(Map Angle)：0。

◎地图左上角坐标(Upper Left Map Coordinates)，X 值设为 623022. 90，Y 值设为 4663493. 19。

◎图框左上角坐标(Upper Left Frame Coordinates)，X 值设为 0. 8，Y 值设为 9. 94。

◎单击【OK】按钮，关闭 Map Frame 对话框，完成地图图框绘制。

④制图编辑窗口的图形窗口中显示出图像 qy_unsuperclass. img 的输出图面，在图像视图菜单中依次单击【View】→【Scale】→【Map to Window】命令，将输出图面充满整个窗口(图 10-7)。

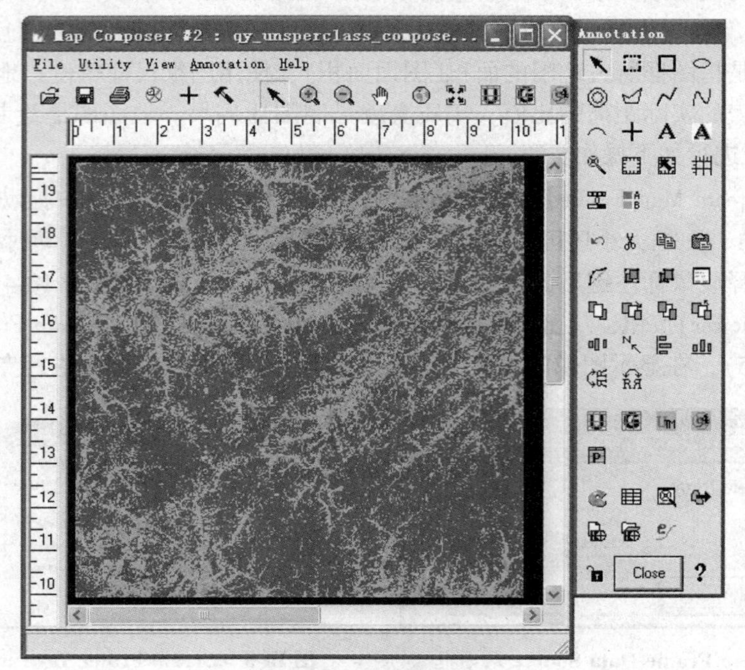

图 10-7　专题制图图面(充满窗口)

10.2.5 放置图面整饰要素

地图图框确定了专题制图图面的主要内容与区域，在此基础上，放置图廓线、格网线、坐标注记、图名、图例、指北针和比例尺等各种辅助要素(Map Decorations)，以便图面美观实用。

步骤1：绘制格网线与坐标注记

①在 Annotation 工具面板进行如下操作。

◎单击 ▦ (Create Grid/Ticks)图标。

◎在位于地图编辑窗口图形窗口中的图框内单击。

◎打开 Set Grid/Tick Info 对话框(图 10-8)。

②在 Set Grid/Tick Info 对话框中，需要设置下列参数。

◎格网线与坐标注记要素层名称(Name)：composer_grid。

◎格网线与坐标注记要素层描述(Description)：grid，tick and neatline of composer。

◎选择放置地理坐标注记要素，选中 Geographic Ticks 复选框。

◎选择放置地图图廓线要素，选中 Neat Line 复选框。

◎设置图廓线与图框的距离及单位(Margin)：0. 200 Centimeters。

◎选择制图单位(Unit)Feet，是图像或线划的实际单位。

◎定义水平格网线参数(Horizontal Axis)。

◎图廓线之外格网线长度(Length Outside)：0。

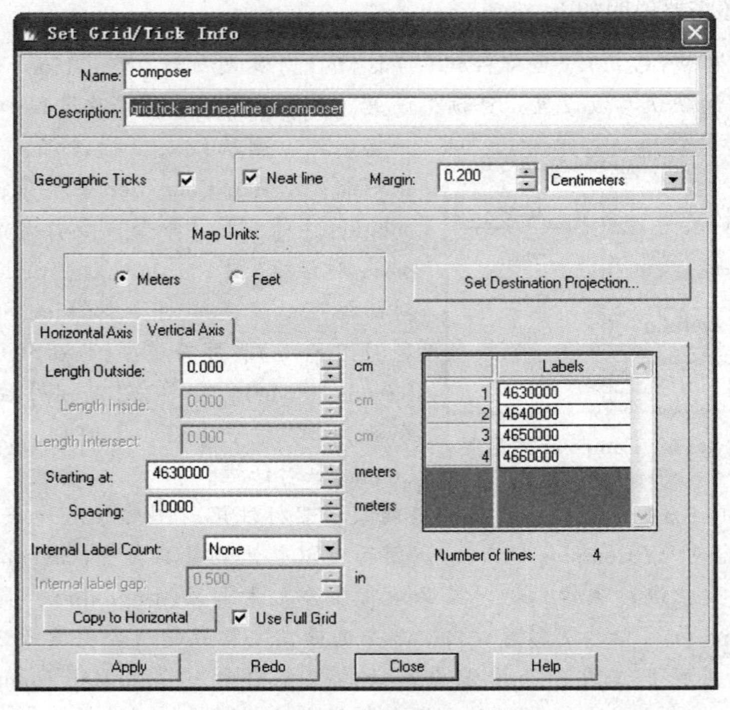

图 10-8 Set Grid/Tick Info 对话框

◎图廓线之内格网线长度(Length Inside)：0(选中 Full Grid 时不需要定义)。

◎与图廓线相交格网线长度(Length Intersect)：0(选中 Full Grid 时不需要定义)。

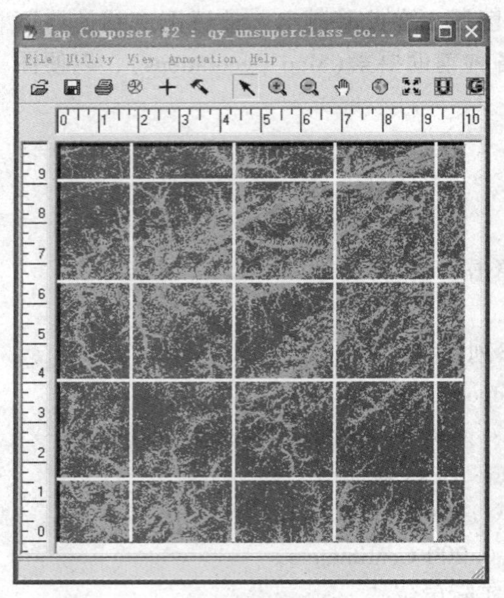

图 10-9　水平与竖直格网图

◎格网线起始地理坐标值(Starting at)：4630000 Feet(实地坐标及单位)。

◎格网线之间的间隔距离(Spacing)：10000 Feet(实地距离及单位)。

◎选择使用完整格网线：选中 Use Full Grid 复选框，设置完成后，对话框中会显示格网线的数量和坐标注记的数值。

◎定义垂直格网线参数(Vertical Axis)。

◎可以按照类似水平格网线参数设置过程设置垂直格网线参数。

◎如果垂直格网线参数与水平格网线相同，单击【Copy to Vertical】按钮，将水平参数复制到垂直方向。

◎单击【Apply】按钮，应用设置参数，格网线、图廓线与坐标注记全部显示在图形窗口(图 10-9)。

◎如果满意制图效果，单击【Close】按钮，关闭 Set Grid/Tick Info 对话框，对于格网线与坐标注记，还需要说明如下。

说明：格网线(Grid)、坐标注记(Tick Marks)及图廓线(Neat Line)的样式取决于 Style 对话框中的默认参数设置，可预先设置，也可随时修改，修改过程如下：◇单击任一格网线、图廓线或坐标注记，选择要修改的图形组；◇Map Composer 菜单条；◇单击【Annotation】→【Styles】命令；◇打开 Styles for Composer 对话框(图 10-10)；◇在 Styles for Composer 对话框可以改变线划类型(Line Style)、填充类型(Fill Style)、字符类型(Text Style)和符号类型(Symbol Style)；◇单击【Apply】按钮(应用修改参数)；◇单击【Close】按钮，关闭 Styles for Composer 对话框。

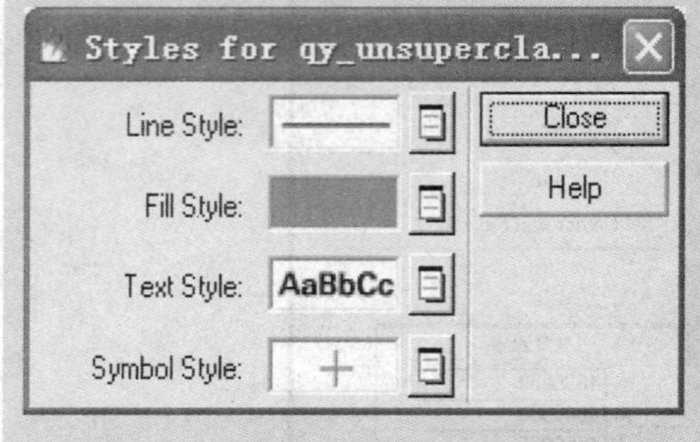

图 10-10　Styles for Composer 对话框

通过 Create Grid/Tick 功能放置的格网线、坐标注记、图廓线是一个自然的图形组(Group)或组合对象(Complex Object)，因而可以整体调整其类型(Style)。如果需要对其中的某一种要素进行编辑，这时就必须将组合元素解散(Ungroup)，具体过程如下：◇在 Map Composer 窗口的图形窗口内，单击选择需要解散的组合要素或应用 Annotation 工具面板中的选择框工具，选择需要解散的组合要素；◇在 Map Composer 菜单条，单击【Annotation Ungroup】命令；◇重复上述两个步骤就可以将所有组合要素解散。解

散后就可以对单个元素进行编辑操作，如 Edit、Cut、Past、Copy、Change Style 等。有时，对被解散的要素又需要重新组合，操作过程如下：◇选择所有需要重新组合的要素(首先单击选择第一个要素，然后按住 Shift 选择其他要素)或应用 Annotation 工具面板中的多要素选择工具，一次选择所有需要组合的要素；◇在 Map Composer 菜单，单击【Annotation Group】命令。

步骤 2：绘制地图比例尺

①在 Annotation 工具面板进行如下操作。

◎单击【Create Scale Bar】图标。

◎在 Map Composer 图形窗口中合适的位置拖动，绘制比例尺放置框。

◎打开 Scale Bar Instructions 指示器(图 10-11)。

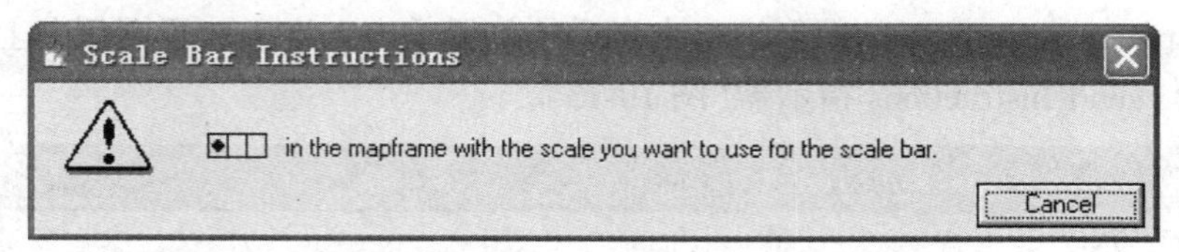

图 10-11　Scale Bar Instructions 指示器

◎在 Map Composer 图形窗口的地图图框中单击，指定绘制比例尺的依据。

◎打开 Scale Bar Properties 对话框(图 10-12)。

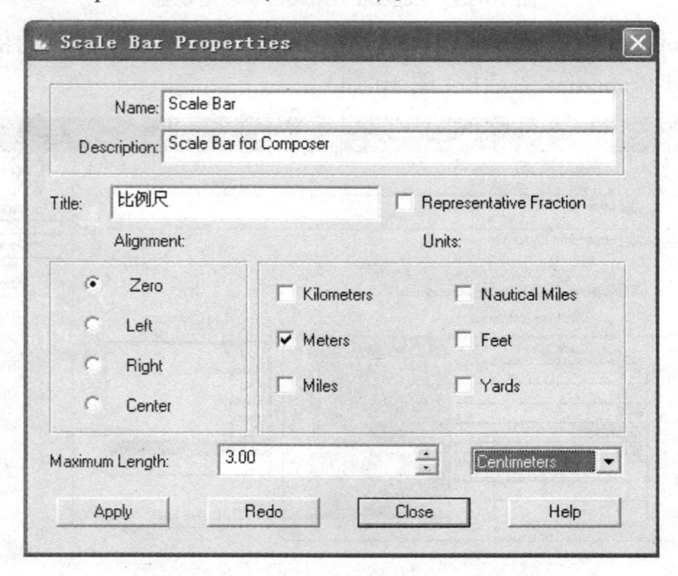

图 10-12　Scale Bar Properties 对话框

②在 Scale Bar Properties 对话框中，需要定义下列参数。

◎确定比例尺要素名称(Name)：Scale Bar。

◎定义比例尺要素描述(Description)：Scale Bar for Composer。

◎定义比例尺标题(Title)：比例尺。

◎确定比例尺排列方式(Alignment)：Zero。

◎确定比例单位(Units)：Meters。

◎定义比例尺长度(Maximum Length)：3 Centimeters。

◎单击【Apply】按钮，应用上述参数绘制比例尺，保留对话框状态。

◎如果不满意，可以重新设置上述参数，然后单击【Redo】按钮，更新比例尺。

◎单击【Close】按钮，关闭 Scale Bar Properties 对话框，完成比例尺绘制。

说明：比例尺也是一个组合要素(Group of Elements)，如果要进行局部修改的话，需要首先解散(Ungroup)要素组合，然后编辑单个要素。

步骤 3：绘制地图图例

①在 Annotation 工具面板进行如下操作。

◎单击【Create Legend】图标。

◎在 Map Composer 窗口的图形窗口中合适的位置单击，定义放置图例左上角位置。

◎打开 Legend Instructions 指示器(图 10-13)。

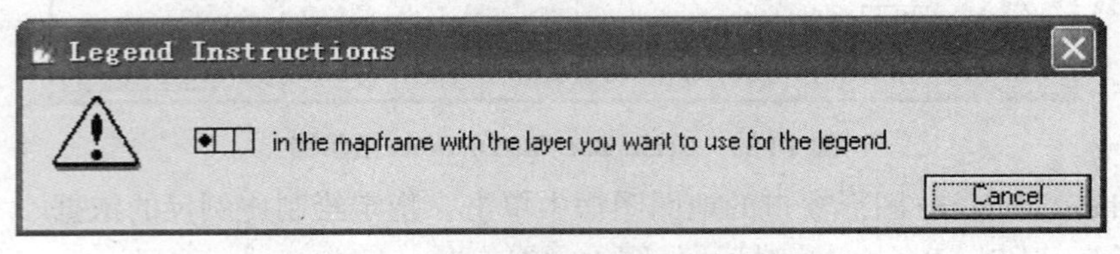

图 10-13　Legend Instructions 指示器

◎在 Map Composer 窗口的图形窗口制图框中单击，指定绘制图例的依据。

◎打开 Legend Properties 对话框(图 10-14)。

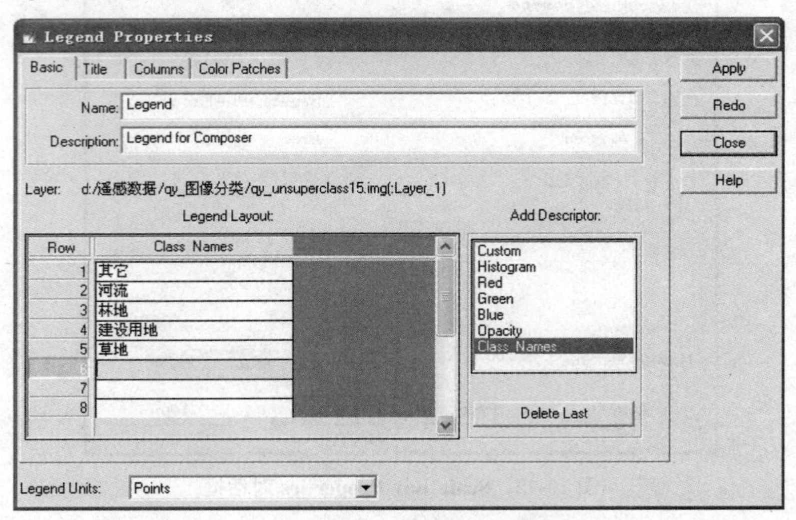

图 10-14　Legend Properties 对话框

②在 Legend Properties 对话框中，需要分别设置下列参数。

◎基本参数(Basic Properties)。

◎图例要素名称(Name)：Legend。

◎图例要素描述(Description)：Legend for Composer。

◎图例表达内容(Legend Layout)为改变图例中的 Class Name 等内容。
◎标题参数(Title Properties)。
◎标题的内容(Title Content)为图例。
◎选择标题有下划线，选中 Underline Title 复选框。
◎标题与下划线的距离(Title/Underline Gap)：2 Points。
◎标题与图例框的距离(Title/Legend Gap)：12 Points。
◎标题排列方式(Title Alignment)：Centered。
◎图例尺寸单位(Legend Unit)：Point。
◎竖列参数(Columns Properties)。
◎选择多列方式，选中 Use Multiple Column 复选框。
◎每列多少行(Entries per Column)：15。
◎两列之间的距离(Gap Between Columns)：20 Points。
◎两行之间的距离(Gap Between Entries)：7.5 Points。
◎首行与标题之间的距离(Heading/First Entries Gap)：12 Points。
◎文字之间的距离(Text Gap)为 5points。
◎选择说明字符的垂直排列方式，选中 Vertically Stack Descriptor Text 复选框。
◎色标参数(Color Patches)。
◎将色标放在文字左边，选中 Place Patch Left of Text 复选框。
◎使用当前线型绘制色标外框，选中 Outline Color/Fill Patch 复选框。
◎使用当前线型绘制符号、线划及文字外框，选中 Outline Symbol/Line/Text Patch 复选框。
◎色标宽度(Patch Width)：30 Points。
◎色标高度(Patch Height)：10 Points。
◎色标与文字之间的距离(Patch/Text Gap)：10 Points。
◎色标与文字的排列方式(Patch/Text Alignment)：Centered。
◎图例单位(Legend Units)：Points(该单位适用于上述所有参数)
◎单击【Apply】按钮，应用上述参数放置图例，保留对话框状态。
◎单击【Close】按钮，关闭 Legend Properties 对话框，完成图例要素放置。

说明：图例也是一个组合要素(Group of Elements)，如果要进行局部修改时，需要首先解散(Ungroup)要素组合，然后编辑单个要素。

步骤 4：绘制指北针

①确定指北针符号类型(Symbol Styles)。在 Map Composer 菜单条进行如下操作。

◎单击【Annotation】→【Styles】命令，打开 Styles for Composer 对话框(图 10-15)。

◎选择 Symbol Styles(符号类型)，选择 Other(其他类型)，打开 Symbol Chooser 对话框(图 10-16)，在 Symbol Chooser 对话框中，确定指北针类型。

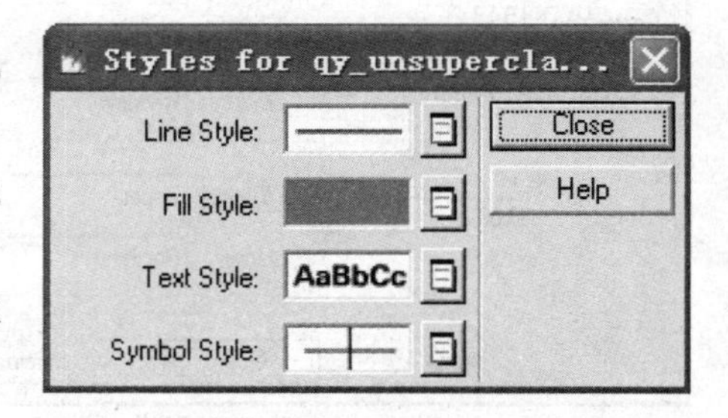

图 10-15 Styles for Composer 对话框

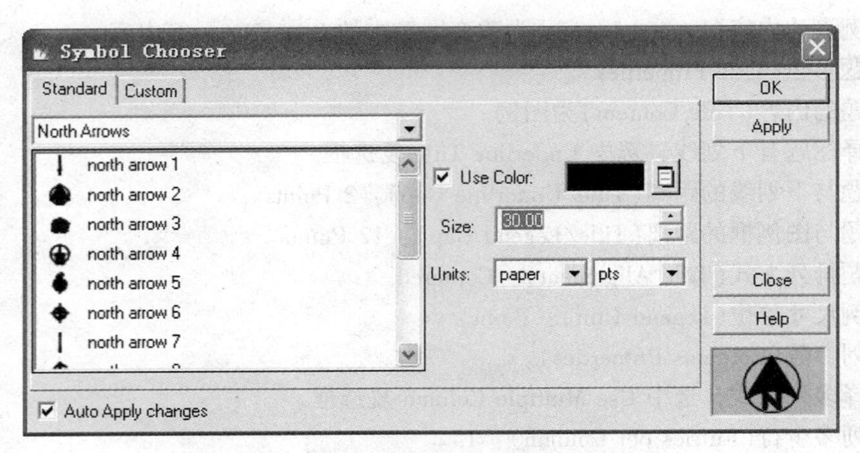

图 10-16　Symbol Chooser 对话框

◎选择 Standard North Arrows north arrow 2。

◎确定使用颜色(选中 Use Color 复选框)并选择指北针颜色。

◎指北针符号大小(Size)：30。

◎指北针符号单位(Units)：paper pts。

◎单击【Apply】按钮，应用指北针符号类型定义参数。

◎单击【OK】按钮，关闭 Symbol Chooser 对话框。

◎单击【Close】按钮，关闭 Styles for Composer 对话框。

②放置指北针符号(Create Symbol)。在 Annotation 工具面板进行如下操作。

◎单击【Create Symbol】+图标。

◎在 Map Composer 窗口的图形窗口中单击，放置指北针。

◎双击刚刚放置的指北针符号。

◎打开 Symbol Properties 对话框(图 10-17)，在 Symbol Properties 对话框中，确定指北针要素特性。

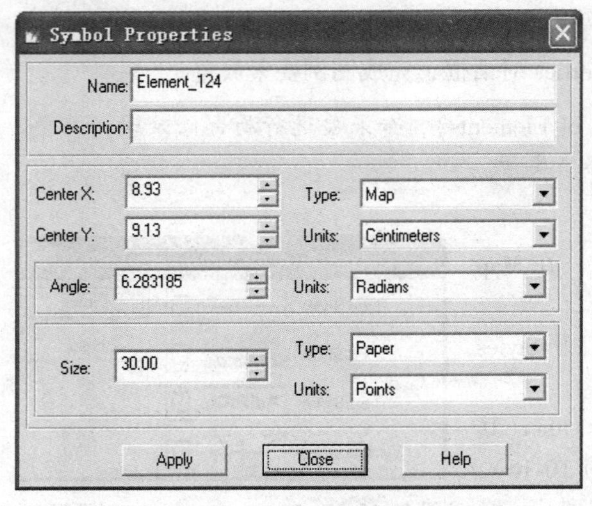

图 10-17　Symbol Properties 对话框

◎指北针要素名称(Name)：North Arrow。

◎指北针要素描述(Description)：North Arrow for Composer。

◎指北针符号中心位置坐标，Center X 值设定为 8.93；Center Y 值设定为 9.13。

◎选择中心位置坐标类型与单位，Type 为 Map，Units 为 Centimeters。

◎指北针符号旋转角度及单位，Angle 为 0.0，Units 为 Degree。

◎指北针符号大小尺寸(Size)：30。

◎选择符号尺寸类型与单位，Type 为 Paper，Units 为 Points。

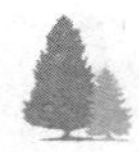

◎单击【Apply】按钮，应用指北针符号特性定义参数。
◎单击【Close】按钮，关闭 Symbol Properties 对话框。

步骤 5：放置地图图名

①确定图名字体(Text Styles)，在 Map Composer 菜单条进行如下操作。
◎单击【Annotation】→【Styles】命令。
◎打开 Styles for Composer 对话框。
◎选择 Text Styles(字体类型)。
◎选择 Other(其他类型)。
◎打开 Text Style Chooser 对话框(图 10-18)。

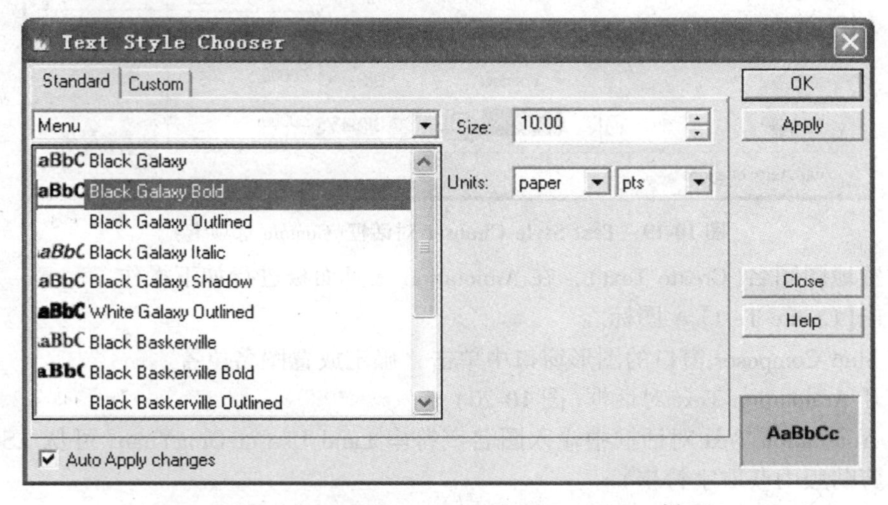

图 10-18　Text Style Chooser 对话框(Standard 栏目)

如图 10-18 所示，Text Style Chooser 对话框包括 Standard 和 Custom 两个选项卡，对应不同的设置项目，需要分别进行设置。

首先，单击【Standard】标签，进入 Standard 选项卡(图 10-18)，设置下列参数。
◎选择图名字体：Black Galaxy Bold。
◎确定图名字符大小(Size)：10。
◎确定图名字符单位(Units)：paper pts。
◎单击【Apply】按钮，应用字体参数定义。
◎单击【OK】按钮，关闭 Text Style Chooser 对话框。

然后，在 Text Style Chooser 对话框中，单击【Custom】标签，进入 Custom 选项卡(图 10-19)，设置下列参数。
◎图名字符大小及单位(Size)：10 paper pts。
◎选择图名字体：Goudy-Old-Style。
◎图名字符倾斜角度(Italic Angle)：15。
◎图名字符下划线参数(Underline Offset/Width)：15/5。
◎图名字符阴影参数(Shadow Offset X/Y)：2/2。
◎图名字符及阴影颜色(Fill Style)。

◎单击【Apply】按钮，应用字体参数定义。

◎单击【OK】按钮，关闭 Text Style Chooser 对话框。

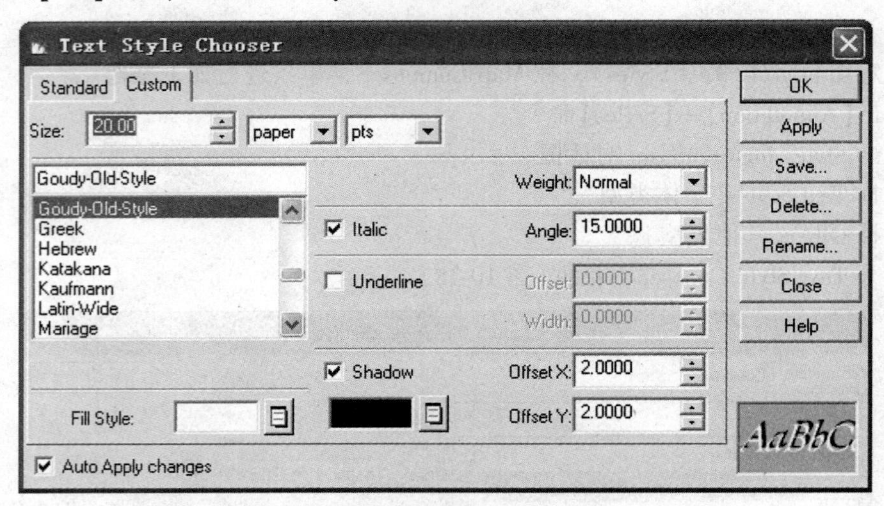

图 10-19　**Text Style Chooser 对话框**(Custom 选项卡)

②放置地图图名(Create Text)，在 Annotation 工具面板进行如下操作。

◎单击【Create Text】**A** 图标。

◎在 Map Composer 窗口的图形窗口中单击，确定放置图名位置。

◎打开 Annotation Text 对话框(图 10-20)。

◎在 Annotation Text 对话框中输入图名字符串 Land Use of QingYuan(可从 ASCII 或其他文件、剪贴版中获取字符串)。

◎单击【OK】按钮，图名就放置在了刚才指定的位置。

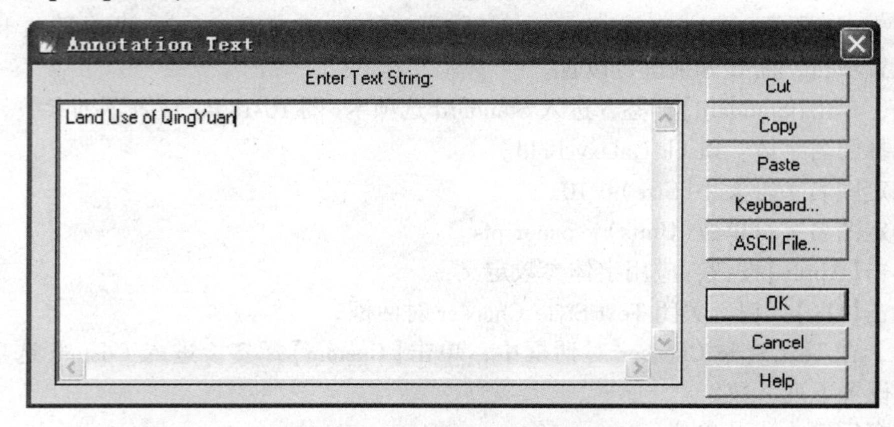

图 10-20　Annotation Text 对话框

③编辑地图图名(Text Properties)。

地图图名放置以后，在 Map Composer 窗口的图形窗口中双击地图图名，打开 Text Properties 对话框(图 10-21)，在 Text Properties 对话框中，可以做下列编辑修改。

◎定义图名要素的名称(Name)与描述(Description)。

◎修改地图图名字符(Text)。

◎定义地图图名位置(Position),包括位置坐标及其单位。

◎重新定义地图图名大小(Size)与倾角(Angle)。

◎定义地图图名定位基准点(Alignment)。

◎单击【Apply】按钮,应用编辑参数。

◎单击【Close】按钮,关闭 Text Properties 对话框。

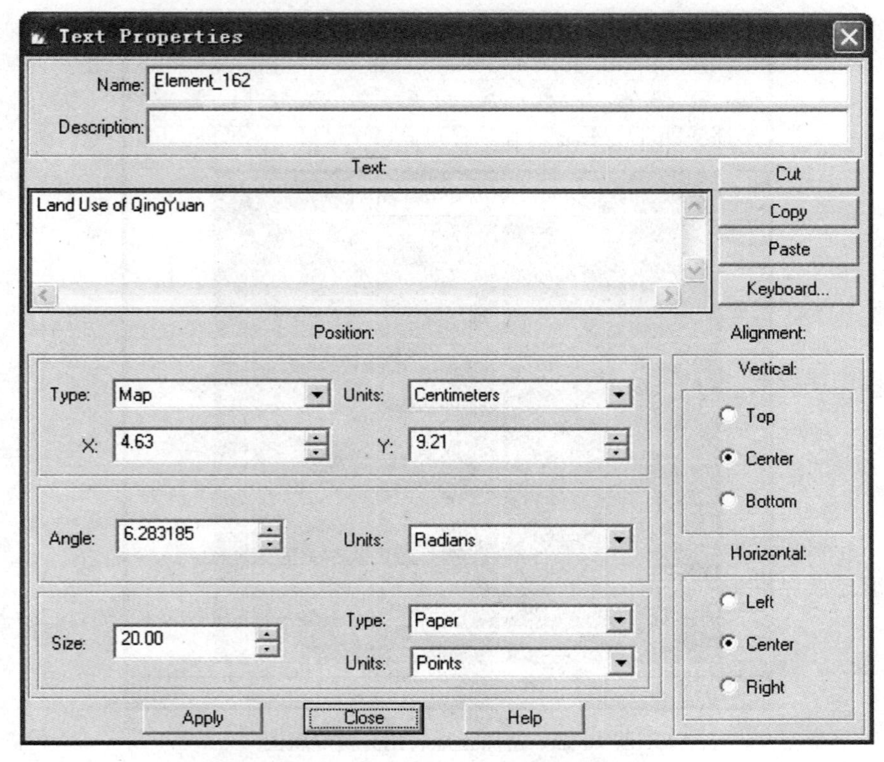

图 10-21　Text Properties 对话框

步骤 6:书写地图说明注记

地图说明注记书写(Write Descriptive Text)与地图图名放置(Add Map Title)过程完全一致,只是内容和位置不同而已。在 Annotation 工具面板进行如下操作。

◎单击【Create Text】**A** 图标。

◎在 Map Composer 窗口的图形窗口中单击,确定注记位置。

◎打开 Annotation Text 对话框。

◎在 Annotation Text 对话框中输入说明注记字符串(可从 ASCII 或其他文件、剪贴板中获取字符串)。

◎单击【OK】按钮(说明注记就放置在了刚才指定的位置)

同样,地图说明注记放置以后,还可以通过双击注记调用字符特征对话框进行编辑修改。

步骤 7：保存专题制图文件

通过上述过程所生成的专题制图文件可以保存起来(Save the Map Composition)，以便修改和应用，具体过程如下。

在 Map Composer 工具条，单击【Save Composition】图标，保存制图文件(＊.Map)，或在 Map Composer 菜单条，单击【File】→【Save】→【Map Composition】命令，保存制图文件(＊.Map)，效果如图 10-22 所示。

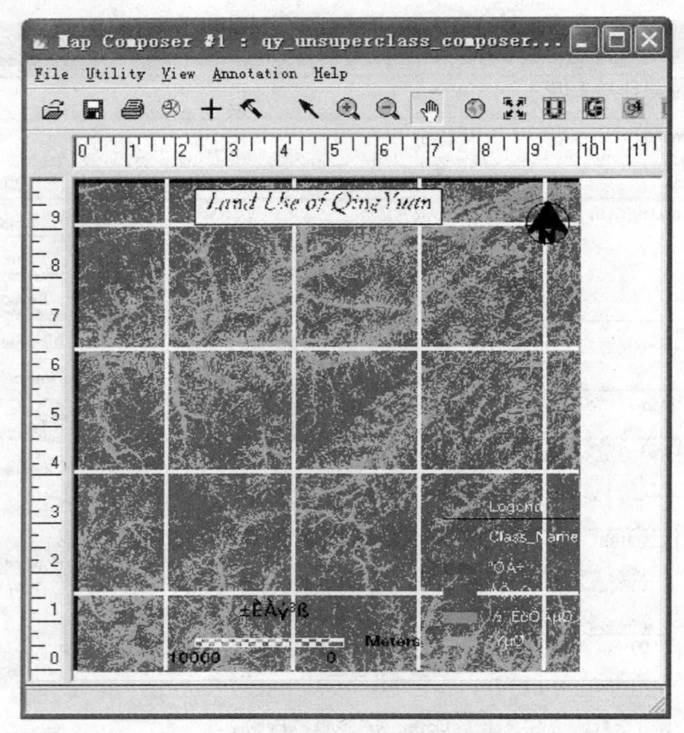

图 10-22　清原土地利用分类专题图

10.2.6　专题地图打印输出

地图打印输出(Print the Map Composition)过程，可以分别在 ERDAS 图标面板环境或 Map Composer 制图环境下完成。

【方法 1】在 ERDAS 图标面板环境输出

在 ERDAS 图标面板菜单条进行如下操作。

◎单击【Main】→【Map Composer】→【Print Map Composition】命令。

◎打开 Compositions 对话框，选择上小节中保存后的制图文件＊.map。

◎打开 Print Map Composition 对话框(图 10-23)。

或在 ERDAS 图标面板工具条进行如下操作。

◎单击【Composer】图标。

◎单击【Print Map Composition】命令。

◎打开 Compositions 对话框，选择上小节中保存后的制图文件＊.map。

◎打开 Print Map Composition 对话框(图 10-23)。

【方法 2】在 Map Composer 制图环境输出

在 Map Composer 菜单条，单击【File】→【Print】命令，打开 Print Map Composition 对话框(图 10-23)，在 Print Map Composition 对话框中，需要依次定义下列地图打印参数：

◎打印机参数(Printer)。

◎确定打印目标(Print Destination)可以是 IMG 文件、EPS 文件、PDF 文件，或系统已经安装的任何一种打印机文件。

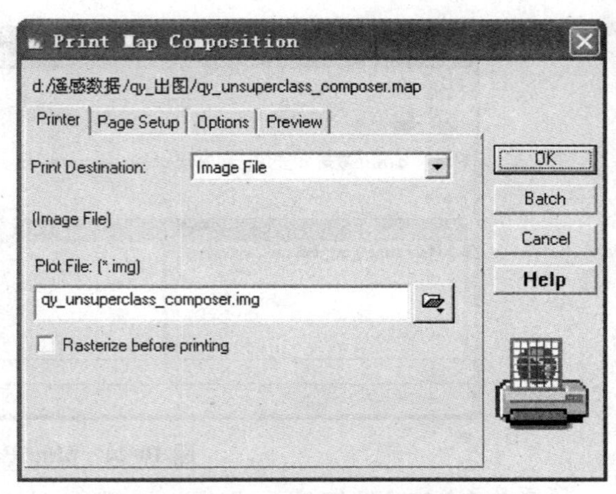

图 10-23 Print Map Composition 对话框

◎改变打印机设置(Change Printer Configuration)或确定打印文件名。

◎纸张大小设置(Page Setup)。

◎打印比例(Scaling)，可以定义制图文件与纸张比例(Composition to Page Scaled，或者将图面压缩到一张打印纸大小(Fill Exactly One Panel)。

◎确定打印张数(Number of Panels)及开始(Start At)与结束(End At)页码。

◎打印选择设置(Options)。

◎旋转设置(Image Orientation)，自动(Automatic)或强制(Force)。

◎绘制图幅边框设置(Draw Bounding Box)。

◎打印份数设置(Copies)：1。

◎打印预览(Preview)，包括地图大小、纸张尺寸、图像分辨率等参数以及打印图面。

◎单击【OK】按钮，完成打印设置，执行地图打印。

10.2.7 制图文件路径编辑

应用 Map Composer 进行专题制图时，所生成的是后缀为 . map 的制图文件，文件中包含所有在制图编辑过程中设置的各种参数，如图幅尺寸、图像文件目录、图像文件名称和地图注记等。当显示或打印地图时，ERDAS IMAGINE 读取 . map 文件并生成所需要的地图。如果把制图文件中所涉及的图像文件更换了目录，或者需要用另一幅新的图像文件做替换，就需要对制图文件中的路径进行编辑(Edit Composition Paths)，具体过程如下。

①在 ERDAS 图标面板菜单条，单击【Main】→【Map Composer】→【Edit Map Composition Paths】命令，打开 Map Path Editor 窗口(图 10-24)；或在 ERDAS 图标面板工具条，单击【Composer】图标→【Edit Map Composition Paths】命令，打开 Map Path Editor 窗口(图 10-24)。

②在 Map Path Editor 窗口中，首先要打开需要编辑路径的制图文件，然后编辑路径，在 Map Path Editor 菜单条进行如下操作。

◎单击【File Open】命令，打开 Compositions 对话框。

◎确定需要编辑路径的制图文件(Filename)为 * . map。

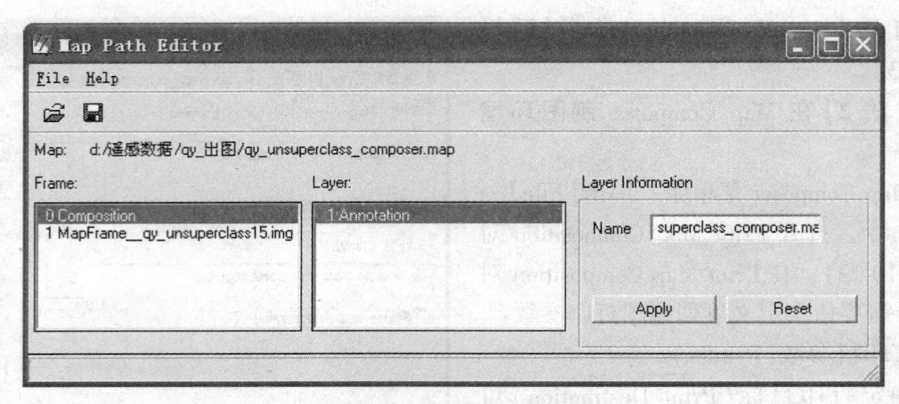

图 10-24 Map Path Editor 窗口

◎单击【OK】按钮，关闭 Compositions 对话框，打开制图文件。

◎Frame：Map Frame_modeler_ output. img(选择编辑文件)。

◎Layer Information，输入新的图像文件路径。

◎单击【Apply】按钮，应用文件路径修改。

◎单击【Reset】按钮，恢复原有文件路径。

◎单击【File Save】命令，保存文件路径编辑。

10.2.8 系列地图编辑工具

系列地图编辑工具(Map Series Tool)用于编制系列专题地图。当一幅图像覆盖范围较大，按照某一比例尺(如美国地质调查局标准系列分幅中的 1∶24000)进行专题制图时，可能需要用若干幅在空间上彼此相连的地图来表达，这时，应用系列地图编辑工具来完成就非常方便。下面将通过系统中的一个实例来说明系列地图编辑工具的具体应用过程。

步骤 1：准备系列地图编辑文件

在 ERDAS 窗口中打开学院林场图像：qy_unsuperclass. img，下面的系列地图编辑操作将以该图像的制图输出为例进行。

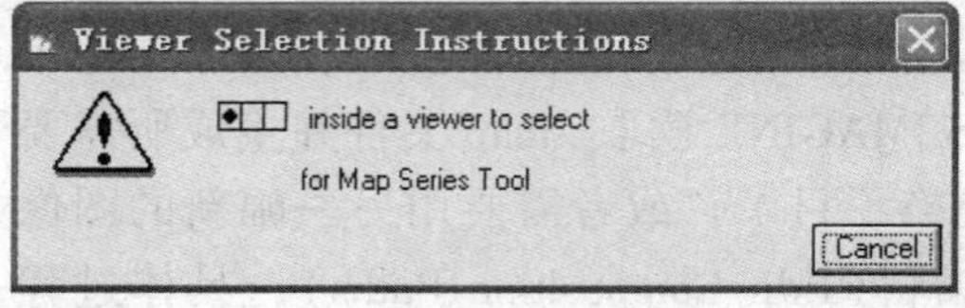

图 10-25 Viewer Selection Instructions 对话框

步骤 2：启动系列地图编辑工具

在 ERDAS 图标面板工具条，依次单击【Composer】→【Map Series Tool】，打开 Viewer Selection Instructions 指示器(图 10-25)，在 Viewer Selection Instructions 对话框进行如下操作。

◎在打开图像文件的窗口中单击，确定输出图像。

◎在 Viewer Selection Instructions 对话框，打开 Map Series Tool 窗口(图 10-26)。

在 Map Series Tool 窗口中，首先需要定义系列地图的标准分幅和比例尺，在 Map Series Tool 窗口菜单条进行如下操作。

◎单击【Edit】→【United States Geological Survey】→【1∶24000】。

◎系统将自动加载 qy_unsuperclass. img 图像所覆盖的 1∶24000 标准分幅地图，并将分幅地图信息显示在系列地图编辑工具窗口的表格(Cell Array)中(图 10-26)。

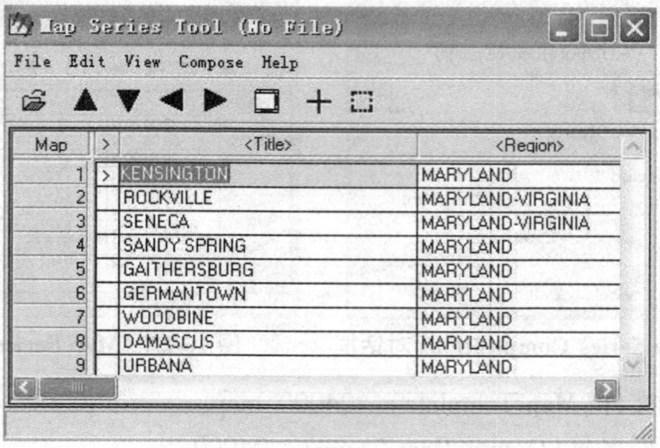

Map Series Tool (No File)

File Edit View Compose Help

Map	>	<Title>	<Region>
1	>	KENSINGTON	MARYLAND
2		ROCKVILLE	MARYLAND-VIRGINIA
3		SENECA	MARYLAND-VIRGINIA
4		SANDY SPRING	MARYLAND
5		GAITHERSBURG	MARYLAND
6		GERMANTOWN	MARYLAND
7		WOODBINE	MARYLAND
8		DAMASCUS	MARYLAND
9		URBANA	MARYLAND

图 10-26 Map Series Tool 窗口(定义地图之后)

步骤 3：显示系列地图分幅信息

在 Map Series Tool 窗口菜单条，依次单击【View】→【Show Map Sheets in Viewer】→【Titled】，地图分幅边界及图名显示在窗口中(图 10-27)。

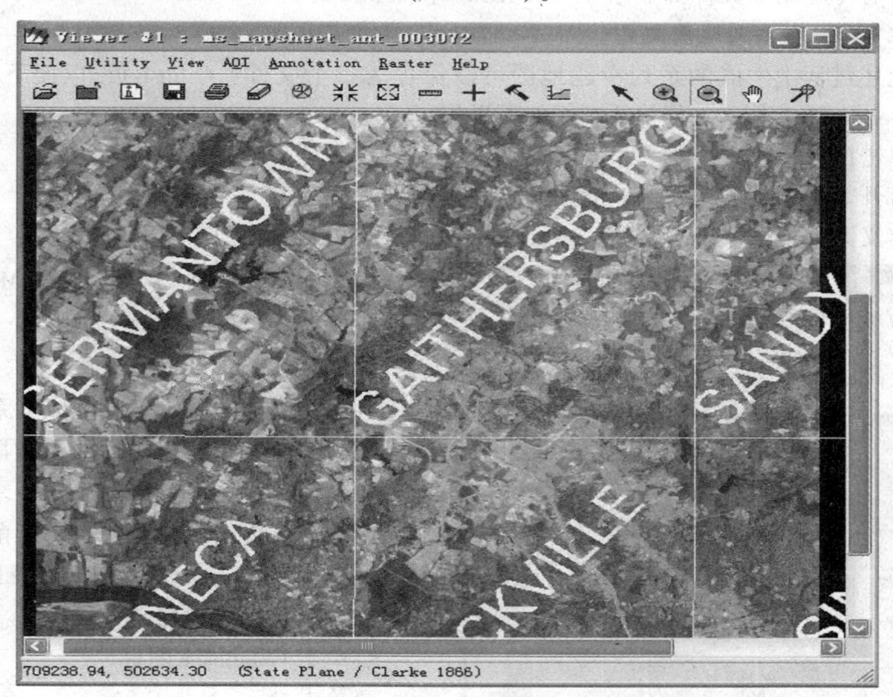

图 10-27 系列地图分幅信息显示窗口

步骤 4：系列地图输出编辑

利用系列地图编辑工具可以一次输出一幅地图，也可以同时输出部分或所有系列地图。在 Map Series Tool 窗口菜单条，依次单击【Compose】→【Create Map Sheets Compositions】，打开 Create Map Series Compositions 对话框(图 10-28)，在 Create Map Series Compositions 对话框中设置下列参数。

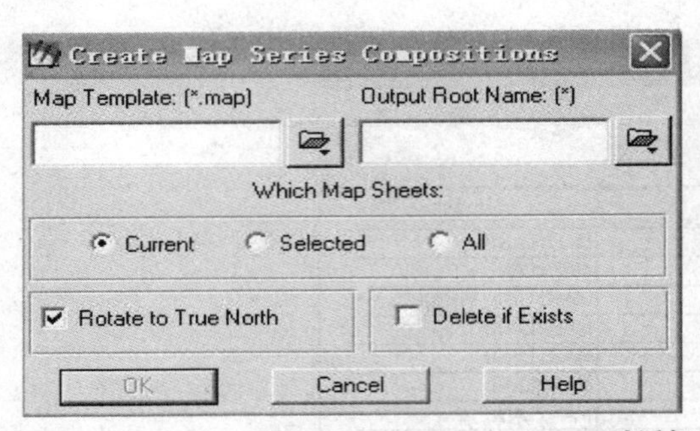

图 10-28　Create Map Series Compositions 对话框

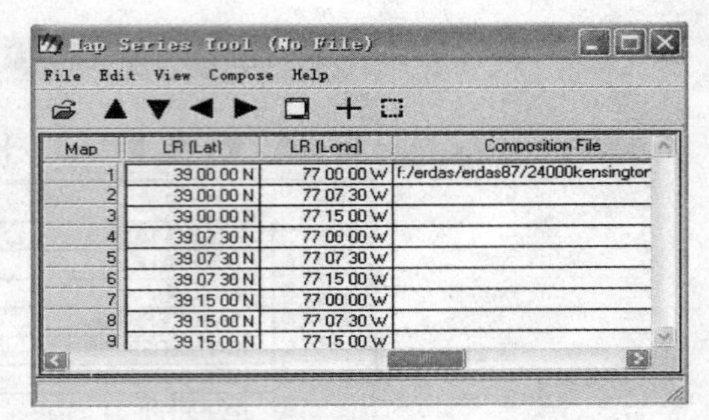

图 10-29　Map Series Tool Cell Array

◎选择制图模板文件(Map Template)：24000. map。

◎确定输出文件根名称(Output Root Name)：24000。

◎选择同时输出所有图幅(Which Map Sheets)：All。

◎确定输出地图的指北方向：Rotate to True North。

◎单击【OK】按钮，按照模板自动生成专题制图文件。

◎所有专题制图文件都显示在 Cell Array 中(图 10-29)。

步骤 5：保存系列地图文件

在上述过程中生成的系列专题地图可以保存为一个文件(＊. msh)，以便下次调用。在 Map Series Tool 对话框菜单条进行如下操作。

◎单击【File Save As】命令。

◎打开 Save Map Series File 对话框。

◎定义系列地图文件名(Map Series Filename)：24000. msh。

◎单击【OK】按钮，关闭 Save Map Series File 对话框，保存系列地图文件。

步骤 6：系列地图输出预览

利用系列地图编辑工具生成的系列专题地图与模板文件保持相同的图面布局，包括图名、图例、比例尺、接图表、千米网和坐标注记等诸多要素，在正式打印之前，可以预览其图面效果，具体操作时在 ERDAS 图标面板工具条进行下列设置。

◎单击 Composer 图标。

◎单击 Open Map Composition 命令。

◎在 Open Map Composition 对话框选择制图文件(File Name)为 24000qy_unsuperclass_composer. map。

◎单击【OK】按钮。

◎打开 Map Composer 图形窗口(图 10-30)显示制图文件。

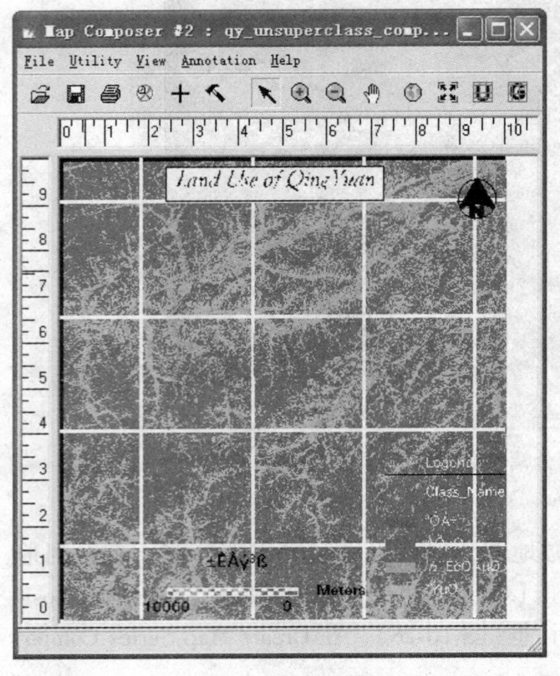

图 10-30　Map Composer 图形窗口(局部)

10.2.9 地图数据库工具

上一节所介绍的系列地图编辑工具(Map Series Tool)，不仅可以按照预先定义的模式自动生成系列地图并打印输出，而且可以用于建立区域地图数据库，这里所述区域可以是世界上任何一个地方。要建立系列地图数据库，首先必须生成一个包含在地图数据库中存放的所有系列地图文件记录的 ASCII 文件，而地图数据库工具(Map Database Tool)就是来完成这项任务的，地图数据库工具可以使您生成一个 HFA 格式的二进制地图数据库文件。地图数据库工具使用时在 ERDAS 图标面板工具条进行下列操作。

◎单击【Composer】图标。

◎单击【Map Database Tool】按钮。

◎打开 Map Database Tool 对话框。

在 Map Database Tool 对话框中，需要定义下列参数。

◎确定 ASCII 地图数据库输入文件(Input ASCII File)。

◎确定地图数据库输出文件类型(Output Map Database File)，可以是新文件(New File)，生成新的地图数据库文件(.smd)，也可以是已有文件(Existing File)，向地图数据库添加新内容。

◎确定地图数据库输出文件名称(Output Filename)。

◎确定系列地图文件名称(Map Series Name)。

◎定义地图数据库参数(Map Database Parameters)，包括地图投影(Set Map Projection)、参考点坐标(Set Reference Corner Coordinate)和索引格网大小(Index Grid Size) X/Y。

◎单击【OK】按钮，关闭 Map Database Tool 对话框，建立地图数据库。

说明：关于 HFA 格式的二进制地图数据库文件，系统还有一些具体的规定见表 10-3。

表 10-3 二进制地图数据库文件内容与格式

参数	起始字节	字节数	类型	说明
地图名	0	64	字符型	地图名称
区域 1	64	32	字符型	第一个区域名称
区域 2	96	16	字符型	第二个区域名称
Y 坐标	112	16	数字型	Y 坐标(大地或投影坐标)
Y 方向 1	28	1	字符型	Y 方向(向南或向北)
X 坐标 1	29	16	数字型	X 坐标(大地或投影坐标)
X 方向 1	45	1	字符型	X 方向(向东或向西)
Y 范围 1	46	16	数字型	地图高度(Y 方向单位)
X 范围 1	62	16	数字型	地图宽度(X 方向单位)

10.3　成果评价

土地类型分类专题图验收考核评价指标制定方法参见表 10-4。

表 10-4　土地类型分类专题图验收考核评价表

<table>
<tr><td colspan="2">姓名：</td><td>班级：</td><td>小组：</td><td colspan="2">指导教师：</td></tr>
<tr><td colspan="3">教学任务：学院实验林场土地类型分类专题图</td><td colspan="3">完成时间：</td></tr>
<tr><td colspan="6">过程考核 60 分</td></tr>
<tr><td colspan="2">评价内容</td><td colspan="2">评价标准</td><td>赋分</td><td>得分</td></tr>
<tr><td rowspan="4">1</td><td rowspan="4">专业能力</td><td colspan="2">1. 了解不同类别的专题图制作</td><td>10</td><td></td></tr>
<tr><td colspan="2">2. 准确生成专题制图文件</td><td>10</td><td></td></tr>
<tr><td colspan="2">3. 准确添加图面整饰要素</td><td>10</td><td></td></tr>
<tr><td colspan="2">4. 能够完成专题图的打印输出</td><td>10</td><td></td></tr>
<tr><td rowspan="3">2</td><td rowspan="3">方法能力</td><td colspan="2">1. 充分利用网络、期刊等资源查找资料</td><td>3</td><td></td></tr>
<tr><td colspan="2">2. 灵活运用遥感图像处理的各种方法</td><td>4</td><td></td></tr>
<tr><td colspan="2">3. 具有灵活处理遥感图像问题的能力</td><td>4</td><td></td></tr>
<tr><td rowspan="3">3</td><td rowspan="3">社会能力</td><td colspan="2">1. 与小组成员协作，有团队意识</td><td>3</td><td></td></tr>
<tr><td colspan="2">2. 在完成任务过程中勇挑重担，责任心强</td><td>3</td><td></td></tr>
<tr><td colspan="2">3. 接受任务态度认真</td><td>3</td><td></td></tr>
<tr><td colspan="6">结果考核 40 分</td></tr>
<tr><td rowspan="4">4</td><td rowspan="4">工作成果</td><td rowspan="4">学院实验林场土地类型分类专题图验收报告</td><td>报告条理清晰</td><td>10</td><td></td></tr>
<tr><td>报告内容全面</td><td>10</td><td></td></tr>
<tr><td>结果检验方法正确</td><td>10</td><td></td></tr>
<tr><td>格式编写符合要求</td><td>10</td><td></td></tr>
<tr><td colspan="2">总评</td><td colspan="2"></td><td>100</td><td></td></tr>
<tr><td colspan="6">指导教师反馈：（教师根据学生在完成任务中的表现，肯定成绩的同时指出不足之处和修改意见）
年　　月　　日</td></tr>
</table>

思考与练习

1. 地图的整饰要素都有哪些？

2. 简述在绘制地图图框时，Change Map and Frame Area、Change Scale and Frame Area 和 Change Scale and Map Area 三种选择有何不同。

3. 简述制作专题图的一般步骤。

4. 使用给定的遥感影像制作专题图。

第11章 植被指数变化分析

○ 项目概述

遥感植被指数是反映地表植被覆盖情况的数学指标，可用于提取植被覆盖信息。植物的光谱特征可使其在遥感影像上有效地与其他地物相区别。同时，不同的植物各有其自身的波谱特征，从而成为区分植被类型、长势及估算生物量的依据。

植被覆盖度是乔木、灌木和草本植物地上部分(枝、叶、茎)垂直投影的面积占地面的百分比。遥感测定植被覆盖度的方法大致有3种：经验模型法、植被指数法和像元分解模型法。目前采用的植被指数有20余种，但常用的植被指数有：归一化植被指数*NDVI*、比值植被指数*RVI*、差值植被指数*DVI*、土壤调节植被指数*SAVI*、修正型土壤植被指数*MSAVI*等，它们是根据不同的研究区特点和不同的研究对象而提出来的，与绿色植物的盖度和生物量等存在较好的相关性。在植被指数中，人们通常选用对绿色植物强吸收的可见光红波段和对绿色植物高反射的近红外波段。近红外波段是植物遥感的重要波段，近红外区的反射是受叶内复杂的叶腔结构和腔内对近红外辐射的多次散射控制，以及近红外光对叶片有近50%的透射和重复反射，近红外波段对植物的生长阶段、发育水平、受病虫害胁迫状态、水分亏缺状态等的监测有很重要的意义。

○ 能力目标

①能够根据给定的矢量图层对多期影像进行裁剪。

②了解遥感植被指数，掌握利用*NDVI*提取植被指数的工作流程，能够进行研究区植被覆盖率的提取，能够进行影像归一化植被指数的计算。

③熟悉遥感影像光谱增强的操作。

○ 项目分析

本项目利用多期TM卫星数据，应用ERDAS软件进行归一化植被指数的计算，及在此基础对研究区进行植被覆盖率的提取，根据植被覆盖率进行一些应用分析。

本研究采用的遥感影像为Landsat 5卫星的TM数据，该数据经过系统辐射校正和地面控制点几何校正，并且通过数字高程模型(DEM)进行了标准地形校正，采用统一横轴墨卡托(UTM)地图投影、世界大地系统WGS-84坐标，空间分辨率30m。遥感影像获取时间分别为2008年5月12日(TM)、2009年10月6日(TM)；辅助数据有柳州市行政区划矢量图层(Shapefile格式)。TM影像数据如图11-1所示。

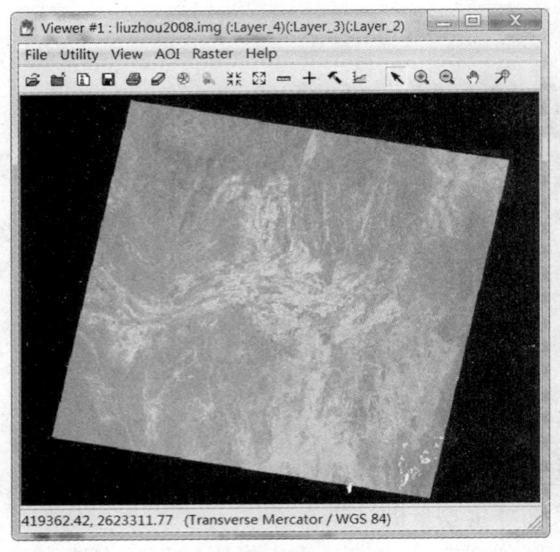

（a）2008年5月12日TM

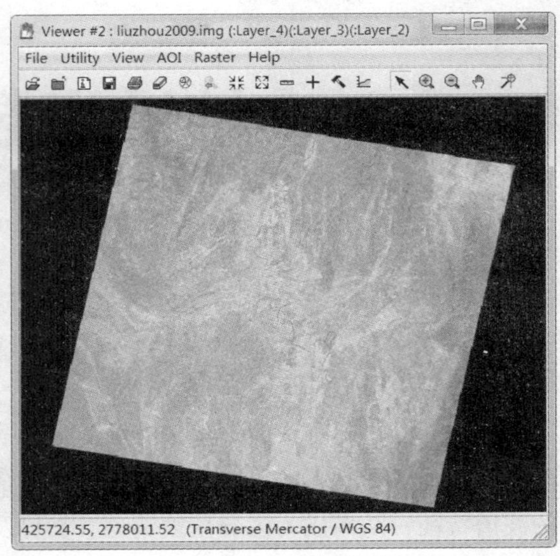

（b）2009年10月6日TM

图 11-1　TM 影像数据

11.1　归一化植被指数相关知识

在植被遥感中，归一化植被指数(*NDVI*)的应用最为广泛，是植被生长状态及植被覆盖度的最佳指示因子，与植被分布密度呈线性相关，因此又被认为是反映生物量指标。归一化植被指数为近红外波段(NIR)与可见光红波段(R)数值之差和这两个波段数值之和的比值。即：

$$NDVI=\frac{DN_{NIR}-DN_{R}}{DN_{NIR}+DN_{R}}$$

式中　DN_{NIR}——近红外(NIR)的灰度值；

DN_{R}——红外段(R)的灰度值。

$-1 \leqslant NDVI \leqslant 1$，负值表示地面覆盖为云、水、雪等，对可见光高反射；0 表示有岩石或裸土等，NIR 和 R 近似相等；正值表示有植被覆盖，且随覆盖度增大而增大。

11.2　项目实施

在 ERADS IMAGINE 中，利用 *NDVI* 提取植被指数一般包括以下 5 个步骤。

①进行遥感图像裁剪，主要通过给定的矢量图层范围裁剪出研究区范围的影像数据。

②对研究区范围的影像数据进行归一化植被指数(*NDVI*)计算。

③归一化植被指数(*NDVI*)分级。

④归一化植被指数(*NDVI*)属性制图。

⑤结果分析。

11.2.1 遥感影像裁剪

利用柳州市行政区划矢量图层对TM影像进行裁剪。

步骤1：打开需要裁剪的图像和矢量文件

①启动程序：在ERDAS图标面板中单击Viewer图标，或者在ERDAS图标面板的菜单栏中点击【Session】→【Tile Viewer】，或者在ERDAS图标面板的菜单栏中依次点击【Main】→【Start IMAGINE Viewer】，打开一个视窗Viewer #1。在Viewer#1中打开TM影像：liuzhou 2008. img(图11-2)。

②确定裁剪范围：在Viewer#1中打开作为裁剪范围的矢量文件liuzhou. shp。

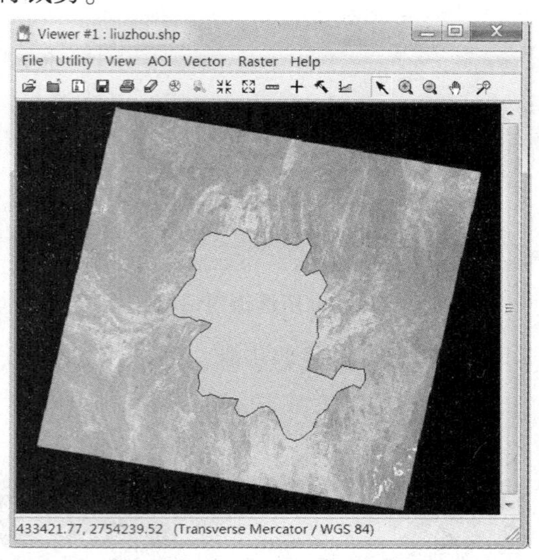

图11-2 在同一窗口打开的栅格和矢量图像

步骤2：将SHP文件转成AOI

①在Viewer#1中，选中矢量文件。

②单击文件菜单【File】→【New】→【AOI Layer】命令，即可建立一个新的AOI图层。

③单击AOI菜单下，选择【Copy Selection to AOI】。

④依次单击【File】→【Save】→【AOI Layer As】，保存为liuzhou. aoi文件。

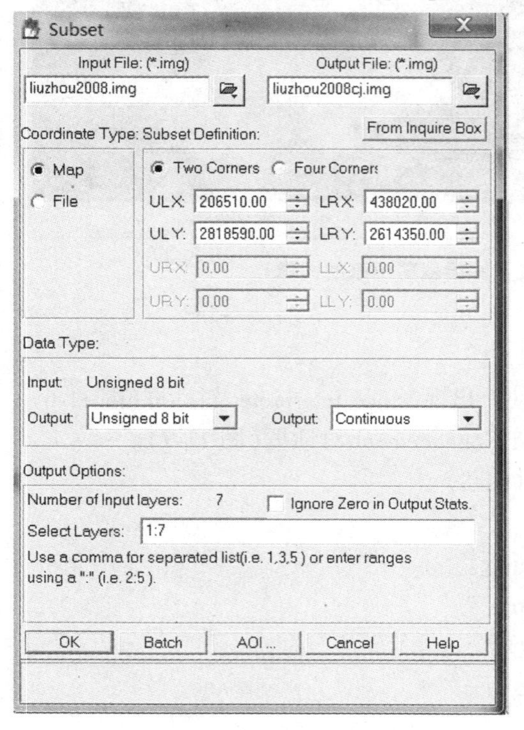

图11-3 裁剪对话框

步骤3：进行裁剪

①在ERDAS图标面板菜单条中依次单击【Main】→【Data Preparation】菜单，选择Subset Image选项，打开Subset Image对话框；或者在ERDAS图标面板工具条中单击【Data Prep】图标，打开Data Preparation菜单，选择Subset Image选项，打开Subset Image对话框(图11-3)。

②在Subset Image对话框中需要设置下列参数。

◎输入文件名称(Input File)：liuzhou2008. img。

◎输出文件名称(Output File)：liuzhou2008 cj. img。

◎应用AOI确定裁剪范围：单击【AOI】按钮。

◎打开选择AOI(Choose AOI)对话框(图11-4)。

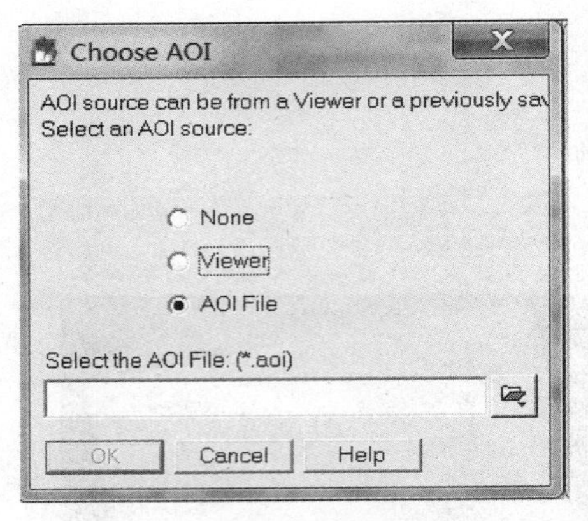

图 11-4 AOI 选择对话框

◎在 Choose AOI 对话框中确定 AOI 的来源(AOI Source):File(已经存在的 AOI 文件)或 Viewer(视窗中的 AOI)。

◎输出数据类型(Output Data Type):Unsigned 8 bit。

◎输出像元波段(Select Layers):1 : 7(表示选择 1~7 共 7 个波段)。

◎单击【OK】按钮,关闭 Subset Image 对话框执行图像裁剪。

③在一个新的 Viewer 中打开裁剪后的图像,结果如图 11-5 所示。

④重复以上裁剪步骤,将 liuzhou2009. img 裁剪出来,结果如图 11-5 所示。

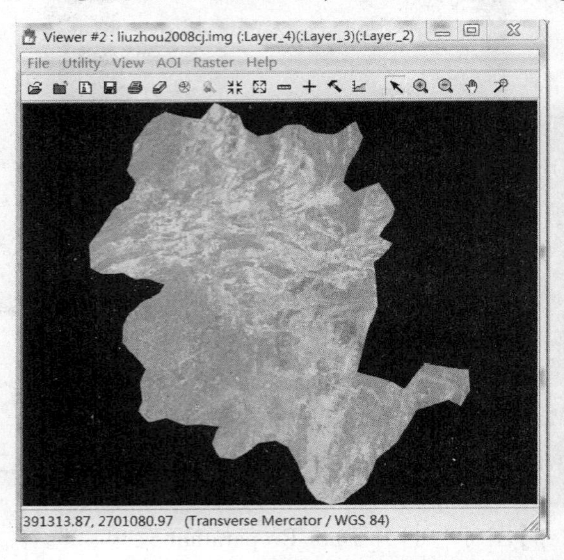

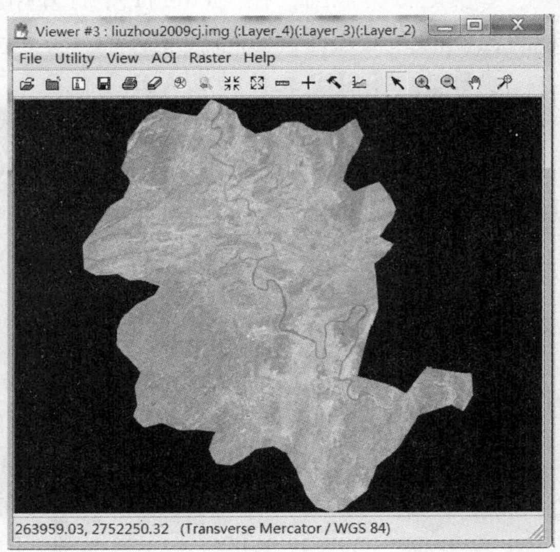

图 11-5 利用柳州市行政区划矢量图层裁剪出来的图像

11.2.2 归一化植被指数计算

①在 ERDAS 的主工具栏中选择 Interpreter 模块,出现 Image Interpreter 对话框(图 11-6)。

②选择 Spectral Enhancement,会弹出 Spectral Enhancement 对话框(图 11-7)。

③选择 Indices 选项,出现 Indices 对话框(图 11-8)。

在 Indices 对话框中需要设置下列参数。

◎输入文件名称(Input File):liuzhou2008cj. img。

◎输出文件名称(Output File):NDVI2008. img。

◎在 Output Options 的 Sensor 中选择 Landsat TM。

◎在 Select Function 里面选择 NDVI。

◎Data Type 默认为 Float,不需改变。

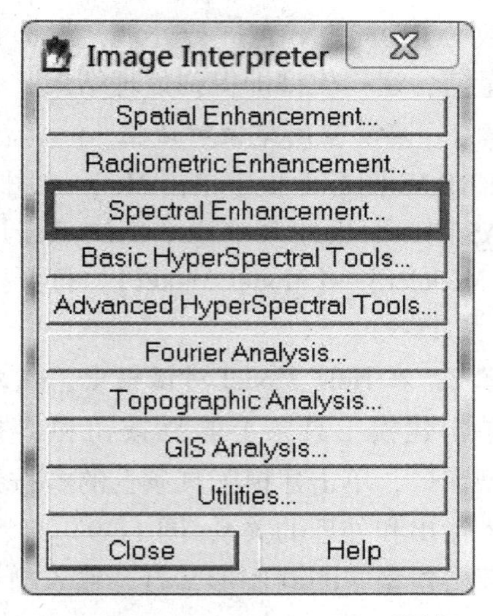

图 11-6　Image Interpreter 对话框

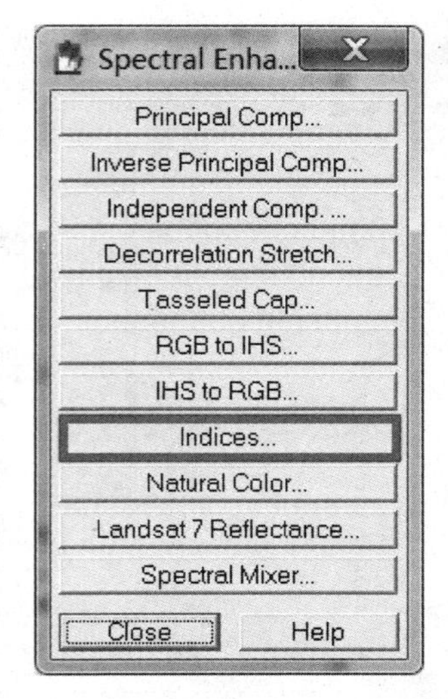

图 11-7　Spectral Enhancement 对话框

可以发现最下面的 Function 显示 band 4-band 3/band 4 band 3，这个就是 *NDVI* 的计算公式。最后选择【OK】即可完成。

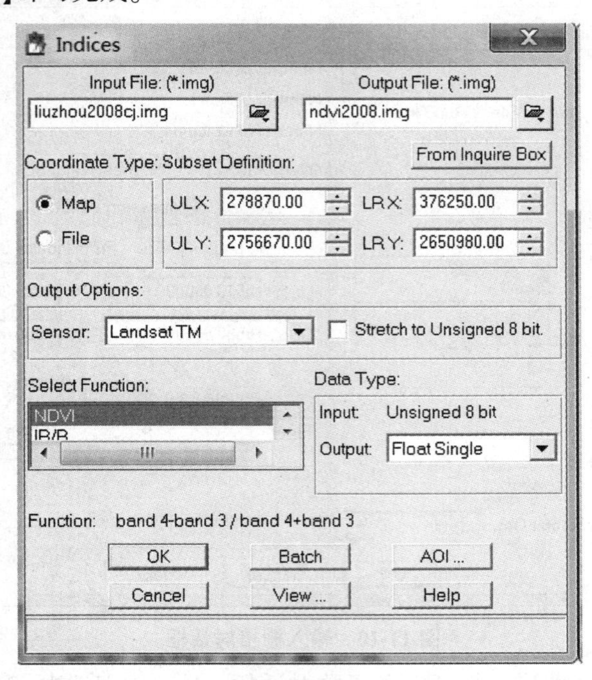

图 11-8　Indices 对话框

11.2.3　归一化植被指数分级

对 *NDVI* 的范围重新赋值用于专题图制作，如要把 *NDVI* 数据进行分级制图，如分为 5 类：*NDVI*≤0 值为 1，非植被；*NDVI*≤0.3 值为 2，稀疏植被；*NDVI*≤0.5 值为 3，低覆盖度；*NDVI*≤0.7 值为 4，中覆盖度；*NDVI*≤1. 值为 5，高覆盖度。利用 Modeler 工具中的

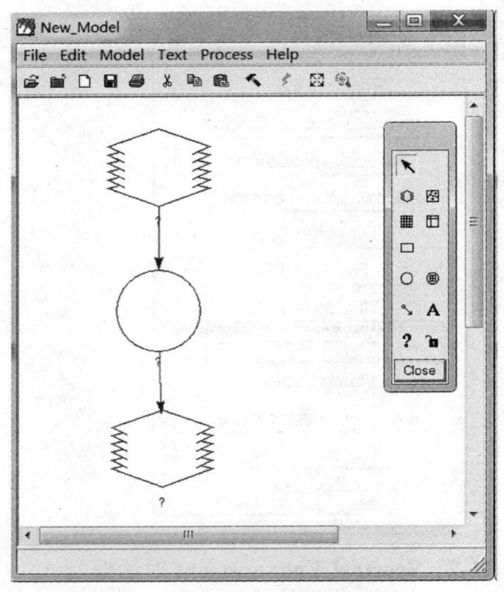

图 11-9　空间建模对话框

条件函数 CONDITIONAL 进行处理，添加相应的变量和变量值，运行模型即得到处理结果。

步骤 1：启动空间建模对话框

在 ERDAS 图标面板中单击 Modeler 图标，或者在 ERDAS 图标面板的菜单栏中依次点击【Main】→【Spatial Modeler】→【Model Maker】，打开空间建模对话框(图 11-9)。

步骤 2：在 New_Model 对话框中，建立模型

①单击建模工具条上的按钮和○按钮，添加到模型窗口，单击建模工具条上的按钮，建立模型输入输出和处理的关系(图 11-9)。

②双击模型中的图形，打开输入栅格对话框(图 11-10)，File Name 选择 NDVI2008. img，单击【OK】按钮。

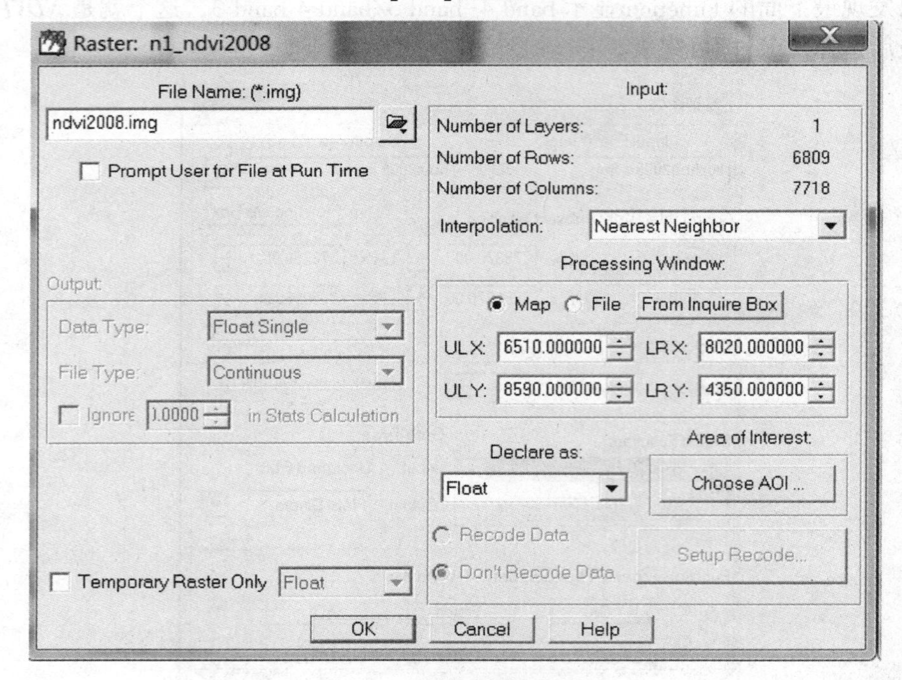

图 11-10　输入栅格对话框

③双击模型中的○图形，打开定义函数对话框，Functions 选择 Conditional，函数表达式为 CONDITIONAL{($n1_NDVI2008<=0)0，($n1_NDVI2008<=0.3)1，($n1_NDVI2008<=0.5)2，($n1_NDVI2008<=0.7)3，($n1_NDVI2008<=1.)4}。单击【OK】按钮(图 11-11)。

④双击模型中的第二个图形，打开输出栅格对话框(图 11-12)，File Name 保存到文件夹，命名为 NDVI2008class. img，单击【OK】按钮。

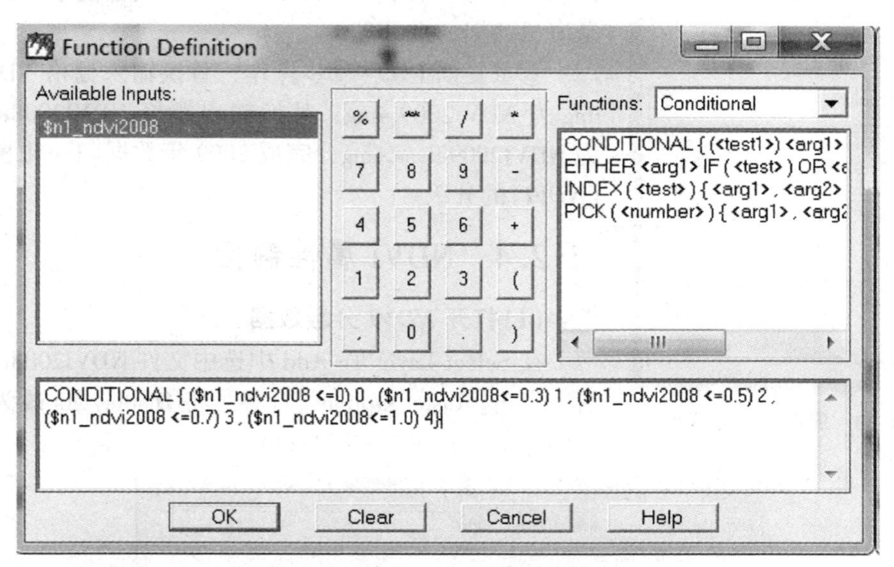

图 11-11　定义函数对话框

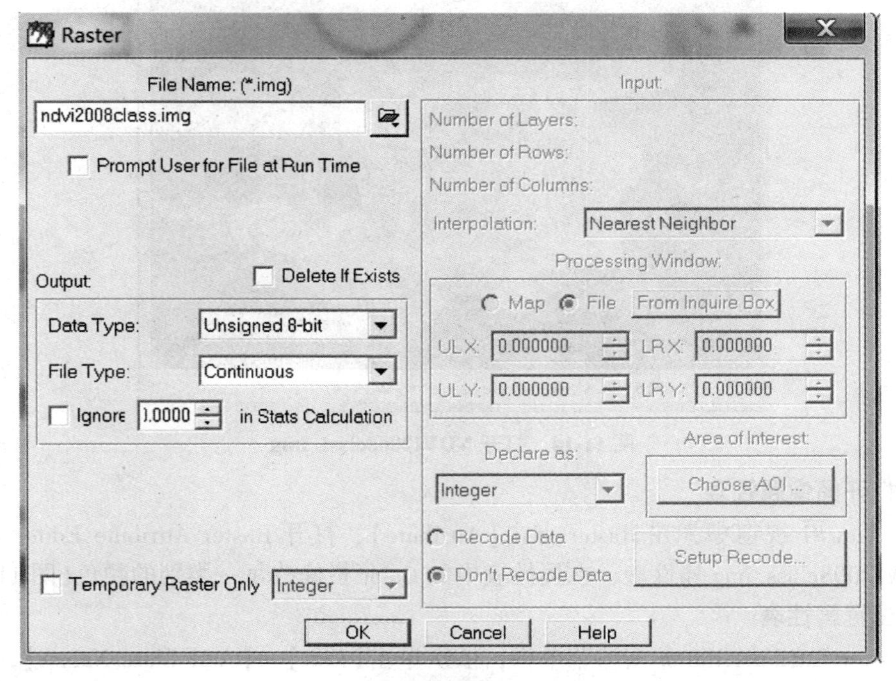

图 11-12　输出栅格对话框

图 11-13　保存模型对话框

⑤单击空间建模对话框的 File 菜单选择 Save as，打开保存模型对话框(图 11-13)，保存模型便于下次处理或是海量数据的批处理。

⑥重复以上②~④步操作，替换输入栅格 NDVI2008. img 为 NDVI2009. img，替换输出栅格 NDVI2008class. img 为 NDVI2009class. img，完成 2009 年数据归一化植被指数(*NDVI*)的分级。

11. 2. 4　NDVI 属性制图

(1) 打开 *NDVI* 分级数据

在 Select Layer To Add 中选中文件 NDVI2008class. img 后，点击【Raster Options】标签，将 Display As 改为 Pseudo Color，点击【OK】(图 11-14)。

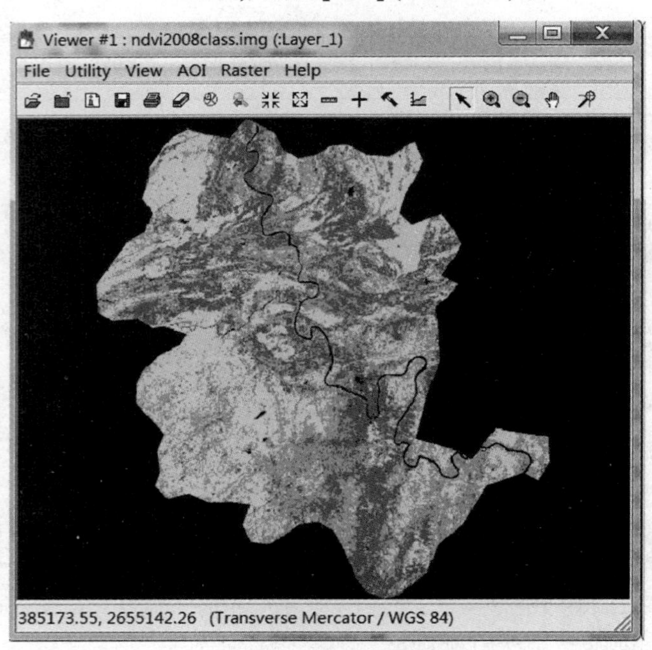

图 11-14　打开 NDVI2008class. img

(2) 打开图像属性表

单击 View#1 视窗中，在 Raster 点击【Attribute】，打开 Raster Attribute Editor 对话框，打开 NDVI2008class. img 属性表，在属性表中的 Color 栏修改每一类别的颜色(图 11-15)。

(3) 设置属性表

在 Raster Attribute Editor 窗口菜单栏，依次单击【Edit】→【Add Class Names】，在属性表中，根据之前归一化植被指数(*NDVI*)分级的依据，分别输出 non vegetation、sparse vegetation、low coverage、middle coverage、high coverage。

①单击【Edit】→【Add Area Column】，计算每一分级类别的面积，单位选择 sqmiles。

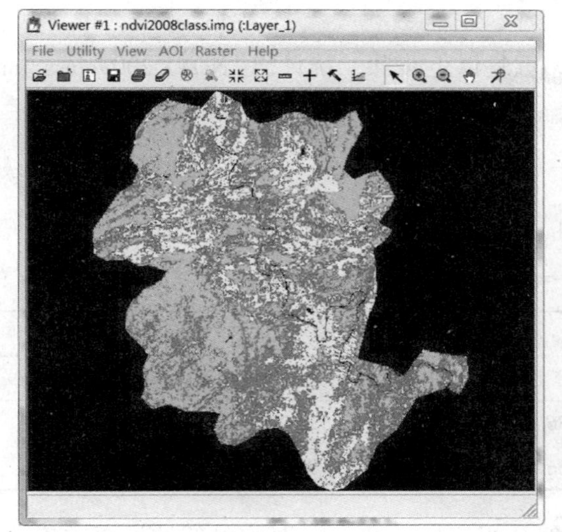

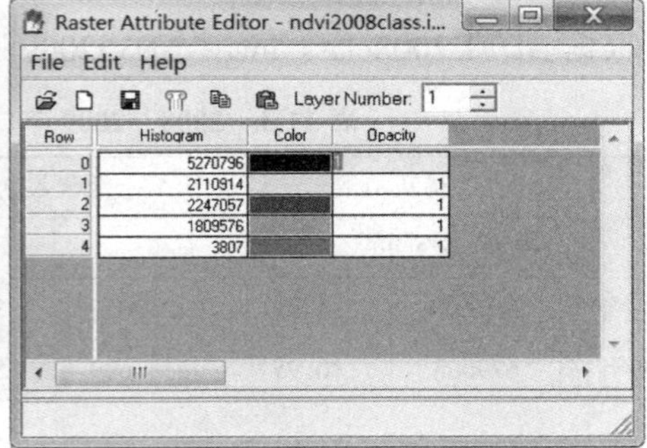

Row	Histogram	Color	Opacity
0	5270796		
1	2110914		1
2	2247057		1
3	1809576		1
4	3807		1

图 11-15 调整 NDVI2008class. img 各级类别颜色

②单击【Edit】→【Column Properties】，或者单击 按钮，打开 Column Properties(列属性)对话框，应用 Up、Down 等按钮，按照依次 Class_Names、Color、Area 等字段显示顺序排列(图 11-16)，单击【OK】，并单击 按钮，保存属性表(图 11-17)。

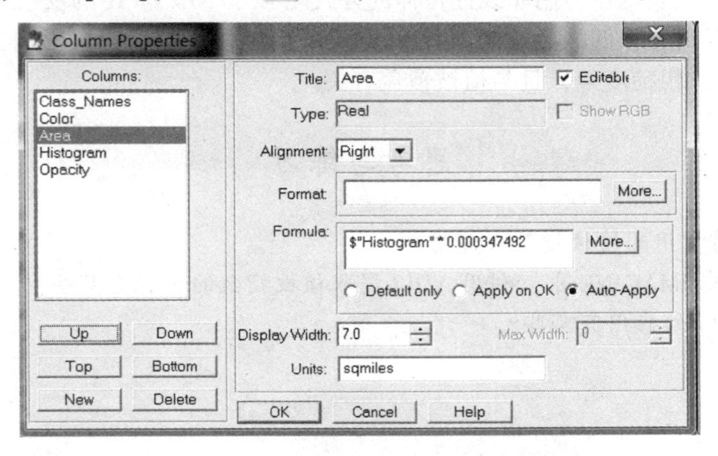

图 11-16 Column Properties 对话框

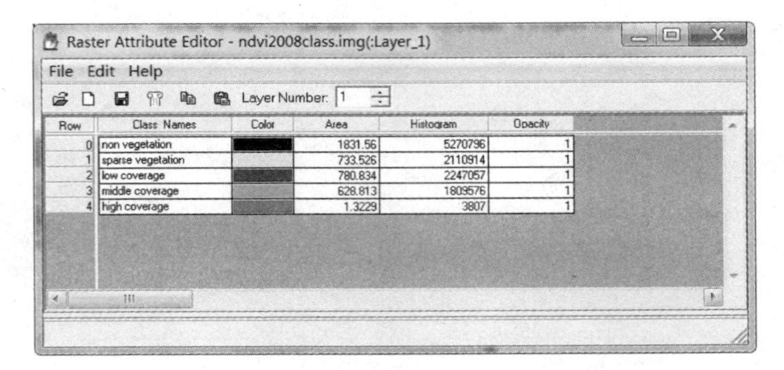

Row	Class Names	Color	Area	Histogram	Opacity
0	non vegetation		1831.56	5270796	1
1	sparse vegetation		733.526	2110914	1
2	low coverage		780.834	2247057	1
3	middle coverage		628.813	1809576	1
4	high coverage		1.3229	3807	1

图 11-17 Raster Attribute Editor 对话框

(4)统计分级类别面

根据属性表，可统计出各类别的面积。重复以上步骤，统计出“NDVI 2009class. img”图像中，各类别的面积。

11.2.5　NDVI 变化分析

根据 NDVI 2008class. img、NDVI2009class. img 图像属性表数值，统计如下：

表 11-1　2008—2009 年广西柳州市植被覆盖度分级统计

年份	稀疏植被		低覆盖度		中覆盖度		高覆盖度	
	面积(m^2)	百分比(%)	面积(m^2)	百分比(%)	面积(m^2)	百分比(%)	面积(m^2)	百分比(%)
2008 年	2110914	34. 21	2247057	36. 41	1809576	29. 32	3807	0. 6
2009 年	679068	10. 95	3531699	56. 96	1987209	32. 5	1845	0. 3

对研究区植被覆盖度等级的面积和比例分析可知，两个时期均以低植被覆盖度占优势，从 2008 年到 2009 年，植被覆盖度明显增加，低植被覆盖度由 36. 41%增至 56. 96%，中植被覆盖度由 29. 32%增至 32. 5%。低植被覆盖度的增加面积与稀疏植被的减少面积基本一致，高植被覆盖度有稍微的降低。

NDVI 的局限性表现在，用非线性拉伸的方式增强了 NIR 和 R 的反射率的对比度。使 *NDVI* 对高植被区具有较低的灵敏度；*NDVI* 能反映出植物冠层的背景影响，如土壤、潮湿地面、学、枯叶、粗糙度等，且与植被覆盖有关。

思考与练习

1. 简述目前常用的植被指数有哪些？
2. 在 ERADS IMAGINE 中，利用 *NDVI* 提取植被指数的步骤有哪些？
3. 简述 *NDVI* 的应用有哪些？

参考文献

何慧娟，史学丽 . 1990—2010 年中国土地覆盖时空变化特征[J]. 地球信息科学学报，2015(11)：44-47.

胡莹洁，孔祥斌，张宝东 . 30 年来北京市土地利用时空变化特征[J]. 中国农业大学学报，2018(11)：76-78.

靳来素，赵静 . 林业遥感技术[M]. 沈阳：沈阳出版社，2014.

李云平，韩东锋 . 林业 3S 技术[M]. 北京：中国林业出版社，2015.

廖凯涛，习晓环，王成，等 . 利用资源三号卫星数据提取经济林研究[J]. 地理空间信息，2016(05)：86-88.

刘佳，王利民，滕飞，等 . RapidEye 卫星红边波段对农作物面积提取精度的影响[J]. 农业工程学报，2016(13)：102-103.

马程，王晓玥，张雅昕，等 . 北京市生态涵养区生态系统服务供给与流动的能值分析[J]. 地理学报，2017(06)：87-89.

吴楠，李增元，廖声熙 . 国内外林业遥感应用研究概况与展望[J]. 世界林业研究，2017(06)：57-58.

熊俊楠，彭超，程维明，等 . 基于 MODIS-NDVI 的云南省植被覆盖度变化分析[J]. 地球信息科学学报，2018(12)：98-99.

游江南，董宇阳 . 基于 RapidEye 的土地利用动态遥感监测[J]. 华北国土资源，2016(03)：45-46.

赵恒谦，贾梁，尹政然，等 . 基于多源遥感数据的北京市通州区土地利用/覆盖与生态环境变化监测研究[J]. 地理与地理信息科学，2019(01)：98-101.

祝佳 . Landsat8 卫星遥感数据预处理方法[J]. 国土资源遥感，2016(02)：66-68.

参考文献

[illegible]